化学工业出版社"十四五"普通高等教育规划教材·食品类

食品工艺学

冯颖 主编

化学工业出版社

·北京·

内容简介

《食品工艺学》分为 3 篇，分别为食品加工保藏方法、各类食品生产工艺、典型产品生产实例。其中，第 1 篇详细讲解了食品的干制、冷冻、杀菌、腌制、糖制、发酵、膨化、熏制的加工保藏原理和加工方法；第 2 篇详细讲解了各类果蔬加工产品、畜产加工产品、粮油加工产品的生产工艺流程和操作要点；第 3 篇精心选取典型果蔬、畜产、粮油加工产品，介绍其生产实例。

本教材可作为高等学校食品及相关专业师生的教材，也可作为从事食品相关工作的科研、产品研发、质量管理人员的参考书。

图书在版编目（CIP）数据

食品工艺学/冯颖主编 . —北京：化学工业出版社，2024.5

化学工业出版社"十四五"普通高等教育规划教材. 食品类

ISBN 978-7-122-44991-7

Ⅰ.①食…　Ⅱ.①冯…　Ⅲ.①食品工艺学-高等学校-教材　Ⅳ.①TS201.1

中国国家版本馆 CIP 数据核字（2024）第 080645 号

责任编辑：尤彩霞　　　　　　文字编辑：朱雪蕊
责任校对：李　爽　　　　　　装帧设计：韩　飞

出版发行：化学工业出版社
　　　　　（北京市东城区青年湖南街 13 号　邮政编码 100011）
印　　装：三河市双峰印刷装订有限公司
787mm×1092mm　1/16　印张 21　字数 546 千字
2025 年 1 月北京第 1 版第 1 次印刷

购书咨询：010-64518888　　　　售后服务：010-64518899
网　　址：http://www.cip.com.cn

《食品工艺学》编写人员

主　编　冯　颖　（沈阳农业大学）

副主编　薛友林　（辽宁大学）

皮钰珍　（沈阳农业大学）

康明丽　（河北科技大学）

袁　媛　（沈阳师范大学）

参　编（按姓氏拼音排序）

边媛媛　（沈阳农业大学）

崔　娜　（山西师范大学）

矫馨瑶　（沈阳农业大学）

李冬男　（沈阳农业大学）

毛　倩　（辽宁大学）

穆晶晶　（鞍山师范学院）

祝儒刚　（辽宁大学）

前　言

　　食品工艺学是高等院校食品科学与工程、食品质量与安全、食品营养与健康专业的必修课。食品工艺学课程涵盖知识面广，包括果蔬工艺学、粮油工艺学、畜产品工艺学理论和技术，内容涉及各类食品加工保藏原理、加工保藏方法及生产工艺。针对各类食品加工保藏原理与加工保藏方法存在着重复交叉，食品加工产品种类繁多，以及新产品新技术不断涌现的问题，贯彻党的二十大精神，本教材分别从食品加工保藏方法、各类食品生产工艺、典型产品生产实例三个方面对食品工艺学知识进行系统全面的讲解，全书共分为 3 篇 11 章。其中，第 1 篇为食品加工保藏方法，详细介绍了食品的干制、冷冻、杀菌、腌制、糖制、发酵、膨化、熏制的加工保藏原理和加工方法；第 2 篇为各类食品生产工艺，详细介绍了果蔬制品、畜产食品、粮油产品的加工工艺流程和操作要点；第 3 篇精心选取典型果蔬、畜产、粮油产品，介绍其生产实例。本书内容编排有利于学生循序渐进地学习食品工艺学知识，使学生在充分理解食品基本加工保藏原理和方法的基础上，进一步学习各类食品生产工艺，最后通过典型产品加工生产实例加深对所学知识的理解和巩固，同时增强了实操能力。另一方面，可满足不同教师对加工保藏原理和基本方法、不同原料生产工艺等方面有所侧重或针对性教学的多方面教学需求。

　　本书第 1 章由河北科技大学康明丽编写，第 2 章由鞍山师范学院穆晶晶编写，第 3 章由山西师范大学崔娜编写，第 4 章由沈阳农业大学李冬男编写，第 5 章由沈阳农业大学李冬男和矫馨瑶编写，第 6 章由沈阳农业大学冯颖和辽宁大学薛友林编写，第 7 章和第 10 章由沈阳农业大学皮钰珍和辽宁大学祝儒刚编写，第 8 章由沈阳师范大学袁媛、辽宁大学毛倩、沈阳农业大学边媛媛编写，第 9 章由沈阳农业大学矫馨瑶和辽宁大学薛友林编写，第 11 章由沈阳师范大学袁媛和辽宁大学毛倩编写。全书由冯颖统稿，并对教材内容进行部分修改和调整。

　　本书涉及知识面广，编者水平有限，书中不足之处，敬请读者批评指正。

编者

2024 年 10 月 1 日

目录

第2篇 各类食品生产工艺

第6章 果蔬产品的加工 ▪ 111

第 3 篇　典型产品生产实例

第 9 章　典型果蔬产品加工实例　270

第 10 章　典型畜产食品加工实例　292

第 1 篇

食品加工保藏方法

第 1 章

食品的干制

学习目标：掌握食品干制保藏的基本原理；掌握食品干制的基本原理；掌握食品干燥过程的特性；掌握影响食品干燥速率的因素；掌握空气对流干燥、传导式干燥、冷冻干燥、喷雾干燥等主要干燥方法的工作原理、设备类型及干燥特点。

1.1　食品干制保藏的基本原理

　　干制是通过降低食品中的水分含量而达到常温保藏食品的一种保藏方法。食品在储藏中的质量变化与食品水分的关系十分密切，一般情况下，水分含量高的食品有利于微生物的生长繁殖和食品固有酶活性的发挥，使食品储藏稳定性降低。但在食品加工和保存过程中，决定食品品质和保藏性的并不是食品的水分含量，而是取决于水的性质、状态和可被利用的程度。

　　水分活度比水分含量更能反映食品中存在的水分的性质，水分活度被证明是决定食品品质和稳定性的重要因素之一。水分活度与微生物、酶等生物反应、物理反应和化学反应之间存在重要关系，普遍认为，水分活度的大小最能确切地反映干燥食品的储藏性能。

1.1.1　干制对微生物的影响

1.1.1.1　水分活度与微生物发育

　　水是一切生物体生命活动不可缺少的物质，微生物需要一定的水分才能维持一系列正常的代谢活动，微生物的生长需要一定的水分活度。微生物的发育与水分活度之间的关系如图 1-1-1 所示。由图 1-1-1 可以看出，微生物的生长发育在不同的水分活度下存在明显差异。

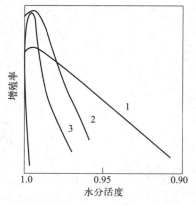

图 1-1-1　水分活度与
微生物增殖率的关系

1—30℃金黄色葡萄球菌；2—纽波特
沙门氏菌；3—30℃梅氏弧菌

　　微生物是影响食品储存稳定性的重要因素之一，要保证食品的质量，最重要的就是要防止微生物在食品上繁殖。一般情况下，每种微生物均有其最适的水分活度和最低的水分活度，而最适的水分活度和最低的水分活度取决于微生物的种类、食品的种类、温度、pH 值等因素。通常细菌类生长发育的最低水分活度为 0.90，酵母菌类及真菌类分别为 0.88 和 0.80。表 1-1-1 列出了一些微生物生长发育的极限水分活度。由表 1-1-1 可以看出，与普通的细菌和酵母菌相比，大多数霉菌能够忍受更低的水分活度，因而是干制食品中常见的腐败菌。所以，为了抑制微生物的生长，延长干制食品的储藏期，必须将其水分活度降到 0.70 以下。

表 1-1-1　微生物生长发育的极限水分活度、典型的溶液及食品

水分活度	抑制的微生物种类	典型的溶液及食品
1.0	无	绝大多数新鲜及高含水量的食品
0.95	革兰氏阴性杆菌如大肠杆菌和芽孢杆菌的孢子	40％的蔗糖或 7.5％的盐溶液；面包屑及煮香肠
0.91	绝大多数球菌和乳酸杆菌、芽孢杆菌的营养细胞	55％的蔗糖或 12％的盐溶液；火腿
0.88	大多数酵母菌	65％的蔗糖或 15％的盐溶液；腊肠，鱼粉
0.80	大多数霉菌	小麦粉；干谷类和干豆类；干香肠；水果蛋糕
0.75	大多数嗜盐菌	26％盐溶液；果酱；未干燥的盐腌鱼
0.65	嗜干霉菌	果汁软糖；含水量 5％的鱼粉；未加盐的鳕鱼干等
0.60	嗜渗酵母菌	甘草；盐干鱼

1.1.1.2　水分活度与芽孢形成和毒素产生

食品中存在的腐败菌和产毒菌有相当部分是芽孢形成菌。而芽孢的形成一般需要比营养细胞发育更高的水分活度。例如，用蔗糖和食盐来调节培养基的水分活度，可观察到突破芽孢梭菌的发芽发育的最低水分活度大约为 0.96，而要形成完全的芽孢，在相同的培养基中，水分活度必须高于 0.98。

产毒菌的毒素产生量一般随水分活度的降低而减少。当水分活度低于某个值时，尽管它们的生长并没有受到很大的影响，但毒素的产生量却急剧下降，甚至不产生毒素。以金黄色葡萄球菌 C-243 株产生肠毒素 B 与培养基的水分活度之间的关系为例，当水分活度下降到 0.93～0.96 时，金黄色葡萄球菌事实上已不产生肠毒素 B。因此，如果食品原料所污染的食物产毒菌在干制前没有产生毒素，那么干制后也不会产生毒素。但是，如果在干制前毒素已经产生，那么干制将难以破坏这些毒素，食用这种干制食品后很可能会导致食物中毒。

1.1.1.3　水分活度与微生物的耐热性

微生物的耐热性与其所处环境的水分活度有一定的关系。比如将嗜热脂肪芽孢梭菌的冻结干燥芽孢放在不同的相对湿度下的空气中加热，可以观察到该菌的耐热性以水分活度在 0.2～0.4 之间为最高，而水分活度为 0.4～0.8 的区间内，随水分活度的降低，耐热性逐渐增大。在水分活度为 0.8～1.0 时，耐热性随水分活度的减少而降低。另外，对霉菌孢子的耐热性试验表明，其耐热性随水分活度的降低而呈增大的倾向。这说明在食品的加热干制过程中，食品及其所污染的微生物同时脱水，干制后，微生物就长期处于休眠状态，干制并不能将微生物全部杀死，只能抑制它们的活动。因此，干制品并非无菌，环境条件一旦适宜，微生物又会重新吸湿引起食品的腐败变质。

由上所述可知，降低水分活度除了可以有效抑制微生物的生长、抑制芽孢的形成和毒素的产生外，也将使微生物的耐热性增强。这一事实说明食品的干制可通过加热过程实现，但是加热干制并不能代替杀菌，或者说干制食品并非无菌。

1.1.2　干制对酶的影响

1.1.2.1　干制对酶活性的影响

酶是引起食品变质的主要因素之一。酶活性的高低与很多条件有关，如温度、水分活

度、pH 值、底物浓度等，其中水分活度的影响非常显著。酶需要一定的水分才具有活性，当水分活度降低到低于单分子层吸附水所对应的值时，酶基本无活性。当水分活度高于多分子层所对应的值后，酶的活性会明显增大。也就是说，当食品所含水分不足以形成单分子吸附层时，酶因没有可利用的水而完全受到抑制。食品中含有较多的体相水时，酶可借助溶剂水与底物充分接触，从而表现较高的活性。在一定范围内，酶反应速率随水分活度的增加而增大。

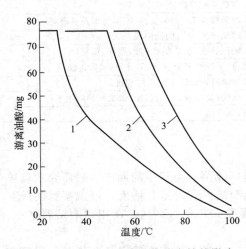

图 1-1-2　a_w 对黑麦脂酶热稳定性的影响
（游离油酸是脂酶的反应产物，
用反应产物的量表示酶活的大小）
1—含水量 23%；2—含水量 17%；
3—含水量 10%

贮藏过程中会发生质量变化。

干制时随着食品中水分含量的降低，酶的活性也随之下降。但酶和反应基质同时浓度增加，使得它们之间的反应加速。低水分的干制食品中，酶仍然具有活性，只有将干制品的水分降到 1% 以下时，酶的活性才会完全消失。但对绝大多数食品来说，如果将水分降至 1% 以下，会影响其风味和复水性。因此，干燥前应对食品进行湿热或化学处理，使酶钝化、失活。为了鉴定干制食品中残留酶的活性，可用触酶（过氧化氢酶）或过氧化物酶作为指示酶。

1.1.2.2　干制对酶的热稳定性的影响

酶的热稳定性和水分活度之间存在着一定的关系。如图 1-1-2 所示，将黑麦放在不同的温度下加热时，其所含脂酶的起始失活温度随水分含量而异，水分含量越高，酶的起始失活温度越低，即酶在较高的水分活度环境中更容易发生热失活。这表明干制食品中酶并没有完全失活，所以干制食品在贮藏过程中会发生质量变化。

1.2　食品干制的基本原理

1.2.1　食品的干燥过程

食品干制过程是一个水分迁移和蒸发的过程，目的是蒸发游离水和部分胶体结合水。目前常规的加热干燥，都是以空气作为干燥介质。

1.2.1.1　干燥过程的湿热传递

食品干制的基本过程是食品从外界吸收足够的热量使其所含水分不断向环境中转移，从而导致其含水量不断降低的过程。该过程包括两个方面，即热量交换和质量交换，因而也称作湿热传递过程。食品的湿热传递是食品干燥的基本原理。

当待干食品从外界吸收热量使其温度升高到蒸发温度后，其表层水分将由液态变成气态并向外界转移，结果造成食品表面与内部之间出现水分梯度。在水分梯度的作用下，食品内部的水分不断向表面扩散和向外界转移，从而使食品的含水量逐渐降低。因此，整个湿热传递的过程实际上包括了水分从食品表面向外界蒸发转移和内部水分向表面扩散转移两个过程，前者称为给湿过程，后者称为导湿过程。

（1）给湿过程

当干燥环境介质空气处于不饱和状态，食品物料表面水分蒸气压大于干燥介质的蒸气压时，物料表面受热蒸发水分，而物料表面又被内部向外扩散的水分湿润，此时水分从物料表面向干燥介质中蒸发的过程称为给湿过程。

在恒速干燥状态时，物料表面水分的蒸发速度与内部水分的扩散速度相当。此时物料的水分蒸发强度可用下式计算。

$$q_m = \frac{\alpha_{给}(p_{饱} - p_{空蒸}) \times 101.3}{p}$$

式中 q_m——食品表面水分蒸发强度或给湿强度，$kg/(m^2 \cdot h)$；

$\alpha_{给}$——食品给湿系数，$kg/(m^2 \cdot h \cdot kPa)$；

$p_{饱}$——食品表面湿球温度相对应的饱和水蒸气压，kPa；

$p_{空蒸}$——热空气的水蒸气压，kPa；

p——当地大气压，kPa；

101.3——标准大气压，kPa。

饱和蒸气压也称饱和湿度，指在一定温度下，单位体积空气所能容纳的最大蒸汽量或水蒸气所具有的最大压力。

食品的给湿系数是表示食品表面蒸发水分能力的物理量，主要取决于干燥介质的流速和流向。一般情况下，给湿系数（$\alpha_{给}$）随介质流速（v）的增大而增加，两者的关系可近似表示为：

$$\alpha_{给} = 0.1722 + 0.1308v$$

蒸发物料表面的状况对水分蒸发强度也有一定的影响。如表面粗糙的物料或毛细管多孔性物料，它们的蒸发表面积就会大于几何面积，会具有更大的组合系数及水分蒸发强度。

在给湿过程阶段，由于 $\alpha_{给}$、$p_{饱}$、$p_{空蒸}$ 均可视作不变，因而 q_m 是一个恒定值，此阶段称为恒速干燥阶段。蒸发量的大小取决于干燥空气的温度、相对湿度、空气流速以及待干食品的形状、蒸发面积等与水分蒸发有关的特性。

（2）导湿过程

① 导湿现象

由于给湿过程的进行，湿物料内部建立起了水分梯度，因而内部水分将以液体或蒸汽形式向表层迁移，这种在水分梯度作用下水分由内层向表层的扩散现象就是导湿现象。

可用下式来表示导湿过程的特性：

$$q_{md} = -\alpha_{md} p_0 \mathrm{grad}u$$

式中 q_{md}——水分的流通密度，即单位时间内流经等湿面的水分量，$kg/(m^2 \cdot h)$；

α_{md}——水分扩散系数或导湿系数，m^2/h；

p_0——单位体积待干食品中绝对干物质的质量，kg/m^3；

$\mathrm{grad}u$——水分梯度，$kg/(m \cdot kg)$。

水分扩散系数表示待干食品的水分扩散能力，或者说待干食品内部湿度平衡能力的大小，它取决于食品的温度和含水量。据研究，水分扩散系数与温度之间的关系可由下式表示：

$$\alpha_{md} = \alpha_{md}^{\theta} \left(\frac{T}{273 + t_0}\right)^n$$

式中，α_{md} 为 T 温度下的水分扩散系数；α_{md}^{θ} 为 t_0 温度下的水分扩散系数；T 为温度，K；t_0 为温度，℃；n 为自然数，其值可达 10~14。

水分扩散系数与温度的关系说明了大多数食品的水分扩散系数比较小，因此在干燥之前将它们预热，那么其干燥过程就可以加快。

② 热湿传导现象

在普通的加热干燥条件下，食品中不仅存在水分梯度，而且还存在温度梯度。温度梯度作用下的水分扩散被称作热湿传导现象，主要包括：水分子的热扩散，它主要是以蒸汽分子的流动形式进行的，这种流动是因为食品中的冷热层分子具有不同的运动速度而产生的；毛细管传导，它取决于毛细管势的变化，而毛细管势与表面张力有关，表面张力随温度的升高而降低，从而使毛细管势增加，水分就以液体形式由较热层进入较冷层；水分在毛细管内夹持空气的作用下发生迁移，温度升高使毛细管内部夹持空气的体积膨胀，把水分挤向温度较低处。

由热湿传导现象引起的水分流量与温度梯度呈正比，可用下式计算：

$$q_m^{\theta} = -\alpha_{md} p_0 \delta \text{grad} u$$

式中　q_m^{θ}——水分湿热传导的流通密度，kg/(m²·h)；

　　α_{md}——水分扩散系数或导湿系数，m²/h；

　　p_0——单位体积待干食品中绝对干物质的质量，kg/m³；

　　δ——热湿梯度系数，kg/(kg·℃)；

　grad$u$——温度梯度，℃/m。

在干燥过程中，温度梯度和湿度梯度的方向相反，而且温度梯度起着阻碍水分由内部向表面扩散的作用。但是在对流干燥的降率干燥阶段，往往会出现热湿传导现象占主导地位的情形。此时食品表面的水分就会向它的内部迁移，因其表面的蒸发作用仍进行，导致表面迅速干燥，温度上升。只有当食品内部因水分蒸发而建立起足够高的压力时，才能改变水分传递的方向，使水分重新扩散到表面蒸发。结果不仅延长了干燥时间，而且会导致食品表面硬化。

1.2.1.2　干燥过程的特性

一般物料干燥过程的特性可以利用干燥曲线、干燥速率曲线以及温度曲线等来进行分析和描述，如图 1-2-1 所示。

其中，干燥曲线是说明物料含水量随干燥时间变化的关系曲线。由图 1-2-1 可知，在干燥开始后的很短时间内，食品的含水量几乎不变。这个阶段持续的时间取决于物料的厚度。随后，食品的含水量直线下降。在某个含水量（第一临界水分含量，C 点）以下时，食品含

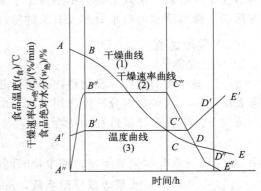

图 1-2-1　食品干制曲线

水量的下降速率将减慢，最后达到其平衡水分含量，干燥过程即停止。

干燥速率曲线是表示干燥过程中任何时间的干燥速率与该时间的食品绝对水分之间关系的曲线。它是根据干燥曲线用图线微分法画成的，因为干燥曲线上任何一点的切线倾角之正切即为该含水量时的食品干燥速率。该曲线表明，含水量仅有较小变化时，干燥速率即由零增加到最大值，这个过程为初期加热阶段。在随后的干燥过程中，物料干燥速率保持不变，

食品水分含量直线下降，这个阶段称为恒速干燥期（也称第一干燥阶段）。当食品含水量降低到第一临界点时，干燥速率开始下降，食品水分含量下降速率亦逐渐减慢，进入降速干燥期（也称第二干燥阶段）。当水分含量达到平衡水分时，干燥曲线中食品水分含量基本稳定，这个转折点 D 就称为第二临界点，相应的物料水分含量称为第二临界水分含量，也等于平衡水分。这时的干燥速率为零，干燥终止。由于在降速干燥期内干燥速率的变化与食品的结构、大小、水分与食品的结合形式及水分迁移的机制等因素有关，因此，不同的食品具有不同的干燥速率曲线。

温度曲线则是表示干燥过程中食品温度与其含水量之间关系的曲线。由图 1-2-1 可知，干燥起始阶段食品的表面温度很快达到湿球温度。在整个恒速干燥期内，食品的表面均保持这个温度不变，此时食品吸收的全部热量都消耗于水分的蒸发。从第一临界点开始，由于水分扩散的速率小于水分蒸发的速率，食品吸收的热量不仅能用于水分的蒸发，而且还能使食品的温度升高。当含水量达到平衡水分含量时，品温等于加热空气的温度。

总之，干燥过程的控制应严格遵照以下三个原则：合理利用两个动力——温度梯度和湿度梯度；灵活掌握三个扩散——外扩散、内扩散、热扩散；严格区分两个控制——表面汽化控制和内部扩散控制。干制时水分的表面汽化和内部扩散相互衔接，配合适当，才是缩短干燥时间、提高干制品质量点的关键。

1.2.1.3　影响食品干燥速率的因素

对食品干燥过程的影响主要取决于干制条件和干燥物料的性质，包括：

（1）物料干制前的预处理

食品干制前的预处理包括去皮、切分、热烫、浸碱、熏硫等，增大比表面积，改变细胞壁透性，有利于水分蒸发等，对干制过程均有促进作用。

（2）物料的表面积

为了加速湿热交换，被干燥湿物料常被分割成薄片或小条或粒状后，再进行干燥。不仅可以增加食品与传热介质的接触面积，使水分逸出面积增大，而且缩短了热与质的传递距离，从而加速了水分的扩散和蒸发。

（3）物料的种类和状态

不同种类品种的原料，其化学成分和组织结构也不同，即使是同一种原料，因品种不同，其组织和结构也有差异，因而干燥速率也不相同。一般来讲，可溶性固形物含量高的、组织致密的、皮厚的、比表面积小的物料干燥速率慢，反之则快。所以干制前对原料进行去皮、切分等处理可以加快干燥速率，缩短干燥周期。

（4）物料的装载量

干制过程中，单位面积装载的物料量，对物料干燥速率也有很大影响。物料装载量多，则厚度大，不利于空气流动，水分蒸发慢，干燥速率慢；反之亦然。

（5）干燥介质的温度

传热介质和物料的温差愈大，热量向物料传递的速度也越快，物料水分外逸速度因此而加速。一般来说，温度越高，干燥速率就越快；反之，干燥速率也越慢。但在干燥过程中，要控制干燥介质的温度稍低于致使食品变质的温度，尤其是对富含糖分和芳香物质的原料。

（6）干燥介质的湿度

在温度不变的情况下，相对湿度越低，干燥速率越快。升高温度的同时又降低相对湿度，则原料与外界水蒸气分压差就越大，水分的蒸发就越容易，干燥越迅速，干制品的含水量就越低。

（7）气流循环的速度

气体流速快，不仅能及时将积累在物料表面附近的饱和湿空气带走，以免阻止物料内水分的进一步蒸发，而且与物料表面接触的热空气增加，显著加速物料中水分的蒸发。因此气体流速越快，食品干燥速率越快。

（8）大气压力或真空度

在相同温度及其他条件不变的情况下，大气压力降低，水的沸点下降，蒸发加速。因此，真空干燥时可在较低温度下进行，干制时间也会大大缩短。低温加热有利于热敏性食品物料的稳定性。

（9）物料温度

水分从物料表面蒸发，会使表面温度下降。这是水分由液态转化成蒸汽时吸收相变热所引起的。物料的进一步干燥需要提供热量，如用热空气加热，只要有水分蒸发，物料温度一般不会高于介质温度。若物料水分含量下降，蒸发速率减慢，物料的温度将随之而上升，最终接近干燥介质温度。对于热敏性食品物料，通常在物料尚未达到高温时就应取出，以保证产品质量。

1.2.2　干制过程中食品的主要变化

食品在干制过程发生的变化可归纳为物理变化、化学变化和组织学变化。

1.2.2.1　干制过程中食品的物理变化

食品在干制过程中因受加热和脱水双重作用的影响，将发生显著的物理变化，主要有质量减少、干缩、表面硬化及质地改变等。

（1）水分的变化

食品物料干制时，水分含量变化很大，经过干制，物料中的大部分水分被蒸发，物料含水量大幅减少。

（2）体积缩小、质量减轻

体积缩小、质量减轻是食品干制后最明显的变化，对于果蔬，一般干制后的体积为鲜原料的 20%～35%，质量为鲜重的 6%～20%。原料种类、品种以及干制成品的含水量不同，干燥前后产品的质量差异也很大。体积和质量的变化，使得运输方便、携带容易。

（3）干缩和干裂

食品在干燥时，因水分被除去而导致体积缩小，组织细胞的弹性部分或全部丧失的现象称作干缩。干缩的程度与食品的种类、干燥方法及条件等因素有关。一般情况下，含水量多、组织脆嫩者干缩程度大，而含水量少、纤维质食品的干缩程度较轻。与常规干制品相比，冷冻干燥制品几乎不发生干缩。在热风干燥时，高温干燥比低温干燥所引起的干缩更严重；缓慢干燥比快速干燥引起的干缩更严重。干缩有两种情形，即均匀干缩和非均匀干缩。有充分弹性的细胞组织在均匀而缓慢地失水时，就产生了均匀干缩，否则就会发生非均匀干缩。干缩之后细胞组织的弹性都会或多或少地丧失，非均匀干缩还容易使干制品变得奇形怪状，影响其外观。

当快速干燥时，由于食品表面的干燥速度比内部水分迁移速度快得多，因而会迅速干燥硬化。在内部继续干燥时，内部应力将使组织与表层脱开，干制品就会出现大量的裂纹、孔隙和蜂窝状结构，称为干裂。干缩和干裂是干制过程中最容易出现的问题。

（4）表面硬化

表面硬化是物理表面收缩和封闭的一种特殊现象，是指干制品外表干燥而内部软湿的现象。有两种原因会造成表面硬化现象。其一是由于干燥时物理表层收缩使深层受压，组织中的溶质成分随水分同时穿过孔隙、裂缝和毛细管向外移动和积累，这些物质会将干制时正在收缩点的小孔和裂缝加以封闭，在小孔收缩和溶质堵塞的双重作用下出现了表面硬化；其二是由于食品表面干燥过于强烈，内部水分向表面迁移的速度滞后于表面水分汽化速度，从而使物料表面迅速干燥，形成干硬膜，造成物料表面的硬化。物料表面出现的干硬膜是热的不良导体，会使大部分残留水分保留在物料内部，导致干燥速率急剧下降，对进一步干燥造成困难。降低食品表面温度使物料缓慢干燥，或适当地"回软"，再干燥，通常能减少表面硬化的发生。

（5）透明度的改变

新鲜食品物料细胞组织间的空气，在干制时受热被排除，使干制品呈半透明态。透明度决定于物料中存在的空气，空气排除越彻底，则干制品越透明，质量越好。因此，排除物料组织内及细胞间的空气，既可改善外观，又能减少氧化，增强制品的保藏性。如原料干制前进行热处理（漂烫），一方面钝化酶，另一方面可排除组织中的空气，改善外观。

（6）物料内部多孔性的形成

物料内部多孔性的形成是由于物料中的水分在干燥过程中被去除，原来被水分所占据的空间由空气填充而成为空穴，干制品组织内部就形成一定的孔隙而具有多孔性。

多孔性结构的形成有利于干制品的复水和减少干制品的松密度（是指单位体积制品中所含干物质的质量）。但是，多孔性结构的形成促使氧化速度加快，不利于干制品贮藏。

（7）热塑性的出现

不少食品具有热塑性，即温度升高时会软化甚至有流动性，而冷却时变硬，具有玻璃体的性质。糖分及果肉成分高的果蔬汁就属于这类食品。例如橙汁或糖浆在输送带上干燥时，水分虽已全部蒸发掉，残留固体物质却仍像保持水分那样呈热塑性黏质状态，黏结在输送带上难以取下，而冷却时它硬化呈结晶体或无定型玻璃状而脆化，此时就便于取下。为此，大多数输送带式干燥设备内常设有冷却区。热塑性强的物料，干制后复水时，往往很难恢复到原来的形状，即复原性差。

（8）溶质迁移现象

食品在干燥过程中，其内部除了水分会向表层迁移外，溶解在水中的溶质也会迁移。溶质的迁移有两种趋势：一种是因为食品干燥时表层收缩使内层受到压缩，导致组织中的溶液穿过孔穴、裂缝和毛细管向外流动。迁移到表层的溶液经过蒸发后，浓度将逐渐增大；另一种是在表层与内层溶液浓度差的作用下出现的溶质由表层向内层迁移。上述两种方向相反的溶质迁移的结果是不同的，前者使食品内部的溶质分布不均匀，后者则使溶质分布均匀化。干制品内部溶质的分布是否均匀，最终取决于干燥速度，亦即取决于干燥的工艺条件。只有采用适当的干制工艺条件，才可以使干制品内部溶质的分布基本均匀化。

（9）风味的变化

食品干制品风味的变化主要是由于芳香物质的挥发损失造成的。干燥易使挥发性风味成分散失，其制品失去原有风味。生产中可以从干燥设备中回收或冷凝外逸的蒸汽，再加回到产品中，也可以从其他来源取得风味制剂再补充到制品中，或干燥前在某些液态食品中添加树胶和其他包埋物质。

1.2.2.2　干制过程中食品的化学变化

食品脱水干燥过程中，除物理变化外，还会发生一系列化学变化，化学变化导致食品的色泽、风味、质地、黏度、复水率、营养价值等发生不同程度的变化，这些变化因食品成分、干燥方式不同而有差别。

（1）色泽变化

新鲜食品的色泽一般都比较鲜艳。干燥会改变其物理性质和化学性质，使食品反射、散射、吸收和传递可见光的能力发生变化，从而改变食品的色泽。食品干制后会因所含色素物质如胡萝卜素、花青素、叶绿素等的变化而出现各种颜色的变化，比如变黄、变褐、变黑等。

高等植物中存在的天然绿色物质是叶绿素 a 和叶绿素 b 的混合物。叶绿素呈现绿色的能力和色素分子中的镁有关。在湿热的条件下叶绿素将失去镁原子而转化成脱镁叶绿素，呈橄榄绿色。微碱性条件能控制镁的转移，但难以改变食品的其他品质。

干燥过程温度越高、处理时间越长，色素变化量也就越多。类胡萝卜素、花青素也会因干燥处理而有所破坏。湿热处理可使叶绿素失去镁原子而转化成脱镁叶绿素，呈橄榄绿色。

褐变是干制食品变成黄褐色或黑色的主要原因。引起褐变的原因有两种，其一是多酚类物质如单宁、酪氨酸等在组织内酚类氧化酶的作用下生成褐变的化合物——类黑素而引起的褐变；其二是非酶褐变，包括美拉德反应、焦糖化反应以及单宁类物质与铁等金属作用而引起的变色等。

（2）营养成分的变化

脱水干燥后食品失去水分，故每单位质量干制食品中营养成分的含量反而增加。但与新鲜食品相比，其品质有所下降。

① 蛋白质的变化

含蛋白质较多的干制品在复水后，其外观、含水量及硬度等均不能回到新鲜时的状态，这主要是由于蛋白质脱水变性而导致的。蛋白质在干燥过程中的变化程度主要取决于干燥温度、时间、水分活度、pH 值、脂肪含量及干燥方法等因素。蛋白质在干燥过程中的变性机理包含两个方面，其一是热变性，即在热的作用下，维持蛋白质空间结构的氢键、二硫键等被破坏，改变了蛋白质分子的空间结构而导致变性；其二是因脱水作用使组织中溶液的盐浓度增大，蛋白质因盐析作用而变性。另外，氨基酸在干燥过程中的损失也有两种机制：一种是通过与脂肪自动氧化的产物发生反应而损失氨基酸；另一种则通过参与美拉德反应而损失掉氨基酸。

② 脂质氧化

虽然干制品的水分活度较低，脂酶及脂氧化酶的活性受到限制，但由于缺乏水分的保护作用，因而极易发生脂质的自动氧化，导致干制品的变质。迄今为止，科学家已对干制品脂质的氧化进行过大量的研究。结果表明，脂质的氧化速度受到干制品种类、温度、相对湿度、脂质的不饱和度、氧分压、紫外线、金属离子、血红素等多种因素的影响。一般情况下，含脂量高且不饱和度越高，贮藏温度越高，氧分压越高，与紫外线接触以及存在铜、铁等金属离子和血红素，将促进脂质的氧化。脂质氧化不仅会影响干制品的色泽、风味，而且还会促进蛋白质的变性，使干制品的营养价值和食用价值损失甚至完全丧失，因此应采取适当措施予以防治。这些措施包括降低储藏温度、采用适当的相对湿度、真空包装、使用脂溶性抗氧化剂等。

③ 糖类的变化

糖类含量高的食品，在干制过程中容易引起焦化，葡萄糖和果糖在高温下易于分解。缓慢晒干过程中初期的呼吸作用也会导致糖分分解。还原糖还会和氨基酸发生美拉德反应而产生褐变问题。动物组织内糖类含量低，除乳蛋制品外，糖类的变化就不至于成为干燥过程中的主要问题。一般来说，糖类的损失随温度的升高和时间的延长而增加，温度过高使糖类焦化，颜色深褐色至黑色，变褐的程度与温度、糖含量及种类有关。

④ 维生素的变化

干制中，食品中的各种维生素都会遭到不同程度的破坏，其中以维生素 C（抗坏血酸）的氧化破坏最快。维生素 C 被破坏的程度与干制环境中的氧含量、温度有关，也与抗坏血酸酶的活性和含量有关。维生素 C 在氧、高温、阳光照射下、碱性环境中容易被破坏，但在酸性溶液或者浓度较高的糖液中则较稳定。其他维生素在干制时也会受到不同程度的破坏，如维生素 B_1 对热敏感，维生素 B_2 对光敏感，胡萝卜素也会因氧化而遭受损失。

（3）食品风味的变化

食品在干制过程中，脂类的氧化分解、蛋白质与糖类等的降解以及美拉德反应等会产生挥发性风味物质。提高干制温度，一方面可提高脂肪酶活力，促进脂肪水解生成游离脂肪酸；另一方面能激活脂肪氧合酶，氧化游离脂肪酸进一步生成醇、醛、酮等香气物质。温度也会影响蛋白质、糖类的降解以及美拉德反应，产生不同的风味物质。干制方法影响食品风味的形成。干制腌腊鱼制品挥发性风味物质主要以醛类、醇类、杂环类为主，其中腌腊鱼中 C6～C10 的饱和直链醛主要来自油酸、亚油酸、亚麻酸和花生四烯酸等不饱和脂肪酸的氧化降解。醇类可能由脂肪酸的二级氢过氧化物的分解、脂肪氧化酶作用或由羰基化合物还原生成。酮类主要由多不饱和脂肪酸热氧化降解、醇类氧化和氨基酸降解生成。杂环类多数属于美拉德反应产物，在高温下较易生成。

1.2.2.3　干制过程中食品的组织学变化

干制品在复水后，其口感、多汁性及凝胶能力等组织特性与生鲜食品存在差异。这是因为食品中蛋白质因干燥变性及肌肉组织纤维的排列和显微构造因脱水而发生变化，降低了蛋白质的持水力，增加了组织纤维的韧性，导致干制品复水性变差，复水后的口感较为老韧，缺乏汁液。食品干制过程中组织特性的变化主要取决于干燥方法。不同干燥方法对组织特性的影响也可从它们的复水性得到说明。

干制过程中随着含水率的降低，细胞形态、空腔结构等均会发生变化。温度对细胞形态的变化有较大的影响。不同温度热风干制过程中，由细胞结构改变所引起的空腔塌缩和扩增同时存在。热风干燥的甘薯产品内部干缩严重，水分散失后其内部有空腔产生。马铃薯在热风干制过程中细胞出现收缩、破裂等现象。所以在食品干制过程中应避免低温或高温长时间干制，以防干制过程中细胞过度收缩及大空腔的出现而影响质地。

1.3　食品干制方法

食品干制方法分为天然干制法和人工干制法两大类。天然干制法是利用太阳的辐射能使食品中的水分蒸发而除去，或利用寒冷的天气使食品中的水分冻结，再通过冻融循环而除去水分的干燥方法。天然干制法仍然是目前食品特别是水产品和某些传统制品干燥中常用的干燥方法。人工干制法则是利用特殊的装置来调节干燥工艺条件，使食品的水分脱除的干燥方法。

人工干制法按设备的特征可分为窑洞式干燥、箱式干燥、隧道式干燥、输送式干燥、输送带式干燥、滚筒干燥、流化床干燥、喷雾干燥、冷冻干燥等。按干燥的连续性可分为间歇式（批次）干燥和连续式干燥；按干燥时空气的压力可分为常压干燥和真空干燥；按热交换和水分除去方式的不同，可分为常压对流干燥、真空干燥、辐射干燥、冷冻干燥等；按干燥过程向物料提供热能的方法可分为对流干燥、传导干燥、能量场作用下的干燥及组合干燥。下面主要介绍一些人工干燥法。

1.3.1　空气对流干燥

空气对流干燥是最常见的食品干燥方法，空气既是热源，也是湿气的载体。对流干燥热空气参数如温度、相对湿度、空气流速在干燥过程中随着时间的推移，或沿着干燥室的长度（高度）不同而改变，即干燥条件始终是变化的。提高空气的温度会加速热的传递，提高干燥速率，但要根据物料的导湿性和导温性来选择控制，尤其在降速阶段，空气温度直接影响到干燥品的品质。

1.3.1.1　箱式干燥

箱式干燥是一种比较简单的间歇式干燥方法，箱式干燥设备单机生产能力不大，工艺条件易控制。按气体流动方式有平行流式和穿流式。

（1）平行流箱式干燥

如图 1-3-1 所示，物料盘放在小车上，小车可以方便地推进推出，箱内安装有风扇、空气加热器、热风整流板、空气过滤器、进出风口等。经加热排管和滤筛清除灰尘后的热风流经载有食品物料的料盘，直接和物料接触，并由排气口排出箱外。根据干燥物料的性质，选择合适的风速。物料在料盘的堆积厚度一般在几厘米厚，适于各种状态物料的干燥。

（2）穿流箱式干燥

为了加速热空气与物料的接触，提高干燥速率，可在料盘上穿孔，或将盘底用金属网、多孔板支撑，便于空气穿过料层，如图 1-3-2 所示。由于物料容器底部具有多孔性，故可用于颗粒状、块片状物料干燥。热风可均匀地穿过物料层，保证热空气和物料充分接触。穿流式箱式干燥的料层厚度常高于平行流箱式干燥，但穿流式干燥的动力消耗较大，要使气流均匀穿过物料层，设备结构相对复杂。

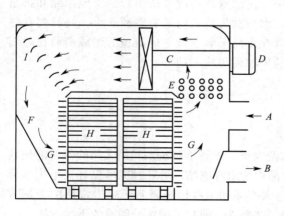

图 1-3-1　平行流箱式干燥原理简图

A—空气进口；B—废气出口及调节阀；C—风扇；
D—风扇马达；E—空气加热器；F—通风道；
G—空气分配器；H—料盘及小车；I—整流板

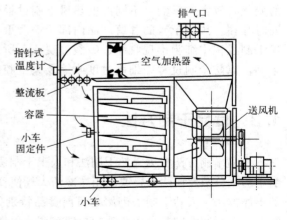

图 1-3-2　穿流箱式干燥原理简图

1.3.1.2　隧道式干燥

隧道式干燥设备实际上是箱式干燥器的扩大加长，可连续或半连续运行。装满料盘的小车从隧道一端进入，与热空气流接触，从另一端移出，每辆小车在干燥室内停留的时间为食品干燥所需要的时间。隧道式干燥器容积较大，小车在隧道内部可停留较长时间，适于处理量大、干燥时间长的物料干燥。

根据物料与气流接触的形式有顺流隧道式干燥、逆流隧道式干燥和混流隧道式干燥。

（1）顺流隧道式干燥

顺流隧道式干燥如图 1-3-3 所示。在顺流隧道干燥室内，空气流方向和湿物料前进方向一致。湿物料和温度最高而湿度最低的空气接触，其水分蒸发异常迅速，物料的湿球温度下降也比较大，这就允许使用较高的空气温度，以加速水分蒸发而不至于发生焦化。不过，物料表面水分蒸发过快，湿物料内部水分梯度增大，物料表面容易造成硬化、收缩，而物料内部仍继续干燥，易形成多孔或引起干裂。在物料的出口端，低温高湿空气和即将干燥完毕的物料接触，此时物料水分蒸发极其缓慢，干制品平衡水分较高，致使干物料水分难以进一步降低。因此吸湿性较强的物料不宜选用顺流干燥，此法较适宜于要求制品表面硬化、内部干裂和形成多孔性的食品干燥。

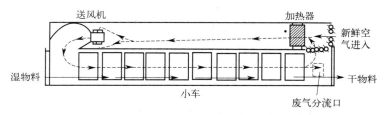

图 1-3-3　顺流隧道式干燥原理简图

加速空气流速或减少水分蒸发量（如放慢进料速度、减少料盘内湿料载量等），可改善顺流隧道式干燥带来的缺陷。为了提高热量利用率和避免干燥初期因干燥速率过大而出现软质物料内裂和流汁现象，可循环使用部分吸湿后的空气，以增加热空气中的湿度。

（2）逆流隧道式干燥

与顺流隧道干燥相反，如图 1-3-4 所示，在逆流隧道式干燥器内，湿物料所接触的是低温高湿的空气，由于湿物料含有较高水分，受低温高湿空气的影响，水分蒸发速度比较慢。逆流干燥不易出现表面硬化或收缩现象，即使物料脱水造成收缩，也比较均匀，不易发生干裂。干燥物料出口端与高温低湿空气接触，有利于湿热传递，加速水分蒸发。但由于物料水分较低，干燥速度慢，物料温度易上升到热空气的温度，若在这种条件下停留时间过长，容易焦化。为了避免焦化，热空气的温度不宜过高。逆流隧道式干燥制品的水分较低，可低于 5％。

（3）混流隧道式干燥

如图 1-3-5 所示，混流干燥兼有顺流和逆流干燥的特点。混流干燥流程中，顺流干燥阶段比较短，但能将大部分水分蒸发掉，在热量与空气流速合适条件下，本阶段可除去 50％～60％水分。

混流干燥生产能力高，干燥比较均匀，制品品质好。该法各阶段的空气温度可分别调节，顺流段则可采用较低的温度。这类干燥设备广泛用于果蔬干燥。当干燥洋葱、大蒜等一

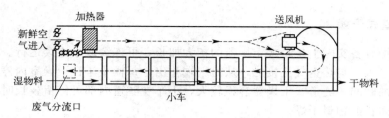

图 1-3-4　逆流隧道式干燥原理图

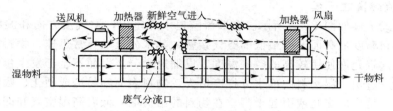

图 1-3-5　混流隧道式干燥原理图

类食品物料时，需按密闭系统要求设计隧道式干燥设备，以减轻异臭味外逸。这就需将吸湿后的空气部分脱水（冷凝），重新送入鼓风机的吸气道内再循环使用。在密闭循环系统内也可采用无氧惰性气体作为干燥介质，但会使生产成本增加。

现在也有将多个干燥阶段组合的多阶段隧道式干燥设备，便于控制各阶段的干燥温度和速率，第一干燥段的空气温度可提高到110℃。

1.3.1.3　输送带式干燥

输送带式干燥装置除载料系统由输送带取代装有料盘的小车外，其余部分与隧道式干燥机基本相同。湿物料堆积在钢丝网或多孔板支撑的水平循环输送带上进行的移动通风干燥（也称穿流带式干燥），物料不受振动或冲击，破碎少，对于膏状物料可在加料部位进行适当成型（如制成粒状或棒状），以有利于增加空气与物料的接触面，加速干燥速率；在干燥过程中，采用复合式或多层式可使物料松动或翻转，改善物料通气性能，便于干燥；使用带式干燥可减轻装卸物料的劳动强度和费用；操作便于连续化、自动化，适于生产量大的单一产品干燥（如苹果、胡萝卜、洋葱、马铃薯和甘薯等），以取代原料采用的隧道式干燥。

按输送带的层数多少可分为单层带型、复合型、多层带型；按空气通过输送带的方向可分为向下通风型、向上通风型和复合通风型输送带干燥。

输送方式有单级、多级、多层等，输送带常用穿孔的不锈钢网目板支撑。空气经过滤、加热后，经分布板由输送带下向上吹过制品。多级带式干燥器是由两条以上各自独立的输送带串联组成的，如图 1-3-6。某些物料（如蔬菜类）的干燥初期干缩率很大，若用单级干燥要在干燥初期堆积很高，不利于穿流干燥。采用多级干燥时，半干物料从第一干燥阶段输送带向下卸落在第二干燥阶段的输送带上，第一阶段物料干缩而可以大量节省原料需要的载料面积，而且重新堆积使物料空隙度增加，阻力减小，干燥的均匀性也得到改善。

1.3.1.4　气流干燥

如图 1-3-7 所示，气流干燥是将粉状或颗粒状食品物料悬浮在热空气中，伴随着气力输送过程进行的干燥。湿物料在干燥设备底部进料，在热空气带动下向上运动，物料呈悬浮状态与干燥介质接触，进行传热和传质，达到干燥的效果。干制品从干燥罐顶部送出，经旋风

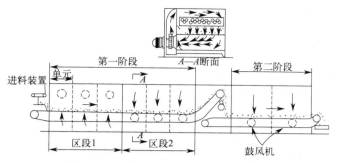

图 1-3-6　双阶段连续输送带式干燥设备

分离器回收。也可在顶部增加干燥罐直径，气流速度随界面积增加而下降，并被设备上部的转向器导向下降，物料遂与气流分离，沉积在收集器的斜面上，空气则从设备顶部外逸。

气流干燥设备的类型很多，按气流管类型分类有，直管脉冲、倒锥形、套管式、环形气流干燥器；带粉碎机的气流干燥器、旋风气流干燥器、涡旋流气流干燥器等。

气流干燥中由于热空气与湿物料直接接触，且接触面积大，强化了传热和传质过程，干燥时间短。

气流干燥也属于流态化技术之一，具有如下特点：

① 干燥时间短。被干燥物料颗粒在气流中高度分散，使气-固相间的传热传质的表面积大大增加，再加上有比较高的气速，气体与物料的给热系数高，因此干燥时间短。大多数物料的气流干燥只需 $0.5 \sim 2s$，最长不超过 5s。

② 热效率高。设备散热面积小，热损失小，因此热效率高。干燥非结合水分时，热效率可达 60%，干燥结合水分也可达到 20% 左右。

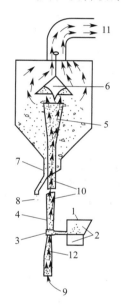

图 1-3-7　气流干燥设备

1—进料口；2—振动进料器；3—进料室；
4—延伸进料室；5—扩散器；6—转向器；
7—收集器；8—干料粒；9—热空气；
10—气流干燥段；11—湿空气出口；
12—喷气道

③ 整个干燥过程物料温度较低。气固相间的并流操作，可使用高温干燥介质（湿淀粉干燥可使用 400℃ 热空气），使用高温低湿空气与湿含量大的物料接触。由于物料表面积大，汽化迅速，物料温度为空气的湿球温度，而在干燥进入降速阶段，虽然温度会回升，但干燥介质的温度已下降很多，物料在出口时的温度也不高，因此，整个干燥过程物料温度较低。

④ 设备结构简单，占地面积小，处理量大。

⑤ 适应性广。对散粒状物料，最大粒径可达 10mm；对块状、膏糊状及泥状物料，可选用粉碎机与干燥器串流的流程，使湿物料同时进行干燥和粉碎，表面不断更新，有利于提高干燥速率。

⑥ 对物料的选择性。气流干燥适用于潮湿状态下仍能在气体中自由流动的颗粒或片状物料，不适宜处理结合水含量高的食品。容易黏附于干燥罐的物料或粒度过细的物料不适宜采用此干燥方法。

⑦ 不能保持完好的结晶形状。气流干燥中高速气流使颗粒与颗粒、颗粒与管壁间的碰

撞和磨损机会增多，难以保持完好的结晶形状和结晶光泽。

1.3.1.5　流化床干燥

当气体自下而上地通入一个干燥设备时，堆放在设备分布板上的颗粒状物料在气流速度加大到某种程度时会出现沸腾状态。当流体速度较低时，在床层中固体颗粒间的相对位置不变，该状态称为固定床。流体流速继续增加，固体颗粒就会在床层中产生上下规则的运动，但固体颗粒仍停留在床层内而不被流体带走，床层中保持一个可见的界面，这时的状态为流化床。当气流速度大于固体颗粒的沉降速度时，固体颗粒就将被气流带出容器，此时床层失去了界面，床层内的固体颗粒密度降低，该状态也称为稀相流化床，是物料输送状态。

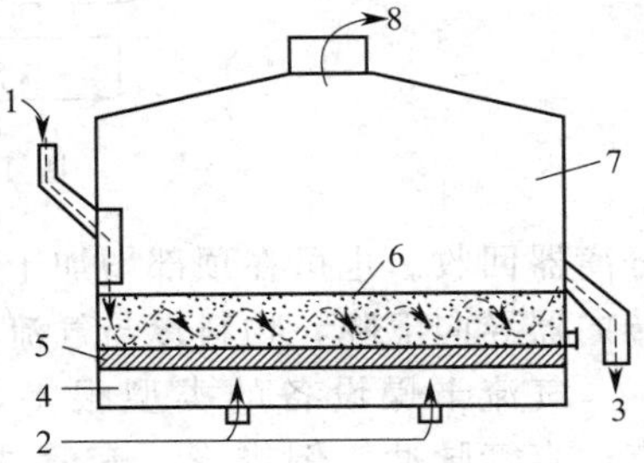

流化床干燥是另一种气流干燥。流化床干燥原理如图1-3-8。流化床干燥与气流干燥最大的不同是，流化床干燥物料由多孔板承托，干燥过程呈流化状态，即保持缓慢沸腾状，故也称沸腾床干燥。

图 1-3-8　流化床干燥原理图
1—湿颗粒进口；2—热空气进口；
3—干颗粒出口；4—强制通风室；
5—多孔板；6—流化床；
7—绝热风罩；8—湿空气出口

流化床干燥设备结构多种多样，可分为单层流化床、多层流化床、卧式流化床、喷动式流化床、振动式流化床等。流化床的床体结构对流态化质量有显著影响。气体分布器要具有布风均匀、抗堵孔、耐磨损、足够压降等性能；流化床高径比越大，流化质量越差，甚至出现节涌等不正常流化现象。同一高径比条件下，床径越大，流化质量越差。床体内设置挡板等构件有利于消除大泡产生、破碎颗粒团聚物，可改善流化质量。

流化床干燥具有以下特征：物料颗粒与热空气在湍流喷射状态下进行充分的混合和分散，类似气流干燥，气-固相间的传热传质系数及相应的表面积较大，其体积给热系数可达 $8400 \sim 25000 kg \cdot m^3 \cdot h^{-1} \cdot ℃^{-1}$，热效率高，可达 60%～80%；由于气-固相间激烈的混合和分散以及两者间快速地给热，使物料床温度均匀，易控制，干物料颗粒大小均匀；物料在床层内的停留时间可任意调节，故对难干燥或要求干燥产品含水量低的物料比较适用；设计简单，造价较低，维修方便；如果干燥过程风速过高，容易形成风道，致使大部分热空气未充分与物料接触而经风道排除，造成热量浪费；高速气流也容易将细颗粒物料带走，因此在设计上要加以注意；流化床干燥用于干态颗粒状食品物料干燥，不适于易黏结或结块的物料。

1.3.2　传导式干燥

传导式干燥是指湿物料贴在加热表面上（炉底、铁板、滚筒及圆柱体等）进行的干燥。传导干燥热能的供给主要靠导热，被干燥物料处于与加热面有尽可能好的密切接触状态。如果干燥在常压下进行，可利用空气来带走干燥所生成的水汽；如果在真空下进行，水汽则靠抽真空和冷凝的方法除去。传导干燥的特点是干燥强度大，相应能量的利用率较高。

传导干燥器可根据其操作方式分为连续式或间歇式，也可根据其操作压强分为常压干燥和真空干燥。在食品工业中常见的传导干燥有滚筒干燥和真空干燥。

1.3.2.1　滚筒干燥

滚筒干燥是将物料在缓慢转动和不断加热（用蒸汽加热）的滚筒表面上形成薄膜，滚筒转动一周便完成干燥过程，用刮刀把产品刮下，露出的滚筒表面再次与湿物料接触并形成薄膜继续进行干燥。滚筒干燥可用于液态、浆状食品物料（如脱脂乳、乳清、番茄汁、肉浆、马铃薯泥、婴儿食品、酵母等）的干燥。经过滚筒转动一周的干燥物料，其干物质可从液料 3%～30%（质量分数）增加到 90%～98%，干燥时间仅需 2s 到几分钟。

根据进料方式，滚筒干燥设备有浸泡进料、滚筒进料和顶部进料三种；根据干燥压力，滚筒干燥设备有真空及常压滚筒干燥；也有单滚筒、双滚筒或对装滚筒等干燥设备。图 1-3-9 是三种不同进料方式的滚筒干燥原理简图。单滚筒干燥设备是由独自运转的单滚筒构成的。双滚筒干燥设备是由对向运转和相互连接的双滚筒构成的，其表面上物料层厚度可由双滚筒间距离加以控制，对装滚筒干燥设备是由相距较远、转向相反、各自运转的双滚筒构成的，如图 1-3-9(b) 所示。

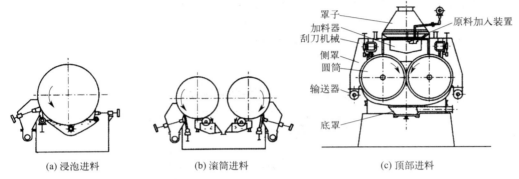

(a) 浸泡进料　　　　　　(b) 滚筒进料　　　　　　(c) 顶部进料

图 1-3-9　滚筒干燥中不同的进料方式

不管采用何种型式的滚筒干燥，物料在滚筒上形成的薄膜厚度要均匀，膜厚度为 0.3～5mm。对于泥状物料，用小滚子把它贴附在滚筒上 [图 1-3-9(b)]；对于液态物料，最简单的方法是把滚筒的一部分表面浸到料液中 [图 1-3-9(a)]，让料液粘在滚筒表面上；也可采用溅泼或喷雾的供料方式，并用刮刀保证物料层的均匀性。

滚筒干燥常用蒸汽作为加热源，压力 0.3～0.7MPa，其接触加热表面温度较高，易使制品带有煮熟味和颜色加深。采用真空滚筒干燥虽可降低干燥温度，但与常压滚筒干燥或喷雾干燥相比，设备投资与操作费用较大。对于不易受热影响的物料，滚筒干燥是一种费用低的干燥方法。滚筒干燥不适于热塑性食品物料（如果汁类）干燥。因为在高温状态下的干制品会发黏并呈半熔化状态，难以从滚筒表面刮下，并且还会卷曲或黏附在刮刀上。为了解决卸料黏结问题，可在制品刮下前进行冷却处理，使其成为脆质薄层，便于刮下。如在刮物料前一段狭小的滚筒表面上用冷空气加以冷却，或在刮取滚筒表面上的物料层时从它的下面吹冷空气冷却。因此，就需要采用多孔金属板或用金属网支撑的滚筒，冷空气则可以从滚筒内部经孔眼吹向薄层，既可支持物料层，又可达到冷却的目的。

1.3.2.2　真空干燥

真空干燥是利用低压下水的沸点降低的原理，在低气压条件下进行的干燥。真空干燥适用于在高温下易氧化变质、风味易变化的热敏性食品物料的干燥。物料的温度和干燥速率取决于真空度、物料状态及受热程度。真空干燥制品的结构疏松，容易复水。根据真空干燥的连续性可分为间歇式真空干燥和连续式真空干燥。

（1）间歇式真空干燥

搁板式真空干燥器是最常用的间歇式真空干燥设备，也称为箱式真空干燥设备。常用于各种果蔬制品的干燥，也用于麦乳精、豆乳精等产品的发泡干燥。搁板（也称夹板）在干燥过程中既可支撑料盘，也是加热板（在麦乳精类食品干燥中还起冷却板作用），搁板的结构及搁板之间的距离要依干燥食品类型设计。经调配，乳化（脱气）的物料装盘，放入干燥器的搁板上，为防止物料粘盘难以脱落，烘盘的内壁常喷涂聚四氟乙烯。

（2）连续式真空干燥

实际上，连续式真空干燥是真空条件下的带式干燥。图 1-3-10 是连续输送带式真空干燥原理图。为了保证干燥室内的真空度，专门设计有密封性连续进出料装置。干燥室内不锈钢输送带由两只空心滚筒支撑并按逆时针方向转动，位于右边的滚筒为加热滚筒，以蒸汽为热源，并以传导方式将接触滚轮的输送带加热。位于左边的滚筒为冷却滚筒，以水为冷却介质，将输送带及物料冷却。向左移动的上层输送带（外表面）和经回走的下层输送带（内表面）的上部均装有红外线热源，设备为卧式圆筒体。

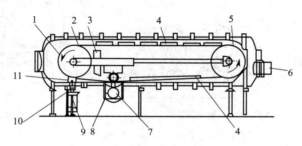

图 1-3-10　连续输送带式真空干燥原理简图

1—冷却滚筒；2—输送带；3—脱气器；4—辐射热；5—加热滚筒；6—真空泵；
7—供料滚筒检修门；8—供料滚筒和供料盘；9—制品收集槽；10—气封装置；11—刮板

浓液物料用泵送入供料盘内，供料盘位于开始回走的输送带的下面。供料盘内的供料滚筒连续不断地将物料涂布在经回走的下层输送带表面上形成薄料层。下部红外线热源以辐射、传导方式将热传给输送带及物料层，并在料层内部产生水蒸气，膨化成多孔状态，再经加热滚轮，上部热辐射管进一步加热，完成干燥。在 0.267kPa 压力下物料快速干燥到水分 2% 以下，输送带再转至冷却滚筒时，物料因冷却而脆化。干物料则由装在冷却滚筒下面的刮刀刮下，经集料器通过气封装置排出室外。输送带继续运转，重复上述干燥过程。有的真空干燥设备内装有多条输送带，物料转换输送带时的翻动，有助于带上颗粒均匀加热干燥。有的真空干燥设备则采用加热板式形式。这种连续真空干燥设备可用于果汁、全脂乳、脱脂乳、炼乳、分离大豆蛋白、调味料、香料等材料的干燥。不过设备费用比同容量的间歇式真空干燥设备要高得多。

1.3.2.3　回转干燥

回转干燥又称转筒干燥，是由稍作倾斜而转动的长筒所构成的。由于回转干燥处理量大，运转的安全性高，多用于含水分比较少的颗粒状物料干燥。加热介质可以是热气流与物料直接接触（类似于对流干燥），也可以是由蒸汽等热源来加热圆筒壁。如图 1-3-11 所示，这是一种带水蒸气加热管的回转干燥设备。它适于黏附性低的粉粒状物料、小片物料等堆积密度较小的物料干燥。蒸发出的水分通常靠自然通风排除，气速为 $0.3 \sim 0.7 \mathrm{m \cdot s^{-1}}$，由于风量小，故热效率可达 80%～90%，设备内的载料量为容积的 10%～20%，由于回转设备占地大，耗材多，投资也大，目前逐渐被沸腾床（流化床）等所取代。

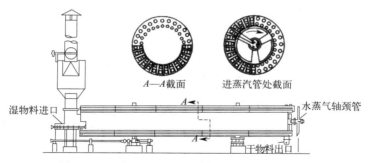

A—A截面　　　进蒸汽管处截面

湿物料进口　　　　　　　　　　　　　　　　　　　　　水蒸气轴颈管

干物料出口

图 1-3-11　带水蒸气加热管的回转干燥设备简图

1.3.3　冷冻干燥

食品冷冻干燥是将食品中的水分在冻结状态下抽真空使冰结晶升华的一种特殊的干燥方法。冷冻干燥（freeze drying，FD）又称真空冷冻干燥、升华干燥、冷冻脱水、冻结干燥。

1.3.3.1　冷冻干燥的原理

水的固、液、气三种状态随温度和压强不同而变化，以压力为纵坐标，温度为横坐标来表示三种状态的变化图称为水的三相图，亦即水的状态平衡图，如图 1-3-12 所示。图中 OL、OK、OS 三条曲线分别表示冰和水、水和蒸汽、冰和水蒸气两相共存时其压力和温度之间的关系，分别称为熔化线、沸腾线和升华线。此三条曲线将图面分成固相区、液相区和气相区。箭头分别表示冰融化成水，水蒸发成水蒸气和冰升华成水蒸气的过程。曲线 OK 的顶点 K，其温度为 374℃，称为临界点。当水蒸气的温度高于其临界温度 374℃时，无论怎样加大压力，水蒸气也不能变成水。三曲线的交点 O 为固、液、气共存的状态，称为三相点，其温度为 0.01℃，压力为 610.5Pa。当压力高于 610.5Pa，固态冰要转化为水蒸气，必须经过液相水，才能成为水蒸气。在三相点以下，不存在液相，若将冰面的压力保持在

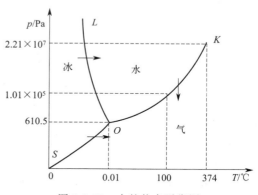

图 1-3-12　水的状态平衡图

610.5Pa 以下，且给冰加热，则冰就会不经液相直接变成气相，这一过程称为升华。含水食品的冷冻干燥就是在水的相平衡关系中三相点以下区域内所进行的低温低压干燥。但这是对纯水而言，如为一般食品，其中含有的水，基本上是一种溶液，冰点较纯水要低，因此升华的温度在 -20～-5℃，相应的压力在 133.29Pa 左右。

1.3.3.2　冷冻干燥的一般过程

冷冻干燥的一般过程分为三个阶段：预冻结、升华干燥和解吸干燥。典型的冻干过程可用图 1-3-13 表示。

（1）预冻结（冷冻）

冷冻的干燥方法有两种：自冻法和预冻法。自冻法是利用物料表面水分蒸发时吸收汽化潜热，使物料温度下降，直至达到冻结点时物料水分自行冻结的方法。该法在水分蒸发降温过程中容易出现物料变形或发泡等现象，因此要合理控制真空度。对外观形态要求较高的食品物料，干燥会受到限制，一般适用于芋头、预煮碎肉、鸡蛋等物料的干

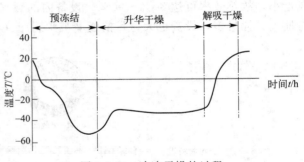

图 1-3-13　冷冻干燥的过程

燥；预冻法是干燥前常用的冻结方法，包括高速冷空气循环法、低温盐水浸渍法、低温金属板接触法、载冷剂（液氮、液态二氧化碳等）喷淋或浸渍法等，将物料预先冻结。预冻的速率与最终温度会影响冻干食品的质量与冻干速率。预冻的最终温度常取其共晶点以下 5～10℃，过高或过低将严重影响食品质量与能耗。

（2）升华干燥

升华干燥是将冻结后的物料置于密闭的真空容器中加热，使其冰晶升华成水蒸气而使物料脱水干燥。真空容器，也称为干燥室、干燥箱和干燥仓等。由图 1-3-13 可以看出，此段干燥速率基本不变，曲线平坦，也称等速干燥。

升华干燥是从物料表面的冰开始的，逐渐向内移动，冰晶升华后残留下来的孔隙变成升华水蒸气的逸出通道。已干燥层和冻结部分的分界面称为升华界面。在食品冷冻干燥中，升华界面一般以 1～3mm/h 的速度向里推进。当物料中的冰晶全部升华后，第一阶段干燥结束，此段除去全部水分的 90％左右。

（3）解吸干燥

解吸干燥也称为减速干燥。这一阶段的干燥是物料中的水分蒸发，而不是冰的升华，这是因为干燥食品物料的毛细管壁和极性基团上还吸附有一部分未被冻结的水分。当它们达到一定含量时，就为微生物的生长繁殖和某些化学反应提供了条件。实验证明，即使是单分子层吸附的低含水量，也可能成为某些化合物的溶液，产生与水溶液相同的移动性和反应性。因此为了改善产品的储存稳定性，延长其保质期，需要除去这些水分中的大部分，只留下单分子层的水分。因这些水都属于结合水，其能量高，必须提供足够的能量，才能使其从吸附中解吸出来，所以，此阶段产品温度在最高允许温度下尽可能高。同时，为了使解吸出来的水蒸气有足够的推动力逸出已干物料，必须使产品内外形成最大的压差，也就是说此时箱内必须是高真空。

该干燥阶段的时间一般为总干燥时间的 1/3。此阶段结束后，干燥制品的含水量在 0.5％～4％。干燥的终点应该能够测量，否则，若水分含水量过低或过高，都会影响产品质量。

1.3.3.3　冷冻干燥的特点

① 冷冻干燥是食品干燥方法中物料温度最低的干燥；

② 因低温操作，适用于热敏食品以及易氧化食品的干燥，能够最大限度地保留食品的各种营养素；

③ 由于在低温下操作，能够最大限度地保留食品的色、香、味，如蔬菜的天然色素基本保持不变，各种芳香物质的损失可减少到最低限度；

④ 冻干食品具有多孔结构，因此具有理想的速溶性和快速复水性，干燥制品复水后易

恢复原有的性质和形状。复水后的冻干食品比其他干燥方法生产的食品更接近于新鲜食品，蔬菜冷冻干燥与热风干燥复水情况的比较如表 1-3-1 所示；

表 1-3-1　冷冻干燥与热风干燥复水情况比较

品名	样品重/g		复水时间/min		复水后重/g	
	热风干燥	冷冻干燥	热风干燥	冷冻干燥	热风干燥	冷冻干燥
油菜	12	12	50	30	49.3	169
洋葱	14.2	14.2	41	10	67	81.5
胡萝卜	35	35	110	11	136.3	223

⑤ 由于物料中水分通过升华干燥，无溶质迁移、表面硬化、收缩等问题，能最好地保持原物料的外观形状；

⑥ 在低温脱水过程中，抑制了氧化过程和微生物的生命活动；

⑦ 能排出 95%～99% 以上的水分，产品能长期保存。在有良好包装情况下，储藏期可达 2～3 年。

缺点是设备投资费和操作费高，因而产品成本高，为常规干燥方法的 2～5 倍。另外冻干制品极易吸潮和氧化，因而对包装有很高的防潮和透氧率的要求。由于冷冻干燥制品的优良品质，冷冻干燥广泛应用于食品工业，如用于果蔬、蛋类、速溶咖啡和茶、低脂肉类及制品、香料及有生物活性的食品物料干燥。在某些特殊食品如军需食品、登山食品、宇航食品、保健食品、旅游食品及婴儿食品等中的应用潜力也很大。

冷冻干燥是目前最昂贵的干燥方式，之所以能够工业化应用是因为它具有常规干燥法无法比拟的优点。

1.3.3.4　冷冻干燥设备

（1）冷冻干燥设备的基本组成

无论是何种形式的冷冻干燥设备，它们的基本组成都包括干燥室、制冷系统、真空系统、冷凝系统及加热系统等部分。

干燥室有多种形式，如箱式、圆筒式等，大型冷冻干燥设备的干燥室多为圆筒式。干燥室内设有加热板或辐射装置，物料装在料盘中并放置在料盘架或加热板上加热干燥。物料可以在干燥室内冻结，也可以先冻结好再放入到干燥室。在干燥室内冻结时，干燥室需与制冷系统相连接。此外，干燥室还必须与低温冷凝系统和真空系统相连接。

制冷系统的作用有两个：一是将物料冻结；二是为低温冷凝器提供足够的冷量。前者的冷负荷较为稳定；后者则变化较大，冷冻干燥初期，由于需要使大量的水蒸气凝固，因此，需要很大的冷负荷，而随着升华过程点的不断进行，所需冷负荷将不断减少。

真空系统的作用主要是保持干燥室内必要的真空度，以保证升华干燥的正常进行；其次是将干燥室内的不凝性气体抽走，以保证低温冷凝效果。

低温冷凝器是为了迅速排除升华产生的水蒸气而设的，低温冷凝器的温度必须低于待干物料的温度，使物料表面水蒸气压大于低温冷凝器表面的水蒸气分压。通常低温冷凝器的温度为 $-50 \sim -40 \, ℃$ 。

加热系统的作用是供给冰晶升华潜热。加热系统所供给的热量应与升华潜热相当，如果过多，就会使食品升温并导致冰晶的融化；如果过少，则会降低升华的速率。

（2）冷冻干燥装置的形式

冷冻干燥装置按操作的连续性可分为间歇式、半连续式和连续式三类，其中在食品工业中以间歇式和半连续式的装置应用最多。

① 间歇式冷冻干燥装置

间歇式冷冻干燥装置有许多适合食品生产的特点，故绝大多数的食品冷冻干燥装置均采用这种形式。间歇式装置的优点在于：适用多品种小产量的生产，特别是季节性强的食品生产；单机操作，如一台设备发生故障，不会影响其他设备的正常运行；便于设备的加工制造和维修保养；便于控制物料干燥时不同阶段的加热温度和真空度。其缺点是：由于装料、卸料、启动等预备操作所占用的时间长，故设施利用率低；要满足一定的产量需求，往往需要多台单机，并要配备相应的复述系统，这样设备投资费用就增加。

间歇式冷冻干燥装置中的干燥箱与一般的真空干燥箱相似，属盘架式。干燥箱有各种形式，多数为圆筒形。盘架可为固定式，也可以做成小车出入干燥箱，料盘置于各层加热板上。如为辐射加热方式，则料盘置于辐射加热板之间，物料可于箱外预冻后再装入箱内，或在箱内直接进行预冻。后者干燥箱必须与制冷系统相连接，如图 1-3-14 所示。

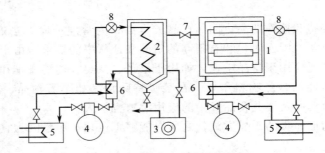

图 1-3-14　间歇式冷冻干燥装置

1—干燥箱；2—冷阱；3—真空泵；4—制冷压缩机；5—冷凝器；6—热交换器；7—冷阱进口阀；8—膨胀阀

② 多箱间歇式和隧道式冷冻干燥装置

针对间歇式设备生产能力低、设备利用率不高等缺点，在向连续化过渡的过程中，出现了多箱式及半连续隧道式等设备。多箱间歇式设备是由一组干燥箱构成的，使每两箱的操作周期互相错开而搭叠。这样，在同一系统中，各箱的加热板加热、水汽凝结器供冷以及真空抽气均利用同一的集中系统，但每箱可单独控制。同时，这种装置也可用于不同品种的同时生产，提高了设备操作的灵活性。

隧道式干燥器的物料是从真空密封门进入，以同样方式从另一端卸出。这样隧道式干燥器就具有设备利用率高的优点，但不能同时生产不同的品种，且转换生产另一品种的灵活性小。

③ 连续式冷冻干燥设备

连续式食品冷冻干燥装置是一种性能先进的新型食品冻干装置，设备利用率高，适应性强。连续式冷冻干燥常见的有以下几种型式：旋转平板式冷冻干燥器［图 1-3-15（a）］、振（摆）动式冷冻干燥器［图 1-3-15（b）］、连续带式冷冻干燥器［图 1-3-15（c）］。旋转平板式冷冻干燥器的加热板绕轴旋动，转轴上有刮板将物料从板的一边刮到下一板的另一边，逐板下降，完成干燥。振动式冷冻干燥器内物料的运动是靠板的来回振动（水平面上稍倾斜）。此外还有沸腾床干燥器和喷雾干燥器，干燥过程物料颗粒被空气、氮等气体悬浮，且需在真空条件下干燥，其工业化成本仍比较高。

1.3.4　喷雾干燥

喷雾干燥是采用雾化器将料液分散成雾滴，并用热空气干燥雾滴而完成脱水干燥的过

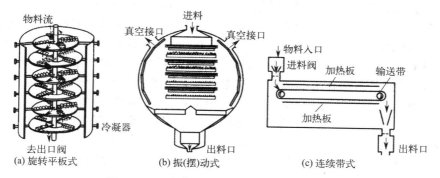

图 1-3-15　几种连续式冷冻干燥设备示意图

（a）旋转平板式　　（b）振（摆）动式　　（c）连续带式

程。用于喷雾干燥的料液可以是溶液、乳浊液或悬浮液，也可以是熔融液或膏糊液。干燥产品可根据生产要求制成粉状、颗粒状、空心球或团粒状。喷雾干燥方法常用于各种乳粉、大豆蛋白粉、蛋粉等粉体食品的生产，是粉体食品生产最重要的方法。

1.3.4.1　喷雾干燥原理

如图 1-3-16 所示，喷雾干燥是把料液送到喷雾干燥塔，空气经过滤和加热后作为干燥介质进入喷雾干燥室内。在喷雾干燥塔内，热空气与雾滴接触，迅速将雾滴中的水分带走；物料变成小颗粒下降到干燥室（塔）的底部，并从底部排出塔外。干热空气则变成湿空气，用鼓风机或风扇从塔内抽出；整个过程是连续进行的。

喷雾干燥过程主要包括：料液雾化为雾滴；雾滴与空气接触（混合和流动）；雾滴干燥（水分蒸发）；干燥产品与空气分离。

料液雾化的目的是将料液分散为雾滴，雾滴直径为 $20\sim100\mu m$，常用的雾化器有三种：气流式喷雾、压力式喷雾和离心式喷雾。气流式喷雾是采用压缩空气（或蒸汽）以很高的速率（300m/s）从喷嘴喷出，利用气、液两相间的速率差所产生的摩擦力，将料液分裂成雾滴。气流式喷雾动力消耗太大，较少用于大规模生产。在食品干燥中主要采用压力式喷雾和离心

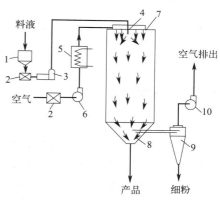

图 1-3-16　喷雾干燥工艺流程图

1—料液槽；2—过滤器；3—泵；4—雾化器；
5—空气加热器；6—风机；7—空气分布器；
8—干燥室；9—旋风分离器；10—排风机

式喷雾；压力式喷雾是采用高压泵（$0.17\sim0.34$MPa）将料液加压，高压料液通过喷嘴（直径为 $0.5\sim1.5$cm）时压力能转变为动能而高速喷出分散形成雾滴。压力式喷雾器的主要优点是结构简单，操作时无噪声，制造成本低，动力消耗小，大规模生产时可以采用。主要缺点是不适宜黏度高的胶状料液及有固相分界面的悬浊液的喷雾，喷嘴易磨损，易堵塞；离心式喷雾是料液在高速转盘 $5000\sim20000$r/min 或圆周速率为 $90\sim150$m/s 的转盘中受离心力作用从盘的边缘甩出而雾化。离心式雾化器的优点是料液通道大，不易堵塞，可适用于高黏度、高浓度的料液，操作弹性大。缺点是结构复杂，造价高，动力消耗比压力式大，只适用于顺流立式干燥设备。

在干燥室内，雾滴与空气的接触方式有并流、逆流、混合流三种，如图 1-3-17 所示。空气和雾滴的运动方向取决于空气入口和雾化器的相对位置。并流运动时空气和雾滴在塔内

均以相同方向运动，这种流向适用于热敏性物料的干燥，关键在于严格控制空气出口温度。在逆流干燥器中，由于气流向上运动，雾滴向下运动，延缓了雾滴或颗粒的下降运动，因而在干燥室停留时间较长，有利于颗粒的干燥；雾化的湿颗粒与部分干燥后下落并由上升气流带动的较轻颗粒接触，产生附聚，聚合的颗粒呈多孔性结构，产品的溶解性能较好，热利用率较高。但逆流干燥的干物料与高温空气相遇，只适用于非热敏性物料的干燥。空气-雾滴混合流运动时既有逆流又有并流的运动，例如喷嘴安装在干燥室下部或中上部向上喷雾，热风从顶部进入，雾滴先与空气逆流交换，使水分迅速蒸发，物料干燥到一定程度后又与已降温的空气并流向下运动，避免了物料的热变性，最后物料从底部排出，空气从底部的侧面排出。这种流向显著地延长了物料在塔内的停留时间，从而可降低塔的高度，适用于热敏性物料的干燥。

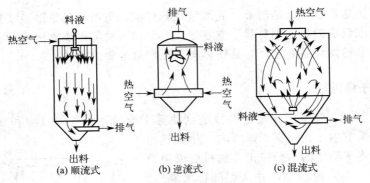

图 1-3-17　喷雾干燥室示意图

1.3.4.2　喷雾干燥的特点

（1）干燥时间短

喷雾干燥是将液态或浆状食品物料喷成 $10\sim60\mu m$ 雾状液滴，悬浮在热空气气流中进行脱水干燥的过程。雾滴具有极大的表面积，蒸发面积大，1L 料液可雾化成直径 $50\mu m$ 的液滴 146 亿个，总表面积可达 $5400m^2$，以这样大的表面积与高温热空气接触，瞬时就可蒸发 $95\%\sim98\%$ 的水分，因此干燥时间极短，一般在 $2\sim10s$ 内完成。

（2）干燥过程中液滴的温度较低

虽然干燥介质的温度较高，但液滴中含有大量水分时，其温度不会超过热空气的湿球温度，由于干燥迅速，最终产品温度也不高，因此非常适合热敏性物料的干燥。例如乳粉加工时热敏的维生素 C 损失率仅 5%。

（3）过程简单、操作方便，适于连续化生产

喷雾干燥通常适用于湿含量 $40\%\sim60\%$ 的溶液，特殊物料即使含水量高达 90% 也可不经浓缩一次干燥成粉状制品。干燥后的制品连续排料，结合冷却器和气力输送可形成连续生产线，有利于实现大规模自动化生产。

（4）工艺易调控，产品多样

物料干燥在干燥室内进行，容易通过改变操作条件以调节控制产品的质量指标（如粒度分布、最终湿含量等）。根据工艺上的要求，产品可制成粉末状、空心球状或疏松团粒状，一般不需要粉碎，即成产品，且具有较高的速溶性。

（5）干净卫生

操作可在密闭状态下进行，有利于保持食品卫生，减少污染。

喷雾干燥的主要缺点是单位产品耗热量大，设备的热效率低，一般热效率为30%～40%；介质消耗量大，如用蒸汽加热空气，每蒸发1kg水分需要2～3kg蒸汽；废弃中夹带约20%的微粒，需高效分离装置，设备投资较高。

1.3.4.3　喷雾干燥系统

（1）开放式喷雾干燥系统

如图1-3-18所示，开放式喷雾干燥系统是食品上应用最广泛的一种喷雾干燥系统。其特点是用热空气作为干燥介质，只经过干燥室一次，即携带水汽排放至大气中。该系统根据空气与干燥产品分离方法的不同，分为三种方式：有旋风分离器和湿式洗涤塔，可将物料量损失控制在25mg·m^{-3}以下；使用袋滤器，可将较细的粉料回收，漏入大气中的粉尘极少，一般小于10mg·m^{-3}；使用静片除尘器，适用于通过气体量大，要求压力降低的场合，其分离率也较高。该系统结构简单，适用于废气湿含量较高、不会引起环境污染的场合。食品工业中奶粉、蛋粉和其他许多粉末制品的生产都采用这种系统。缺点是载热体消耗量大。

（2）闭路循环式喷雾干燥系统

闭路循环式喷雾干燥系统流程如图1-3-19所示。一些特殊物料需采用惰性气体（如氮、二氧化碳等）为干燥介质，此干燥介质必须在系统中循环使用。物料所含溶剂在干燥室中蒸发后被惰性气体携带，在冷凝器中分离后再回到干燥室，形成循环流动。干燥室中排出的带有粉粒的尾气，经除尘设备回收粉粒后进入冷凝器，除去溶剂的气体经风机升压后被加热，再回到干燥室使用。整个系统为正压操作，防止环境空气进入系统。

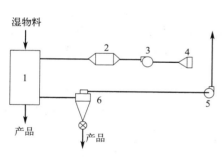

图1-3-18　开放式喷雾干燥系统流程

1—干燥器；2—加热器；3—风机；

4—空气过滤器；5—鼓风机；6—旋风分离器

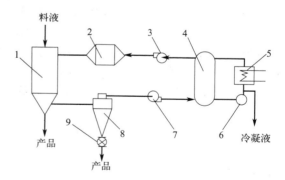

图1-3-19　闭路循环式喷雾干燥系统流程

1—干燥器；2—加热器；3—鼓风机；4—洗涤器；

5—冷却器；6—溶剂泵；7—引风机；

8—旋风分离器；9—出料阀

所谓特殊物料是指属于下列情况之一者：被干燥物料中含有有机溶剂；被干燥的物料有毒或有臭味；粉尘在空气中会形成爆炸混合物；产品与氧气接触会发生氧化而影响产品质量。

（3）半封闭循环式喷雾干燥系统

半封闭循环式喷雾干燥系统流程如图1-3-20所示，干燥介质为空气，在系统中有一个温度较高的直接加热器，能将混合在干燥介质中的臭气排入大气之前烧掉，防止对大气产生污染。这种系统多用于处理活性物质或干燥含水、有臭味但干燥产品没有爆炸或着火危险的物料（如单细胞、酵母等）。系统在微真空下操作，设有一个压力平衡装置。

（4）喷雾干燥的组合

喷雾沸腾干燥系统是在不断要求提高产品质量和较高的热利用率情况下发展起来的，实际上是将喷雾干燥和流化床干燥相结合的系统。它是利用雾化器将溶液雾化后喷入流化床，借助干燥介质和流化介质的热量使水分蒸发、溶质结晶和干燥等工序一次完成。一部分雾化的溶液在流化床蒸发结晶，形成新的晶种，另一部分在雾化过程中尚未蒸发的溶液与原有结晶颗粒接触而涂布于其表面使颗粒长大并进一步得到干燥，形成粒状制品。这种系统具有体积小、能量消耗较低、生产效率高等优点，产品具有"速溶"性能，常用于速溶乳粉的生产。

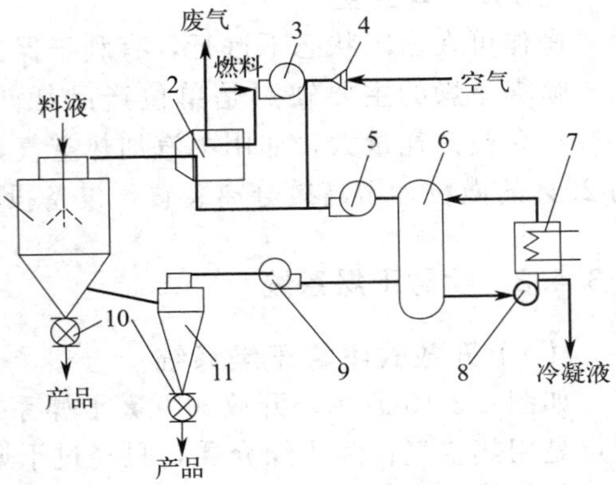

喷雾干燥与附聚造粒系统是通过附聚作用，制成组织疏松的大颗粒速溶制品的系统。附聚

图 1-3-20　半封闭循环式喷雾干燥系统流程

1—干燥器；2—加热器；3，5—鼓风机；4—过滤器；6—洗涤冷凝器；7—冷却器；8—泵；9—引风机；10—出料阀；11—旋风分离器

的方法有再湿法和直通法。再湿法是使已干燥的粉粒和湿空气（或蒸汽）接触，逐渐附聚成为较大的颗粒，然后再度干燥而成为干制品。如图 1-3-21 所示，把需要附聚的细粉送入干燥器上方的附聚管内，用湿空气（或蒸汽）沿切线方向进入附聚管旋转冷凝，使细粉表面润湿发黏而附聚。附聚后的颗粒进入干燥室进行热风干燥，然后进入振动流化床冷却成为制品。流化床和干燥器内达不到要求的细粉汇入基粉重新附聚。再湿法是目前改善干燥粉粒复水性能最为有效、使用最为广泛的一种方法。直通法不需要使用已干燥粉粒作为基粉进行附聚，而是调整操作条件，使经过喷雾干燥的粉粒保持相对高的湿含量（6%～8%，湿基）。在这种情况下，细粉表面自身的热黏性促使其发生附聚作用。用直通法附聚的颗粒直径可达 $300～400\mu m$。附聚后的颗粒进入两端振动流化床，第一阶段为热风流化床干燥，使其水分达到所要求的含量；第二阶段为冷却流化床，将颗粒冷却成为附聚良好、颗粒均匀的制品。在输送过程中，细的粉末以及附聚物破裂后产生的细粉与干燥器主旋风分离器收集的细颗粒一起返回到干燥室，重新湿润、附聚、造粒。如图 1-3-22 所示。

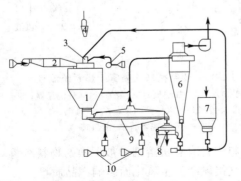

图 1-3-21　喷雾干燥与附聚造粒系统（再湿法）

1—干燥塔；2—空气加热器；3—附聚管；4—离心式雾化器；5—湿热空气；6—旋风分离器；7—基粉缸；8—成品收集器；9—振动流化床；10—冷空气

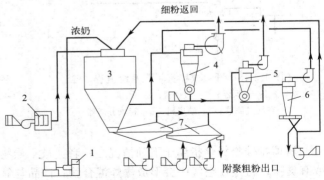

图 1-3-22　带有直通式速溶机的喷雾干燥设备流程

1—供料泵；2—空气加热器；3—喷雾干燥塔；4～6—旋风分离器；7—流化床

1.3.5　其他干燥方式

1.3.5.1　微波干燥

　　微波干燥就是利用微波加热的方法使物料中水分得以脱除，是一种内部加热的方法。湿物料处于振荡周期极短的微波高频电场内，其内部的水分子会发生极化并沿着微波电场的方向整齐排列，之后迅速随高频交变电场方向的交互变化而转动，并产生剧烈的碰撞和摩擦（每秒可达上亿次），结果一部分微波能转化为分子运动能，并以热量的形式表现出来，使水的温度升高而离开物料，从而使物料得以干燥。也就是说，微波进入物料并被吸收后，其能量在物料电介质内部转换成热能。因此，微波干燥是利用电磁波作为加热源，被干燥物料本身为发热体的一种干燥方式。

　　微波干燥器的类型很多，按其工作性质和适用的食品可分成谐振腔型、波导型、辐射型及漫波型四种类型，如图 1-3-23 所示。当待干物料的体积较大或形状较复杂时，应选用隧道式谐振腔型加热器；土豆片之类的薄片状食品的干燥可采用波导型加热器或漫波型加热器；对于液体或浆质状食品的干燥，可用管状波导加热器；而对于小批量生产或实验性的干燥，则可用微波炉。

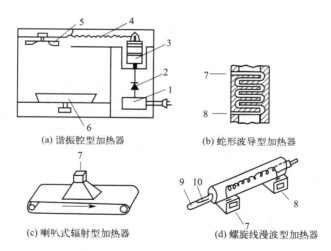

(a) 谐振腔型加热器　　　　(b) 蛇形波导型加热器

(c) 喇叭式辐射型加热器　　　(d) 螺旋线漫波型加热器

图 1-3-23　微波干燥器类型示意图

1—变压器；2—整流器；3—磁控腔；4—波导；5—搅拌器；
6—旋转载物台；7—微波输入；8—输出至水负载；9—传送带；10—食品

　　微波加热的特点：

　　① 加热效率高，节约能源。微波可直接使食品内部介质分子产生热效应，只作用于被加热体，不需要传热介质，因此微波能的加热效率比其他加热方法要高，仅消耗部分能量在电源及产生微波的磁控管上。

　　② 加热速度快，易控制。微波不仅能在食品表面加热，而且能够穿透入食品内部，并在内部迅速产生热量，使食品整体热量传递快。微波加热一般只需常规法 1%～10% 的时间就可完成整个加热过程，而且只要切断电源，马上可停止加热，控制容易。

　　③ 利用食品成分对微波能的选择吸收性，达到不同微波干燥目的。如干制食品的最后阶段，由于物料主要成分对微波的吸收比较小，物料本身升温较慢，但物料中的害虫、微生物一般含水分较多，介质损耗因子较大，易吸收微波能，可使其内部温度急升而被杀死。如

果控制得当，既可达到杀菌、灭虫的效果，又可保持物料的原有性质。微波还可用于不同干制食品的水分调平，保证产品质量一致。

④ 有利于保证产品质量。微波干燥所需的时间短，无外来污染物残留，因此能够保持加工品的色、香、味等，营养成分破坏较小。

⑤ 微波加热设备体积较小，占用厂房面积小。

⑥ 耗电量较大，干燥成本较高。

1.3.5.2　红外线干燥及远红外线干燥

红外线干燥及远红外线干燥也称热辐射干燥，是由红外线（包括远红外线）发生器提供的辐射能进行的干燥。红外线发生器有红外线灯泡、金属加热管、碳化硅电热管、煤气红外辐射管等高温辐射器，它们可以发出由不同波长范围及密度的电磁波。红外线是指波长为 $0.76\sim1000\mu m$ 的电磁波，因波长不同而有近红外和远红外之分，但它们加热干燥的本质完全相同。

红外线干燥的基本原理为：红外线辐射器所产生的电磁波，以光的速度直线传播到达被干燥的物料，当红外线或远红外线的发射频率和被干燥物料中分子运动的固有频率（也即红外线或远红外线的发射波长和被干燥物料的吸收波长）相匹配时，物料内分子会因强烈振动引起激烈摩擦而产生大量热量，从而达到干燥的目的。

图 1-3-24 是远红外线干燥器的示意图。待干燥食品依次通过预热装置、第一干燥室、第二干燥室，不断地吸收红外线而被干燥。

红外线干燥的主要特点是从红外发射器发出的能量直接被干燥物料表面吸收，周围的空气不被加热而且物料温度不受周围空气温度的影响，使得该技术具有干燥速度快的特点，其干燥时间仅为热风干燥的 $10\%\sim20\%$，因此生产效率较高；此

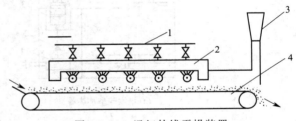

图 1-3-24　远红外线干燥装置
1—预热装置；2—第一干燥室；3—第二干燥室；
4—红外加热元件

外，由于物料表层和内部同时吸收红外线，因而干燥较均匀，干制品质量较好；红外线干燥设备结构简单，体积较小，成本也较低。

其他还有超声波干燥、热泵干燥、膨化干燥、RW 干燥、静电场干燥、气体射流冲击干燥、过热蒸汽干燥、卤素干燥、渗透干燥。

（1）超声波干燥

超声波是频率大于 20kHz 的声波，是在介质中传播的有弹性的机械振荡。超声波与介质相互作用产生的热效应、机械效应和空化效应会强化物料的干燥过程。

① 热效应

超声波在物料中传播产生的振动能量不断被物料吸收，从而使被干燥物料温度升高，干燥过程加快。

② 机械效应

超声波的辐射压强和强声压强作用于物料，对物料反复压缩和拉伸，使物料不断收缩和膨胀，当这种结构效应产生的作用力大于水分表面附着力时会促进物料的水分脱除。同时，超声波在固-液界面和气-固界面产生的剧烈扰动有利于形成微小管道，降低边界层的扩散，

促进水分的迁移。

③ 空化效应

超声波在液体中传播时，形成的空化泡在超声波作用下不断生长，最终崩裂并在局部微小区域产生瞬时高温高压，并伴有强烈的冲击波和速度高达 400km/h 的微射流，这种现象被称作空化效应。空化效应产生的冲击波会引起水分子湍流扩散，靠近固体表面产生的微射流会造成水分子与固体表面分子间结合键的断裂，有利于除去与物料紧密结合的水分，因此空化效应是超声波干燥的主要效应。

用声波来干燥食品常结合其他干燥方法。利用热空气和强大的低频声波在干燥室内与湿物料接触，几秒内即可达到干燥要求，其干燥速率比常规喷雾干燥、真空干燥的速率高 3～10 倍，节约燃料 50％。适用于热敏性和易吸湿性或含脂肪高的食品物料的干燥。

（2）热泵干燥

热泵是由压缩机、蒸发器、冷凝器和节流阀等组成的闭路循环系统，如图 1-3-25 所示。干燥室中的湿热空气进入蒸发器中，热泵系统内循环的工作介质在此蒸发，吸收热量，湿热空气在蒸发器表面被冷却，因空气的温度降至露点以下而被干燥，然后进入冷凝器。被加温的工作介质经热泵高压压缩为液体，同时放出大量相变热，这部分热量在冷凝器中对低温的干燥空气实施加热，达

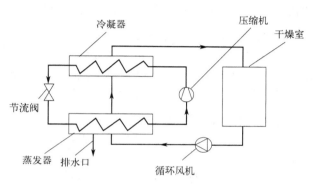

图 1-3-25　热泵干燥系统原理图

到一定温度后重新进入干燥室干燥物料；液化后的热泵工作介质经节流阀再次回到蒸发器内。

传统的干燥技术在排放湿热空气时浪费了大量热量，而通过热泵系统的二路循环，空气实现了循环利用，有显著的节能效果。

（3）膨化干燥

膨化干燥系统主要由压力罐和真空罐组成，真空罐的体积是压力罐体积的 5～10 倍。食品物料经预干燥至水分含量 15％～25％后，将物料置于压力罐内，通过加热使物料内部水分不断蒸发，罐内压力上升至 40～480kPa，物料温度大于 100℃，处于过热状态，迅速打开连接压力罐和真空罐（真空罐已预先抽真空）的减压阀，压力罐内瞬间降压，使物料内部水分发生闪蒸现象，导致物料表面形成均匀的蜂窝状结构。在负压下维持加热脱水至所需水分，停止加热，使加热罐冷却至外部温度时开盖破除真空即完成干燥。采用膨化技术生产的食品具有蜂窝状结构，产品质地松脆，复水性好，能最大限度地保持原料的色泽、风味和营养成分，而且比传统干制方法节约能源，缩短干制时间。

（4）RW 干燥

RW（refractance window）干燥是美国 MCD 科技公司 1990 年研究开发的一种新的脱水干燥技术，它属于传导、辐射和薄层相结合的干燥方式。RW 干燥采用循环热水作为热源，湿物料被喷涂到聚酯薄膜传送带上，传送带以设定速率运转，热水的红外能量透过传送带进入湿物料，湿物料中的水分因此被加热蒸发并被抽气扇排走。物料的干燥速率取决于物料的厚度、含水量、循环热水温度和排风速率。在干燥传送带末端再通过低温水冷却，有助于物料从传送带上被移除，还可以减少温度对产品质量的影响。RW 干燥设备简单、成本

低、节能，与滚筒干燥相比，能明显降低干燥温度，适于不能进行喷雾干燥、需要在较低温度下干燥的热敏性高的浆状物料的干燥，如果浆和蔬菜泥等。

（5）静电场干燥

日本学者浅川在研究高压静电场时发现，经高压静电场处理后水的某些性质会发生变化，在高压电场中，水的蒸发变得非常活跃，施加电场后水的蒸发速度明显加快，并证实电场的耗电量很小，这便是"浅川效应"。静电场干燥则是通过不均匀电场的作用，在电场的作用下，水分子被拉到物料表面，该过程没有传热过程，因此物料不会升温。更为重要的是，电晕放电可以在常温和常压下产生，在促进水分蒸发的同时还具有良好的节能效果。通过对各类物料包括蔬菜、中药材、生物材料、乳制品等的干燥研究，发现静电场不仅可以提高干燥速率、节省能源，而且对产品质量没有不良影响，同时具有热风干燥和真空冷冻干燥的优点，在干燥过程中物料温度低，能量消耗小，很适合热敏性物料的干燥。

（6）气体射流冲击干燥

气体射流冲击干燥是利用一个或多个蒸汽喷嘴向物料表面垂直喷射气流促使物料水分蒸发的一种干燥技术。干空气和过热蒸汽是射流干燥中最主要的两种干燥介质。射流干燥速率快，但蒸汽容易引起物料质地的变化，影响感官品质。

（7）过热蒸汽干燥

过热蒸汽干燥是一种以过热蒸汽直接与湿物料接触而除去水分的干燥方式。以水蒸气作为干燥介质，干燥机排出的废气全部是蒸汽，利用冷凝的方法可以回收蒸汽的潜热再加以利用。过热蒸汽干燥的优点是干燥介质消耗少、能耗低，干燥时间短，物料收缩变形小，色泽和营养成分变化少，复水性好。

（8）卤素干燥

卤素干燥是在红外干燥的基础上发展起来的。卤素灯加热提供了近似的红外辐射（波长 $0.7\sim5\mu m$），比发射中波红外线典型的红外源的穿透深度大。在烤箱中用卤素灯加热，辐射主要集中在食品的表面，这样有助于从表面移走水分，防止了干燥产品的返潮。将卤素灯-微波干燥相结合，微波干燥省时、卤素灯加热表面，使水分迁移，是一项很有前景的干燥技术。

（9）渗透干燥

渗透干燥是在一定温度下将食品物料尤其是果品蔬菜浸入到高渗透压溶液中除去部分水分的方法。渗透干制常用的高渗透压溶液为糖溶液或盐溶液，一般水果常用糖溶液，蔬菜常用盐溶液。当果蔬处于高渗透压溶液中时，在压力差的作用下，果蔬中的水分会通过细胞膜进入溶液中，溶液中的溶质糖或盐也会通过细胞膜进入果蔬组织内。渗透干制只能脱去果蔬中的部分水分，只能作为脱水果蔬加工的一种前处理方式，需要与微波或热风干制结合才能达到干制效果。

思考题

1. 食品干制保藏的原理是什么？
2. 试述食品干燥过程的湿热传递以及影响干燥速率的因素。
3. 食品在干制过程中主要发生哪些变化？
4. 比较不同食品干制方法的特点。

第2章

食品的冷冻

学习目标：掌握食品冷冻保藏原理；掌握食品冻结过程；掌握冻结和冻藏对食品品质的影响；了解食品的冻结方法及装置。

2.1 食品冷冻保藏原理

新鲜食品在常温下长时间贮存后，会发生腐烂变质，其主要是由微生物的生命活动、食品中酶所进行的生化反应及非酶引起的氧化反应所造成的。温度是影响这些作用的重要因素之一，冷冻抑制了微生物和酶的作用，降低了非酶因素引起的氧化反应速率，可以更长时间地保持食品原有的品质。

食品冷冻就是采用降低温度的方式对食品进行加工和保藏的过程。根据降低温度的程度，将温度在 0～8℃ 的加工称为冷却或冷藏，而温度在 -1℃ 以下的加工称为冷冻。

2.1.1 冷冻对微生物的影响

一般微生物的生长温度范围在 -10～100℃，有些微生物在 -30℃ 或 >100℃ 的环境中仍可存活。但是，任何微生物都有其生长和繁殖所需的最适温度范围，高于或低于最适温度范围都会影响微生物的生长，甚至导致微生物死亡。

根据最适生长范围，可将微生物分为嗜热菌、嗜温菌和嗜冷菌三大类。在冷冻和冻藏实际过程中，嗜冷菌和嗜温菌是影响冷冻食品品质的主要菌群。大多数嗜冷菌可以在 -7～-5℃ 生长，但很少可以在 -10℃ 存活。这类微生物的世代时间通常较长（8～9d），很难在冷冻过程（10～90min）中繁殖。一般情况下，革兰氏阳性球菌会比革兰氏阳性杆菌对冷冻的抵抗力更强。酵母菌和霉菌会比细菌更耐低温，有些在 -12～-8℃ 下依然可以活动。大多数细菌孢子和致病菌产生的毒素并不会因为冷冻而失去活性。低温对于微生物有特殊的影响，长期处在低温下的微生物能产生新的适应性，这是由于长期自然选育后形成了能适应低温的新菌种。

随着温度降低，微生物体内代谢酶的活性下降，导致物质代谢过程中各种生理生化反应减缓，微生物的生长繁殖速度下降。在正常情况下，微生物细胞内各种生理生化变化总是保持协调一致的。各个生化反应都有各自的温度系数 Q_{10}，这会导致降温时各个反应减慢程度各不相同，破坏了原有反应的协调一致性，影响了微生物的正常机能。温度越低，失调程度越大，进而破坏了微生物细胞正常的新陈代谢，导致其生命活动受到抑制甚至达到完全终止的程度。降温还会导致微生物细胞内原生质黏度增大，胶体吸水性下降，蛋白质分散度改变，进一步发生不可逆的蛋白质变性，影响其正常的物质代谢，使细胞受到了严重损害。冷冻时，微生物细胞内的原生质或胶体会因介质中形成的冰晶体而发生脱水，导致细胞内溶质浓度增加引起蛋白质变性。微生物失去了水分，生命活动受到了抑制，同时冰晶体的形成还会使细胞受到机械性的损伤。另外，冷冻降低了细胞质膜的流动性，不利于细胞内外物质交换，进而影响微生物生长繁殖。这些原因都导致了微生物在冷冻条件下生长繁殖受到抑制，甚至导致其死亡。

在食品冻结和冻藏过程中，微生物的死亡率与介质温度、降温速率、水分存在状态、食品成分、贮藏期等多种因素相关。

（1）介质温度

在冻结点或冻结点以上，对冷敏感的微生物的活动受到抑制，甚至死亡，但可以适应低温的某些微生物将继续繁殖，也会导致食品变质。在稍低于生长温度或冻结点温度（$-12\sim -2℃$）时对微生物的存活威胁影响较大，尤其是$-5\sim -2℃$的温度对微生物的致死效果最显著。而温度下降至$-25\sim -20℃$时，微生物细胞内所有代谢活动几乎全部停止，胶体变性也变为缓慢，导致微生物的死亡速率反而降低了。

（2）降温速率

在冻结点以上的温度范围内，降温速率越快，微生物死亡率越高。这是因为急速的降温破坏了微生物细胞正常生理生化反应的协调一致性。在冻结点以下，降温速率越慢，微生物的死亡率越高。这是因为在缓冻时，温度处于微生物死亡威胁温度范围内时间较长，且形成的冰晶体数量少而大，对细胞产生严重的破坏作用，加速了蛋白质的变性，微生物的存活率低；而在速冻时，在微生物死亡威胁温度范围内停留时间较短，且形成的冰晶小而均匀，在较长的时间内对细胞的影响不大，死亡率反而下降。一般缓冻可使原菌数 $70\%\sim 80\%$ 的微生物死亡，而速冻在 50% 左右。

（3）水分存在状态

游离水多时形成的冰晶大，对细胞的损伤大；而结合水多时，不易冻结，形成的冰晶小，对细胞的损伤小。急速降温时，结合水易迅速转化为过冷态，不结晶而成为固态玻璃体，避免了细胞因冰晶体而受到破坏。比如细菌和霉菌的芽孢中水分含量低，且结合水所占比例较大，冻结时介质极易进入过冷状态，不形成冰晶体，有利于保持细胞内胶质体的稳定性，从而使芽孢在冷冻下的稳定性高于生长细胞。

（4）食品成分

低 pH 值和高水分含量，可加快冷冻时微生物的死亡，而食品中糖、盐、蛋白质和脂肪等成分对微生物有保护作用。但是，盐浓度过高会导致细胞胶体渗透脱水，并会加剧缓冻对微生物细胞的破坏作用。

（5）贮藏期

理论上，冷冻食品中的微生物会随着贮藏期的延长而减少，但贮藏温度越低，微生物数量下降减慢，有时甚至保持恒定。贮藏初期，微生物死亡率最高，之后死亡率开始下降。贮藏期间温度变化也会影响微生物的正常代谢，温度变化频率越大，微生物受到的损伤越大，但会使食品的品质发生不良变化。

冷冻并不像高温杀菌处理，不能杀死全部微生物，只能抑制存活微生物的生长繁殖，一旦温度恢复到适宜范围，微生物可以继续生长并恢复代谢。因此想要避免微生物引起冷冻食品的腐败变质，食品冻结前要尽可能减少细菌污染，并贮藏在稳定的低温环境中，这样才能保证冷冻食品的质量。

2.1.2　冷冻对酶活性的影响

食品中很多反应都需要酶的参与，而温度对于酶的活性有着重要影响。酶在作用时，需要在比较温和的条件下进行，30～50℃为大多数酶的最适温度。高于或低于最适温度都会影响酶的活性，进而降低酶促反应速率。在冷冻条件下，酶的作用对于食品质量的影响相对较大，而微生物和氧化作用相对较小。

酶的活性因温度而发生的变化常用温度系数 Q_{10} 来表示，它表示温度每增加 10℃ 时因酶活性变化所增加的化学反应率。大多数酶活性反应在 2～3 范围内，即温度每下降 10℃，酶活性就会降低 1/3～1/2。温度系数越高，低温下贮藏效果越好。因此，降温能够降低酶促反应的速率，延缓食品的腐败变质。

低温可以抑制酶的活性，但不能像高温一样使酶失活，低温并不能完全阻止酶的作用，长期冻藏的食品质量可能会因为某些酶在低温下仍有一定的活性而下降。例如，脱氢酶的活性会因冷冻受到强烈的抑制，而转化酶、酯酶、脂肪氧化酶甚至在极低温状态下还具有微弱的活性。例如胰蛋白酶在 −30℃ 下仍有微弱的活性，脂肪酶在 −20℃ 下仍可以引起脂肪缓慢分解。因此，冷冻食品的贮藏温度应根据食品中酶的种类和组成成分而定。大多数食品在 −18℃ 下贮藏时，90% 以上的水都变成冰，酶活性受到较强的抑制，贮藏数周或数月都是安全的；而对于不饱和脂肪酸含量较高的多脂鱼类等食品，贮藏温度一般是在 −30～−25℃，营养价值较高的金枪鱼则需在 −30℃ 以下贮藏，从而减缓因酶促反应而造成的衰败。

冷冻降低了酶、底物和缓冲体系的解离作用，系统的 pH 和酶的最适 pH 可能也会发生变化。降温时由于水不完全冻结造成的浓缩效应会增加细胞内电解质的浓度，使 pH 发生变化。冻结速率也会影响非冻结水的体积和其中溶质的浓度，进而影响酶活性。

因冷冻不能破坏酶的活性，当冷冻食品解冻时，随着温度的升高，仍保持活性的酶将重新活跃起来，甚至活性急剧增加，加速食品的腐败变质。为了将酶对冷冻食品冻结、冻藏和解冻过程中的不良影响降到最低，食品冻结前可采取热烫处理钝化酶的活性，然后再进行冷冻，进一步延缓了冷冻食品的变质。

2.1.3　冷冻对氧化反应的影响

引起食品腐败变质的化学反应并非全都由于酶的作用，如非酶褐变、脂肪氧化等化学反应。非酶褐变主要是氨-羰反应，包括美拉德反应、维生素 C 的氧化及叶绿素脱镁反应等引起的褐变，导致食品在贮藏期间色泽变化、风味下降、营养降低，尤其是果蔬类制品。脂肪氧化主要发生在一些多不饱和脂肪酸含量高的食品中，脂肪氧化会令食品产生令人不愉快的哈喇味，严重影响食品品质。冷冻可有效地减缓氧化反应速率，但不能完全抑制，冻藏期间氧化反应仍在缓慢发生，引起食品品质下降。

2.2　食品冻结的基本原理

食品冻结是指将食品温度降低到冻结点以下的过程。一般要求食品的中心温度降至

−15℃或以下。在冻结过程中，食品中的大部分水分形成冰晶体，降低了微生物生长繁殖和生理生化反应所需的游离水含量，从而延缓了食品的腐败。食品冻藏就是将食品冻结后，然后在能保持食品冻结状态的温度下贮藏的保藏方法。常用的冻藏温度为−23～−12℃，−18℃为最适用冻藏温度。

2.2.1　食品的冻结过程

2.2.1.1　食品的冻结点

冻结点是指一定压力下液态转向固态的温度点，也可称为冰点。水的冻结点是0℃，当水中溶入糖、盐等非挥发性物质时会导致水的冻结点下降。食品成分复杂，含有大量的有机化合物和无机化学物，包括水、盐、糖及复杂的蛋白质，因此食品的冻结点会低于水的冻结点0℃。由于食品中水分含量和溶质的种类及浓度不同，食品的冻结点也不尽相同，见表2-2-1。实际上一些食品的冻结点多以一个温度范围表示。

表 2-2-1　一些食品的冻结点和水分含量（刘雄和韩玲，2017）

食品种类	水分含量/%	冻结点/℃	食品种类	水分含量/%	冻结点/℃
牛肉	71.6	−1.7～−0.6	葡萄	81.5	−2.2
猪肉	60	−2.8	苹果	87.5	−2
鱼肉	70～85	−2～−0.6	橘子	88.1	−2.2
蛋清	89	−0.45	香蕉	75.5	−3.4
蛋黄	49.5	−0.65	青豆	73.4	−1.1
干酪	55	−8	菠菜	90.2	−0.9～−0.56

食品冻结点的高低，不仅受水分含量的影响，还受溶解于水中的溶质的影响。根据乌拉尔定律第二法则，溶液冻结点降低与溶质浓度成正比，每增加1mol/L溶质，冻结点下降1.86℃。一般食品中水分含量越低，糖、无机盐等溶质浓度越高，其冻结点越低。随着冻结的过程而导致的细胞内溶质的浓缩效应，其冻结点还会继续下降，直至所有的水分都冻结，溶液中溶质、水（溶剂）达到共同固化，此时的温度称为低共熔点或冰盐冻结点。

2.2.1.2　冻结曲线

食品的冻结曲线通常是指在冻结过程中食品温度与时间变化的曲线。该曲线一般是指食品热中心的温度的变化曲线，食品热中心即冻结过程中食品内部温度最高的坐标点。

食品的冻结曲线会因食品中的化学成分及冻结速率等因素发生变化，但总体相似，在冻结过程中，可将冻结曲线的过程分为3个阶段（图2-2-1）。

第一阶段（A→B）：食品的温度从初温开始降温，达到过冷点S，因冰晶开始形成，释放的相变热使温度迅速回升到冻结点B。这个阶段食品所放出的热量是显热，且降温速度快。

第二阶段（B→C）：食品的温度从冻结点降至−5℃左右时，大约3/4的水分冻结成冰，生成冰晶体，放出大量相变热，因热量不能及时导出，降温速度下降，冻结曲线趋于平坦。食品热中心温度下降至−5～−1℃

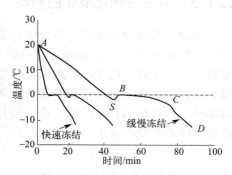

图 2-2-1　不同冻结速率的食品冻结曲线

左右时，食品中的水分大量形成冰晶，故将此温度范围称为最大冰晶生成带。最大冰晶生成带对食品的质量有很大的影响，此间大量生成的冰晶机械压迫细胞组织，使冻结食品受到机械损伤。通过最大冰晶生成带的时间越长，生成的冰晶体越大且分布不均，食品受到机械损伤越严重。此外，食品中的一些降低品质的变化，如鱼中肌球蛋白变性作用，发生变化速度最快的温度区间恰好处于最大冰晶生成带。因此要加快冻结速度，迅速通过最大冰晶生成带。

第三阶段（$C \rightarrow D$）：食品的温度继续下降到生产所需的冻结终温，食品内部尚未冻结的水继续结冰，同时冰晶体可去除一定量的热能。这个阶段，水变成冰后比热容下降，冰进一步降温的显热减少，但因尚未冻结的水结冰时释放出冻结潜热，使降温速度加快，但不及第一阶段。此时样品中仍有一些可冻结的水分，只有当温度降低至低共熔点时，所有自由水分才会全部冻结。

2.2.1.3　冻结速率

食品冻结过程中，冻结速率的大小不仅决定冻结时间，还对食品的品质也有很大的影响。冻结速率与冻结物料的特性和表示的方法等有关，用于表示冻结速率的方法有以下几种。

（1）时间-温度法

在降温过程中，一般以食品热中心的温度表示食品物料的温度。对于成分均匀且几何形状规则的食品，热中心就是其几何中心。但由于在整个冻结过程中食品物料的温度变化相差较大，选择的温度范围一般是最大冰晶生成带，常用食品热中心的温度从 $-1℃$ 降低到 $-5℃$ 所需时间来表示冻结速率。若少于 30min，称为快速冻结；大于 30min，称为缓慢冻结。该表示方法使用方便，多应用于肉类冻结。这种方法的缺点是未考虑食品物料的形态、几何尺寸和包装情况对温度分布带来的影响，而且有些食品物料的最大冰晶生成带较宽，甚至可延伸至 $-15 \sim -10℃$，所以在用该方法时一般还应标注样品的大小等。

（2）冰峰前进速率

冰峰前进速率是指单位时间内 $-5℃$ 的冻结层从食品表面伸向内部的距离，单位为 cm/h。常称为线性平均冻结速率、冻结速率。这种方法最早由德国学者普克提出，将冻结速率（v）分为三级：快速冻结，$v \geqslant 5 \sim 20$cm/h；中速冻结，$v = 1 \sim 5$cm/h；缓慢冻结，$v = 0.1 \sim 1$cm/h。这种方法的缺点是实际应用中较难，而且不能应用于冻结速率很慢以至产生连续冻结界面的情况。

（3）国际制冷学会冻结速率的定义

国际制冷学会（International Institute of Refrigeration，IIR）冻结速率的定义：食品表面与中心温度点间的最短距离与食品表面达到 0℃ 后食品中心温度降至比食品冰点低 10℃ 所需时间之比，该比值就是冻结速率 v，单位为 cm/h。当冻结速率大于 0.5cm/h 时视为速冻。该划分规则考虑到食品外观差异、组成分不同、冰点不同，其中心温度计算随不同食品的冰点而变。按照 IIR 的定义，一般通风冷库的冻结速率为 0.2cm/h 左右，送风冻结器的冻结速率为 $0.5 \sim 3.0$cm/h，单体快速冻结的冻结速率可达 $5 \sim 10$cm/h，超快速冻结的冻结速率达 $10 \sim 100$cm/h。

（4）其他方法

冻结食品物料的外观形态，包括冻结界面（连续或不连续）、冰结晶的大小尺寸和冰结晶的位置等也可以反映冻结速率。快速冻结的界面不连续，冻结过程中食品物料内部的水分转移少，形成的冰结晶细小而且分布均匀；缓慢冻结可能产生连续的冻结界面，冻结过程中食品内部有明显的水分转移，形成的冰结晶粗大而且分布不均匀。

通过热力学的方法可以相当准确地测定单位时间内单位食品物料中冰结晶的生成量，以此表示冻结速率。但此方法不适用于快速冻结和需要有很多前处理的情况。

冻结速率与冰晶分布关系密切。冻结过程中冻结速率越慢，水分重新分布越显著。缓慢冻结会使细胞间隙中的水分因温度低而先结晶，细胞内的水分在蒸气压的作用下向冰晶移动，形成体积大而数量少的柱状或块粒状的冰晶，且分布不均匀，破坏了食品组织复原性。冻结过程中冻结速度越快，水分重新分布的现象越不显著。快速冻结会使组织内的热量迅速向外扩散，细胞内外同时达到形成晶核的条件，并且形成的冰晶体大多为数量多、体积小的针状或杆状冰结晶，分布均匀。在冻结每 $0.03mm^2$ 的猪肉肌肉切片中发现，缓慢冻结猪肉的冰晶数为 15～25 个，颗粒直径在 7～13.6μm 范围内；而快速冻结猪肉的冰晶数为 28～30 个，颗粒直径最大为 12.5μm，最小为 6μm 以内。

冰晶的大小对冻结食品的品质有很大影响，因食品的类型而有所差异。植物性食品，尤其是果蔬类因其体内较高的水分含量和较易破碎的细胞壁，受冻结速率影响较大；动物性食品，如家禽、猪肉等因其含水量较低，只有韧性较好的细胞膜，没有细胞壁，受到冻结速率的影响相对较小。

2.2.2　影响冻结速率的因素

食品冻结速率受热驱动力和热阻力这两个变量的影响较大。热驱动力就是冷却介质和食品间的温度差，与冻结速率呈正比关系；热阻力取决于空气流速、食品厚度、系统几何特性、食品组成成分等因素，与冻结速率呈反比关系。

2.2.2.1　食品组成成分

食品组成成分具有随温度不同而变化的导热性质。在其他条件不变的情况下，导热系数越大，冻结速率越快。食品冻结前后导热性会发生明显变化，冰的导热系数 [2.324W/(m·K)] 约为水的导热系数 [0.604W/(m·K)] 的 4 倍，当食品冻结时，食品的导热系数迅速提高，冻结速率也会发生变化。脂肪的导热系数 [0.15W/(m·K)] 小于水的导热系数，而空气的导热系数为 0.066W/(m·K) 远比水或脂肪低得多。因而冻结脂肪含量高和空气夹带量高的食品时，冻结速率势必比较缓慢。食品的物理结构也有可能影响冻结速率的快慢，即使组成成分相同但物理结构不同的两种食品，其导热系数也并不一定相同。如有两种均含有 50％水分和 50％脂肪的食品，但是一种是水包油乳化液，而另一种是油包水乳化液。水包油乳化液中水是连续相，而油包水乳化液中油是连续相，所以前者的导热系数应比后者大。在条件相同的情况下，前者的冻结速率将比后者快。同样地，对于呈现一定结构状态的分割肉，其导热系数也不尽相同。肉中脂肪层和肌肉纤维的定位方向与热的移动方向，呈平行方向时，导热系数大；呈垂直时，导热系数小。

2.2.2.2　冷却介质的温度

在相同条件下，冷却介质的温度越低，冻结速率越快。但需要注意的是，冷却介质温度越低，制冷设备为制冷消耗的能量也越大，且冷却介质温度下降的程度与冻结速率的升高程度并不成比例，尤其是在 $-46℃$ 以下，随着温度的下降，冻结速率增幅率变慢。所以，综合经济层面，应选择合适的冷却介质温度。实际生产中常采用的传热介质温度为 $-40 \sim -30℃$。另外，在强制送风连续式冻结装置中，结霜会导致冷却介质温度升高，实际生产中应及时除霜，并尽量避免温度波动从而减少结霜。

2.2.2.3　空气流速

一般情况下，空气的流速越快，冻结速率越快。有研究显示，在 $-30℃$ 的静止空气中，青豆的冻结时间约为 2h，若将空气流速增加到 4.5m/s，则冻结时间只需 10min。增大空气流速可加速带走冻结食品表面的热量，保持冷冻介质与食品之间较大的温差，进而提高冻结速率。但是，冻结速率与空气流速之间的变化并不呈现线性关系。另外，空气流速的增加会增大食品干耗，从经济方面考虑，确定适宜的空气流速是必要的。

2.2.2.4　食品厚度

在相同条件下，食品越厚，冻结速率越容易减慢。在良好的传热条件下，冻结时间与食品厚度的平方成正比。食品厚度减少，可缩短食品表面到热中心的距离，进而缩短了冷冻时间，提高了冷冻速率。特别值得注意的是，食品厚度不同，空气流速对冷冻速率的影响也将不同。食品较薄时，冻结速率才会随着空气流速的增大而显著增加，食品越厚这种关系就越不显著。当食品厚度达到 20cm 时，即使再增大空气流速，实际效果也不明显。

2.2.3　冻结和冻藏对食品品质的影响

2.2.3.1　冻结对食品品质的影响

食品在冻结过程中，会发生组织崩溃、蛋白质变性、溶液体系被破坏等一系列的变化。食品冻结过程中对食品品质的影响有以下几个方面。

（1）食品组织结构

食品冻结后其物理特性会发生明显的改变，其比热容下降，导热系数增加，热扩散系数增加，体积增加。水在 4℃ 时体积最小，0℃ 时水结成冰，体积约增加 9%，在食品中体积约增加 6%。虽然冰的温度每下降 1℃ 体积就会减少 0.005% ～ 0.01%，但体积的增加还是会大于减少，所以水分含量高的食品冻结时会发生体积膨胀。食品冻结时，表面水分先结冰，然后冰层逐渐向内部延伸。当内部的水分因冻结而体积膨胀时，会受到外部冻结层的阻碍，产生的内压称为冻结膨胀压。当外层承受内压达到极限时就会破裂，迅速释放内压。如采用液氮冻结金枪鱼时，由于厚度较大，冻品就会因为内压而发生龟裂。此外，在内压的作用下可使内脏的酶类暴露、红细胞崩溃、脂肪向表层移动等，并因细胞膜破坏，血红蛋白发生氧化，加速了肉的变质。有研究表明，当食品通过 $-5 \sim -1℃$ 最大冰晶生成带时，膨胀压达到最大值。一般食品厚度大、含水量高、表面温度下降极快时易出现龟裂。另外，冻结过程中，溶解于液体中的气体在液体结冰时游离出来，增加了食品内部的压力。如鳕鱼肉冻结时，其体液中含有较多的氮气，随着水分的冻结成为游离的氮气，其体积迅速膨胀产生的内压将未冻结的水分挤出细胞外，在细胞外形成冰晶，使细胞内的蛋白质变性而失去保水能力，解冻后不能复原，使鳕鱼肉成为富含水分并有很多小孔的海绵状肉质，品质严重下降。

在冷冻过程中，细胞间隙中的游离水首先形成冰晶，而细胞内的原生质体仍然保持过冷状态。在蒸气压和自由能的驱动下，细胞内的水分逐渐向细胞间隙移动，不断结合到细胞间隙的冰晶核上，所以细胞间隙所形成的冰晶体逐渐增大，产生机械性挤压，分离相互结合的细胞，解冻后不能恢复原来的状态，不能吸收冰晶融解所产生的水分而发生体液流失。植物细胞内有大的液泡，水分含量高，易冻结成大的冰晶体，产生较大的冻结膨胀压，而植物细胞的细胞壁比动物细胞膜厚又缺乏弹性，冻结时容易被大晶体胀破或刺破，细胞受到严重损伤，导致植物性食品解冻后就会软化流液。

（2）冷冻浓缩

由于冻结时食品内水分是以纯水的形式形成冰晶，原来溶解于水中的溶质会转移到未冻结的水分中而使剩余溶液中溶质浓度增加。冷冻浓缩的现象可应用于液态食品的浓缩，浓缩的程度主要与冻结速率和冻结终温有关。

冷冻浓缩的现象会改变未冻结溶液的相关性质，如 pH 值、离子浓度、黏度、冻结点、氧化还原电势等的变化。冷冻浓缩可对食品产生一些危害作用，如生化反应速率增大，大分子物质之间的距离缩短而可能发生相互作用，破坏原来溶液体系的稳定性等。如冰激凌冻结时会因乳糖浓度的增加而结晶，其质地会出现沙砾感。冷冻浓缩对食品的损害因食品的种类而有所差异，一般动物性食品比植物性食品受到冷冻浓缩的影响较大。

（3）蛋白质变性

鱼、肉等动物性食品中，构成肌肉的主要蛋白质是肌原纤维蛋白。食品冻结时，肌原纤维蛋白质会发生冷冻变性，表现为盐溶性蛋白质的溶解度降低、ATP 酶活性降低、盐溶液的黏度降低、蛋白质分子产生凝集使其空间立体结构发生变化等。蛋白质变性后的肌肉组织，解冻后出现持水力降低、质地变硬、口感变差、体液流出、风味下降等现象，作为食品加工原料时，加工适宜性下降。蛋白质发生冷冻变性的可能原因如下：

① 冻结时，食品中发生冷冻浓缩效应，当食品中的蛋白质与盐类的浓缩液接触后，蛋白质就会因盐析作用而变性。

② 食品中有些溶质属酸性，冻结时未冻结溶液中溶质浓度增加会使其 pH 下降至蛋白质等电点以下，导致蛋白质变性。

③ 慢速冻结时，肌细胞间隙生成大冰晶，肌细胞内的肌原纤维蛋白质被挤压，集结成束，并因蛋白质分子之间的距离变短，蛋白质相互靠近或互相结合形成各种交联，因而发生凝集。

④ 脂类分解的氧化产物对蛋白质变性有促进作用。水产品中的脂肪在耐低温的磷脂酶作用下水解产生不稳定的游离脂肪酸，其氧化产物醛、酮等可促进蛋白质变性。

⑤ 鳕鱼、狭鳕等鱼类在特异性酶的作用下能将三甲胺氧化分解成甲醛和二甲胺苯胺，甲醛会促进鳕鱼肉的蛋白质变性。

以上原因是互相伴随发生的，会因食品种类、生理条件、冻结条件不同，而由其中一个原因起主导作用。

（4）淀粉老化

淀粉含量高的食品在冻结过程中，尤其是缓慢冻结，经常发生淀粉老化的现象。淀粉老化最适宜的温度是 2～4℃，缓慢冻结时不能快速地通过这个温度范围，淀粉就易发生老化，降低淀粉类食品的质量。

（5）变色

冻结过程中易发生变色的食品主要是水产品，从外观上看通常有褐变、黑变、褪色等现象。水产品褐变的原因包括：自然色泽的分解，如冷冻金枪鱼鱼肉变色、红色鱼皮的褪色等；新的变色物质的产生，如虾类的黑变、鳕鱼肉的褐变等。变色使冷冻食品的感官品质变差，降低了冻品的品质。

（6）食品风味物质

食品的风味可以分为味觉和气味。味觉由非挥发性化合物组成，如游离氨基酸、核苷酸和有机酸等；而气味由挥发性化合物组成，如醛、醇、酮、酯、酸和碳氢化合物等。冻结过程中冰晶的形成及其在细胞中的体积增大会导致解冻后风味物质的大量流失，且加速了冰晶对细胞的机械破坏所引起的物理化学变化的进程。尤其对于水产品来说，鲜味和气味的变化直接影响其产品价值。快速冻结对于保持冷冻水产品的风味有一定效果。这是由于快速冻结形成的冰晶小，对细胞结构破坏作用小，可在一定程度上减缓生化反应进程，进而减少了水产品在冻结时异味化合物（如次黄嘌呤、三甲胺、赖氨酸和腐胺）的积累，并在贮藏期间更易保持与鲜味相关的游离氨基酸和肌苷单磷酸的含量。同时，快速冻结降低了水产品解冻时的汁液流失，因而减少了水溶性氨基酸的流失。

（7）冷冻速率

冻结过程中，冻结速率的快慢对食品的质量有着重要影响。一般情况下，快速冻结食品的质量品质高于缓慢冻结食品。可能原因如下：

① 快速冻结形成的冰晶小，对细胞的破坏性低。

② 冻结时间越短，通过最大冰晶生成带的速度越快，结合水与结合物质分离形成纯冰晶体的时间也随之缩短。

③ 冻结速率快可将温度迅速降低至微生物生长活动温度以下，及时阻止冻结时食品分解。

④ 快速冻结会使部分溶质没有时间迁移，被限制在快速冻结形成的冰晶中，降低了冷冻浓缩对食品品质下降的影响。

2.2.3.2 冻藏对食品品质的影响

食品冻结后必须在较低的温度下冻藏起来，才能有效保证其冻结时的高品质。但在食品冻藏过程中，冻藏条件的变化，如冻藏温度的波动和空气中氧的作用，会使食品在冻藏过程中缓慢地发生一系列导致冷冻食品品质下降的变化。

（1）冰晶重结晶

冰晶形成之后，任何冰晶体的形状、大小、数量或者其他变化过程均可称为冰晶重结晶。在冻藏过程中，因为冰晶与未冻结基质间表面能的变化及晶核生长的需求，会使细胞内的冰晶发生体积增大、数量减少的现象。在相同的温度下，水的蒸气压大于冰晶的蒸气压，颗粒小的冰晶的蒸气压大于颗粒大的冰晶的蒸气压。蒸气压梯度会使细小的冰晶逐渐合并，成为颗粒大的结晶。发生温度波动时（如温度升高），细胞内冻结点较低的冻结水分首先融化，水分透过细胞膜扩散到细胞间隙的未融化的冰晶上。降温时，这些外渗的水分就在未融化的冰晶周围再次结晶，使冰晶颗粒变大。冰晶重结晶还有一种表现形式就是晶体的形态，在晶体系统趋向于热力学稳定状态的过程中，粗糙表面的晶体在变得光滑后又会趋向于锐利形态。

产生冰晶重结晶的主要原因就是冻藏温度的波动，波动幅度越大，次数越多，重结晶的情况越严重。因此，即使冻结工艺良好，冰晶微细均匀，但冻藏条件不好，经过反复解冻和重结晶，就会导致冰晶数量越来越少，颗粒越来越大，形态越来越锋利，严重破坏了细胞结构，食品解冻后出现组织解体、汁液流失、质地软化、风味下降等。实际生产中，应采用低温速冻工艺，并保持冻藏库温度的稳定，避免运输温度波动，可减少冰晶的生长和重结晶对食品品质造成的不良影响。此外，还可向被冻结食品中添加冰重结晶抑制剂（如糖类、抗冻蛋白、抗冻肽等），也可有效地抑制冰晶重结晶。

（2）干耗

干耗是指冻结食品在贮藏过程中由于组织中冰晶升华造成的质量减少。食品在冻结和冻藏过程中都会产生干耗，因冻藏时间长，干耗问题更为突出。冻结食品表面的温度、冻藏室内空气的温度和空气冷却器蒸发管表面的温度并不相同，因而形成的水蒸气压差会促使冻结食品表面的冰晶升华，增加空气对水蒸气的吸收。当循环的空气流经空气冷却器时，水蒸气在冷却器蒸发管表面达到露点和冰点，凝结成霜。而脱离水蒸气的空气在水蒸气压差存在下，将使冻结食品表面的冰晶继续升华。周而复始的升华-凝集过程使食品表面不断干燥，冰晶升华的部位成为细微的孔隙，形成脱水多孔层，造成质量损失。随着冻藏时间的延长，水分升华逐渐向内部推进达到深部冰晶升华，使冻结食品内的脱水多孔层不断加深，增大了与氧气的接触面积，进一步发生冻结烧。

干耗的发生除了与冻结食品本身供给的升华热有关，还与冻藏环境中其他因素相关。如冻藏室隔热效果差、外界传入的热量多、冻藏室内空气温度波动大、空气与蒸发管表面温差大，空气流速过快等都会加剧冻结食品的干耗。因此，对于冻藏库来说，重要的是防止外界热量的传入，可以采用新型的夹套冷库、在库门出口加挂棉门帘、减少开门次数、合理地降低库内的空气温度、保持较高的湿度、避免库内温度波动等措施来尽量避免和减少冻结食品在冻藏过程中干耗。对于食品来说，可以采用加包装、镀冰衣及合理堆放的措施以减少干耗。

（3）冻结烧

冻结烧是食品在冻藏期间因脂肪氧化酸败和羰氨反应等引起的使食品产生哈喇味、发生黄褐色等变化的过程。冻藏过程中，干耗的不断进行，使食品表面的冰晶升华向内延伸，加深脱水多孔层，冰晶升华后留存的细微孔穴增大了与氧气的接触面积。在氧气的作用下，食品中的脂肪发生氧化酸败，尤其是富含多不饱和脂肪酸的食品，在酯酶和磷脂酶的作用下，水解生成脂肪酸。脂肪氧化变质后初期是有黄色斑点，出现不良气味；随着氧化的进行，脂肪整体变黄，发出强烈的酸味，并可能产生有毒物质，如丙二醛。其氧化产物中含有羰基，还会进一步与蛋白质、氨基酸等含氨基的成分发生羰氨反应，导致冻结烧。食品冻结烧部分的组织含水量非常低，断面呈海绵状，蛋白质脱水变性，还易吸收冻藏库内的气味，食品品质严重下降。

一般，冻结家畜肉脂肪较为稳定，禽类脂肪的稳定性稍次之，而鱼类脂肪的稳定性最差，最易发生冻结烧。镀冰衣不仅降低鱼的干耗，还可以防止其脂肪和色素的氧化，可有效减少鱼在冻藏期间的冻结烧。采用较低的贮藏温度和密封包装同样可以有效防治冻结烧的发生。

（4）变色

食品在冻藏过程中也发生变色现象，遵循其在常温下发生变色的机理，但变色的速度较为缓慢。有些动物性食品，如脂肪含量丰富的鱼类，因其不饱和脂肪酸含量高易发生氧化，鱼肉在冻藏中发生黄色褐变；肉类中的氧合肌红蛋白在低氧分压下被氧化生成褐色的高铁肌红蛋白，使肉由鲜红色转变为褐色；虾的黑化是由于酪氨酸被氧化生成黑色素造成的；鳕鱼肉因美拉德反应而发生褐变；箭鱼肉因硫化氢与血红蛋白或肌红蛋白反应而发生绿变；鲑、鳟等红色鱼因类胡萝卜色素氧化而褪色。蔬菜类在冻藏前都会进行烫漂处理以保持颜色，但烫漂温度和时间不足会导致绿色蔬菜变成黄褐色。烫漂时间过长，果蔬也会因叶绿素变为脱镁叶绿素而呈黄褐色。因而，正确掌握蔬菜烫漂温度和时间，是避免速冻蔬菜在冻藏中发生变色的重要环节。

（5）汁液流失

在冻结和冻藏过程中，食品中蛋白质、淀粉等成分因发生不可逆的变化而丧失对水的亲和力，之后水分就不能再与之重新结合。所以，食品解冻后，内部的冰晶融化成水，又不能被组织、细胞重新吸收，如果细胞又受到了机械损伤，这部分水就会分离出来成为流失液。流失液中不仅有水，还有溶于水中的溶质，如盐类、维生素、蛋白质等。汁液流失使食品的质量减少，其营养价值和风味也受损失。因此，流失液的产生率是评定冷冻食品质量的指标之一。一般情况下，食品的原料越新鲜，冻结速率越快，冻藏温度越低，且波动越小，冻藏期越短，解冻时产生的汁液流失越小。水分含量高的食品，汁液流失也相对较多，如鱼和肉类相比，鱼的含水量高所以汁液流失会比肉多。冻结前，一些加工前处理也可以减少食品冻结和冻藏过程中汁液流失现象，如加入盐、糖等。食品原料切分尺寸越小，汁液流失越严重。

（6）蛋白质变性

冻结浓缩会对冷冻食品有很多危害，如改变未冻结溶液 pH、提高未冻结溶液中的盐浓度、破坏大分子胶体的稳定性、组织脱水等，这些变化可能会使蛋白质变性。冻藏时间的延长往往会加剧这一现象，而冻藏温度低、冻结速率快可减轻这一现象。

2.3　食品冻结方法及装置

食品冻结方法分类繁多，分类方式与冻结速度、冷却介质、冷却介质与食品的接触方式及冻结装置关系密切。一般按照冻结速度快慢分为快速冻结和慢速冻结；按照冷却介质与食品的接触方式分为空气冻结法、间接接触冻结法、直接接触冻结法等。其中每一种方法又包含了多种形式的冻结装置（表 2-3-1）。

表 2-3-1　冻结方法及装置分类

空气冻结法		间接接触冻结法		直接接触冻结法	
静止空气冻结法		平板式冻结装置	卧式平板冻结装置	载冷剂接触式冻结装置	
鼓风冻结法			立式平板冻结装置		
隧道式冻结装置	传送带式冻结隧道	回转式冻结装置 钢带式冻结装置		低温液体冻结装置	液氮冻结装置
	吊篮式连续冻结隧道				液态 CO_2 冻结装置
	推盘式连续冻结隧道				
	螺旋带式冻结装置				
流态化冻结装置	斜槽式流态化冻结装置				
	一段带式流态化冻结装置				
	二段带式流态化冻结装置				
	往复振动式液态化冻结装置				
搁架式冻结装置					

2.3.1　食品冻结方法

2.3.1.1　空气冻结法

空气冻结法，它是利用冷空气以对流的方式与食品热交换，以达到冻结食品的目的。因空气资源丰富，无任何副作用的特点，使得用冷空气作为冷却介质进行冻结仍是目前应用最广泛的冻结方法之一。但是，空气的导热性差，与食品间的热交换系数小，所需的冻结时间较长。

冻结过程中的空气可以是静止的，也可以是流动的。静止空气冻结法，一般采用管架式，把蒸发器做成搁架，其上放托盘，食品放在托盘中，在−40～−18℃的温度下靠空气自然对流及有一定接触面进行热交换。为了改善空气循环，也会在冷冻室内采用风扇或空气循环设施，使空气缓慢流动。静止空气冻结法冻结速度缓慢，水分蒸发多，但设备简单，操作简易，成本较低，适用于体积大或大包装的食品原料冻结。鼓风冻结法是利用鼓风机加快空气循环，使冷空气和食品充分接触，从而提高冻结的速度。增大空气流速，使冻品表面传热系数增大，提高食品冻结速度（表2-3-2）。冻结室或冷冻装置的温度一般为−46～−23℃，空气流速为5～15m/s。空气的流向与输送食品的方向可以呈顺向、逆向、侧向、平行、垂直。主要有隧道式冻结、螺旋带式冻结、液态化冻结和搁架式冻结四种形式。

表 2-3-2　风速与冻结速度的关系

风速/(m/s)	表面传热系数/[W/(m² · K)]	冻结速度增加的百分比/%
0	5.8	0
1	10.0	72
1.5	12.1	109
2	14.2	145
3	18.4	217
4	22.6	290
5	27.4	372
6	30.9	432

2.3.1.2　间接接触冻结法

间接接触冻结法是将食品置于制冷剂冷却的金属板、盘、带或者其他冷壁上，与冷壁直接接触进行热交换，使食品冻结。因金属的导热率比空气的表面传热系数大，所以间接冻结法具有冻结时间短、效率高的特点，且冻结过程不采用冷风机，既减少了冻品的干耗又节约了能源，主要适用于块状或形状规则的食品。

2.3.1.3　直接接触冻结法

直接接触冻结法又称为液体冻结法，它是食品直接与冻结剂（载冷剂或制冷剂）接触，在食品与冻结剂热交换后，迅速冷却冻结（图2-3-1）。食品与冻结剂的接触方法包括喷淋法和浸渍法，或者两种方法同时使用。由于冻结剂直接接触食品，它们应既满足食品卫生要求，又不会改变食品原有的成分和性质。常用的载冷剂有盐水、乙二醇、丙二醇、糖溶液等，可以单一使用或混合使用。研究表明，与单一载冷剂相比，多元载冷剂具有冻结点低、热传递性强和扩散性低的特点。制冷剂有液态氮、液态二氧化碳等。该方法传热效率高，冻结速度快，能耗低，干耗低，冻品质量也高。通常用于生产单体速冻制品，仅用于一些特殊的、高价的产品上，如虾、扇贝肉、蛏子肉等。

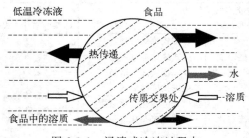

图 2-3-1　浸渍式冷冻过程中
食品与冷冻液的传热与传质

2.3.1.4　快速冻结与慢速冻结

根据冻结层伸延的距离来表示食品的冻结速率，其中静止空气冻结法是唯一一种慢速冻结方法，一般鼓风式冻结法，冻结速度为 0.5～3cm/h 属于中速冻结，液氮冻结装置冻结速度为 10～100cm/h，属于快速冻结。

2.3.1.5　新型食品冻结方法

（1）超声辅助浸渍冻结法

超声辅助浸渍冻结法是在沉浸冻结法的基础上，在冻结的过程中对需冻结食品施加一定强度的超声波来提高冻结效率的一种冻结方法。超声波在作用过程中会产生大量的空化泡沫，泡沫破碎产生的压力，提高食品的过冷度，利于晶核的形成。另外，超声波产生的微流会对食品中的液态组分产生强烈的搅拌作用，使食品边界层变薄，接触面增大，改善体系传热能力，提高冻结效率，还可以破碎树枝状的冰晶，减小晶体的尺寸，一定程度上保持了食品原有的组织结构。超声辅助浸渍冻结法与传统的沉浸冻结法相比，一定程度上缩短了冻结时间，在食品中形成的冰晶较小，仅在冻结过程中创造超声波环境即可，所以此冻结方法在现代食品工业中有着较为广阔的应用前景。超声波辅助浸渍冻结法在食品中的应用如表 2-3-3 所示。

表 2-3-3　超声波辅助浸渍冻结法在食品中的应用

样品	效果
土豆	能够在较低的过冷度下诱导成核
西蓝花	显著缩短冻结时间，提高冻西蓝花质量
草莓	能够在较低的过冷度下诱导成核
红萝卜	显著缩短冷冻时间，提高冻萝卜质量
猪长肌肌肉	显著提高肌肉样品的冷冻速率和改善肉质

（2）冰核细菌冻结技术

冰核细菌冻结技术是将含有冰核细菌的制剂添加到需冻结的食品中，以达到在较高的温度下形成冰核，加快冻结速度的一种冻结技术。冰核细菌是一类主要生于植物表面、在温度为 −5～−2℃ 条件下形成抑制冰核而促进液态水发生相变而生成冰晶的细菌。添加冰核细菌后可以提高食品体系的冻结点温度，使其迅速进入冰晶增长阶段，缩短冻结时间，减少了因冻结温度过低造成的溶质损失。此技术主要应用在食品冷冻浓缩与冷冻干燥工艺中，还有学者研究发现冰核细菌对基围虾的保鲜也有一定效果。

（3）高压冻结技术

高压冻结技术是一种利用压力变化对食品中水的存在形式进行控制的冷冻技术。食品在高压环境中冷却至一定温度，随后迅速解除压力，在食品中形成颗粒度小而分散的冰晶体，减少了食品组织内部损伤，一定程度上提高了冻品的质量。高压冻结技术还可以使微生物的形态结构、酶活性、遗传物质的稳定性及细胞膜的完整性等发生改变，一定程度上提高了冻品的贮藏品质。所以，应用高压冻结法处理食品时，对于贮藏温度可适当放宽。研究表明，采用高压冻结技术处理肉类和果蔬方面的效果都很出色，但其加工条件要求高，成本大，在食品工业中大规模应用受到一定限制。

（4）电场辅助冻结技术

电场辅助冻结技术是通过在与需要冻结的食品直接接触或不接触的两个电极之间施

加直流或交流电压然后诱导冻品中冰的成核来冻结食品的。当电场（静电场和交变电场）的电流增大到一定强度后，提高了食品的成核温度，降低了过冷度，形成了较小的冰晶，更好地保持了食品的品质。虽然该技术具有降低能耗的优点，但安全方面仍然存在一定的隐患。

（5）电磁波辅助冻结技术

电磁波辅助冻结技术是通过干扰食品冻结过程中冰的裂解，进而影响冰晶的成核，还可以将初始晶体分解为体积更小的晶体。微波辅助冻结技术和射频辅助冻结技术是行业中应用较为广泛的。研究表明，电磁波辅助冻结技术应用于水产品时形成的冰晶显著小于其他冻结方法，且较好地保持了其组织性能，但其在使用成本、能耗和安全性上还有一定的不足，在今后食品工业中的发展有一定局限性。

2.3.2　食品的冻结装置

2.3.2.1　隧道式冻结装置

隧道式冻结装置共同特点是，冷空气在隧道中循环，食品通过隧道时被冻结。根据食品通过隧道的方式，可分为传送带式、吊篮式和推盘式冻结隧道等。这类装置的特点是结构简单、成本低、用途多，对不同冻结食品的适用性好，所以通用性强，且自动化程度高，缺点是干耗和占地面积较大。

（1）传送带式连续冻结隧道

简单地说，传送带式冻结装置由蒸发器、风机、传送带及包围在它们外面的隔热壳体构成。传送带式冻结装置是一种连续式冻结装置（图 2-3-2），其送风冷却器及送风机一般置于输送带的上部或下部，冷风由输送带的上部或下部垂直吹送。但根据实际情况来看，冷风由输送带的上部吹送比较合适，可以使风机出口的高速气流形成紧密而均匀的气流，利于下一步的均匀分配而转弯导向。输送带可分为网状与带状两大类，其速度可利用变速装置进行无

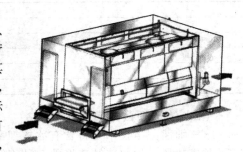

图 2-3-2　传送带式冻结机

级调节以适应不同的冻结食品冻结时间的需要。传送带式冻结隧道可用于冻结块状鱼（整鱼或鱼片）、剔骨肉、肉制品、果酱等，特别适合于包装食品。

（2）吊篮式连续冻结隧道

该装置的结构图如图 2-3-3 所示。被冻结食品放入吊篮中，然后由传送链从进料口传送至冻结间。在冻结间内用冷风吹使食品快速冷却，然后吊篮被传输到喷淋间，用−24℃左右浓度 40%～50% 的乙醇溶液喷淋 5～6min，使食品表面层快速冻结。之后吊篮进入冻结间，在连续运行过程中，从不同的角度受到风吹，使食品各处温度均匀下降而被冻结。吊篮式连续冻结隧道主要用于冻结家禽类食品。

（3）推盘式连续冻结隧道

该装置主要由隔热隧道室、冷风机、液压传动机构、货盘推进和提升设备构成（图 2-3-4）。食品装入货盘后，在货盘入口由液压推盘机构推入隧道，货盘到达第一层轨道末端后，被提升装置升到第二层轨道，如此往复经过三层，被冻食品在这个过程中被冷风机强烈吹风冷却，不断地降温冻结，最后经出口推出。冻结时间可通过改变货盘传送速度进行调整，可

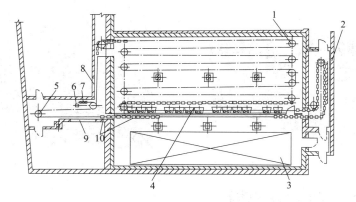

图 2-3-3　吊篮式连续冻结装置

1—横向轮；2—乙醇喷淋系统；3—蒸发器；4—轴轮风机；5—紧张轮；
6—驱动电机；7—减速装置；8—卸料口；9—进料口；10—链盘

调范围为 40~60min。该类型装置也可以根据具体情况做成多层或多排输送结构。推盘式连续冻结隧道适合用于冻结果蔬、虾、肉类副产品和小包装食品等。

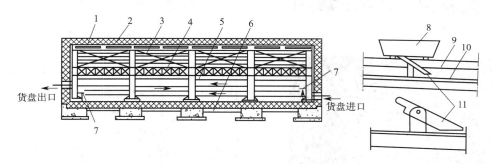

图 2-3-4　推盘式连续冻结隧道示意

1—绝热层；2—冲霜淋水管；3—翅片蒸发排管；4—鼓风机；5—集水箱；
6—水泥空心板；7—货盘提升装置；8—货盘；9—滑轨；10—推动轨；11—推头

2.3.2.2　螺旋带式冻结装置

　　为了克服传送带式隧道冻结装置占地面积大的缺点，可将传送带做成多层，于是出现了螺旋带式冻结装置。图 2-3-5~图 2-3-9 分别为单螺旋式冻结装置结构示意图、单螺旋式冻结装置外形图、单螺旋冻结机内部结构图、双螺旋式冻结装置结构示意图、内置蒸发器螺旋管式冻结装置内部结构图。螺旋式冻结装置由转筒、蒸发器、风机、传送带及一些附属设备等组成。被冻结食品可直接放在传送带上，也可以放在冻结盘中，食品随传送带进入冻结装置后，由下盘旋而上，冷风则由上向下吹，与食品逆向对流换热，提高了冻结速率，与空气横向流动相比，冻结时间可缩短 30% 左右。食品在传送过程中逐渐冻结，冻结后从出料口排出。螺旋带式冻结装置也有多种类型，人们对于传送带的结构、吹风方式等进行了许多改进。气流上下垂直流动的螺旋带式冻结装置中气流分布如图 2-3-10 所示，该装置使最冷的气流分别在两端与最冷和最热的物料直接接触，使食品表面迅速冻结，减少了冻结时的干耗和装置的结霜量，冻结速率比常规气流设计提高了 15%~30%。

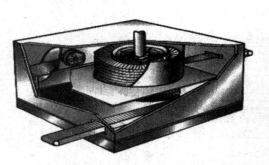

图 2-3-5　单螺旋式冻结装置结构示意

图 2-3-6　单螺旋式冻结装置外形

图 2-3-7　单螺旋冻结机内部结构

图 2-3-8　双螺旋式冻结装置结构示意

图 2-3-9　内置蒸发器螺旋管式冻结装置内部结构

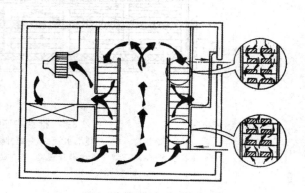

图 2-3-10　气流分布示意图

　　螺旋带式冻结装置具有多项优点。首先，因采用螺旋式传送，占地面积仅为一般水平输送带面积的 25%。其次，冻结时可较好地保持易碎食品的完整性，并允许同时冻结相互不能混合的食品。可以通过调整传送带的速度来改变冻结时间，自动化程度高。最重要的是它冻结速度快，干耗小，冻结质量高。缺点是不适宜小批量、间歇式生产。螺旋带式冻结装置适用于冻结单体不大的食品（如饺子、烧卖、对虾）、经加工整理的果蔬，还可用于冻结各种熟制品，如鱼饼、鱼丸等。

2.3.2.3　流态化冻结装置

　　随着速冻调理食品、速冻果蔬和虾类的迅速发展，用于单体快速冻结食品（IQF）的带式流态化冻结装置得到了广泛的应用。食品流态化冻结装置，按其机械传送方式可分为：斜槽式流态化冻结装置、带式流态化冻结装置（包括一段、两段带式流态化冻结装置）、振动式流态化冻结装置（包括直线和往复振动式流态化冻结装置）。流态化冻结装置具有冻结速度快、能耗低和易于实现机械化等特点。这类装置适合用于冻结球状、圆柱状、片状、块状颗粒食品，尤其适合果蔬类单体食品冻结。

（1）斜槽式流态化冻结装置

该装置的结构图如图 2-3-11 所示，其主体部分为一块固定的多孔底板（称为盘或槽），槽的进口稍高于出口，被冻结食品在槽内依靠上吹的高速冷气流，使其得到充分流化，借助风力自动向前移动，最后由滑槽连续排出。在这个装置中，产品层的厚度可达 120～150mm，厚度增加使风机能量消耗也增加。产品层的厚度、冻结时间和冻结产量，均可通过改变进料速度和排出堰的高度来调节。在蒸发温度－40℃以下、垂直向上的风速为 6～8m/s、冻品间风速为 1.5～5m/s 时，冻结时间一般为 5～10min。主要特点是结构简单，成本低，冻结速率快，冻品降温均匀、质量好。

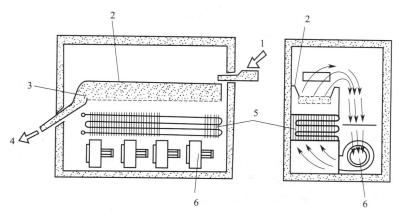

图 2-3-11　斜槽式流态化冻结装置示意图

1—进料口；2—斜槽；3—排出堰；4—出料口；5—蒸发器；6—风机

（2）带式流态化冻结装置

该装置的结构如图 2-3-12 所示。带式流态化冻结装置是一种使用非常广泛的流态化冻结装置，分为一段和两段式结构，大多数采用两段式结构，也就是被冻结食品分成两区段进

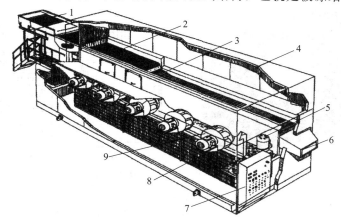

图 2-3-12　带式流态化冻结装置

1—振动布料进冻口；2—表层冻结段；3—冻结段；4—隔热箱体；
5—网带传动电动机；6—出冻口；7—电控柜及显示器；8—蒸发器；9—离心式风机

行冻结。第一区段主要为食品表层冻结，使被冻结食品进行快速冷却，将表层温度快速降至冻结点冻结，使颗粒间或颗粒与转送带呈离散状态，相互间不粘连；第二区段为冻结段，将被冻结食品冻结至中心温度 $-18 \sim -15℃$。两段带式流态化冻结装置适合冻结大而厚的食品，如肉制品、鱼块、肉片、草莓等。

（3）往复振动式流态化冻结装置

这种冻结装置的特点是被冻结食品在冻品槽（底部为多孔不锈钢钢板）内，由连杆机构带动做水平往复式振动，以增加流化效果。图 2-3-13 是瑞典某公司生产的 MA 型往复振动式流态化冻结装置。装置运行时，食品首先进入预冷阶段，表面水分被吹干，表面硬化，避免了相互间的粘连。进入流化床后，冻品受钢板振动和气流脉冲的双重作用，冷气流与冻品充分混合，实现了完全的流态化，确保了快速冻结。

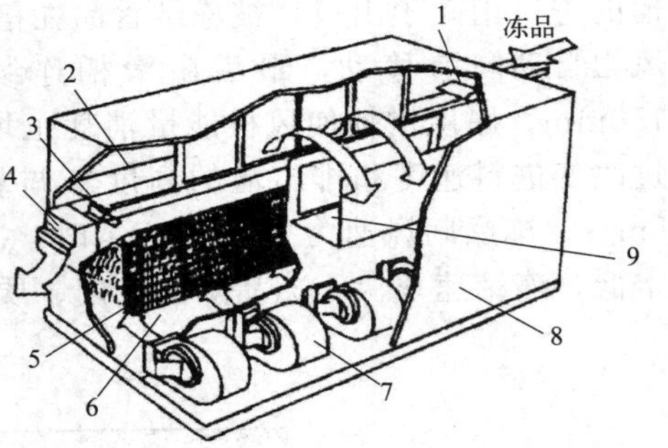

图 2-3-13　往复振动式流态化冻结装置
1—布料振动器；2—冻品槽；3—出料挡板；
4—出冻口；5—蒸发器；6—静压箱；
7—离心式风机；8—隔热箱体；9—观察台

2.3.2.4　平板式冻结装置

平板式冻结装置是间接接触式冻结方法中最典型的一种。这类装置的主体是一组作为蒸发器的空心平板，平板与制冷剂管道相连，其工作原理就是将冻结食品放在两相邻的平板间，并借助油压系统使平板与食品紧密接触来冻结食品，其传热方式是热传导。冻结效率跟金属板与食品接触状态有关，冻结时间取决于制冷剂的温度、包装的大小、相互密切接触的程度及食品种类等。

平板式冻结装置可以是间歇的，也可以是连续的。与被冻结食品接触的金属板可以是卧式（图 2-3-14）的，也可以是立式（图 2-3-15）的。卧式平板冻结装置主要用于冻结分割肉、鱼片、虾及其小包装食品的快速冻结，立式平板冻结装置适合冻结无包装的块状食物，如整鱼、剔骨肉、内脏等，也可用于包装食品。立式装置不用贮存和处理货盘，极大节省了占用的空间，但不如卧式的灵活。

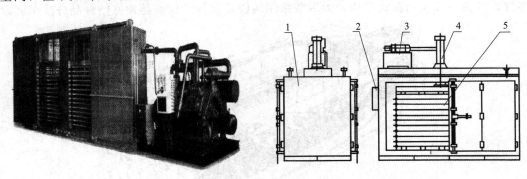

(a)卧式平板冻结装置外形　　　　　　　(b)卧式平板冻结装置结构示意

图 2-3-14　卧式平板冻结装置
1—围护结构；2—电控箱；3—液压站；4—升降油缸；5—平板蒸发器

2.3.2.5　回转式冻结装置

回转式冻结装置示意图如图 2-3-16 所示，其主体是由不锈钢制成的回转筒，外壁为冷表面，外壁与内壁之间的空间供制冷剂直接蒸发或载冷剂流过换热。制冷剂或载冷剂由空心轴一端输入筒内，从另一端排出。被冻结食品呈散开状由入口被送到回转筒的表面，因转筒表面温度很低，食品立即粘在上面，进料传送带再给食品稍加压力，使它与回转筒表面接触更好。转筒回转一周，完成食品的冻结过程。冻结食品随后转到刮刀处被刮下，然后传送至包装生产线。最典型的是冰激凌凝冻机。制冷剂可以选择氨、R22 或共沸制冷剂，载冷剂可选择盐水、乙二醇等。该装置的特点是占地面积小、结构紧凑、冻结速度快、干耗

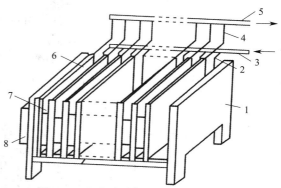

图 2-3-15　立式平板冻结装置结构示意
1—机架；2，4—橡胶软管；3—供液管；5—吸入管；
6—冻结平板；7—定距螺杆；8—液压装置

小、连续冻结、生产率高，适用于冻结鱼片、块肉、虾、菜泥及流态食品。

2.3.2.6　钢带式冻结装置

钢带式冻结装置如图 2-3-17 所示。被冻食品的下部与钢带直接接触，进行导热换热，上部为强制空气对流换热，所以冻结较快。在空气温度为 −35～−30℃ 时，冻结时间随冻品的种类、厚度不同而异，一般为 8～40min。为了提高冻结速率，在钢带下面加设一块铝合金平板蒸发器（紧贴钢带），比单独使用钢带换热效果好。另一种形式是用不冻液（如氯化钙溶液）在钢带下面喷淋冷却，代替平板蒸发器，但并不常用。

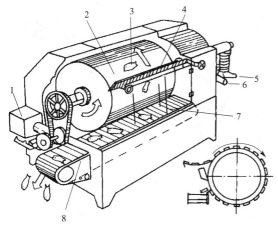

图 2-3-16　回转式冻结装置
1—电动机；2—滚筒冷却器；3—进料口；4—刮刀；
5—盐水入口；6—盐水出口；7—刮刀；8—出料传送带

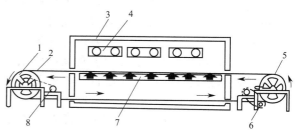

图 2-3-17　钢带连续式隧道式冻结装置
1—主动轮；2—不锈钢传送带；3—隔热外壳；
4—空气冷却器；5—从动轮；6—钢带清洗池；
7—平板蒸发器；8—调速装置

2.3.2.7　液氮冻结装置

液氮冻结装置几乎适合于任何体积小的物品，其特点：无毒，可防止食品氧化；冻结速度快；与食品接触完全，传热阻力小；冻结食品干耗小，占地面积小，生产效率高等。液氮冻结装置有沉浸式、喷淋式和空气循环式 3 种。

如图 2-3-18 所示为液氮喷淋冻结装置，它由隔热隧道式箱体、喷淋装置、不锈钢丝网格传送带、传动装置、风机等组成。食品由传送带送入，经过预冷区、冻结区、均温区，从另一端送出。风机将冻结区内温度较低的氮气输送至预冷区，并吹到传送带上输送的食品表面，经充分换热使食品冷却。进入冻结区后，食品受到雾化管喷出的雾化液氮的冷却而被冻结。由于食品表面和中心温度相差较大，所以冻结完的食品需在均温区停留一段时间，使其内外温度趋于一致。

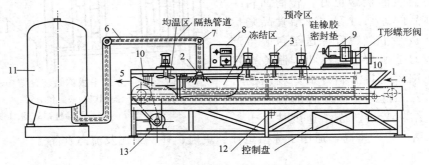

图 2-3-18　液氮喷淋冻结装置

1—不锈钢传送带；2—喷嘴；3—搅拌风机；4—进料口；5—出料口；6—供液氮管线；7—调节阀；8—温度计；
9—排气风机；10—硅橡胶幕带；11—液氮储罐；12—电源开关；13—无级变速器

图 2-3-19 为一种旋转式液氮喷淋隧道示意图。其主体为一个可旋转的绝热不锈钢圆筒，圆筒的中心线与水平面之间有一定的角度。食品进入圆筒后，表面迅速被喷淋的液氮冻结，由于圆筒有一定的倾斜度，再加上其不断地旋转作用，食品及汽化后的氮气一同翻滚着向圆筒的另一端行进，使食品得到进一步的冻结，食品与氮气在出口分离。由于没有风扇，该装置的对流表面传热系数比带风机的小一些。但因食品的翻滚运动增大了与冷却介质的接触面积，所以总的传热系数与带风机系统的传热系数相差不多。不设风扇，也就没有外界空气带来的热量，液氮的冷量将全部用于食品的降温，单位产量的液氮消耗量也相对比较低。该装置主要用于块状肉和蔬菜的冻结。

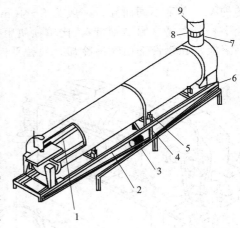

图 2-3-19　旋转式液氮喷淋隧道示意
1—喷嘴；2—倾斜度；3—变速电机；4—驱动带；
5—支撑轮；6—出料口；7—氮气出口；
8—空气；9—排气管

液氮喷淋冻结速度极快，比平板冻结器快 5～6 倍，比空气冻结装置快 20～30 倍，因而冻结食品表面和中心会产生极大的瞬间温差，易造成食品龟裂。但因液氮冻结成本较高，一定程度上限制了液氮喷淋冻结装置的应用。

✐ 思考题

1. 简述食品冷冻保藏原理。
2. 最大冰晶生成带与冷冻食品品质之间的关系如何？
3. 简述食品在冻藏过程中发生的品质变化及其控制措施。

第3章

食品的杀菌

学习目标：掌握热杀菌处理的原理；掌握影响微生物耐热性的因素及表示微生物耐热性的参数；掌握热杀菌方式的分类及各类热杀菌方式的特点；掌握超高压杀菌、辐照杀菌、脉冲电场杀菌、磁场杀菌、超声波杀菌等杀菌技术的原理。

3.1 食品的热杀菌

食品杀菌技术即采用一定的方法杀灭食物中的细菌和致病菌，进而有效保证食品的质量安全。食品工业根据杀菌的处理温度，可分为热杀菌和非热杀菌（冷杀菌）两类，两者所适用的食品种类既有交叉性，也有独立性。目前，热杀菌技术应用广泛，是获得商业无菌的常用手段，主要包括低温长时间杀菌（LTLT）、高温短时间杀菌（HTST）、超高温瞬时杀菌（UHT）、新含气调理杀菌、微波辅助杀菌、欧姆杀菌、射频杀菌等；冷杀菌技术对特定的食品种类具有良好的杀菌效果，主要有超高压杀菌、辐照杀菌、脉冲电场杀菌、磁场杀菌、臭氧杀菌、超声波杀菌、紫外线杀菌、脉冲光杀菌、等离子体杀菌、膜过滤杀菌、高密度二氧化碳杀菌和化学杀菌剂等杀菌技术。

热杀菌是以杀灭食品保质期内易使其本身腐败变质的微生物，从而延长食品贮藏期的热处理方法，它是一种无化学残留、安全性高、经济有效的杀菌方法，在杀菌技术中占有极为重要的地位。一般认为，达到杀菌要求的热处理强度足以钝化食品中的酶活性。同时，热处理也会造成食品的色香味、质构及营养成分等质量因素的不良变化。因此，热杀菌处理的最高境界是既达到杀菌及钝化酶活性的要求，又尽可能使食品的质量因素少发生变化。

3.1.1 热杀菌的原理

3.1.1.1 高温对微生物的影响

（1）微生物的耐热性

温度是微生物生存及繁殖最重要的环境因素之一。各种微生物的温度上限值是不同的。对多数细菌、酵母、霉菌的营养细胞来说，耐热性较差，在 $50 \sim 65℃$，10min 就可致死。而腐生嗜热脂肪芽孢杆菌的营养细胞可在 80℃ 下生长，121℃ 时经 12min 才致死，一般来说细菌芽孢和霉菌的孢子抗热力比营养细胞强，而其中细菌芽孢抗热力最强。微生物的繁殖诱发期、繁殖速度、最终细胞量、营养要求、细胞中的酶及细胞的化学组成都受到温度的制约。

根据微生物繁殖所要求的温度范围可大致分为嗜冷微生物、嗜温微生物和嗜热微生物三种类型。嗜冷微生物对热敏感，其次是嗜温微生物，而嗜热微生物的耐热性最强。加热杀菌的对象涉及范围很广，但就其抗热性来讲，嗜热菌尤其是产芽孢菌株是加热杀菌的主要对象。另外，杀菌对象的耐热性也会受到食品的种类、加工方法及其所要求的贮藏性等因素的影响。

（2）微生物受热致死的原理

微生物受热致死的基本原理是当热处理温度超过微生物耐受的上限温度时，高温将直接破坏微生物的细胞壁和细胞膜、蛋白质、核酸、酶系统，从而导致其死亡。如高温可使酶蛋白质和结构蛋白等蛋白质中较弱的氢键被破坏，发生不可逆变性凝固。不同微生物因细胞结构特点和细胞性质不同，耐热性也不同。

（3）影响微生物耐热性的因素

① 污染微生物的种类和生理状态、初始活菌数量

a. 污染微生物的种类和生理状态　微生物的耐热性不仅因微生物种类存在差异性，还受到生理状态的影响。同属嗜热微生物的耐热性因种类不同也有明显的差异。一般来讲，细菌的营养细胞耐热性较强，酵母和霉菌的耐热性比较低。酵母和霉菌相似，也仅有少数几种有稍高的耐热性，如耐渗透酵母能耐 100℃、40min 的加热处理。霉菌更不耐热，只有少数几种有较高的耐热性，如纯黄丝衣霉菌能耐 88℃、30min 的加热，这种霉菌的孢子在糖水水果罐头中经 100℃、15min 处理后，仍有存活的。

同一菌种不同菌株或不同菌龄、不同储藏期，其耐热性也有差异，一般处于稳定期的营养细胞比对数期的耐热性强，刚进入缓慢生长期的细胞也具有较高的耐热性。对数期后耐热性下降至最小。另外，细菌芽孢的耐热性与其所处的生长环境、成熟度都有关系。如将枯草杆菌放在含磷酸或镁的培养基中培养，生成的芽孢具有较强的耐热性；高温下培养比低温下培养形成的芽孢耐热性更强。成熟后的芽孢比未成熟的芽孢更为耐热，芽孢也比其营养细胞更耐热。

芽孢具有较强的耐热性的机理，迄今仍未完全搞清楚。有人认为原生质、矿化作用及热适应性是其主要原因，其中原生质的脱水作用对孢子的耐热性最为重要。孢子的原生质由一层富含 Ca^{2+} 和吡啶二羧酸的细胞质膜包裹，Ca^{2+} 和吡啶二羧酸形成凝胶状的钙-吡啶二羧酸盐络合物，在营养细胞形成芽孢之际产生收缩，使原生质脱水，从而增强了芽孢的耐热性。另外，芽孢菌生长时所处温度越高，所产生的芽孢越耐热。原生质中矿物质含量的变化也会影响到芽孢的耐热性，但它们之间的关系尚无定论。

b. 初始活菌数量　微生物的耐热性与初始活菌数之间有显著的关系。因为微生物群集在一起时，受热致死，并非在同一时间内全部死亡，而是有先有后。菌体细胞因为能够分泌出对菌体有保护作用的物质，有减低热力的作用。菌体细胞增多，这种保护性物质的量也就增加。因此，初始活菌数越多（尤其是细菌的芽孢），则微生物的耐热性越强，杀死全部微生物所需的时间也越长。食品工厂的卫生状况直接影响到产品的质量，也是评判产品质量是否合格的指标之一。

② 热处理温度和时间

热处理温度越高，杀菌效果越好。如炭疽杆菌芽孢在 90℃ 加热时的死亡率远远高于在 80℃ 加热时的死亡率。而对于规定种类、规定数量的微生物，在相同的温度下，加热时间越

长，微生物的残存率越低。但是加热时间的延
长，有时并不能使杀菌效果提高。如图 3-1-1
所示，温度的差异比时间的改变造成的微生物
死亡率的变化要大得多。因此，在杀菌时，保
证足够高的温度比延长杀菌时间更为重要。

③ 食品的成分对微生物耐热性的影响

a. 水分活度：水分活度或加热环境的相
对湿度对微生物的耐热性有显著的影响。一般
情况下，水分活度越低，微生物细胞的耐热性
越强。其原因可能是由于蛋白质在潮湿状态下
加热比在干燥状态下加热变性速度更快，从而
导致微生物更快死亡。因此，在相同的温度
下，湿热杀菌的效果好于干热杀菌。

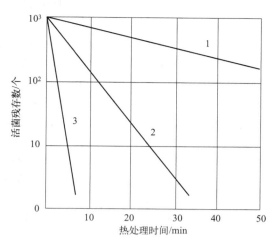

图 3-1-1　不同温度下炭疽杆菌芽孢的活菌残存数
1—80℃；2—84℃；3—90℃

水分活度对细菌的营养细胞及其芽孢以及
不同的细菌和芽孢的影响程度也是不一样的。
如图 3-1-2 所示，随着水分活度的增大，肉毒
杆菌（E 型）的芽孢迅速死亡，而嗜热脂肪芽孢杆菌的芽孢的死亡速率所受影响要小得多。

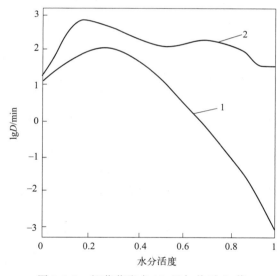

图 3-1-2　细菌芽孢在 110℃ 加热时 D 值
和水分活度的关系
1—肉毒杆菌（E 型）；2—嗜热脂肪芽孢杆菌

b. pH 值：环境的 pH 值也是影响微生
物耐热性的重要因素。微生物的耐热性在中
性或接近中性的环境中最强，而偏酸性或偏
碱性的条件都会降低微生物的耐热性，其中
尤以酸性条件的影响更为强烈。例如，有一
种芽孢在 pH 4.6 的培养基中，120℃ 经
2min 杀灭，而在 pH 6.1 的培养基中，
120℃ 需要 9min 才能杀灭。又如肉毒杆菌的
芽孢，在中性磷酸盐缓冲液中的耐热性是牛
乳和蔬菜汁中的 2～4 倍。可见，pH 越低的
食品，所需的杀菌温度越低或杀菌时间越
短。因此，在加工蔬菜及汤类食品时，常添
加柠檬酸、醋酸及乳酸等酸类，提高食品的
酸度，以降低杀菌温度和减少杀菌时间，从
而保持食品原有的品质和风味。如果食品含
酸量相同，对微生物耐热性的降低效果为乳
酸＞柠檬酸＞醋酸。如以 pH 为基准则醋酸
＞乳酸＞柠檬酸。

c. 糖类：糖类的存在对微生物的耐热性有一定的影响，这种影响与糖的浓度及种类有
关。以蔗糖为例，当其浓度较低时，对微生物的耐热性影响很小。但浓度增加时，则会增强
微生物的耐热性。如大肠杆菌在 70℃ 加热时，在 10% 的糖液中致死时间比无糖溶液增加
5min，而浓度提高到 30% 时致死时间要增加 30min。其原因主要是糖吸收了微生物细胞中
的水分，导致了细胞内原生质脱水，影响了蛋白质的凝固速度，从而增强了细胞的耐热性。
但当糖的浓度增加到一定程度（60% 左右）时，造成了高渗透压的环境又具有抑制微生物生
长的作用。不同糖类即使在相同浓度下对微生物的耐热性的影响也是不同的，这是因为它们

所造成的水分活度不同。不同糖类对受热细菌的保护作用由强到弱的顺序如下：蔗糖＞葡萄糖＞山梨糖醇＞果糖＞甘油。

d. 盐类：盐类对微生物耐热性的影响主要取决于盐的种类、浓度等因素，生产上为了工艺目的常会加入食盐。一般认为低浓度的食盐对微生物的耐热性有保护作用，而高浓度的食盐对微生物的耐热性有削弱作用。这是因为低浓度食盐的渗透作用吸收了微生物细胞中的部分水分，使蛋白质凝固困难从而增强了微生物的耐热性；高浓度食盐的高渗透压造成微生物细胞脱水，蛋白质变性，使微生物死亡。并且，高浓度食盐还能降低食品中的水分活度，使微生物可利用的水分减少，新陈代谢减弱。

通常认为食盐浓度在 4％以下时，能增强微生物的耐热性，而当浓度高于 4％时，随着浓度的增加，微生物的耐热性则随着盐浓度的增加而明显降低，这种保护和削弱的程度因腐败菌的种类而异。又如，1％～2％的食盐可增强肉毒杆菌的耐热性，而 8％的食盐则减弱了它的耐热性。氯化钙对细菌芽孢的耐热性也有影响，但比食盐弱。$NaOH$、Na_2CO_3、Na_3PO_4 等对芽孢有一定的杀菌力，这种杀菌力常随温度的升高而增强，如果在含有一定量芽孢的食盐溶液中加入 $NaOH$、Na_2CO_3、Na_3PO_4，杀死它们所用的时间可以大大缩短。通常认为这些盐类的杀菌力来自未分解的分子而并不来自氢氧根离子。

e. 脂肪、淀粉类：脂肪的存在可以增强微生物的耐热性。因为食品中的脂肪和蛋白质的接触会在微生物表面形成凝结层。凝结层既妨碍水分的渗透，又是热的不良导体，从而增加了微生物的耐热性。如大肠杆菌和沙门氏菌在水中加热到 $60\sim65℃$时即可死亡，而在油中加热 $100℃$下经 30min 才能杀灭，即使在 $109℃$下也需 10min 才能致死。因此对于脂肪含量高的罐头，其杀菌强度要加大。

淀粉对芽孢的耐热性没有直接的影响，但由于包括 C8 不饱和脂肪酸在内的某些抑制剂很容易吸附在淀粉上，因而间接增大了芽孢的耐热性；油脂、石蜡、甘油等对芽孢具有保护作用，其作用是通过减少细胞的含水量来达到的。因此，增加食品介质的含水量，可部分或基本消除脂肪的保护作用。另外，对肉毒梭状杆菌的实验表明，长链脂肪酸比短链脂肪酸的保护能力强。

f. 蛋白质：食品中蛋白质（包括明胶、血清等在内）含量在 5％左右时，对微生物有保护作用。比如将细菌芽孢放入 pH 值 6.9 的 1/15mol 磷酸和 1％～2％明胶的混合液中，其耐热性比没有明胶时高 2 倍。因此要达到同样的杀菌效果，含蛋白质多的食品需要进行更大程度的加热处理。但当蛋白质含量达 15％以上时（如鱼罐头），则对耐热性的影响甚微。

g. 植物杀菌素：某些植物的汁液及它们分泌的挥发性物质对微生物具有抑制或杀灭作用，这类物质称为植物杀菌素。食品加工中用到的含有植物杀菌素的蔬菜和调味料很多，如洋葱、萝卜、番茄、葱、姜、蒜、辣椒、芥末、丁香、胡椒、茴香和花椒等。如果食品中含有这些原料，就可以降低杀菌前罐头中微生物的数量，也就意味着减弱了微生物的耐热性。不过，植物杀菌素的抑菌和杀菌作用因植物的种类、生长期及器官部位等的不同而效率变化很大。如红辣洋葱的成熟鳞茎汁比甜辣洋葱鳞茎汁有更高的活性，经红辣洋葱鳞茎汁作用后的芽孢残存率为 4％，而经甜辣洋葱鳞茎汁作用后的芽孢残存率为 17％。

（4）微生物的耐热性参数

在杀菌时，需要准确地掌握微生物的耐热性。常用一些数学曲线与数值来表示微生物与热杀菌有关的耐热特性。

① 热力致死速率曲线（残存活菌数曲线）

热杀菌一般遵循一级反应动力学，即在某一热杀菌温度下，单位时间内被杀灭微生物的比例是恒定的。一定加热温度条件下（恒温），以加热时间为横坐标，以微生物数量（对数值）为纵坐标得到的对数曲线，即为微生物的热力致死速率曲线，见图 3-1-3。

热力致死速率曲线反应动力学可用式（3-1-1）表示：

$$\lg \frac{N}{N_1} = -\frac{t}{D} \qquad (3\text{-}1\text{-}1)$$

式中，N 为时间为 t 时的微生物活菌数；N_1 为杀菌开始时的微生物活菌数；t 为加热时间，min；D 为指数递减时间，min。

② D 值

D 值也称指数递减时间，指在一定的环境和热力致死温度下，微生物活菌数每减少 90% 所需的时间（min）。实际上是指热力致死速率曲线越过一个对数循环所需要的时间，也就是 N 的对数值每变化 1 时所对应的时间。D 值的

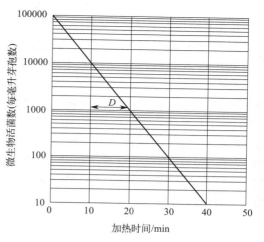

图 3-1-3 微生物热力致死速率曲线

大小可以反映微生物的耐热性。在同一温度下比较不同微生物的 D 值时，D 值越大，表示在该温度下杀死 90% 微生物所需的时间越长，即该微生物耐热性越强，反之就越弱。D 值与初始活菌数无关，但与加热温度、菌种、环境因素有关。

由于上述致死速率曲线是在一定的热杀菌温度下得出的，为了区分不同温度下微生物的 D 值，一般将热杀菌的温度 T 作为下标标注在 D 上，即为 D_T。比如，在 110℃ 下处理某细菌，每杀死其原有残存活菌数的 90% 所需时间为 5min，则 $D_{110℃} = 5\text{min}$。

③ 热力指数递减时间

热力指数递减时间（thermal reduction time，TRT）是指在任何特定热力致死温度条件下将微生物数减少到原有残存活菌数的 $1/10^n$ 时所需的加热时间（min），以 TRT 表示。指数 n 称为递减指数（reduction exponent），并表示在 "TRT" 的右下角。根据式（3-1-1），可得 $\text{TRT}_n = nD$。因此 TRT 值本质上与 D 值相同，也表示了微生物耐热性的强弱，并且不受原始活菌数的影响。

④ 热力致死时间曲线

从热力致死速率曲线（thermal death time curve，TDT 曲线）中可看出，在恒定的温度下经过一定时间的热处理后，食品中残存微生物的活菌数与食品中初始的微生物活菌数有关。为此，人们提出热力致死时间的概念。热力致死时间是指在特定热力致死温度下，将食品中的某种微生物恰好全部杀死所需要的时间（min）。试验时以热杀菌后接种培养时无微生物生长作为全部活菌已被杀死的标准。

热力致死速率曲线是在某一特定的热杀菌温度下取得的，食品在实际热杀菌过程中温度往往是变化的。因此，要了解在变化温度的热杀菌过程中食品成分的破坏情况，必须了解不同热力致死温度下食品的热破坏规律，同时也便于人们比较不同温度下的热杀菌效果。食品热杀菌中主要采用热力致死时间曲线反映热破坏反应速率和温度的关系。

以加热温度为横坐标，其所对应的热力致死时间为纵坐标，在半对数坐标图中可作出如图 3-1-4 所示的曲线，称为热力致死时间曲线（TDT 曲线），同样遵循指数递减规律。

采用类似于热力致死速率曲线的处理方法，可得出式（3-1-2）：

$$\lg \frac{t}{t_1} = -\frac{T - T_1}{Z} \qquad (3\text{-}1\text{-}2)$$

式中，T、T_1 为温度，℃；t、t_1 为对应于 T、T_1 的热力致死时间，min；Z 为热力致死时间变化 90% 所对应的温度变化值，℃。

利用这条曲线，可以在确定的杀菌条件（即菌种、菌量和环境确定）下求得不同温度下的杀菌时间，即可以转换等效的杀菌温度-时间组合，推而广之，也可以比较不同的温度-时间组合的杀菌强度。通常以 121℃（国外用 121.1℃）作为标准温度，该温度下的 TDT 用"F"表示，称为 F 值，也叫杀菌致死值。将 F 值代入式(3-1-2) 得式(3-1-3)：

$$\lg \frac{t}{F} = -\frac{T-121}{Z} \qquad (3\text{-}1\text{-}3)$$

⑤ 仿热力致死时间曲线（TRT$_1$ 曲线）

以 D 值（TRT$_1$）的对数值为纵坐标，加热温度为横坐标，则可作某温度与其对应的 D 对数值的曲线，称仿热力致死时间曲线（TRT$_1$ 曲线），见图 3-1-5，假设图 3-1-5 中 D_1、D_2 对应的温度分别为 T_1、T_2，则同样有：

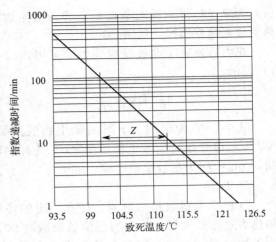

图 3-1-4　热力致死时间曲线

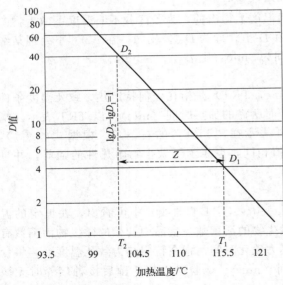

图 3-1-5　仿热力致死时间曲线

$$\lg \frac{D_2}{D_1} = \frac{T_1-T_2}{Z} \qquad (3\text{-}1\text{-}4)$$

⑥ Z 值

Z 值为热力致死时间或 D 值变化 10 倍时的温度变化值（℃）。在 TDT 曲线上可以清楚地看出 Z 值的意义。Z 值越大，则表示因温度上升所取得的杀菌效果越小，则微生物的耐热性越强。在计算杀菌强度时，对于低酸性食品中的微生物，如肉毒杆菌等，一般取 $Z=10$℃；在酸性食品中的微生物，采取 100℃或以下杀菌的，通常取 $Z=8$℃。

⑦ F_0 值

F_0 值是指采用 121.1℃杀菌温度时的热力致死时间，即 TDT$_{121.1}$。为了方便对不同的杀菌温度-时间组合进行比较，公认 121.1℃为标准杀菌温度，将在这个温度下需要的杀菌时间记为 F。因为这里仅仅考虑了细菌的耐热性，为与实际的杀菌强度相区别，特别记为 F_0。F_0 值与菌种、菌量及环境条件有关。显然，F_0 值越大，菌的耐热性越强。利用热力致死时间曲线，可将各种杀菌温度-时间组合换算成 121.1℃时的杀菌时间。反之只要知道某种菌的 F_0 值，也就可以算出在任意温度时的杀菌时间，即 TDT$_T$ 值或 F_T 值。

3.1.1.2　高温对酶的影响

新鲜食品原料中含有各种酶，可加速物料中有机物质的分解变化。酶失活问题在早期食品杀菌过程中从未引起过注意，自从罐头食品热力杀菌向高温短时，特别是超高温短时

（HTST，125～150℃）方向发展后，食品的加工储藏过程中，若不对酶的活性加以控制，原料或制品就会因酶的作用而发生变质。因此，在食品加工中必须加强对酶活性的控制。

（1）高温对酶活性的钝化作用

酶的活性与温度之间有密切的关系。在较低的温度范围内，随着温度的升高，酶活性也增加。通常，大多数酶在 30～40℃ 的范围内显示最大的活性，而高于此范围的温度将使酶失活。酶活性和酶失活速度与温度之间的关系均可用温度系数 Q_{10} 来表示。酶活性的 Q_{10} 一般为 2～3，即温度每增加 10℃，温度系数为 2 时，反应速度增加一倍。但是，随着温度不断提高，当超过临界温度后，酶失活速度的 Q_{10} 可达 100。因此，随着温度的升高，酶催化反应速度和失活速度同时增大，但是由于它们在临界温度范围内的 Q_{10} 不同，后者较大。也就是说在某一温度下，失活的速度将超过催化的速度，此时的温度即酶活性的最适温度，见图 3-1-6。图 3-1-7 表示了温度对酶催化反应速度的影响，当温度超过最适温度后，酶催化反应速度将急剧降低。这是因为酶蛋白质分子开始变性，导致分子的催化活性发生变化，使之活化分子数目快速减少，酶的催化速率趋于下降。此外要指出的是，任何酶的最适温度都不是固定的，而是受到 pH 值、共存盐类等因素的影响。

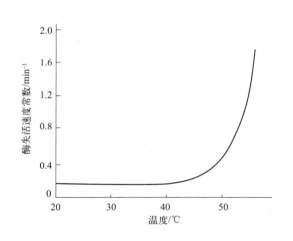

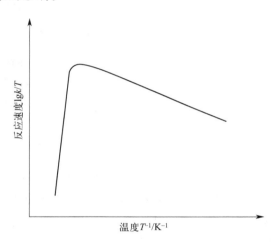

图 3-1-6　温度对酶活性的影响　　　　图 3-1-7　温度对酶催化反应速度的影响

酶的耐热性因种类不同也有较大的差异。比如，牛肝的过氧化氢酶在 35℃ 时即不稳定，而核糖核酸酶在 100℃ 下，其活力仍可保持几分钟。虽然大多数与食品加工有关的酶在 45℃ 以下时即逐渐失活，但乳碱性磷酸酶和植物过氧化物酶在 pH 中性条件下相当耐热。在加热处理时，其他的酶和微生物大都在这两种酶失活前就已被破坏，因此，在乳品工业和果蔬加工时，常根据这两种酶是否失活来判断巴氏杀菌和热烫是否充分。

某些酶类如过氧化物酶、催化酶、碱性磷酸酶和脂肪酶等，在热钝化后的一段时间内，其活性可部分地再生。这种酶活性的再生是由于酶的活性部分从变性蛋白质中分离出来的。为了防止酶活性的再生，可采用更高的加热温度或延长热处理时间。通常动物体内酶的最适宜温度在 37～50℃，而植物体内酶的最适温度在 50～60℃，绝大多数酶在 60℃ 以上逐渐失去活性。一般来说，当温度提高到 80℃ 后，热处理时间只要几分钟，几乎所有的酶都会遭到不可逆破坏。热对酶失活速度和蛋白质凝固反应速度的影响表明都需要高能量钝化，两者反应颇为相似。研究表明，加热可以破坏酶蛋白质分子中的氢键使蛋白质变性，在变化过程中没有化学键的断裂和生成，没有新物质生成，属于物理变化。高温改变的是酶蛋白质的空间结构，在热变性后，表现出了相当程度的伸展变形。

（2）酶的热变性

与微生物的热力致死时间曲线相似，也可以作出酶的热失活时间曲线，用 D 值、F 值及 Z 值来表示酶的耐热性。

D 值表示在某一恒定的温度下，酶失去其原有活性的 90% 时所需要的时间；Z 值表示使酶的热失活时间曲线越过一个对数循环所需改变的温度；F 值是指在某个特定温度不变环境条件下使某种酶的活性完全丧失所需要的时间。

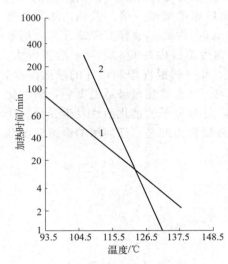

图 3-1-8　过氧化物酶的热失活时间曲线
1—过氧化物酶；2—细菌芽孢

图 3-1-8 是过氧化物酶的热失活时间曲线。从图中可以看出，过氧化物酶的 Z 值大于细菌芽孢的 Z 值，这表明升高温度对酶活性的损害比对细菌芽孢的损害要小。经过加热处理后，微生物虽被杀死，但某些酶的活力却依然存在。因此，食品的加工处理中，要完全破坏酶的活性，防止或减少酶引起的变质现象。此外，还应综合考虑采用其他不同的措施，如酸渍食品中过氧化酶能忍受 85℃ 以下的热处理；加醋可以加强热对酶的破坏力，但热力钝化时高浓度糖液对桃、梨中的酶有保护作用；酶在干热条件下难于钝化，在湿热条件下易于钝化，等等。所以，不论是烫漂处理，还是高温杀菌工序，都必须使组织内部的酶活性完全被破坏，才能确保生产的食品有一个安全稳定的保质期。

大多数酶的失活遵循一级反应动力学。这可由图 3-1-9 来说明，热处理时间对土豆脂解酰基水解酶在 5 个温度时的影响。当加热温度在很窄的范围内增加时，其热失活率显著加速。从失活数据判断，土豆的脂解酰基水解酶各部分不存在耐热性差异。

另一类酶是具有不同耐热性两种酶的部分所构成的，如土豆的脂氧化酶、多酚氧化酶和过氧化酶等。对于这些酶它们的失活曲线是由初始的锐直线、中间曲线部分和具有低斜率的最后直线部分所构成的。

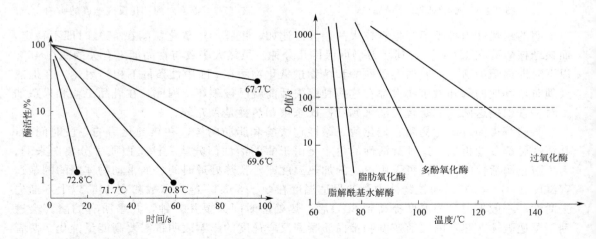

图 3-1-9　热处理时间对土豆脂解酰基水解酶的影响　　图 3-1-10　四种土豆酶的耐热部分的热失活曲线

对于某一种酶来说，若以温度为横坐标，以使酶失活 90% 所需的加热时间（D 值）为纵坐标作图，可以得到类似于微生物的热致死时间曲线。例如图 3-1-10 给出了四种土豆酶的耐热部分的热失活曲线。

3.1.1.3　食品加热杀菌效果的影响因素

（1）食品杀菌时的传热类型与传热速度

食品的杀菌过程实际上是食品不断从外界吸收热量的过程。杀菌时热的传递主要是以热水或热蒸汽为介质，其热力由食品表面传到食品中心的速度，对杀菌条件影响很大。热的传递方式有传导、对流和辐射。对于包装食品的内容物来说，因有包装的阻隔，可以认为不存在辐射传热的形式。食品杀菌期间的传热类型主要有传导、对流、对流传导混合型传热三种方式。不同的食品其传热类型不同，杀菌时需控制的温度、时间等参数也有所不同。

① 传导传热

传导传热指热能在相邻分子之间传递。以传导方式传热的食品冷点，一般在罐头的几何中心处（图 3-1-11），冷点温度变化缓慢，故加热杀菌时间较长。糊状玉米、南瓜、浓汤、午餐肉、烤鹅和西式火腿等固态及黏稠度高的食品，在加热杀菌时就以传导传热方式为主。

② 对流传热

对流传热依靠分子因受热而密度下降产生的上升运动，将热能在运动过程中传递给相邻的分子。对流传热食品的冷点，通常应在容器的中心线上，高于罐头容器底部 20（小型罐）～40mm（大型罐）处（图 3-1-11），其冷点温度变化较快，所需杀菌时间较短。果汁、蔬菜汁、清肉汤、稀的调味汁等低黏度液态食品和片状蘑菇、清水青豆等汁液很多而固形物很少且块形很小的物料，以对流传热方式为主。

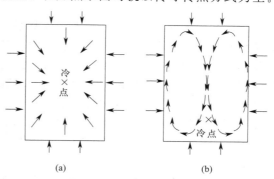

图 3-1-11　传导传热和对流传热食品的冷点
（a）传导传热；（b）对流传热

③ 对流传导混合型传热

许多情形下，食品的热传导往往是对流传热和传导传热同时存在的，或者先后相继出现。

通常，糖水或盐水的小块或颗粒状罐头食品属于传导传热和对流传热同时存在的情况，如糖水果蔬、盐水香肠等，液体是对流传热，固体是传导传热。乳糜状玉米罐头、某些浓汤罐头则是先对流传热，淀粉受热糊化后，即由对流转变为传导传热，冷却时也为传导传热。属于这类情况的还有盐水玉米、稍浓稠的汤和番茄汁等。而苹果沙司等受热熔化的物料，有较多沉淀固体的食品，开始杀菌时因糖的浓度高、稠度大属传导传热，随着温度升高，糖液的稠度下降，流动性增加，当对流力量达到足以使固体悬浮于液体中循环流动时，传热方式转为对流传热，这是先传导后对流传热的混合型传热。对流传导混合型传热的速度介于传导传热和对流传热之间，其冷点的位置也在上述两者之间。总之，对流传导混合型传热情况是相当复杂的。

某一种食品中以哪种传热方式为主，取决于该食品的理化性质、装罐方法、装罐量、固形物与汁液比例、排气情况、在杀菌器中的位置及堆叠情况。

（2）影响传热速度的因素

在食品的加热杀菌过程中，热量传递的速度受食品的物理特性、食品的初温、食品的和装罐容器的物理性质、杀菌锅的形式等因素的影响。

① 食品的物理特性

与传热有关的食品物理特性主要有形状、大小、浓度、密度及黏度等，且这几项物理性质之间往往相关。

流体食品如果汁、肉汤、清汤类食品等，加热杀菌时主要以对流传热方式进行，传热速度较快。食品的冷点可以在较短的时间内达到杀菌操作温度，且食品内各点处的温度变化基本保持同步。

半流体食品如番茄酱、果酱等，虽非固体，但浓度大，黏度高，流动性很差，在杀菌时很难产生对流，或对流很小，主要靠传导传热，这类食品冷点温度上升较慢。某些半流体食品在杀菌受热的过程中，一些性质发生改变，如黏度变化等，从而导致传热方法改变。有的在杀菌过程中黏度变大，流动性减小，传热的方式由开始的对流转变为传导传热；而有的则相反，这些食品的传热曲线呈折线型，传热速度随多种因素而变。如淀粉含量不同的食品（即黏稠度不同）其杀菌时间也不相同。

固体食品呈固态或高黏度状态，如红烧类、糜状类、果酱类、整竹笋等食品，加热杀菌时不可能形成对流，主要靠传导传热，传热速度很慢，食品冷点温度上升很慢，且食品内各点处的温度分布极不均衡。

流体和固体混装食品传热情况较为复杂，如糖水水果、清渍类蔬菜等食品，在加热杀菌时传导和对流同时存在。一般来说，颗粒、条形、小块形食品在杀菌时液体容易流动，以对流传热为主，传热速度比大粒、大块形快。层片装食品（如菠萝片）的传热比竖条装食品（如芦笋）的传热慢。片厚不同的蘑菇，3.97mm 厚时，121.1℃的杀菌需时 41min，而片厚 2.38mm 时，虽片薄，但易聚集，于是同样的杀菌温度却需时 46min。糖水的浓度对杀菌时间也有影响，浓度越高，杀菌时间越长，如甜马铃薯，当糖水浓度从 25% 以下提高到 25% 以上时，115.5℃时杀菌时间从 32min 提高到 48min。

② 食品的初温

食品的初温对杀菌时间有明显的影响，尤其对传导型加热的食品影响更大。例如，南瓜罐头在取得同等杀菌效果和罐型相同的情况下，当初温为 82℃时，杀菌时间短，但初温为 60℃时，杀菌时间明显延长。杀菌时间的延长，不仅影响生产率，而且食品成分在长时间受热时会分解或相互作用，以致影响罐头的质量。因此，封装后的食品，应尽快进入杀菌设备中进行杀菌，密封后至杀菌前停留时间一般不超过 30min。显然，初温越高，杀菌操作温度与食品物料温度间的差值越小，食品温度达到或逼近杀菌操作温度的时间越短，但对流传热型食品的初温对加热时间影响较小。因此，对于传导传热型食品，热装罐比冷装罐更有利于缩短加热时间。

③ 食品的杀菌温度

杀菌温度越高，杀菌温度与食品温度之差越小，热的穿透作用越强，食品温度上升越快。

④ 容器的材料、容积和几何尺寸

食品加热杀菌时，热量从容器外向容器内食品传递，要克服容器的热阻。容器的热阻 σ 取决于容器的厚度 δ 和热导率 λ，它们的关系式为 $\sigma=\delta/\lambda$。不同的容器材料导热系数不同，热阻也就不同。常用的玻璃罐壁的热阻比马口铁罐壁的热阻大数百倍甚至上千倍，铝罐的热阻则比铁罐的还要小，镀锡罐最小。当容器材料相同时，热阻取决于罐壁厚度。

容器的容积和几何尺寸对传热速度和加热时间也有影响。当容积相同时，加热时间与容器的高度与直径之比（H/D）的大小成正比。因此，为了加快传热，应增大容器的直径，而非增加容器的高度。对于常见的圆罐，H/D 为 0.25 时，加热时间最短。因此对于内部传热困难的干装类食品，往往选用扁平罐型。

⑤ 杀菌锅的形式及食品在杀菌锅中的位置

食品工业中常用的杀菌锅有静置式、回转式和旋转式等类型。我国食品工厂多采用静置式杀菌锅。食品所处位置对于其传热效果也有影响，静置式杀菌必须充分排净杀菌锅内的空气，使锅内温度分布均匀，以保证各位置上食品的杀菌效果。一般回转式杀菌锅的传热效果要好于静置式的杀菌锅。因前者能使食品在杀菌时进行转动，食品内部形成机械对流，从而提高传热性能，加快食品内中心温度升高，缩短杀菌时间。回转式杀菌锅回转方式、食品在杀菌锅中的运动方式以及杀菌锅回转的速度都会影响食品内部的搅动状态，造成传热效果的差异。

⑥ 其他因素

装罐方法、装罐量、顶隙大小、固形物与汁液比例、加热介质、排气情况、预处理等因素均影响传热速度。装罐量和固形物含量越多，杀菌时间越长。

（3）传热的测定

所谓传热测定是指对食品中心温度（或称冷点温度）的测定。通过传热测定，可以了解不同性质食品的传热情况，即杀菌过程中温度随时间变化的曲线，为正确制订杀菌工艺条件奠定基础；可以比较杀菌锅内不同位置的升温情况，为改进、维修设备和改进操作水平提供技术依据；测得的数据经过计算处理，可以得出包装内食品所接受的杀菌值（F_p），判断食品的杀菌效果。现在常用食品中心温度记录仪确定食品的中心温度。根据仪器功能的不同，分别可以在规定的时间间隔内：①显示温度值，人工记录；②打印出温度值；③打印出温度曲线；④显示或打印出累计的 F_p 值。

（4）加热曲线

如果将上述热传导过程表示在以加热时间为横坐标，加热温度为纵坐标的半对数坐标图中，则可得到一条曲线，即加热曲线（图 3-1-12）。单纯的传导传热和单纯的对流传热的加热曲线为一条直线，称为简单加热曲线。从该曲线的斜率就可判断加热速度的快慢，直线斜率以 f_h 表示，其物理意义就是杀菌温度与食品中心温度之差减少到 1/10 时所需要的加热时间。如果食品的热传导是混合型的，则加热曲线就由两条斜率不同的直线组成（图 3-1-13），中间有一个"转折点"。

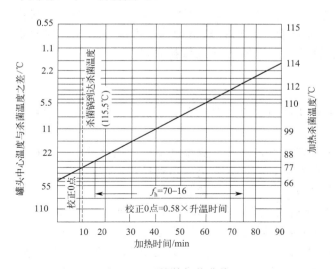

图 3-1-12　简单加热曲线

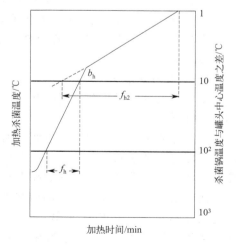

图 3-1-13　转折加热曲线

产品在杀菌时的温度变化呈转折型加热曲线时，须同时绘制冷却曲线，如图 3-1-14 所示。f_c 为冷却曲线直线部分穿过一个对数周期所需时间（min）。

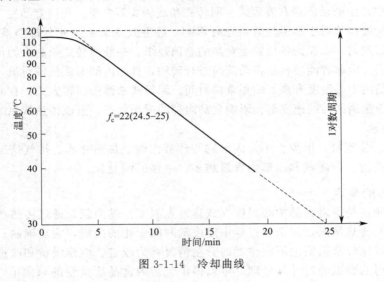

图 3-1-14　冷却曲线

3.1.1.4　杀菌强度的计算及确定程序

（1）热杀菌时间及 F 值的计算

1920 年，比奇洛首先提出罐藏食品杀菌时间的计算方法，即根据细菌致死率和罐头食品传热曲线推算出杀菌时间。随后，1923 年鲍尔和 1939 年奥尔森、舒尔茨等对比奇洛的方法进行了改进，推出了鲍尔改良法，鲍尔还推出了公式计算法。史蒂文斯在鲍尔公式法的基础上又提出了方便实际应用的列图线法。1948 年斯顿博提出了把细菌特性的影响考虑在内的计算杀菌时间的方法。所有这些方法的基本理论依据还是比奇洛创立的方法，所以比奇洛的方法又称为基本推算法、一般法或古典法，把杀菌过程中包括升温和冷却阶段的致死效率积累起来，取其总和，计算过程繁琐。这就对杀菌时全部受热程度进行了估量，特别适用那些既不呈简单加热曲线，又非转折型加热曲线，无法用公式计算的不规则加热曲线。现在普遍使用的自动 F 值测定仪的计算原理是鲍尔改良法。通过理论计算，可以寻求较合理的杀菌时间和 F 值，在保证食品安全性的前提下，尽可能更好地保持食品原有的色、香、味，同时节约能源。

① 比奇洛基本法

基本法推算实际杀菌时间的基础，是罐头冷点的温度曲线和对象菌的热力致死时间曲线（TDT 曲线）。

在实际的杀菌过程中，一方面，因为传热问题，罐内冷点温度不可能始终等于杀菌操作温度（即对于某些固体食品，甚至直到杀菌结束，冷点温度仍未达到操作温度），另一方面，冷点温度只要上升到对象菌的最高生长温度以上，就具有杀菌效果。

比奇洛将杀菌时罐头冷点的传热曲线分割成若干小段，每小段的时间为 t_i。假定每小段内温度不变，利用 TDT 曲线，可以获得在某段温度（θ_i）下所需的热力致死时间（t_i）。热力致死时间 τ_i 的倒数 $1/\tau_i$ 为在温度 θ_i 杀菌 1min 所取得的效果占全部杀菌效果的比值，称为致死率；而 t_i/τ_i 即为该小段取得的杀菌效果占全部杀菌效果的比值 A_i，称为部分杀菌值。如肉毒杆菌在 100℃下的致死时间为 300min，则致死率为 1/300；若在 100℃下维持

6min，则这 6min 的部分杀菌值为 $A_i＝1/300×6＝0.02$，这表明在 100℃下加热杀菌 6min，仅能杀灭罐内全部细菌 2%。将各段的部分杀菌值相加，就得到总杀菌值 A（或称累积杀菌值）：

$$A=\sum A_i \tag{3-1-5}$$

比奇洛从上述基本理论出发，把微生物致死时间和食品的传热过程绘成传热曲线和致死时间曲线，如图 3-1-15 所示，然后以此为基础来推算杀菌时间。图 3-1-15(a) 曲线上的每一点代表罐头中心温度，横坐标表示加热时间，图 3-1-15(b) 下横坐标表示致死时间，上横坐标表示致死率。如果以加热时间为横坐标，以致死率为纵坐标，则可得到致死率曲线图，如图 3-1-16 所示。用积分法求出致死率曲线所包含的面积，即为杀菌效率值 A。当 $A=1$ 时，说明杀菌时间正好合适；$A<1$ 时，说明杀菌不充分；$A>1$ 时，说明杀菌时间过长。

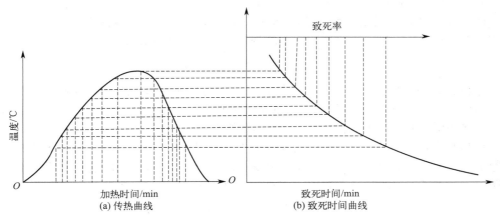

图 3-1-15　传热曲线与致死时间曲线

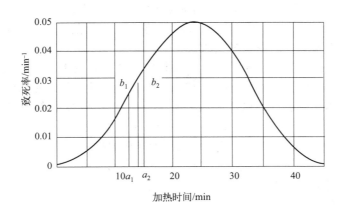

图 3-1-16　致死率曲线

比奇洛法的优点是：方法直观易懂，当杀菌温度间隔的取值很小时，计算结果与实际效果很接近；不管传热情况是否符合一定模型，用此法可以求得任何情况下的正确杀菌时间。但该法计算量和实验量较大，需要分别经实验确定杀菌过程各温度下的 TDT 值，再计算出致死率。

② 鲍尔改良法

鲍尔改良法是在比奇洛基本法的基础上作了一些改进，主要有两点：一是建立了致死率值的概念；二是时间间隔取相等值。

根据 TDT 曲线方程：

$$\lg\left(\frac{t}{F_0}\right) = (121 - T)/Z$$

令 $F_0 = 1\text{min}$，

$$t = \lg^{-1}[(121 - T)/Z]$$

令 $L = 1/t$，

$$L = \lg^{-1}[(T - 121)/Z] \tag{3-1-6}$$

式中　T——杀菌过程中的某一温度，℃；

　　　t——在温度为 T 时，达到与 121℃，1min 相同的杀菌效果所需要的时间，min；

　　　L——致死率值；

　　　Z——微生物致死温时曲线斜率。

因此，致死率值 L 是指经温度 T，1min 的杀菌处理，相当于温度为 121℃ 时的杀菌时间。实际杀菌过程中，冷点温度随时间不断变化，于是致死率值 L_i 为：

$$L_i = \lg^{-1}[(T_i - 121)/Z]$$

微生物的 Z 值确定后，即可预先计算各温度下的致死率值。大多数专业书上都有这类表格，称作 $F_{121.1}^{Z} = 1$ 时，各致死温度下的致死率表。

比奇洛法中时间间隔的取值依据传热曲线的形状变化，传热曲线平缓的地方时间间隔取值大，传热曲线斜率大的地方，时间间隔取值小，否则计算误差会增大。鲍尔改良法的时间间隔等值化，简化了计算过程。显然，若间隔取得太大，也同样会影响到计算结果的准确性。所以，整个杀菌过程的杀菌强度，即总致死值可用式（3-1-7）表示：

$$F_p = \sum(L_i \Delta t) = \Delta t \sum L_i \tag{3-1-7}$$

需要注意 F_p 值与 F_0 值的关系。F_0 值指在标准温度（121℃）下杀灭对象菌所需要的理论时间；F_p 值指将实际杀菌过程的杀菌强度换算成标准温度下的时间。判断一个实际杀菌过程的杀菌强度是否达到要求，需要比较 F_p 值与 F_0 值的大小，一般 F_p 值略大于 F_0 值，才能达到商业无菌和产品安全的要求。

对于酸性食品，通常采用常压杀菌，也就相应将各个温度下的杀菌效果换算成 100℃ 下的杀菌效果：$L_i = \lg^{-1}[(T_i - 100)/Z]$。故也有 $F_{100}^{Z} = 1$ 时，各致死温度下的致死率表。

对于牛乳等液体食品进行的巴氏杀菌，常采用 63℃ 作为标准参照温度，因此，巴氏杀菌处理的致死率值常采用 $L_i = \lg^{-1}[(T_i - 63)/Z]$ 来计算。

可以写出致死率值的计算通式，T_R 代表标准参照温度：

$$L_i = \lg^{-1}[(T_i - T_R)/Z] \tag{3-1-8}$$

式中　T_i——罐内冷点测得的温度，℃；

　　　T_R——基准温度，℃。

公式法主要用来计算简单型和转折型传热曲线上的杀菌时间和 F 值。根据食品在杀菌过程中冷点温度的变化在半对数坐标纸上所绘出的传热曲线进行推算，以求得整个杀菌过程的杀菌值 F_p，通过与对象菌的 F_0 值对比，确定实际需要的杀菌时间。其优点是可以在杀菌温度变更时算出杀菌时间，但其计算繁琐、费时，并且只适于传热曲线规律的简单型曲线或转折型曲线。

列图线法是为了方便公式法的使用，奥尔森和史蒂文斯根据各参数间的数学关系，制作出如计算尺般的一系列计算图线。使用者从杀菌操作温度、升温时间、食品冷点初温等基础参数出发，在计算图线上查阅和作连线，最终可推算出实际杀菌操作所需的恒温时间。但此法仅适于简单型传热曲线。

（2）食品热杀菌工艺条件的确定

确定了杀菌的对象菌以后，就要确定针对该对象菌的杀菌条件。正确合理的杀菌条件既能杀死食品中致病菌和能在罐内环境中生长繁殖引起食品变质的腐败菌，使酶失活，又能最大限度保持食品原有的品质，也是确保罐头食品质量的关键。杀菌条件主要是杀菌温度和时间。杀菌条件制定的原则是在保证食品安全性的基础上，尽可能缩短杀菌时间，以减少热力对食品品质的不良影响。

杀菌温度的确定是以杀死对象菌为依据的，一般以对象菌的热力致死温度作为杀菌温度。杀菌时间的确定则受多种因素的影响，在综合考虑的基础上，通过计算和试验来确定。

杀菌是指罐头由初温升到杀菌所要求的温度，并在此温度下保持一定时间，达到杀菌目的，立即冷却。一般采用杀菌规程或杀菌式来表示杀菌过程，即把杀菌的温度、时间及所采用的反压力排列成公式的形式，见式(3-1-9)：

$$\frac{t_1 - t_2 - t_3}{T}P \ 或 \frac{t_1 - t_2}{T}P \qquad\qquad (3\text{-}1\text{-}9)$$

式中，t_1 为升温时间，min；t_2 为恒温时间，min；t_3 为冷却时间，min；T 为杀菌温度，℃；P 为杀菌或冷却时杀菌锅所用压力，kPa。

大部分微生物在 t_2 内死亡，t_1 和 t_3 期间死亡较少。t_1 和 t_3 主要由杀菌设备的结构、特性（主要是指传热性）而定，同时与食品的传热特性、食品在杀菌锅内的状态有关。对于一定的设备、一定种类的食品，t_1 和 t_3 基本上是确定的，且越短越好。如果杀菌过程中不用反压，则 P 可以省略。

杀菌温度与杀菌时间之间存在互相依赖的关系。杀菌温度低时，杀菌时间应适当延长，而杀菌温度高时，杀菌时间可相应缩短。因此，低温长时间和高温短时间两种杀菌工艺可以达到同样的杀菌效果，但两种杀菌工艺对食品中的酶和食品成分的破坏效果可能不同。杀菌温度的升高虽然会增大微生物、酶和食品成分的破坏速率，但它们增大的程度并不一样，其中微生物的破坏速率在高温下较大。因此采用温度高时间短的杀菌工艺对食品成分的保存较为有利。

3.1.2　热杀菌的方式

食品的热杀菌技术是食品加工与保藏中改善食品品质、延长食品贮藏期的最重要的方法之一，也是对食品品质影响小且应用广泛的杀菌方法。根据传热方式的差别可分为传统和新型热杀菌技术。

传统的热杀菌主要指高温蒸汽、水或空气等作为热源通过直接或者间接的方式将热量用于物料的升温，且保温一定时间用以实现微生物菌落数的下降。例如最常见的巴氏杀菌，其具有杀菌效果好、适用范围广的优点，已被广泛应用于奶制品、啤酒等行业中。但巴氏杀菌也有其缺点，即处理后需冷藏储存。传统热杀菌还可分为常压杀菌和高压杀菌。前者杀菌温度低，而后者杀菌温度高于 100℃。高压杀菌根据所用介质不同又可分为高压水杀菌和高压蒸汽杀菌。

近年来新型热杀菌技术已逐渐成熟，超高温瞬时杀菌、新含气调理杀菌、微波杀菌、欧姆杀菌等技术已经广泛应用。

3.1.2.1　食品的低温杀菌（巴氏杀菌）

巴氏杀菌是指在常压下低于水的沸点（100℃）以下的加热处理，故又称低温杀菌。该技术是以杀灭所有污染于食品中的致病菌为目的的加热杀菌，其在传统热杀菌技术中最具代表性。巴氏杀菌最早用于牛乳消毒，以杀灭结核杆菌为杀菌对象，并无常温下保存期限的要求。经巴氏杀菌后的产品，因其中尚存在非致病的腐败芽孢菌，在常温下可能增殖，因而只有有限的货架寿命。通常巴氏杀菌的保质期一般较短（3～7d），需结合其他保藏技术如低温冷藏、发酵、加入添加剂（食盐、糖、防腐剂及低水分活性物质）、真空包装、添加脱氧剂等一起来延长食品的货架期。目前乳制品的生产加工中大多应用的就是巴氏杀菌技术，相较于其他杀菌技术能够显著降低糠氨酸和 β-乳球蛋白的变性率，并最大程度地保留乳制品的口感与营养。

巴氏杀菌也常用于 pH 4.5 以下的酸性食品，如饮料、果汁、果酱、糖水水果类食品、泡酸菜、酸渍菜等食品的杀菌。这种方法虽不能杀灭芽孢杆菌，但因酸性环境能抑制其生长，而在 pH 4.5 以下能增殖的酵母菌及大部分耐酸的非芽孢细菌都不耐热，少数耐酸的芽孢杆菌（如巴氏固氮梭状芽孢杆菌）$D_{100}=0.1～0.5\text{min}$，在100℃下经一定时间也可杀灭。只有在番茄制品这类酸性食品中，可能出现有耐热性较高的凝结芽孢杆菌（$D_{121.1}=0.01～0.07\text{min}$），它繁殖时发生不产气的酸败变质，由表 3-1-1 可知它是酸性食品中重要的腐败菌。

表 3-1-1　腐败罐头中重要的芽孢杆菌

增殖的最适温度	食品中的 pH	
	$3.7<\text{pH}<4.5$	$\text{pH}>4.5$
嗜热性（35～55℃）	凝结芽孢杆菌	嗜热解糖梭状芽孢杆菌、致黑梭状芽孢杆菌、嗜热脂肪芽孢杆菌
中温性（10～40℃）	酪酸梭状芽孢杆菌、巴氏固氮梭状芽孢杆菌	肉毒杆菌 A、肉毒杆菌 B、生芽孢梭状芽孢杆菌
低温性（5～35℃）	浸麻芽孢杆菌、多黏芽孢杆菌	地衣形芽孢杆菌、枯草芽孢杆菌、肉毒杆菌 E

低温杀菌对于绝大多数经密封的酸性食品具有可靠的耐藏性。因此，对于那些不耐高温处理的低酸性食品，只要不影响消费习惯，常利用加酸或借助于微生物发酵产酸的手段，使 pH 降至酸性食品的范围，就可采用低温杀菌达到保持食品品质和耐藏的目的。如保藏低盐腌菜：利用聚酰胺/聚乙烯复合袋蒸煮袋真空包装低盐榨菜（含盐量 3.5%），水浴巴氏杀菌（85℃，15min）处理，37℃，湿度80%的条件下冷却样品，发现巴氏杀菌法能有效减缓微生物增长的趋势，显著延长低盐榨菜的保藏期。

一般将食品放入常压的热水或沸水中进行杀菌，杀菌温度不超过水的沸点，杀菌操作和杀菌设备简便。此法杀菌设备为立式开口杀菌锅。先在杀菌锅内注入适量的水，然后通入蒸汽加热。待锅内水沸腾时，将装满罐头的杀菌篮放入锅内。最好先将玻璃罐头预热到50℃左右再放入杀菌锅内，以免杀菌锅内水温急剧下降导致玻璃罐破裂。水必须淹没罐头10～15cm，待锅内水温达到杀菌温度时再开始计算杀菌时间，并保持水的温度直到杀菌结束。杀菌完毕取出，迅速冷却，玻璃罐分段冷却。低温杀菌也有采用连续式杀菌设备的。罐头由输送带送入杀菌锅内，杀菌时间可通过调节输送带的速度来控制。

例：不同巴氏杀菌条件在三华李果汁中的应用

三华李为蔷薇科李属植物，因最早栽种于广东韶关翁源县三华乡而得名，是广东十大优稀水果之一。现代研究表明三华李具有较高的营养价值和较强的抗氧化能力。三华李味甜多汁、肉厚核小，是优良的制汁原料。

工艺流程：三华李→筛选→清洗→切半、去核→冷却→榨汁→酶解→灭酶→纱布过滤→离心→巴氏杀菌→灌装→冷却→冷冻。

操作要点如下：

热汤条件：李子、水质量比 1∶2，100℃热烫 2min。

酶解条件：加酶量 1.5×10^6U/kg，50℃反应 3.25h。

灭酶条件：100℃灭酶 1min。

离心条件：4000r/min 离心 5min。

冷却条件：冰水混合物冷却 15min。

冷冻：－4℃。

巴氏杀菌条件：新鲜三华李果汁平均分成 24 份，每份 100mL，分别装入表面积为 $300cm^2$ 的不锈钢容器中。每 2 个样品进行同样的杀菌处理。巴氏杀菌温度、时间分别为：82℃、5s，82℃、15s，82℃、30s，82℃、60s，88℃、5s，88℃、15s，88℃、30s，88℃、60s，93℃、5s，93℃、15s，93℃、30s，93℃、60s。果汁样品采用电磁炉（设置功率为 2100W）在 60～90s 内加热到杀菌温度±1℃后，停止加热。在加热过程中，对果汁不停搅拌，使之受热均匀。果汁保持杀菌温度±1℃一定时间后，再迅速热灌装到已杀菌的玻璃瓶中，趁热密封，用冰水浴快速降温至常温，并保存于－4℃的冰箱中冷冻保藏。

3.1.2.2　食品的高温杀菌

食品的高温杀菌是指食品经 100℃以上的杀菌处理，用热水或蒸汽作介质杀菌时，只有用高压水或高压蒸汽介质才行，因此有高温高压杀菌之称，还可称为阿佩尔杀菌法，主要应用于 pH＞4.5 的中低酸性食品的杀菌。这类食品因酸度较低，能被各种致病菌、芽孢菌、产毒菌及其他腐败菌污染变质，特别是肉毒梭状芽孢杆菌能在 pH 4.8 以上繁殖，并能分泌毒素。肉毒梭状芽孢杆菌为厌氧性嗜温菌，其芽孢的耐热性较强，且需要杀灭一定的数量级才能保证食品的安全，故必须采用高温杀菌的手段。因此，凡是低酸性食品都必须接受以杀死肉毒梭状芽孢杆菌芽孢所制订的热力杀菌过程。但也有少数果品罐头采用高温杀菌，可极大缩短杀菌时间。高温高压杀菌设备复杂，操作要求精细。根据加压杀菌设备不同，可分为以下两种类型。

（1）高压水杀菌

此法适于大直径扁平金属罐、玻璃罐及软袋装的肉类、鱼贝类食品杀菌。多将食品放入立式杀菌锅内进行高压水杀菌。通入蒸汽以维持温度，用压缩空气维持锅内压力比蒸汽的相应压力高 $(2.03～2.53) \times 10^4$Pa。加压后锅内水的沸点可达 100℃以上，并且随外部压力大小而升降，如气压增至 172.59kPa 时，沸点可升至 115℃，气压增高至 206.91kPa 时，沸点可升至 121℃左右。可以根据果蔬类食品杀菌温度的要求，将杀菌锅内气压增高，使水达到要求的杀菌温度。待杀菌结束后，关掉进气阀，打开压缩空气阀和进水阀。但此时冷水不能直接与玻璃罐接触，以防爆裂。可先将冷却水预热到 40～50℃后再放入杀菌锅内。当冷却水放满后，开启排水阀，保持进水量和出水量的平衡，使锅内水温逐渐下降。降至 38℃左右时，关掉进水阀、压缩空气阀，打开锅门。

（2）高压蒸汽杀菌

低酸性食品如大多数蔬菜、肉类及水产类食品必须采用 100℃以上的高温杀菌。加热介质通常采用高压蒸汽，杀菌温度一般在 108～121℃，费用经济合算，温度控制方便。将罐头放入卧式杀菌器内，通入一定压力的蒸汽，排出锅内空气，使锅内温度升至预定的杀菌温度，经过一定时间而达到杀菌目的。

无论采用哪种高温高压杀菌方法，其共同的操作步骤可分以下 3 步：①排气升温阶段，将杀菌器内的空气排出，然后升温至杀菌温度。②杀菌阶段，维持在一定杀菌温度下的杀菌阶段。③消压降温阶段，加压杀菌结束后，必须逐渐消除杀菌器内的压力并降温，将密封盖打开，而后进行冷却。

高温高压杀菌按操作的连续性又分为间歇式杀菌和连续式杀菌，而以间歇式杀菌为常用。连续式杀菌近年来发展较快，特点是价格较贵，处理能力大。

3.1.2.3　超高温瞬时杀菌

通常把加热温度为 135～150℃，加热时间为 2～8s，加热后产品达到商业无菌的处理工艺称为超高温瞬时杀菌（UHT）。这种处理方法和传统杀菌处理办法相比杀菌温度要高出 20～40℃，又被称为超高温杀菌技术。大量实验表明，微生物对高温的敏感性远大于多数食品成分对高温的敏感性，故超高温瞬时杀菌能在很短时间内有效地杀死微生物，并较好地保持食品应有的品质，营养成分保存率达 92％以上，极大延长食品的货架期。相比于传统热杀菌技术中存在的问题也得到了更妥善的改良，既确保了能够有效杀死有害微生物，也尽可能降低了食品口感与品质在热力作用下的影响。

超高温杀菌技术并非适于全部的食品杀菌处理，只是适于固体颗粒在 1cm 范围内或者不含固体颗粒物的食品。流质食品的杀菌多采用高温短时巴氏杀菌（HTST）或超高温瞬时杀菌（UHT）工艺。流质食品超高温瞬时连续杀菌技术的关键是快速加热和快速冷却，要求热处理设备具有高的传热效率，在热处理过程中热介质的热能迅速传递到物料内，在瞬时达到规定的高温。同样，在杀菌后，热能从物料迅速传递到冷却介质，然后无菌充填包装，以防止在后续的包装、运输和销售过程中受到微生物的污染。

超高温瞬时连续热处理方式和设备有两种类型：①采用蒸汽间接传热的快速热交换器，主要有板式、套管式和刮板式 3 种，其中板式是最常用的；②采用蒸汽直接加热、欧姆直接加热、电阻加热和微波直接加热 4 种。不同黏度和含有不同直径颗粒的各种流质食品，对传热效率有不同的影响，尤其是固体颗粒比液体传热更慢。因此，需根据物料的黏度和流体中含颗粒大小来选择适合的热处理方式或设备，以提高物料热处理过程中的热效率，满足超高温瞬时杀菌的技术要求。在新型热杀菌技术中，超高温杀菌的效果比较显著，常用于灭菌乳的生产，也广泛用于果汁、豆乳、茶、酒、矿泉水及各种饮料等产品的灭菌，也可将食品装袋后，浸渍于此温度的热水中灭菌。

例：超高温瞬时杀菌在刺梨汁中的应用

刺梨别名刺石榴、刺菠萝、送春归，是蔷薇科植物，主要分布于我国贵州、四川、湖南、云南等地，特别是贵州的刺梨资源尤为丰富。刺梨作为"第三代水果"，鲜果中含有丰富的生物活性物质，如维生素 C、超氧化歧化酶、黄酮、多糖、多酚、有机酸、三萜类等，具有很高的食药用价值，作为贵州省特色优质资源，极具开发价值。在这些生物活性物质中，每 100g 刺梨鲜果所含维生素 C 高达 2000～3000mg；每 1g 刺梨中含 7000～10000U 活性的 SOD 酶，被称之为"维生素 C 之王"与"SOD 之王"。富含营养物质的刺梨汁也为微生物提供了较好的生长条件，加工和贮藏过程中，刺梨中生物活性物质与营养物质极易分解，导致刺梨汁的贮藏时间非常短，降低了刺梨的食用价值。如何在达到无菌要求的同时又能保留刺梨汁的风味、营养和活性成分是刺梨生产中的关键技术瓶颈问题。

UHT 处理条件：132℃处理 2～3s，将经带式榨汁机压榨、过滤处理后的刺梨汁放入物料仓，调节冷凝水温度为（65±1）℃，观察无菌灌装台内物料流出情况，进行无菌灌装后迅速冷却至室温。

结果显示，UHT 灭菌的刺梨汁在 4℃冷藏与常温避光贮藏 8 周后，维生素 C 保留率分别为（90.91±0.7）％与（87.58±0.9）％；SOD 酶活性保存率分别为（89.9±1.81）％与

(85.82 ± 3.49)%；pH 值均呈下降趋势，总酸含量均呈先上升后稳定的趋势；此外，在不同贮藏温度下，UHT 处理与未灭菌对单宁含量与可溶性固形物含量几乎没有影响（$P>0.05$）；UHT 处理组菌落总数与大肠杆菌均未检出，未灭菌刺梨汁菌落总数在第 4 周开始出现增长。表明 UHT 处理能有效保留刺梨汁中营养与生物活性物质，延长产品货架期；低温有利于刺梨产品的保藏。

3.1.2.4　新含气调理杀菌

新含气调理杀菌技术是针对目前普遍使用的真空包装、高温高压灭菌等常规加工方法存在的不足而开发的一种新技术，适于加工各种方便菜肴食品、休闲食品或半成品。食品原料减菌化预处理后，装在高阻氧的透明软包装袋中，抽出空气注入惰性气体（通常使用氮气）并密封，然后在多阶段升温、两阶段冷却的调理杀菌锅内进行温和杀菌，用最少的热量达到杀菌目的，能够较好地保持食品原有的色、香、味和营养成分，并可在常温下保存和流通长达 $6\sim12$ 个月，可广泛应用于传统食品的工业化加工，应用前景十分广阔。新含气调理杀菌装置由杀菌罐、热水贮罐、冷却水罐、热交换器、循环泵、电磁控制阀、连接管道及高性能智能操作平台等部分组成。

3.1.2.5　微波杀菌

微波是指频率为 $300\text{MHz}\sim300\text{GHz}$，即波长为 $1\text{mm}\sim1\text{m}$ 的超高频电磁波，可产生高频电磁场。微波杀菌（microwave sterilization）就是将食品经微波处理后，使食品中的微生物丧失活力或死亡，从而达到延长保存期的目的。目前常用的家用微波设备微波频率一般为 2450MHz，工业微波系统的微波频率通常为 915MHz 或 2450MHz。

微波杀菌是热效应和非热效应的共同结果。在相同条件下，微波杀菌致死温度比传统加热杀菌低，它不仅具有因生物体吸收微波能量而转换的热效应，而且还存在一种非热效应。一方面微波穿透介质，极性分子受交变电场作用而取向运动，摩擦生热，产生热效应。另一方面生物体与微波作用会产生复杂的生物效应，即非热效应，如微波电场改变细胞膜断面电子分布，使其通透性改变，引起蛋白质变性，改变生理生化反应的活化能，诱发各种离子基团，使微生物的生理活性物质发生改变，导致 DNA 和 RNA 结构中氢键的松弛、断裂和重新组合，诱发一些基因突变，中断细胞的正常生理功能。

微波技术是一种理想的杀菌途径，相对传统热力杀菌来说，微波杀菌能使食品中的微生物（沙门氏菌、李斯特菌、大肠杆菌等）在较短时间内失活，具有加热时间短、升温速度快、杀菌均匀、食品营养成分和风味物质破坏及损失少等特点。与化学方法杀菌相比，微波杀菌无化学物质残留而使安全性提高。一般来说，微波功率越大或时间越长，对微生物的杀灭效果越好，且细菌数量与样品温度之间存在显著的相关性。微波杀菌技术可用于肉制品、禽制品、水产品、果蔬、奶制品、布丁和面包等产品。

例：微波杀菌在即食小龙虾中的应用

淡水小龙虾，学名克氏原螯虾（*Procambarus clarkii*），虾肉蛋白质含量高、脂肪含量低，且富含微量元素。因其味道鲜美，深受消费者喜爱。大部分小龙虾通过鲜销烹饪途径被直接食用，加工程度低。此外，小龙虾的季节性非常强，消费周期集中在每年 $4\sim8$ 月份。因此，发展小龙虾加工业，不仅可以优化小龙虾的产业结构，而且能够改变小龙虾集中上市、消费的局面，满足消费者在其他季节对小龙虾的需求。目前市面上小龙虾产品主要以冷冻小龙虾为主，加工方式一般为烹饪后进行冷冻处理，后续的贮藏和运输需要保持全程冷链，成本较高；此外，冷冻小龙虾在食用之前需要进行解冻和加热，而解冻后产品的品质会下降。现代人们对于高品质、食用便捷的即食食品的需求日益增加，因此，如何生产高品质的即食小龙虾产品是当下小龙虾加工行业亟待解决的问题。然而基于热传导的传统杀菌工艺需要长时间的高温处理才能达到商业无菌的条件以满足即食食品的贮藏要求，会对小龙虾的品质造成较大破坏，因此生产高品质的即食小龙虾产品需要新型杀菌技术的支持。

微波杀菌作为一种新型杀菌技术，能够穿透甲壳对小龙虾进行整体快速升温，实现高温短时杀菌，降低长时间高温处理对小龙虾品质的破坏。

微波处理条件：以 896MHz 单模式工业微波杀菌系统为平台，设置系统压力 0.2MPa，微波功率 6.5kW，微波处理时间 190s，保温温度（120±1）℃，保温时间 180s。

结果显示：经处理后的即食小龙虾常温下货架期在 6 个月以上。较传统杀菌，总处理时间、冷点蒸煮值、表面蒸煮值分别减少了 66.55％、34.40％、57.75％，持水性和质构特性显著优于传统杀菌组（$P<0.05$），不同杀菌处理组的脱壳完整率无显著性差异（$P>0.05$）。微波杀菌组虾肉色泽偏黄，而传统杀菌处理虾肉白度更高。在贮藏期内，微波杀菌组的滋味轮廓未发生明显变化，感官评分高于传统杀菌组。综上，微波杀菌技术可以用于常温即食小龙虾的生产加工中。

3.1.2.6　欧姆杀菌

欧姆杀菌是一种新型热杀菌的加热方法，利用连续流动的导电液体的电阻热效应（食品本身的介电性质）产生热量达到杀菌的目的，特别适合对酸性和低酸性的黏性食品及颗粒食品（如肉汤、布丁）进行连续杀菌。

欧姆杀菌是利用物料本身的电阻特性直接把电能转化为热能的一种加热杀菌方式，可以克服传统加热方式中物料内部的传热速度取决于传热方向上的温度梯度等不足，实现物料的均匀快速加热。当物料的两端施加电场时，物料中有电流通过，在电路中把物料作为一段导体，由于物料的电阻特性，利用它本身在导电时所产生的热量达到加热的目的（图 3-1-17）。电阻加热受电压的控制，电压不会因为温度的增高而减小，相反，加热效率随温度升高而增加，因为温度升高，导电率增加，电流加大，加热效率必然提高，从而使得流体食品中的颗粒加热速率几乎与流体的加热速率相近（1～2℃/s），可获得比常规方法更快的颗粒加热速率，因而可缩短加工时间，避免过热对食品品质的破坏，得到高品质产品。

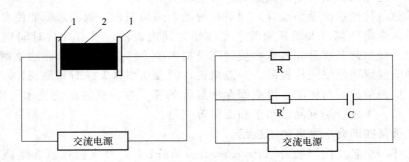

图 3-1-17　欧姆加热原理示意图
1—电极；2—物料；R—电阻；C—电容；R′—相当于介电损耗的电阻

电阻加热杀菌要求交流电的频率在 50～60Hz，因为此时它的电化学稳定，交流电的转换率最高，并且操作安全，电阻加热的适用品种根据食品物料的导电率来决定。大多数能用泵输送的、含有溶解离子盐类且含水量在 30％以上的食品都可用电阻加热来杀菌，且效果很好，而一些像脂肪、糖、油等非离子化的食品则不适于用该技术。与传统的加热方式相比，欧姆加热更适合于加工高蛋白质食品原料、高黏度食品原料和固液混合食品的高温瞬时加热，并能最大限度地保持食品的鲜度和风味等。

目前已成功用于各种包含大颗粒的食品和片状食品的杀菌，如马铃薯、胡萝卜、蘑菇、牛肉、鸡肉、苹果、菠萝、桃等。但此杀菌技术依赖于食物的导电性，阻碍了这类技术在体积比较大的食品上的使用。

（1）欧姆杀菌的特点

① 加热均匀、速度快、容易控制

电阻加热与微波加热、射频加热相比，更具有优越性。因为它是在连续流动的液体中加热，所以不需要高温热交换，各种营养成分损失很少，而且能量转化率也高于微波加热、射频加热等电加热方法，可达 95％以上，约为传统加热转化率的 2 倍，能够更高效地利用电能，并且不存在热惯性。还因为它是对物料进行整体加热，所以热渗透性也远远高于微波加热，升温快速均匀，是带颗粒食品和高黏度物料实现瞬时无菌加工的首选工艺。

② 能量利用率高，环境友好

传统加热方式要通过加热介质对物料进行加热，所以在加热的过程中有大量热量损失，而通电加热方式通过自身的电导特性直接把电能转化为热能，能量利用率提高，节约能源。此外，通电加热可以对大体积和不规则物料进行均匀加热，而不损坏物料的品质。因此，欧姆加热技术应用于商业化生产，可在降低生产成本、提高生产效率的同时保护环境，应用前景广阔。

（2）欧姆杀菌在应用中存在的问题

欧姆杀菌在美国、英国和日本正处于推广应用以及新型设备的开发研究阶段，而我国还处于刚刚起步阶段。欧姆杀菌有很多优点，但在推广应用过程中，也存在着一些障碍，目前该技术在研究应用中存在的主要问题有以下几点。

① 加热速度的控制　由于欧姆加热的加热速度与食品物料的电导率直接相关，而物料的电导率又随其温度的升高而快速升高，特别是对于批式欧姆加热系统来说，在加热的后期，物料的加热速度较难控制。

② 非均匀食品物料的预处理　颗粒食品的输送、混合及如何平均地充填于每一容器中等技术问题需要解决。对于非均质的复杂食品物质，各部分电阻都不同，在通电时内部电流能否均匀分布成为影响加工品质的关键。

③ 温度的实时监测和控制　在连续欧姆加热系统中，对食品物料尤其是液固两相食品在加热过程中"冷点和热点"的实时监测与控制非常重要，但是，由于食品在加热过程中处于流动状态，很难实现"冷点和热点"的实时监测与控制。

④ 在接触式欧姆加热解冻中，与物料接触的耐腐、无污染的电极需要进一步开发，避免产生电流集中现象，引起局部过热；在浸泡式欧姆加热解冻中，浸泡介质的电导率是影响解冻速率和物料内部温度分布均匀性的重要因素，其影响机理尚不明确，有待进一步研究。

⑤ 颗粒杀菌值的评估与计算问题尚未很好解决。

⑥ 含颗粒食品的密度过大或过小难以保障加热效果，另一方面，欧姆加热设备的投资较大，电力价格相当高。欧姆加热目前仅可对酸性食品加热，而且人们对欧姆加热的高质量产品还没有充分的认识，所以其商业应用尚不广泛。

3.1.3　热杀菌对食品品质的影响

加热对食品成分的影响可以产生有益的结果，也会造成食品的色香味、质构及营养成分等质量因素的不良变化。大部分与食品保藏加工有关的热杀菌处理都会引起质量属性的降低。热处理可引起食品成分产生明显的不良后果，主要表现在食品中热敏性营养成分的损失和感官品质的劣化。例如，热处理虽然可提高蛋白质的消化性，但可引起美拉德反应、蛋白质热变性、聚集、降解等。过分的或不适当的热处理会降低蛋白质的功能性质和可消化性。

3.2　食品的冷杀菌

冷杀菌技术是指采用不加热的方法杀灭杀菌对象中的有害和致病性微生物，使杀菌对象达到特定无菌要求的杀菌技术。在冷杀菌过程中，物料温度并不升高或升高很少。可分为两类，一是采用物理手段（如光照、射线、压力等）进行杀菌的物理杀菌，二是通过化学试剂来达到杀菌作用的化学杀菌。当前，冷杀菌技术主要有超高压杀菌、辐照杀菌、脉冲电场杀菌、磁场杀菌、臭氧杀菌、超声波杀菌、紫外线杀菌、脉冲光杀菌、等离子体杀菌、膜过滤杀菌以及化学杀菌剂（高密二氧化碳、二氧化氯、氯气）杀菌等技术。

3.2.1　超高压杀菌

超高压杀菌技术，可简称为高压加工技术或者静水压技术。食品超高压杀菌技术就是将食品原料包装后密封于超高压容器中（通常以水或者其他流体介质作为压力传递的介质），在高静水压（压力范围 100～1000MPa）和一定的温度下加工适当的时间，使食品中的酶、蛋白质和淀粉等生物大分子改变活性、变性或糊化，同时杀灭细菌等微生物，以达到杀菌、钝酶和改善食品功能性质的一种新型食品加工技术。超高压处理通常在室温或较低的温度下进行，因此是一种食品原有的色、香、味及营养价值不受或很少受影响的加工方法。目前普遍应用于果蔬、乳制品以及蛋制品加工中，也可与其他的杀菌技术共同使用。

3.2.1.1　超高压杀菌的原理

超高压加工技术运用的原理主要是勒·夏特列原理和帕斯卡原理。

勒·夏特列原理是指反应平衡将朝着减小系统外加作用力影响的方向移动。这意味着超高压处理将促使反应朝着体积减小的方向移动，包括化学反应平衡以及分子构象的可能变化。

帕斯卡原理是指加在密闭液体上的压强，能够大小不变地由液体向各个方向迅速传递。根据帕斯卡原理，在食品超高压加工过程中，液体压力可以瞬间均匀地传递到整个样品。帕斯卡原理的应用与样品的尺寸和体积无关，这也表明在超高压加工过程中，整个食品样品将受到均一的处理，压力传递速度快，不存在压力梯度，均匀地、无损失地传递到流体的每一部分和容器壁。这不仅使得超高压处理过程较为简单，而且能耗也较少。

超高压能使分子之间距离缩小，食品中的蛋白质、淀粉、脂肪和酶等就会因此而发生"变性"。如蛋白质在超高压力下，分子链被拉长，水分子等小分子产生渗透和填充的效果，这样就改变了蛋白质的全部或部分立体结构，使蛋白质发生了变性。总之超高压能导致生物物质的高分子立体结构中非共价键结合部分（氢键、离子键和疏水键等相互作用）发生变化，其结果是食品中的蛋白质呈凝固状变性、淀粉呈胶凝状糊化、酶失活、微生物死亡，或使之产生一些新物料改性和改变物料某些理化反应速度。故食品可长期保存而不变质，起到了对食品烹煮和杀菌的作用。

通常认为是在高压下蛋白质的立体结构崩溃而发生变性使微生物致死，杀死一般微生物的营养细胞只需 450MPa 以下的压力，而杀死耐压性的芽孢则需要更高的压力或结合其他处理形式，如一些产芽孢的细菌，需在 70℃ 以上加压到 600MPa 或加压到 1000MPa 以上才能杀死。每增加 100MPa 压力，料温升高 2～4℃，温度升高与压力增加成比例，但即使压力增加到 600MPa，水温也不会超过 30℃。故也有人认为对微生物的致死效果是压缩热和高压的联合作用。

3.2.1.2　超高压杀菌技术的分类

超高压静态杀菌是指将食品置于超高压处理室中，以水或其他液体为加压介质，当升压结束后，在设定的最高压力点处静态保持一定时间，使维持微生物生命活动的蛋白质等高分子物质变性失活而起到食品杀菌的目的。由于超高压容器造价昂贵，此技术适合小批量固、液体食品饮料生产。

超高压动态杀菌是指直接将食品加压到预定的压力点，然后通过瞬态泄压或梯度减压等连续性作业方式，使加压渗透到微生物体内的水等外界物质膨胀破碎菌体，从而达到快速高效杀菌的效果，只适合液体食品，但易实现产业化。

虽然超高压技术研究已取得相当大进展，但仍有相当多的问题，比如：

① 芽孢类微生物的残存问题。

② 高压属于冷处理，产品仍保持原有的新鲜风味和色泽，该食品的风味和色泽在贮藏过程中要受光、氧气和温度等条件的影响，而且比新鲜状态更易变化。

③ 超高压设备价格较高，且属于间歇式加工，工作容量也比较小，所以在应用范围和规模上受到一定限制。因反复加减压，高压密封体易损坏，加压容器易发生损伤，故实用的超高压装置目前压力在 500MPa 左右。

④ 由于超高压是基于对食品主成分水的压缩效果，因此对于干燥食品、粉状或粒状食品和类似香肠的两端扎结的食品，不能采用超高压处理技术。采用超高压技术对果汁进行杀菌，果汁浓度越高，加压杀菌的效果越差，所以对浓缩果汁加压杀菌效果不够理想。

3.2.2　辐照杀菌

辐照杀菌技术是利用辐射源产生的射线或加速器产生的高能电子束处理食品，从而达到抑制发芽、延迟或促进成熟、杀虫、灭菌和改进品质的储藏保鲜和加工技术。辐照食品是指用 ^{60}Co、^{137}Cs 产生的 γ 射线或电子加速器产生的低于 10MeV 电子束照射加工保藏的食品。

3.2.2.1　辐照杀菌的原理

（1）辐照杀菌的生物学效应

辐照杀菌的生物学效应指辐射对生物体如微生物、昆虫、寄生虫、植物等的影响。此影响是由生物体内的化学变化造成的。生物有机体吸收射线能以后，会产生一系列的生理生化反应，使新陈代谢受到影响。较低剂量的电离辐射，会引起生物体中某些蛋白质和核蛋白分子的改变，破坏新陈代谢，抑制核糖核酸和脱氧核糖核酸的代谢，使其生长发育和繁殖能力受到一定的危害。

研究证明正常食品辐照剂量的辐射不会产生任何特殊毒素，但在辐照后某些机体组织中有时发现带有毒性的不正常代谢产物。辐照对活体组织的损伤主要是有关其代谢反应，视其机体组织受辐射损伤后的恢复能力而异，这还取决于所使用的辐射总剂量的大小。同时，食品辐照的生物学效应也与生成的游离基和离子有关。当射线穿过生物有机体时，会使其中的水和其他的物质电解，生成游离基和离子，从而影响机体的新陈代谢过程，严重时还会杀死细胞。食品保藏就是利用电离辐射的直接作用和间接作用来杀虫、杀菌、防霉、调节生理生化反应等从而保藏食品。

辐照的生物效应需要一定的时间表现出来。物体受损伤的效应主要与受照后的代谢作用和对辐照损伤的恢复能力有关。恢复能力与许多因素有关，而最主要的是接受照射的总剂量，足够高的剂量可使生物受到损失不能恢复。生物体对辐照的敏感性一般与生物体的大小成正比。

（2）辐照杀菌的化学效应

辐照杀菌的化学效应指被辐照物质中的分子所发生的化学变化。一般认为由辐照杀菌使食品成分产生变化的基本过程包括初级辐射（直接作用）和次级辐射（间接作用）。

初级辐射主要是由射线与辐照基质直接碰撞，使之形成离子、激发态分子或分子碎片，也称为直接效应。次级辐射是指由初级辐射的产物相互作用，生成与原始物质不同的化合物。故将这种次级辐射引起的化学效果称为间接效应，初级辐射一般无特殊条件，而次级辐射与温度、水分、含氧量等条件有关。氧气经辐照能形成臭氧。氮气和氧气混合后经辐照能形成氮的氧化物，溶于水可生成硝酸等化合物。由此说明，离子对的形成、游离基、游离基与其他分子的反应、游离基的重新组合以及在空气中辐照食品时由于臭氧和氮的氧化物的影响，都足以使食品产生化学变化。食品及其他生物有机体的主要化学组成是水、蛋白质、糖类、脂类及维生素等，这些化合物分子在射线的辐射下会发生一系列的化学变化，而且剂量越大，变化程度也越大。

电离辐射穿透食品物料的程度取决于食品性质和辐射的特性。辐照作用时的效应取决于其改变分子的能力及其电离电位。β 粒子一般具有较大的能量，能在通过物质时使物质产生电离作用。能量级较高的电子束具有较高的穿透深度并能沿着其径迹（比能量低的电子束）产生更多的变更分子和电离作用。当中等能量级的电离辐射通过食品时，在电离辐射与分子级和原子级的食品粒子之间有撞击现象，当来自撞击的能量足以使电子从原子轨道移去时，即导致产生离子对。当撞击现象提供足够能量使原子之间的化学键断裂时，即发生分子变化，形成游离基。游离基为分子的一部分，是原子团或具有不成对电子的单个原子。稳定分子几乎总是具有偶数电子的，不成对电子构型是不稳定的形式。所以游离基具有较大的相互反应和与其他分子反应的趋势，使其奇数电子成对并达到稳定。

3.2.2.2　辐照杀菌工艺

根据食品辐照的目的及所需的剂量，将食品辐照分为下列三类。

① 辐照耐贮杀菌

低剂量照射（<1kGy），抑制发芽，杀灭昆虫和寄生虫，延缓水果和蔬菜的后熟过程，降低食品中腐败微生物及其他生物数量，延长新鲜食品的后熟期及保藏期。

② 辐照巴氏杀菌

中剂量照射（1～10kGy），杀菌、防腐，延长保藏期，改良食品的工艺品质，经辐照处理，使食品中检测不出特定的无芽孢的致病菌。

③ 辐照商业杀菌

高剂量照射（10~50kGy），又叫辐照阿氏杀菌，如香料、调味品的商业杀菌，所使用的辐照剂量可以将食品中的微生物减少到零或有限个数，食品在无再污染和正常贮存条件下，可达到一定的贮存期。

高剂量辐照会造成不同程度的食品质构改变、维生素破坏、蛋白质降解、脂肪氧化和产生异味等不良影响。辐照与其他保藏方法共同使用可产生协同作用，如低温下辐照、添加自由基清除剂、使用增敏剂、与其他保藏方法并用和选择适宜的辐照装置等。使用同一种辐射源，在相同的辐照剂量下，影响辐照杀菌效果的因素有微生物的种类与菌龄、初始活菌数、介质的组成、氧气和食品的物理状态等。

3.2.2.3　辐照杀菌的特点与意义

与传统的食品热杀菌、化学防腐、冷冻保藏、食品干藏等加工保藏技术相比，食品辐照杀菌有如下几个方面独特的优势：①食品辐照的射线能量较高、穿透力强，物料可在有包装的情况下进行杀菌；②食品辐照能耗低；③无污染、无残留，卫生安全；④适宜的剂量下，辐照的食品温度上升少；⑤辐照均匀、快速、易控制，可对辐照过程和剂量进行准确控制；⑥食品辐照处理具有辐射剂量可准确监测、处理均匀、时间短、瞬间消失等特点，所以能很好地对辐照过程和剂量进行准确控制，保证辐照效果和产品质量安全。

但食品辐照也有其缺点，如：①需要专门的辐射源来产生辐射线，设备投资大；②射线对人体有影响，因此需要提供安全防护措施，以保证辐射线不泄露；③辐照的灭酶效果不好；④对于不同的食品以及不同的辐照目的要选择和控制好合适的辐照剂量，才能获得最佳的辐照效果，高剂量下辐照食物的感官性状会发生变化；⑤由于各国的历史、生活习惯及法规差异，目前世界各国允许辐照的食品种类仍差别较大，多数国家要求辐照食品在标签上要加以特别标注，消费者接受性较差。

3.2.2.4　辐照食品的安全性

人们对辐照技术应用的安全性主要关注的方面有：是否有放射性污染、毒性物质的生成、微生物类发生变异和对营养物质的破坏等。食品在进行辐照时是外照射，没有直接接触放射性核素，因此，不会污染放射性物质。有人担心辐照会产生诱导放射性，即因辐射引起食品的构成元素变成放射性元素问题。事实上，目前国际上辐照食品中使用的 ^{60}Co γ射线能量只有 $1.17~1.33MeV$；^{137}Cs 则更低，只有 $0.66MeV$，电子束能量也在 $10MeV$ 以下，能量都低于在食品中可能诱导放射性的能量阈值，也不会产生诱导放射性核素及其化合物。低剂量辐照的营养损失微不足道，至今尚未确证辐照会产生有毒、致癌和致畸的物质。辐照不会增加细菌、酵母菌和病毒的致病性。允许食品辐照的最大能量水平：电子射线为 $10MeV$，γ射线为 $5MeV$，X射线为 $5MeV$。

3.2.3　其他冷杀菌技术

3.2.3.1　脉冲电场杀菌技术

脉冲电场杀菌技术（PEF）是一种新出现的非热杀菌技术，也是一种可能取代或部分取代热处理工艺的潜在技术。脉冲电场杀菌技术将食品置于一个带有两个电极的处理室中，然后给予高压电脉冲，形成脉冲电场，作用于处理室中的食品，从而将微生物杀灭，使食品得以长期保存。电场强度一般为 $15\sim80kV\cdot cm^{-1}$，杀菌时间非常短，不足 $1s$，通常只需几十微秒便可以完成。由于处理温度低，时间短，所处理的食品质量接近新鲜食品。

在电极对的间隙中，食品受到每个单位电荷的力，即所谓的电场。通常，食品是复杂的多组分/多相体系，可形成偶极矩或表现出净电荷。极性或带电粒子的这种电化学特性在经受外部电场时会产生偶极振动，重新定向、平移和旋转。例如，水分子在电场中容易极化、带电甚至沿着电场方向重新排列，从而有助于减少食物系统的自由能。对于蛋白质，尤其是酶，由于分子构象的变化，其生物活性可能会降低。当暴露于特定的电场中时，食物中电敏成分（例如微生物和酶）的某些电化学和物理化学性质会相应地发生变化。这主要涉及脉冲电场杀菌诱导的生物膜透化、电化学和电解反应的发生、分子的极化和重排等。所有这些脉冲电场杀菌加工性能有望在食品加工中发挥有效作用，如微生物的灭活、活性成分的提取、食品大分子的修饰、化学反应的强化以及酒的催陈等。

脉冲电场技术在果汁、牛奶、红酒等液体食品中具有高效的杀菌作用，已取得了较好的研究进展，但高强度的电场可能会对牛奶等高蛋白质食品品质造成一定的损害；同时，脉冲电场技术对固体食品远没有对液体食品的杀菌效果好，这都说明脉冲电场杀菌条件需要进一步的探索与优化。另外脉冲电场技术设备体积大、造价高，且电极在高电压下容易电解，严重阻碍了脉冲电场技术工业化的推广。要达到稳定的杀菌效果，首先需要脉冲电场技术处理室内场强均匀，其次需要高电压以达到足够高的电场强度，这就对高压脉冲发生器提出了较高的要求。因而研究改进高压电源，寻找新型电极，发展新技术、新装备以克服当前脉冲电场技术杀菌中存在的问题是推广其应用的关键所在。

3.2.3.2　磁场杀菌

磁场杀菌是指将包装好的食品置于磁场中，在一定的磁场强度作用下，使食品在常温下进行杀菌操作。脉冲磁场杀菌是在常温下利用强磁进行杀菌，其装置主要由输液管和加在其外的螺旋线圈组成。当液料通过输液管时，利用产生的 $2\sim10T$ 的磁感应强度，将其中的微生物在强脉冲磁场作用下杀灭。目前，关于脉冲强磁场杀菌机理尚未完全清楚，主要理论有磁场感应电流作用、洛伦兹力效应、振荡效应、电力效应等。

脉冲磁场杀菌技术已被证明能够用于牛奶、草莓汁、橘子汁等食品物料的杀菌中。因为磁场杀菌是在低温条件下进行的，所以对牛乳的品质和风味影响较小。与热杀菌相比较，磁场杀菌基本保持了鲜奶的色泽和天然风味。因此总体来说，磁场杀菌可有效用于牛奶保鲜。尽管磁场杀菌存在较多优点，但是磁场杀菌对食品材料有一定的要求，以防止出现磁屏蔽的问题，随着对磁场的深入研究，磁场将在液体制品杀菌中发挥巨大作用，具有良好的应用前景。

3.2.3.3　超声波杀菌

超声波杀菌是指利用频率为 $20\sim100kHz$ 的低频声波处理食品，通过超声波的机械效应、热效应和化学效应达到杀菌，提高食品耐藏性的一种方法。

超声波杀菌技术机理主要是利用超声波空化效应在液体中产生的瞬间高温及温度交变变化、瞬间高压和压力变化，使某些细菌致死、病毒失活以及破坏微生物细胞壁，从而达到减少微生物数量的目的。超声波灭菌已在欧洲及美国、日本等发达国家和地区获得了广泛使用，主要应用于饮料、酒类、牛奶、矿泉水、酱油、醋等液体食品，目前国内也常有超声波用于食品杀菌的报道。但已有研究证实，超声波杀菌技术亦可用于鲜切蔬菜保鲜，鲜切蔬菜经超声波处理后，除菌效果明显，无明显的机械损伤，叶绿素损失小，对维生素 C 未起到破坏作用。超声波应用于肉制品中时，不仅可以抑制酶活性，还可以破坏肉中的溶酶体和结缔组织，起到嫩化作用。

　　在实际使用中，超声波单独处理食品时，对微生物的杀灭效果是有限的，容易作用而杀菌不彻底。若与其他杀菌手段结合，利用它们之间的协同效应不仅能显著提高杀菌效果，增强杀菌均一性，还可减少风味损失，降低能源消耗，因此在食品加工领域具有很大的应用潜力。近年来，超声波协同热处理、压力、渗透压、紫外线杀菌、脉冲电场、等离子体及抗菌剂等各项技术已有不少研究。

　　除了上述冷杀菌技术外，脉冲光杀菌、等离子体杀菌、膜过滤杀菌、臭氧杀菌、高密度二氧化碳杀菌、化学消毒剂杀菌、脉冲 X 射线杀菌、振荡脉冲磁场等一些冷杀菌技术也受到研究者的关注。

第4章

食品的腌制与糖制

学习目标：掌握食品腌制的原理；掌握食盐的防腐保藏作用；熟悉食品腌制的方法；掌握食糖的保藏作用；掌握食品糖制的方法；掌握腌制食品品质形成的规律；熟悉食品腌制过程的关键控制因素。

4.1 食品腌制的原理

腌制食品是指把腌制所用材料，如食盐、食糖等，和加工食品原料混合，使其腌制材料渗透到食品组织中。为了提高其渗透压力，减少水分活性，防止食品变质，提高食品质量，延长保质期，要有选择、有目的地让有益的微生物活动得到促进。腌制不仅是食品保藏的主要措施，也是食品加工工业中的重要手段。

肉类、果蔬、禽蛋是大家喜欢的主要食品腌制原料。把糖、盐等腌制材料称为腌制剂，通过腌制制成的成品称为腌制品。食品腌制剂主要是盐、糖，通常根据腌制剂的种类或腌制方式的不同将其进行分类。一般以食盐为腌制剂进行腌制的过程称为盐腌，盐腌制品有腌鱼、腌肉、腌蛋等。还有很多水果可以用盐腌制，但不供消费者直接食用，而是用作蜜饯、果脯的原料。这种腌制产品叫作盐胚，属于半成品。以食糖为腌制剂进行腌制的过程叫作糖渍，糖渍的产品包括果脯蜜饯、凉果、果酱等。

在食物腌制过程中常会出现发酵现象。为获得不同品质特征的食品，可以在腌制过程中适当控制其发酵程度，有针对性地利用腌制工艺加工食物。发酵性腌制和非发酵性腌制是依据腌制过程和制品状态的不同而进行分类的。在腌制过程中乳酸发酵几乎不发生，这是因为非发酵性腌制过程中用盐量较大，使发酵反应受到抑制，如咸肉腌制，用盐量在10％以上，各种咸菜的用盐量在10％～13％。发酵性腌制为了达到食品贮藏期延长、改善产品风味的目的，在腌制过程中降低腌料浓度，从而使乳酸菌等有益微生物得到繁殖，抑制了有害菌的产生，发酵性腌制主要有腊肉、火腿、泡菜等。

在食品腌渍中，腌制剂通过食品原料的细胞间隙扩散进入食品原料内部，并有选择地渗透到细胞的内部，最终达到各处浓度平衡。为了让食物防腐保藏的效果达到最佳状态，必须有效地抑制微生物及酶的活动。这就需要在腌制过程中注意渗透压和水分活度。

4.1.1 扩散

所谓的扩散，是由分子热运动或胶粒布朗运动所导致的，使分子均匀分布在各种浓度区域。在溶液浓度不平衡时一般都会出现扩散，在渗透压的作用下处于稳定运动状态的溶剂和溶质从高浓度向低浓度转移，使各个部位的浓度达到平衡为止。同时，温度差和湍流运动等也会产生扩散现象。

在扩散过程中，单位面积（A）中的物质扩散量（dQ）与浓度梯度（即单位距离浓度的变化比 dc/dx）成正比。

$$dQ = -DA \frac{dc}{dx}dt \tag{4-1-1}$$

式中，Q 为物质扩散量；dc/dx 为浓度梯度（c 为浓度、x 为间距）；A 为面积；t 为扩散时间；D 为扩散系数（与溶质及溶剂的种类有关）。式中负号表示距离 x 增加时，浓度 c 减少。

将上式用 dt 除，则可得到扩散速度的计算公式：

$$\frac{dQ}{dt} = -DA \frac{dc}{dx} \tag{4-1-2}$$

利用式(4-1-2)计算扩散速度时，需先确定扩散系数（D），当没有实验数据时，可按照下列公式进行推算。

$$D = \frac{RT}{N\pi 6r\eta} \tag{4-1-3}$$

式中，假设扩散物质的粒子为球形，D 为扩散系数，单位浓度梯度下单位时间内通过单位面积的溶质量；m^2/s；R 为摩尔气体常数，8.314J/(K·mol)；T 为热力学温度，K；N 为阿伏伽德罗常数，6.02×10^{23}；η 为介质黏度，Pa·s；r 为溶质颗粒（球形）直径（应比溶剂分子大，只适用于球形分子）。

在腌制食品中，应充分考虑到腌制剂的扩散速率与系数成正比，而且其扩散系数还与腌制剂的类型和温度密切相关。一般来说，溶质分子越小，温度越高，扩散系数越大。例如，糊精、蔗糖和葡萄糖在饴糖中的扩散速率随温度的升高而成比例增加。腌制液温度增长 1℃，扩散系数平均增加 2.6%(2%～3.5%)。另外，腌制液浓度高低，决定物质分子扩散的方向。浓度相差越显著，分子扩散速度越快，而且溶液浓度和溶液黏度成正比例。所以，如果用增加浓度差这一方法来提高扩散速度，应考虑溶液黏度对扩散的影响。

在腌制时，一般使用饱和盐溶液来达到理想的腌制效果。但随着腌制环境温度的升高或降低，大部分固体和液体的溶解度也会相应增大或减小。因此，高温时处于饱和状态的溶液在冷却后就会出现溶质从溶液中析出结晶的现象。

4.1.2　渗透

溶剂通过半透膜从低浓度溶液向高浓度溶液的扩散称为渗透。在一个容器中，如果注入盐水和纯水，纯水会通过半透膜流向盐水。当盐水液位达到一定高度时，纯水将在产生的压力下停止穿透盐水侧，此时的压力称作渗透压。

同时，盐水的浓度越大，两液面差越大，渗透压就越大。此外，渗透压的大小还和温度有关，温度越高，渗透压越大。

热力学上，溶剂只能从高蒸气压区域向低蒸气压区域

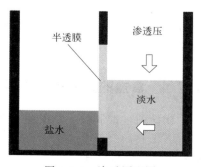

图 4-1-1　渗透原理图

移动。半渗透膜的孔眼很小，即使加压，液体在表面张力的影响下也难以通过，因此，溶剂分子只能在蒸汽状态下从低浓度溶液经过半渗透膜迅速转移到高浓度溶液内。渗透原理图如图 4-1-1 所示。

在食品腌制时，因为构成食物的细胞膜都具有半渗透性，所以当细胞内液体的浓度低于细胞外腌制剂的浓度时，膜内的水分就会不断向外渗出，食物体积因此缩小且组织变软，同时食物的水分活度降低，保藏性提高。受到渗透压的影响，电解质也会渗透，但其通过细胞膜的速度较慢。由于活细胞电阻高，因此离子很难进出细胞。死亡细胞的电解质则容易出入。腌制过程相当于将细胞浸入腌制剂溶液中，由于半渗透膜不允许大分子物质外渗，因此细胞内凝胶状溶液中的蛋白质不能渗透到细胞外。在腌制过程中，溶液的电解质会向微生物细胞内渗透，即会造成微生物细胞脱水现象，从而影响微生物对营养物质的利用，最终使微生物的正常生理活动在腌制环境中得到抑制。

溶液渗透作用在渗透压的促使下开始进行。溶液渗透压可由下面公式计算：

$$p = \frac{\rho R T c}{100M} \tag{4-1-4}$$

式中，p 为渗透压，Pa 或 kPa；ρ 为溶剂的密度，kg/m^3 或 g/L；R 为气体常数；T 为绝对温度，K；c 为溶液质量浓度，mol/L；M 为溶质的分子质量，g 或 kg。

在腌制过程中，温度和腌制剂浓度越高，渗透压越高，腌制速度越快。在腌制品生产过程中，食品原料需要根据食品的种类确定腌制温度以防止腐烂变质，譬如，水果和蔬菜应在温室中腌制，鱼和肉制品应在 2~4℃ 下腌制。

通过提高腌制剂的浓度也可以加快腌制剂的渗透速度，但是同时也加快了原料细胞内水分向外渗透的速度，当腌制剂溶液浓度过高时，将会使原料细胞在腌制剂溶液渗入之前发生皱缩等现象。因此，在腌制时可采用分次添加腌制剂等方法来提高腌制液浓度。在食物组织细胞死亡后，细胞膜的通透性会增强，可以通过一些措施（预煮、硫处理等）改变细胞膜的通透性，进而加快腌制速度。

食品的腌制过程实际上是扩散和渗透相结合的过程。当食物细胞内浓度和食物细胞外的浓度差异逐渐减小，直到消失时，渗透和扩散过程达到平衡，从而使自由水从食品组织中溢出。细胞内的溶液浓度增大，水分活性降低，渗透压加大，从而抑制食物的变质，使食品保质期达到最佳效果。

4.2　食品的腌制

盐腌（又称为腌制）是指以盐或盐溶液作为腌制剂对食品原料进行处理的过程。在生产生活中，可使用腌制法腌制部分食品原料使之易于保存，如部分果蔬、禽类、肉类、鱼类等。

4.2.1　食盐的防腐保藏作用

食盐通过抑制微生物的生长繁殖来达到食品防腐的目的，其主要有以下几个方面：

4.2.1.1　脱水作用

在盐水中，钠离子和氯离子完全解离，使渗透压增高，促进细胞质壁分离，防止微生物的增殖，实现食品的防腐。除海洋和盐湖中的微生物外，一般形成微生物细胞等渗透溶液的食盐溶液浓度为 $0.85\%\sim0.9\%$，其二者的渗透压相同。微生物等渗透溶液的渗透压越高，其能够忍受的盐液含量就越大，反之就越小。

微生物在盐耐受能力上具有差异。通常情况下，当含盐量低于 1% 时，微生物的生理活性不受抑制，而当含盐量在 $1\%\sim3\%$ 之间时，大多数微生物受到暂时性抑制。不过部分微生物能在含盐量 2% 至以上的环境中生长，这类微生物被称为耐盐微生物。当含盐量达到 $6\%\sim8\%$ 时，大肠杆菌、沙门氏菌和肉毒梭菌停止生长。当含盐量超过 10%，会使大部分杆菌无法生长。当含盐量达到 15%，会使球菌无法生长。

在腌制蔬菜时，根据食盐溶液的含量不同，各种微生物的反应也有区别，几种微生物所能承受的最高食盐溶液浓度见表 4-2-1。

表 4-2-1　几种微生物耐受食盐溶液的最高浓度

微生物种类	食盐质量分数/%	微生物种类	食盐质量分数/%
甘蓝酸化菌(*Bact. brassicae fermentati*)	12～13	变形杆菌(*Bact. proteus vulgaris*)	10
植物乳杆菌(*Lact. plantarum*)	13	肉毒杆菌(*Clostridium botulinus*)	6
短乳杆菌(*Lact. brevis*)	8	青霉菌(*Penicillium*)	20
大肠杆菌(*Escherichia coli*)	6	酵母菌(*Yeast*)	25

在腌制食品中，之所以最容易被酵母和霉菌污染，是因为只有在食盐溶液含量为 $20\%\sim30\%$ 时，才会抑制部分霉菌和酵母。

4.2.1.2　降低水分活度

溶于水中的盐离解为 Na^+ 和 Cl^-。在每个离子的周围，Na^+、Cl^- 和极性水分子通过静电引力聚集形成水合离子。盐浓度越高，Na^+ 和 Cl^- 的含量越高，更多水分子被吸引，结合水增多，自由水减少。溶液的水分活度与盐浓度成反比。在 26.5% 的饱和盐溶液中，水分全部被离子吸引，导致失去自由水，使全部微生物无法生长。

4.2.1.3　离子生理毒害作用

腌制溶液中，高浓度的离子如 Na^+、Mg^{2+}、K^+ 和 Cl^- 等对微生物有不利影响。Cl^- 与细胞原生质体结合，会导致细胞死亡。少量 Na^+ 可刺激微生物生长，而高浓度 Na^+ 可与原生质体中的阴离子结合，产生抑制微生物生长发育的毒性。这种作用与溶液的 pH 值成反比例关系。一般来说，20% 的食盐溶液才能抑制酵母菌生长，而在酸性环境下，14% 的食盐溶液就能抑制酵母菌生长。

4.2.1.4　氧的浓度下降

在腌制食品时，盐渗入食物组织，形成高浓度的盐溶液，通过较高的渗透压可使组织中的氧气被排除，从而形成缺氧环境，抑制好氧微生物的生长繁殖。

4.2.1.5　抑制酶活性

微生物为了吸收食品中的营养物质，会将食物中的大分子用其分泌的酶分解成小分子。一些不溶于水的物质也通过微生物酶的催化分解转化为可溶性小分子。氧化酶的活性与盐浓度成反比。低浓度盐水可以破坏微生物分泌酶的活性，抑制氧化。例如变形菌在 30g/L 食盐浓度中，失去分解血清的能力。

　　总之，食盐的防腐保藏作用随着食盐浓度的增加而增强。理论上来说，盐腌制品的食盐浓度在 100g/L 左右较为安全，浓度越高，防腐作用越强，但相关生物化学反应的变化会变慢。因此在腌制过程中，要想腌制品质量好，掌握好盐量很重要。

4.2.2　食品腌制方法

　　生活里作为腌制剂，食盐使用率最高。除食盐外，糖、硝酸钠、亚硝酸钠及磷酸盐、抗坏血酸或异抗坏血酸盐等在腌制肉类时也经常用到，将它们按照一定配比与食盐共同使用，可以提升肉类的色泽度、口感。其中，硝酸盐和亚硝酸盐对微生物有一定的抑制作用，尤其是对肉毒杆菌，但应严格限制使用量。醋有时也用作腌制剂的成分。

　　根据腌制剂的不同使用方式，腌制方法可归纳为干腌法、湿腌法、肌肉注射腌制法、动脉注射腌制法、滚揉腌制法、高温度腌制法、混合腌制法等，其中干腌法和湿腌法最常用。肌肉或动脉注射腌制法仅用于腌制肉类。在腌制过程中，腌制剂应均匀地渗透到腌制的原料中，腌制时间取决于腌制剂均匀进入腌制原料所需的时间。

4.2.2.1　干腌法

　　把食盐或者其混合盐涂抹在食品的外层就是干腌法。再根据层堆方式，将食品放入架子或容器内，根据情况有时可以外加压力，利用食盐的高渗透压和吸湿的特性，让腌制的原料渗出水分，进而形成腌制液（卤水）进行腌制的方法。由于腌制开始时食盐或混合盐不加盐水，而是以固体或半固体的状态加入，所以称为干腌法。腌制剂在腌制液中通过扩散作用渗透到食品内部，在食品中均匀分布。用这种方法，腌制液形成较慢，腌制剂在食品内部的渗透也较慢，所以腌制时间长，但风味好。这种方法常用于生产火腿、腌肉、腌鱼和各种蔬菜等。

　　干腌食品一般在水泥池、陶罐或坛中进行，根据腌制容器的不同而不同。食品渗出的液体和食盐形成的卤水会沉积在容器的底部，为使上下层腌制均匀，在腌制时会使用假底，并且在腌制过程中要定时、多次上下翻缸。翻缸同时要再覆盐，覆盐一般要处理 2～4 次。每次覆盐时的盐量是开始时盐量的一部分，蔬菜腌制过程中，为保证原料被浸没在盐水之中，有时需要对原料加压。干燥的腌菜可以安置在腌制架上。我们经常食用的火腿就是使用干腌法腌制而成的。

　　干腌法对于盐的使用量，是由食品原料和腌制时节决定的。腌肉的食盐用量在春、夏、秋三个季节，盐量为肉质量的 6%～8%，但冬天可以降低用盐比例。腌制火腿的食盐用量占鲜腿质量的 9%～10%，夏季用盐量适度增加，若腌制环境气温在 15～18℃ 之间，食盐使用量可提升到 12% 以上。制作火腿、香肠和午餐肉时，多用食盐、亚硝酸盐与糖组合而成的混合盐，盐、亚硝酸盐以及糖的质量比通常为 98：0.5：1.5。腌制蔬菜时，食盐使用量一般是食品原料的 7%～10%，夏季用盐有所增加，一般为食品原料的 14%～15%。腌制酸菜时，为了有利于乳酸菌的繁殖，食盐用量不宜太高，一般控制在原料质量的 4% 以内，腌制前用食盐揉搓蔬菜，然后装坛、捣实并压以重物，让渗出的卤水淹过菜面，以阻止由好氧微生物繁殖而造成产品劣变。酸菜腌制过程中一般不需要翻缸，但在腌制 2～3d 后如无卤水出现，则必须进行翻缸处理。

　　干腌法的设备易操作，腌制过程中用盐量少，腌制品的水分少，容易储存，并且营养成分流失少（肉类在腌制过程中蛋白质流失量为 0.3%～0.5%），营养价值保留较高。但是腌制品品质不均衡，味道咸，颜色差，食材损失大，尤其是脂肪含量少的肉类腌制原料，其水分多，质量耗损较大（肉为 $10\%\sim20\%$，副产物为 $35\%\sim40\%$）。如果腌制剂不能完全浸没腌制原料，会导致该原料与空气接触的部分发生氧化变质现象。

4.2.2.2　湿腌法

顾名思义，湿腌法又叫盐水腌渍法，是将配制好的盐溶液浸没食品原料。根据渗透效果，使腌制剂均匀地渗透到腌制所需原料的组织中。如果原料内外腌制剂浓度处于平衡状态，则腌制过程结束。腌制品中盐分含量取决于腌制液中的盐浓度。肉、鱼、蔬菜等的腌制通常采用湿腌法，并且用于加工坯料的梅子、橄榄、李子等凉果也主要采用上述方法进行加工。

由于食品原料种类和口味要求的不同，湿腌法在操作工艺上也存在差异。大多数肉是用混合盐液腌制的。盐溶液中盐和砂糖的比例（盐糖比）是影响腌制品风味的主要因素。例如咸味腌制品的盐糖比为 $25\sim42$，而甜味腌制品的盐糖比为 $2.8\sim7.5$。腌制盐胚时，食盐是唯一的防腐剂，为抑制微生物生长，盐的质量分数应达到 $15\%\sim29\%$，但高浓度的盐溶液会使食品咸味过高，为适应食用，需在进一步加工前对盐坯进行脱盐处理。

湿腌法腌制肉类时，食盐首先渗入到肌肉组织中，由于渗透作用，机体中的水分逐渐向外迁移。在肉中，食盐的扩散速度由腌制品的浓度和温度决定，温度升高，扩散速度随之加快。盐在肉中的扩散率高于硝酸盐。瘦肉中的蛋白质、肌肽、肌酸、磷酸盐和乳酸盐逐渐转移到盐溶液中。大分子（如蛋白质）的扩散速度要明显低于盐类和简单有机化合物。在肉腌制过程中，由于肉类吸收食盐质量增加，同时由于水分和可溶性物质向机体外的流失而减重。

肉类中蛋白质和其他营养物质的损失，即意味着制品风味与营养价值的流失。在肉类腌制时为了解决这个问题，一般使用老卤水，在老卤水中加入一定比例的盐和硝酸盐，然后腌制鲜肉。肉类腌制过程中会扩散蛋白质等物质，从而使老卤水中的浓度发生改变，所以再次应用该老卤水时，肉的蛋白质等物质损耗量会比使用新盐液时的损耗量要少。卤水在陈化后会发生很多变化，生长出特殊的微生物。湿腌过程中盐液中的特殊微生物发酵作用有时也是获得产品理想性状和风味的重要途径。但是，在这些高浓度盐溶液中生长的微生物类型与腌制温度、盐浓度、硝酸盐等因素有关。因素的变化影响了盐液中常见微生物的变化。湿腌法要求微生物生长所带来的重要变化始终保持不变。同时在湿腌过程中，腌制原料向外渗透的水分降低了盐液原有浓度，为了让腌制剂腌制前后的浓度保持一致，就要在腌制过程中再次加入适量的盐。

湿腌鱼类时，由于鱼肉渗出水分速度快、量大，盐水的浓度会降低，为了加快盐水进入鱼类体内的速度，可以提高盐水浓度。鱼可以用干腌法和湿腌法混合腌制。例如，首先进行湿腌工序，然后在其基础上再干腌。湿腌和干腌的顺序可以进行调整。如果先干腌，要在干腌过程中加压；用盐酸将鱼的 pH 值调节到 $3.0\sim4.0$，然后再湿腌。

常见的果蔬湿腌的方法有浮腌法、泡腌法以及低盐发酵腌制法。其中，浮腌法指按一定比例将水果、蔬菜与盐水放入腌渍容器中，使果蔬悬浮在盐水中，并定时搅动，腌制液伴随其水分蒸发浓度逐渐升高，最终将果蔬腌制成深褐色产品，而且菜卤越老品质越佳；泡腌法则是利用盐水循环浇淋腌池中的果蔬，达到果蔬快速腌制的目的；低盐发酵腌制是利用低浓度的食盐水（食盐浓度低于 10%）控制腌制过程中微生物的生长，并利用乳酸发酵赋予产品酸咸可口的品质。

湿腌法的优点主要体现在当所浸泡的盐溶液浓度一致时，盐分能均匀分布在所被腌制的原料组织中，而且盐水可以重复利用，同时还可以避免因原料在空气中氧化而变质。但腌制品因为湿腌法用盐量大，它的色泽风味品质没有干腌制品的好，也会流失大量的蛋白质，并且腌制时间较长。同时湿腌法腌制品含水高，不易于贮存，设备容器多，所需工厂面积大。

4.2.2.3　动脉或肌肉注射腌制法

注射腌制法是将湿腌法进一步优化，为了加速腌制过程中食盐向食品内部的渗透速度、减少腌制时间，腌制前先用盐水向机体进行注射，然后再将注射腌制剂的食材放入盐水中腌制。最先采用的动脉注射腌制法是指向肉中的动脉注射腌制剂，后来逐渐发展向肌肉中进行腌制剂注射的肌肉注射腌制法，注射方式也从单针头注射发展到多针头注射。现在，注射腌制法广泛应用于生产火腿和腌制肉。

（1）动脉注射腌制法

用注射泵和注射针，将腌料通过动脉系统注射到分割肉或腿肉中，这种方法称之为动脉注射法。由于腌制液是在腌制过程中通过动脉和静脉分布在肌肉内部的，因此也称为脉管注射腌制法。因为在分割肉研制中往往忽略动脉系统的完整性，所以该方法仅限于腌制完整的前、后腿肉，特别是后腿肉。

使用这种方法，在腌制前将针头插入后腿动脉切口，然后用注射器泵将腌制液压到大腿的各个部位。当质量增加到 $10\%\sim20\%$ 时，停止注射。肉制品的含盐量，取决于依据盐水浓度和腿质量设定的所需注射的盐水量。为保证肉较厚部位的腌制效果，避免因腌制不足而导致的腐败变质，使产品质量一致，对这些部位可再进行补充注射。为缩短腌制时间，有时会将已注射的肉再浸入腌制液中进行腌制，达到加速腌制和促进腌制剂在肉中均匀分布的目的。

在腌料选择上，动脉注射腌制法与干腌法基本一致，一般由水、食盐、食糖、硝酸盐和亚硝酸盐组成（后两者可同时使用），磷酸盐也可以用来提高肉的持水力和产量。

动脉注射腌制法具有腌制速度快、不破坏肌肉组织的完整性、产品得率高的优点。但此方法应用范围小，仅适合前后腿肉的腌制，而且还需保证酮体分割时动脉系统的完整。腌制产品易腐败，需冷藏运输。

（2）肌肉注射腌制法

肌肉注射腌制法一般适用于西式火腿和分割肉，该方法采用单针头或多针头把腌制液直接注入肉内。单针头注射腌制法对所要腌制分割肉种类没有要求，多针头注射腌制法则可对形状整齐的无骨肉（如腹部肉和肋条肉）进行腌制，同样其也可用于带骨或去骨腿肉的腌制。目前，国内外较普遍的肌肉注射腌制法为多针头注射腌制法。

与动脉注射腌制法不同，肌肉注射腌制法使用的设备是盐水注射机（图 4-2-1），可不通过动脉直接将盐水或腌制液压注到腌制肉中。该使用设备的工作原理是把腌制液先储存在多针头自动升降机前端，肉块通过传送带传送到针头自动升降机前端，针头依次插入肉块中，针头在泵口给予的压力作用下，将盐水均匀地注入肉块中。由于注射机的针头是经特定工序制作的，针头不接触到肉块时，是不注射盐水的。并且每支注射针都有单独的伸缩功能，注射的盐水不易注漏到肉外。一般用肌肉注射法得到的腌制半成品含水量要高于动脉注射法，所以要谨慎操作以获得良好的产品质量。肌肉注射法会使盐液在注射口处聚集，不易在短时间内扩散，因而注射时间较长，如需缩短注射时间，需要采用嫩化机、滚揉机等设备破坏部分肌肉组织，加速盐水溶液向肌肉组织的渗透和扩散。

总体来看，注射腌制法能有效减少腌制时间，在提高腌制效率和腌制成品率的同时，使生产成本不至于提高，但和干腌法相比而言，该腌制品风味欠佳。

4.2.2.4　滚揉腌制法

　　滚揉腌制法是一种辅助提高腌制效率的方法，操作中采用滚揉机（图 4-2-2）实现肉品的快速腌制。肉在滚揉机中受到机械运动产生的摩擦力、挤压力和冲击力，提高了盐水或腌制液的渗透效率和盐溶蛋白提取效率，肉块表面组织被快速破坏，缩短腌制时间，从而使制品的保水性和黏附性得到提升。有时可以通过加入真空装置提高腌制效率。

图 4-2-1　盐水注射机　　　　　　　　　　　　　　图 4-2-2　滚揉机

　　滚揉腌制法通常与注射腌制法和湿腌法联合使用，先将预先腌制好的肉放入滚揉机中连续或间歇滚揉，缩短腌制时间。也可以单独使用滚揉机，将肉与腌制剂直接混合后放入滚揉机中滚揉，按照加工量滚揉参数一般设置转速 3.5r/min，时间 5～24h，温度为 2～5℃。

4.2.2.5　高温腌制法

　　通过加热贮液罐，将腌制液在腌制罐和贮液罐中循环，腌制液温度保持在 50℃左右进行腌制，该方法称作高温腌制法。这种方法主要用于肉类原料的腌制，可提高盐分的扩散速率，不仅使腌制肉的质量更佳，而且腌制时间得到相应的控制，维持独特风味，但在腌制时容易引起微生物污染而造成产品腐败变质。

4.2.2.6　混合腌制法

　　由于腌制法种类繁多，可以同时使用两种或两种以上的腌制方法。这种组合腌制技术称为混合腌制法，在肉类腌制中经常被使用。可先将腌制的肉原料表面覆盖一层食盐或混合腌料进行干腌，再在装有适度浓度盐水的容器里进行湿腌。也可用干腌、湿腌和滚揉腌制这三种腌制方法腌制已经注射盐液的肉类。

　　混合腌制方法也可用于腌制未发酵的水果和蔬菜。原料首先用少量盐腌制，然后脱盐或不脱盐，再在盛有适当腌制料配比的溶液中进行腌制。

　　混合腌制后的产品色泽风味较好，蛋白质等营养成分流失较少，咸味适中，并且相比于干腌法大大降低了产品表面的脱水程度，但混合腌制工艺复杂，生产周期相对较长。

4.3　食品的糖制

糖制（也称为糖渍）旨在用糖溶液处理食品原料，使食糖在腌制原料组织中渗透，控制水分活度并增强渗透压，防止微生物生长和食品原料中食品成分的损失。根据形态不同分为两类：维持原料组织形态（果脯蜜饯类）和破碎原料组织形态（果酱类）。糖制食品在原料选择上，要考虑到它的成熟度，是否适合糖制加工，以符合国家饮用水标准的加工用水为原料，对原料进行糖渍预处理。

食糖一般在食品加工级烹饪过程中起调味作用，用量较少。在果类腌制中用量较大。糖的种类和性质对糖渍加工工艺、产品质量和保藏都有很大的影响。

4.3.1　食糖的保藏作用

蔗糖是糖渍食品的主要腌制剂，其保藏作用主要表现在以下几个方面：

4.3.1.1　防腐作用

（1）产生高渗透压

在食品腌制中，因为蔗糖在水中比较容易溶解，从而使微生物的渗透压低于饱和溶液的渗透压，微生物细胞中的水分流失到细胞膜外，从而引发反渗透现象，导致细胞质和细胞壁分离，抑制其生长和繁殖。

（2）降低水分活度

蔗糖是一种亲水性化合物，其中羟基和氧桥与水分子结合成氢键，从而降低水活度和自由水含量。这对微生物的生理活动有一定的抑制作用。例如，67.5％的饱和蔗糖溶液的水分活度会下降到 0.85 以下，这会抑制微生物的生理活性。糖浓度和水分活度之间的关系如表 4-3-1 所示。

表 4-3-1　不同糖含量与水分活度（25℃）的关系

糖液浓度／％	a_w 值	糖液浓度／％	a_w 值
8.5	0.995	48.2	0.940
15.4	0.990	58.2	0.900
26.1	0.980	67.2	0.850

（3）降低氧气含量

与盐溶液类似，糖溶液中的氧浓度低于水溶液中的氧浓度。较高的糖浓度会间隔氧气，防止水果和蔬菜中维生素 C 等抗氧化剂的氧化，从而抑制有害好氧微生物对食品原料的影响，使制品更好保持自身的色泽和风味，且有利于腌制品的防腐。

（4）加快原料脱水吸糖

高浓度糖溶液的高渗作用加快了原料的脱水和糖的渗透，大大降低糖渍时间，提高制品质量。但要控制好糖液浓度，如果浓度过高就会出现原料收缩现象。

糖的种类和含量对微生物的生长具有双重影响。含糖量越高，抑制作用越强。例如，含量为 1％～10％的蔗糖溶液会促进微生物生长；含量达到 50％时，由于酵母菌和霉菌的生存能力强于细菌，所以不能对全部细菌产生抑制作用；当含糖量高达 65％～85％时，能够抑制酵母菌和霉菌的生长。所以含糖量在 65％以上才能对食品进行更好的保藏。而且在同百分含量下，单糖（葡萄糖和果糖）溶液的物质的量浓度和渗透压均高于双糖（蔗糖和乳糖）。因此，单糖溶液对细菌的抑制作用也相应增强。

4.3.1.2　改善风味

在食品腌制中，糖与其他风味共同作用为食品提供不同程度的甜味，使风味独特。此外，在盐腌制品中糖能够缓和咸味，同时糖作为碳源也能利于乳酸发酵，使制品具有特殊酸味。

4.3.1.3　改善组织状态

单用食盐腌制食品时，因食盐的脱水作用可使制品的质地较硬，加入一定量的糖可增强柔韧性。这是由于糖具有吸湿性，可防止制品返砂和过分硬化。

4.3.1.4　抗氧化作用

糖溶液的氧溶解性低，含氧量少，能够防止或延缓制品氧化。含有游离醛基或酮基的单糖以及含有游离醛基的双糖都具有还原性。这是因为游离醛基、游离酮基和游离潜醛基对还原糖（如葡萄糖、果糖、乳糖和麦芽糖）具有抗氧化作用。

还原糖还能够吸收氧从而防止肉制品脱色。在腌制过程中糖和亚硝酸盐共存的情况下，当 pH 在 5.4～7.2 时，盐水可在微生物的作用下形成氢氧化铵，削弱微生物体内的过氧化氢酶，阻抑或停止不利于腌制的微生物（如梭菌属）的发育，保证产品质量。

蔗糖是一种二糖，通过微生物和酶水解产生葡萄糖和果糖，适于长时间腌制。腌制过程中，在肉中添加糖后，通过促进微生物或组织酶，能缓和腌肉的咸味，完成糖到酸的转化过程，使盐水的 pH 值趋于下降状态，增强胶原蛋白的膨松程度，形成柔软、细嫩的肉组织。葡萄糖比蔗糖更适合快速腌制。

4.3.2　食品糖制方法

根据糖制原料形态差异，制糖方法可分为未破碎原料组织形态和破碎原料组织形态两种。

4.3.2.1　保持原料组织形态的糖制法

食品原料经清洗、剥皮、离核、去心、分割、烫漂、浸硫或熏硫、入盐及保脆等预处理步骤后，原料组织内部形态和结构并未完全发生改变。适用于果脯蜜饯和凉果类的生产加工过程。

（1）果脯蜜饯类糖制法

制作果脯蜜饯类所需要的原料经过清洗、剥皮等程序后，还需经制糖、烘干、涂糖衣、整理包装等工序制得产品。其外形完整、糖分均匀、在组织内部均匀分布、颜色透明或半透明、呈原色或染色状态，口感柔嫩、松软，具有原料本身独特的风味。糖制是生产中的关键工序，有蜜制法和煮制法两种。

① 蜜制法

蜜制法就是将果蔬原料放在糖液中腌制，不对其进行加热，从而能较好地保存产品的色、香、味、营养价值及组织状态。先用浓度为 30％的糖溶液，把果品原料浸泡 8～12h，然后逐渐、依次将糖液浓度提升 10％，浸泡 3～4 次，直至糖液浓度达到 60％～65％。将蜜制法的产品维生素 C 耗损量达到最低，但会出现含水量高不利于保藏现象。适用于皮薄多汁、果肉质地柔软、不耐煮制的果品，如杨梅、枇杷、青梅、樱桃等。蜜制过程一般为了加快糖分的渗透速度，减短糖渍时间，可对糖液进行预热处理，为了使产品保持一定的饱和度，糖液浓度一开始不要太高，生产上常用分次加糖、一次加糖分次浓缩、减压蜜制等方法来加快糖分在果蔬原料组织内部的扩散渗透。

果脯蜜饯类制品一般会在蜜制过程中对原料进行硬化和着色处理。经过硬化和硫处理的果品原料在糖制前要经常换水漂洗 1～2 天，去除残留的硬化剂和亚硫酸溶液。对人体无害的姜黄、栀子黄、胡萝卜素等天然色素和胭脂红、靛蓝、苋红素、柠檬黄等人工合成食用色素通常作为蜜制品所用色素，且人工合成色素用量应符合相应国家标准。

②　煮制法

煮制法指将原料用热糖液煮渍或浸泡的操作方法。该方法适用于如杏、枣、桃等肉质绵软、细密、耐煮制的果品原料。该煮制法特点是生产周期不长，应用也较广泛。但如果进行热处理，在色、香、味方面会逊色于蜜饯产品，而且维生素 C 的损耗量也会增加。根据原料质地不同，可以分为常压煮制或减压煮制。其中常压煮制还可以分为一次煮制、多次煮制和快速煮制；减压煮制又分为减压煮制和扩散煮制。

南方的蜜桃片和蜜李片，北方的蜜枣、苹果、沙果等果脯都使用一次煮制法生产。原料经过预处理，加糖煮熟。煮制时先将 40％的糖液加入蒸汽蒸煮锅（图 4-3-1），加入处理过的果品原料后，迅速加热使糖液沸腾，随着糖分向原料组织的渗入，原料内的水分开始外渗，糖液浓度下降，然后分次加糖使糖含量提高至 60％～65％时停止加热，捞出空干即为成品。一次煮制法生产周期短、应用范围广、快速省工。但由于持续受热，原料易被煮烂，易破坏原料本身的色、香、味，维生素 C 等热敏性营养物质也会被破坏，若原料中糖液渗透不均，还会出现原料失水过多导致的干缩现象。因此，煮制时要注意渗透平衡，使糖液均匀地渗透到果品内部，首次制糖时，糖浓度不宜过高。

多次煮制法是指将预处理后的原料在糖液中反复加热、糖煮、冷却进行糖制，使糖浓度逐渐提高的糖制方法，适用于肉质细腻柔软以及含水量较高的果品，如杏、桃、梨、番茄等。煮制时用 30％～40％的糖液将原料稍煮软后冷浸 24h，之后每次煮制将糖含量提高10％，点沸 2～3min，直至糖含量达到 60％～65％时停止加热，捞出产品沥去糖液即为成品。多次煮制法使糖均匀渗透，产品质量好。但加工所需时间过长，难以实现生产连续化，费时、费工。

快速煮制法是指将水果和蔬菜在不同温度的糖液中交替加热和浸泡，消除水果和蔬菜内部产生的气压，使糖快速渗透的糖制方法。此法在过程中可连续进行，制糖时间短，产品质量高，但对糖溶液的需求量大。

减压煮制法也被称为真空煮制法，果蔬原料在真空和低温下煮沸。因空气浓度低，糖分能迅速渗入组织，使果蔬组织内外环境的糖分浓度形成平衡状态。煮制时将经过预处理的果蔬原料，如洗涤分离的果蔬，放入 25％糖液浓度的真空蒸煮锅（图 4-3-2），真空度为83.545kPa，在 55～70℃下热处理 4～6min，恢复到常压糖渍一段时间。然后将糖分提高到40％，在真空中煮 4～6min，再恢复成常压糖渍。重复 3～4 次，每次增加 10％～15％的糖分，当产品最终含糖量大于 60％时停止。减压煮制法具有蒸煮温度低，蒸煮时间短，颜色、味道、形状好等优点，但煮制设备复杂，成本较高。

图 4-3-1　蒸汽蒸煮锅

图 4-3-2　真空蒸煮锅

扩散煮制法是一种基于真空煮制法的连续糖制法，机械化程度高，糖制效果好，成本高。

（2）凉果类糖渍法

用梅、李、橄榄等做原料，先将果品制成盐坯贮藏，除去盐分，把甘草、糖精、食盐、食用酸和天然香料（如丁香、茴香、玫瑰蜜、豆蔻、肉桂等）作为辅料，和糖液充分搅拌在一起，干制成甘草类食品。凉果类产品味道更丰富，如咸、甜、酸、香，属于低糖类蜜饯，较为常见食品有橄榄和话梅等。

4.3.2.2　破碎原料组织形态的糖制法

此种糖制方法破坏了食品原料的原始组织形态。由于原料中的果胶具有凝胶性质，在糖煮浓缩后会形成高糖、高酸的黏稠或胶状产品，如果冻、果酱、果泥等。

果酱是由果肉和糖制成的。水溶性固形物占 $65\%\sim70\%$，糖占 85%。果冻是在果汁中加入糖，将水溶性固体浓缩到 $65\%\sim70\%$，温度降低后凝固成的。果泥是一种半固态制品，含有 $65\%\sim68\%$ 的可溶性固形物，制作时将破碎果肉中的果汁进行过滤，再加入适量的糖、果汁或香料。

制作果酱类食品最重要的程序是糖煮和浓缩。原料中果胶含量一般在 1% 左右，果胶酸含量在 1% 以上。在糖煮过程中，原料与糖量的比例取决于产品的种类。果酱原料与糖的常用比例为 $1:1$，果泥原料与糖的比例为 $1:0.5$。果胶含量和凝胶性能决定果冻中果汁和糖的比例，一般为 $1:0.8\sim1:1$。

煮制浓缩的方法主要有常压浓缩和真空浓缩两种。为了达到缩短浓缩时间、减少能耗等目的，多采用真空浓缩罐进行煮制浓缩（图 4-3-3）。浓缩终点的判定是用折光仪对可溶性固形物进行实测，或者用沸点温度测定法进行测定。例如，当果冻

图 4-3-3　真空浓缩罐

浓缩后，糖液沸腾，最高温度可达 $104\sim105℃$，水溶性固形物含量超过 65%，具备了果冻冷却的条件。

4.4 腌制食品的品质形成及因素影响

4.4.1 腌制食品的食用品质

在复杂的微生物发酵中，通过吸附、扩散、渗透进入食品组织内，并伴随着多种生物化学反应的发生。这些有助于改善和提高食品的品质，如色泽和风味等。

4.4.1.1 腌制食品色泽的形成

腌制食品的色泽度是腌制品关键性的评价标准。食品的色泽程度尽管和食品的营养价值与风味没有相关的联系，但是良好的色泽度能够直接刺激人们的感觉器官，增强人们对食品的认可度。食品腌制过程中，褐变、吸附过程及发色剂的辅助作用决定着食品的色泽度。

（1）褐变反应形成的色泽

褐变引起的颜色变化对不同类别的腌制食品有不同的作用，是一项必要的质量指标。根据褐变反应的原因和过程，可将其分为酶促褐变和非酶褐变两种。

酶促褐变是指在有氧环境中，酚酶催化酚类化合物生成醌及聚合物的过程。在蔬菜腌制中较为普遍，其色泽是食品品质良好的表现。在酶的作用下，果品原料中的大量多酚、多酚氧化酶、过氧化物酶、羰基化合物及氨基化合物等物质氧化并形成醌类，醌类进一步聚合形成褐色物质，随着聚合程度提高，颜色逐渐加深至黑褐色。褐变机理为蔬菜中的蛋白质分解产生酪氨酸，在酪氨酸酶和有氧环境的作用下，发生酶促褐变，并逐渐转化为黄棕色或黑棕色色素，使腌制产品颜色变深。在腌制过程中，如果产品的颜色褐变受到抑制，产品的颜色就会很淡，成品的颜色也会受到影响。因此，色泽鲜艳的产品（如酱菜、干腌菜和醋渍品）在腌制过程中必须控制褐变因素，以获得良好的感官品质。

非酶褐变，又称美拉德反应，是蛋白质分解产生的氨基酸与原料中的还原糖共同作用后由褐色变成黑色物质的过程。褐变的程度取决于温度和反应时间长短，温度越高、时间越长则色泽越深，例如，四川南充冬菜成品有光泽且色泽乌黑就是因其腌制后熟时间长。并且蔬菜原料中的叶绿素在酸性环境下脱镁生成脱镁叶绿素，使蔬菜失去鲜绿色泽，变成黄色或者褐色。乳酸发酵和醋酸发酵会加速蔬菜的腌制过程。

在生产过程中，应采取措施限制褐变的产生，以确保产品质量。例如，酶失活和隔离氧气可以抑制酶促褐变，而非酶促褐变可以通过降低反应物浓度和介质 pH 值、避光和降温等措施来抑制。

（2）吸附作用形成的色泽

有些腌制品原料如红糖、酱油、醋等有色调味料含有色素。腌制食品的原料，表面腌制剂中的色素可以扩散到原料的组织中，使产品具有相应的颜色。提高腌制剂的浓度，可以提高色素的扩散速度和食品原料的色素覆盖率。

（3）发色剂形成的色泽

在腌制过程中，发色剂使用量决定着肉制品色泽度，用量少则颜色较浅。肉类腌制过程中主要使用硝酸盐和亚硝酸盐，不仅可以防止腌肉中的色素流失，还能在腌制过程中分解为一氧化氮（NO），与色素蛋白反应生成亚硝基肌红蛋白（NO-Mb），色泽鲜艳，形成具有腌肉特色的稳定性色素，具有肉类腌制的特点。在没有着色剂的情况下，腌制剂中的盐含量会影响肉制品颜色的明暗度，也会影响到消费者对食品的认可程度。肉制品所用的发色剂通常使其具有更受消费者喜爱的鲜红色或粉红色。

亚硝基肌红蛋白是构成腌肉色泽的主要成分。它是由一氧化氮和色素物质肌红蛋白反应而成的。一氧化氮是由腌制过程中硝酸盐或亚硝酸盐经过复杂的变化形成的。

在酸性环境中，硝酸盐与还原菌相互作用生成亚硝酸盐。在微酸环境中，亚硝酸盐形成亚硝酸。

乳酸的存在使肉中形成酸性环境。当血液循环消失时，会导致肌肉缺少氧气，而肌糖原则通过糖酵解，也就是糖代谢作用分解产生乳酸。随着糖代谢的进行，产生乳酸的量逐渐增多，肌肉组织中的氢离子浓度指数也会发生改变。pH 值从 7.2～7.4 这一范围，逐渐降低到 5.5～6.5 这一范围中，这样的氢离子浓度范围可以促进亚硝酸盐生成亚硝酸，亚硝酸是化学性质比较活泼的化合物，该物质在还原性物质促进下生成一氧化氮。

$$3HNO_2 \longrightarrow HNO_3 + 2NO + H_2O$$

在此过程中亚硝酸的氧化和还原同时发生。同时，介质的酸度、温度和还原物质决定了亚硝酸生成一氧化氮的速率。直接使用硝酸盐比使用亚硝酸盐慢。

肌成纤维细胞生成 NO 后，肌红蛋白与 NO 作用生成一氧化氮-肌红蛋白，经过以下三个步骤形成腌肉色泽。

$$NO + Met\text{-}Mb（高铁肌红蛋白）\longrightarrow NO\text{-}Met\text{-}Mb（一氧化氮高铁肌红蛋白）$$

$$NO\text{-}Met\text{-}Mb \longrightarrow NO\text{-}Mb（一氧化氮肌红蛋白）$$

$$NO\text{-}Mb \longrightarrow NO\text{-}血色原（Fe^{2+}）（一氧化氮亚铁血色原，稳定粉红色）$$

腌肉时为了促进还原氧化型高铁肌红蛋白，提升亚硝酸分解成 NO 的速度，常在腌制剂中添加抗坏血酸盐和异抗坏血酸盐。

腌制过程中应控制亚硝酸盐的含量，因为亚硝酸盐决定肉制品的颜色和光泽，用量少时肉制品的颜色浅，而且着色不均匀。肉制品在贮藏中，与空气中氧接触，色泽发生恶劣变化。为了保持肉的原有颜色，亚硝酸钠的最低用量为 0.05g/kg。相反，过量会产生过量的亚硝酸根，将血红素中卟啉环的 α-甲炔键硝基化，产生绿色衍生物。为达到食用标准，国标规定肉制品中亚硝酸盐的摄入量不得超过 0.15g/kg。具体摄入量取决于肉中色素蛋白的数量和温度。在夏季，由于温度较高，呈色作用较快，可以减少亚硝酸盐的摄入。相比之下，冬季较低的温度可能会增加硝酸盐摄入。肉中氢离子的浓度也决定了亚硝酸盐的颜色。在酸性介质中，亚硝酸钠可还原为一氧化氮。因此，当 pH 值接近 7.0 时，肉是浅色的。特别是为了保持肉制品的水分不流失，经常加入碱性磷酸盐，使 pH 值向中性方向移动，食品呈色效果不佳，因此必须控制好碱性磷酸盐摄入量。在氢离子浓度较低的环境中，亚硝酸盐的消耗量增加。在酸性腌制产品中，亚硝酸盐过多，产品易呈绿色，pH 在 5.6～6.0 的氢离子浓度最适合发色。

温度对色泽的形成也具有重要影响。生肉经烹调加热后，呈色反应速度加快。因此，生肉配料准备好后应及时处理，否则生肉容易变色，尤其是使用灌肠机，如果不及时加工和提高温度，回料和氧气接触会迅速变色。

影响呈色原因很多，摄入的抗坏血酸量大于亚硝酸盐量，有利于食品腌制时的发色，储存时不易变色。蔗糖和葡萄糖的还原对肉色的强度和稳定性有调节作用。适量的烟酸或烟酰胺可以使产品呈红色，但这些物质没有防腐作用，目前还无法取缔亚硝酸钠使用。丁香等香料，对亚硝酸盐也有消色作用。

肉制品的色泽受各种因素的影响，腌肉色泽的稳定性与微生物和光照有关。腌制肉褐变的原因是微生物与亚硝基肌红蛋白作用引起的卟啉环变化。此外，亚硝基肌红蛋白在光的促进下会失去 NO，最终氧化成高铁肌红蛋白；在微生物的影响下，高铁肌红蛋白改变血红素的卟啉环，产生绿色、黄色或无色衍生物。这种变色通常在脂肪酸或过氧化物的存在下加速产生。由于亚硝基肌红蛋白的单纯氧化作用，有时储存在避光环境中的产品也不能保持原来的颜色。如灌肠制品中混入空气，气孔周围的颜色就会变成深棕色，这就是单纯氧化造成的。此外，肉制品的褪色速率与温度成正比。

总之，要使肉制品具有良好的色泽，仅仅原料新鲜是不够的，还需要控制腌制时间。在选择合适的发色剂和发色助剂时，还要控制好用量。同时注意低温、避光，并采取添加抗氧化剂、真空或充氮包装、添加去氧剂等隔氧措施，防止氧化变色。

4.4.1.2　腌制食品风味的形成

腌制食品的风味是评定其质量的重要指标，包括香味和滋味。各种风味物质的混合形成了腌制食品的独特风味。物质的风味形成途径很多，如食品原料本身或者是腌制剂具有的和食品原料在加工过程中经过物理、化学、生物化学变化以及微生物的发酵作用形成的。虽然腌制食品中的风味物质含量较低，但其成分和结构非常复杂。

（1）原料成分以及加工过程中形成的风味

原料除了自带一部分化学物质，在加工过程中也产生一部分化学物质，该物质通过生化反应可以形成各种风味物质。在风味中也包括由蛋白质分解成的一些带不同味（酸、甜、苦、鲜）的氨基酸以及亚硝基肌红蛋白形成的特殊风味。蔬菜腌制过程中蛋白质分解产生氨基酸，该物质和醇发生酯化反应生成具有香味的酯类物质，和戊糖的还原产物 4-羟基戊烯醛作用生成含有氨基的烯醛类芳香物质，与还原糖发生美拉德反应生成具有香气的褐色物质。

脂肪可以用来改善腌肉制品的风味。脂肪在极低的碱性环境中逐渐分解成甘油和脂肪酸。腌料的微甜是由于存在少量的甘油，而且产品湿润、色泽好。如果肉制品油腻，可通过脂肪酸和碱性化合物之间的皂化反应削弱。

（2）发酵作用产生的风味

在腌制过程中，发酵型蔬菜以乳酸发酵为主，辅以酒精发酵和精醋酸发酵。

乳酸发酵可分为正型乳酸发酵和异型乳酸发酵。正型乳酸发酵出现在发酵中后期，其产物为乳酸。乳酸可以使腌制品具有爽口的酸味，产酸率高。异型乳酸发酵出现在发酵初期，其产物为乳酸、乙醇、乙酸、琥珀酸、甘露醇以及二氧化碳和氢气等气体，产酸量低。

酒精发酵是在酵母菌的作用下进行的，其产物为乙醇、异丁醇和戊醇等高级醇。乳酸菌和酒精发酵产生的乙醇和高级醇有利于最终腌制阶段产生芳香物质。

醋酸发酵与前两者发酵不同，它必须在有氧气的环境下进行，发酵反应只能发生在腌制品的表面。通常情况下，醋酸积累量在 $0.2\%\sim0.4\%$ 可以提升腌制品的风味。

因为微生物的发酵影响着腌制品的风味，所以要控制好腌制的条件，使之有利于微生物的正常发酵作用。

（3）吸附作用产生的风味

在腌制时，通常要加入各种调味料和香辛料等腌制剂，在吸附作用下腌制品获得风味物质。添加不同的调味料和香辛料，导致腌制品风味各异。在普遍使用的腌制辅料中，发酵调味料中的香料成分种类繁多，但非发酵调味料的香料成分却比较单一。例如，酱油含有更多的调味物质，如醇类、酸类、酚类、酯类以及碳基化合物等，酱油中还含有甲基硫的成分，从而使制品口味芳香。在实际生产中可通过控制调味料和香辛料的种类、用量以及腌制条件来保证产品的质量。

4.4.2 腌制过程的关键控制因素

把食品进行腌制处理，目的是防止腐烂变质，在不改变食品原有的独特风味的同时，提升食用品质。为了达到上述目的就对腌制的过程进行合理的控制。腌制剂的扩散速度对食品品质形成有一定干扰，发酵是否正常进行则是影响发酵型腌制品质量的关键。影响上述两方面原因有食盐的纯净度、食盐摄入量及盐水含量、原料自身特性、温度和空气等。

4.4.2.1 食盐的纯度

食盐的主要成分是氯化钠（NaCl），除此之外还有氯化钙（$CaCl_2$）、氯化镁（$MgCl_2$）、硫酸钠（Na_2SO_4）、硫酸镁（$MgSO_4$）、砂石以及一些有机物等杂质。氯化钠溶解度远远低于氯化钙和氯化镁两种物质，三种物质在一起更加降低了氯化钠的溶解度，这导致食盐在腌制中向食品内部组织扩散渗透的速度受到阻碍。例如用不同纯度的食盐腌制鱿鱼所用时间不同，采用纯 NaCl 腌制时达到渗透平衡需要 5.5 天的时间，若用含有 1% $CaCl_2$ 的食盐时需要 7 天，含有 4.7% $MgCl_2$ 时就需要 23 天之久。腌制时间越长就意味着食品越容易发生腐败变质，因此选择纯度较高的食盐可使食盐迅速渗入食品内，可以抑制食品的腐烂变质。掺杂过多杂质也会导致食品风味变得微苦、脂肪氧化酸败、色泽发黑等情况。

4.4.2.2 食盐的用量及盐水含量

依照扩散、渗透原理，盐浓度决定扩散渗透速度，干腌时食盐的内渗量之所以大，是因为盐水浓度较高，而且食品内盐分含量增大。腌制时盐水含量和食品内盐分含量的关系可以用下式进行推算：

$$B = \frac{S}{W+S} \times 100\% \tag{4-4-1}$$

式中，B 为盐水含量，%；W 为食品水分含量，%；S 为腌制后食品内盐分含量，%。

在腌制生产加工中，食盐摄入量可由腌制目的、气温、腌制原料以及消费者口感决定。为了更好防止腌制品腐烂变质，建议食品含盐量不低于 17%，使用的盐浓度不低于 25%。从腌制品咸度来看，经过社会调查数据发现，食品内盐含量为 2%～3% 时，是消费者比较容易接受的盐含量。蔬菜腌制时，一般在 5%～15% 范围内，如果作为发酵前处理，有时可以低于 2%～3%。腌制时环境温度的高低也是影响用盐量和盐水含量的重要因素，腌制时气温高则食品容易腐败变质，故用盐量应该高些，反之亦然。例如，腌制火腿的食盐用量，通常是鲜腿重的 9%～10%，气温升高时，用盐量可增加到 12% 以上。腌制时采用分次覆盐的方法更佳。现在国外的腌制品趋向于采用低含量盐水腌制，但是低盐制品必须考虑采用添加防腐剂、合理包装等措施来防止制品的腐败变质。

4.4.2.3 食品原料的特性与化学成分

食品原料尤其是果蔬类中的水分含量与腌制品的品质和贮存期有密切关系，可以适当减少其水分含量。例如榨菜含水量在 70%～74% 范围内时食品品质最佳，如果超过 80%，氨基酸由于亲水性，向碳基方向转化，则影响香味质量；若含水量在 70% 以下，则氨基酸水解形成的香气物质较多，使香味更为浓烈。此外，食品原料中的水分含量在适当情况时更耐保存，含水量过高会淡化产品独特风味，易酸化导致贮存期缩短。

食品原料中的化学成分也对腌制品的食用品质有较大影响，如果蔬原料中氮元素和果胶含量高，腌制品色泽、香、味较好，但随着贮存时间的延长，蛋白质将彻底水解，腌制品虽具有理想的品质，但其脆性会有所降低。

4.4.2.4　温度

根据扩散渗透率理论，温度与盐析剂扩散渗透率成正比。例如在盐水腌制小沙丁鱼的实验中，从腌制到原料含盐分 11.5％时，0℃条件下所需腌制时间是 15℃的 1.94 倍，是 30℃的 3 倍，温度每升高 1℃，腌制时间可缩短 13min 左右。

在选择适宜的温度进行腌制的同时，也不能忽视微生物的作用，因为温度越高，微生物生长繁殖速度越快，从而食品腐烂变质的概率越大。因此，腌制食品时应谨慎选择腌制温度，如肉类在温度较高的室内容易变质，建议在低温 10℃以下环境中腌制。

对于果品蔬菜糖渍制品，温度的选择则主要取决于原料的质地和耐煮性，根据实际情况和需要进行控制。不耐煮制的原料一般是在常温下进行蜜制，而质地较硬的原料则选择煮制的方法。

对于蔬菜腌制品，蛋白质的分解受温度影响很大。温度越高生化过程越快，蛋白酶的活性越强，加速蛋白质的分解，有利于改善腌制品的风味。如腌制冬菜时在夏季暴晒，让蛋白质充分分解，能更有利于制品的食品品质的形成。

对于发酵蔬菜腌制品，在 26～30℃的温度环境下更有助于乳酸菌生长，提高乳酸发酵速度，而低于或高于此范围时，腌制时间会延长。如包心菜低盐发酵腌制时，25℃时仅需 6～8 天，而在 15℃时，就需要 10 天以上。此外，制品酸渍过程中酸的积累量也和温度有关。

4.4.2.5　空气

空气对腌制品的影响主要是氧气的影响。果蔬糖制过程中，氧气的存在将导致制品的酶促褐变和维生素 C 等还原性物质的氧化损失，采用减压蜜制或减压煮制可以减轻氧化导致的产品品质的下降。

对于腌制肉类，在没有还原性物质的情况下，暴露在空气中的肉类表面的色素在接触氧气时会氧化，颜色变浅。因此，在缺氧环境中储存的腌制肉可以保持更持久的颜色。

对于发酵蔬菜腌制品，乳酸菌属于厌氧或兼性厌氧的微生物，因此在无氧条件下生长良好。因此，当蔬菜腌制时，必须挤压并装满容器以减少空气。如果蔬菜是湿腌的，必须用盐水将蔬菜完全浸泡。装满的容器开口应密封良好，大大减少蔬菜与空气的接触面积。同时，发酵过程中产生的 CO_2 也能去除物料中的空气，提供缺氧环境。

然而，当腌制黄瓜时，由大肠杆菌、酵母和异型发酵乳酸菌等微生物发酵产生的 CO_2 会导致黄瓜肿胀。黄瓜本身很容易释放 CO_2。此外，所用容器的体积太深，CO_2 也被保留。

思考题

1. 食品腌制的方法有哪些？各种方法有何优缺点？
2. 食糖和食盐在腌制中起的作用有什么不同？
3. 如何掌握干腌法的用盐量？
4. 如何保证腌制品的质量？

第5章

其他食品加工保藏方法

学习目标：掌握食品发酵的类型；掌握食品发酵微生物的种类；熟悉食品发酵的工艺流程；掌握影响食品发酵的因素；掌握膨化的概念与特点；了解膨化食品的类型；掌握食品膨化技术的分类与工作原理。

5.1 食品的发酵

发酵最初是在缺氧条件下分解糖类的。随着科学技术的发展，发酵的概念得到了进一步的探索和实践。人们认为发酵是微生物在好氧和厌氧条件下的一种生命活动。人类在生产实践中学会利用自然界中的有益微生物生产多种传统食品，通过有效掌握食品的自然发酵，让其发展方向为改善风味和提高贮藏持久性服务。

5.1.1 食品发酵的类型

5.1.1.1 食品中微生物作用的类型

根据蛋白质、脂肪和糖类的不同，发酵可分为三种类型：蛋白质水解、脂肪水解和糖酵解。

蛋白质的分解主要是通过分泌蛋白酶作用于食物蛋白质和其他含氮物质，代谢产物主要有蛋白胨、多肽、氨基酸、胺类、硫化氢、甲烷、氢气等。其在食品中小分子代谢物的含量必须有一定的限度，超出该限度则会产生腐臭味而不能食用。

脂肪分解菌通过分泌出脂肪酶可以把脂肪、脂肪酸、磷脂固醇等物质降解成脂肪酸、甘油、醛、酮类化合物、二氧化碳和水等，使油脂发霉变质，也就是酸败。同样除非其含量极低，否则会出现哈喇味和鱼腥味等异味，食用后容易有害健康。

分解糖类的细菌通过分泌各种酶，如淀粉酶、纤维素酶和半纤维素酶等，将糖类及其衍生物降解为糊精、低聚糖、二糖、单糖、乙醇、酸和二氧化碳等。在大多数情况下，这些糖类分解菌对食物的作用不仅不会引起食物腐烂变质，反而会增加消费者对食物的食欲，或者形成一些特殊的风味物质，可以充分调动消费者对产品的喜爱，或者通过形成乙醇、酸等抑制腐败病原菌生长代谢的物质从而使食物的储存更加持久。

5.1.1.2　食品发酵用微生物的种类

（1）酵母菌类

酵母菌是单细胞生物和兼性厌氧生物，可用于食品工业中发酵。酵母菌可以利用葡萄糖、果糖和甘露糖生成乙醇和甘油；有些也能利用半乳糖；一般来说，戊糖、双糖和三糖不能被利用，如蔗糖、乳糖和棉子糖等，它们只能被某些酵母全部或部分发酵。

（2）霉菌类

霉菌广泛应用于多种食品发酵，在发酵食品的酿造和食品原料的生产中也发挥着重要作用。霉菌可将加工原料和其他食品中的糖类、蛋白质等微生物成分转化生产各种食品、调味品和食品添加剂，如豆腐乳、豆豉、酱、酱油、柠檬酸等。在多种食品的制造过程中，霉菌必须与细菌、酵母等相互配合来完成发酵。常用的食品生产霉菌包括根霉、毛霉和曲霉等。

（3）细菌类

醋酸杆菌、乳酸杆菌及部分芽孢杆菌是食品发酵工业中的常用细菌。如酿酒、酱制品发酵、面包和提取酶制剂都离不开发酵细菌。

5.1.1.3　食品发酵的工艺流程

（1）发酵原料及其预处理

发酵工业所用原料一般以糖质或淀粉质等糖类为主，加入少量氮源，选用的原料多为玉米、薯干、谷物、米糠、豆粕等常见农产品，在使用前将这些原料进行粉碎、压榨等处理。而针对淀粉质含量较高的原料，如高粱、大米等在进行酒类酿造时，还需要将淀粉进一步分解为可供酒曲直接利用的葡萄糖等低糖。

（2）发酵培养基的配制和灭菌

微生物的生长、繁殖需要不停地从外界获取一定量的营养物质，以转换能量生成新的物质。因此，培养基的配制需与相应的发酵微生物的需要相适应。培养基的成分一般包含碳源、氮源、磷源、硫源、无机离子、生长因子、水分等，此外还可以根据需要添加促进剂或抑制剂。同时，培养基中碳氮比、pH值等也会对菌体的代谢产生影响，应加以控制。待培养基的组分及各组分的相关比例确定后，即可进行配制。

培养基配制好后，一个重要的工作就是对其进行灭菌，以杀灭杂菌，保证所接种的生产菌的纯度。培养基的灭菌方式是通过高压水蒸气直接对培养基进行加热杀菌，一般是121℃，保温20～30min，然后冷却。

不仅培养基需要灭菌，使用的发酵设备和通入的空气也需进行灭菌。发酵设备的灭菌通常与发酵培养基一起灭菌，称为实罐灭菌方法。若发酵培养基采用连续灭菌时，则发酵设备先采用无菌蒸气进行灭菌。空气的除菌则常采用高空采风或加强吸入空气的前过滤等预处理后，再对其进行除菌。空气除菌方法很多种，其中包括辐射法、加热法、静电法、过滤法等，其中过滤法更经济实用，是目前最常用的空气除菌方法。

（3）菌种的活化及扩大培养

菌种使用前，通常处于保藏状态，斜面保藏、沙土管保藏、液状石蜡封存和真空冻干是经常用到的保藏方法。保藏一段时间后，菌种可能处于休眠状态，因此使用前，要先对菌种实施活化和扩大培养。将生产菌种接入试管斜面活化后，用摇瓶或茄子瓶制备种子，即制备一定数量的优质纯种微生物。种子质量要求活力强，纯种培养物，无外来细菌，种子量适中，接种量应占发酵罐容积的 1％～10％。因此，有必要根据发酵容器的大小逐步扩大种子培养，以满足生产需要。

（4）发酵

发酵生产是发酵工业中最重要的一步，其间涉及氧的传递、发酵温度的控制、pH 的控制、物料补加、微生物发酵动力学等一系列的问题。制定合理的发酵工艺，并加以严格控制，保障发酵微生物的高效运行，避免杂菌的污染，对发酵的顺利进行及发酵产物的最大化非常重要。

（5）发酵产品及其分离提纯

不同的发酵目的会产生不同的发酵产品，常见的发酵产品包括完整的细胞、酶制剂和各种代谢产物（包括有机酸、氨基酸、溶剂、抗生素、药用蛋白质、维生素等）。

大多数发酵产物是通过微生物代谢分泌到细胞外的，但有些发酵产物只能保存在细胞内。要分泌到细胞外培养液中，必须将细胞破碎，释放细胞内产物。具体的粉碎方法有机械法（如压力法、研磨法、超声波法等）和非机械法（酶法、化学法、物理法等）。

发酵产物分离的方法包括沉淀分离法、树脂分离法、离子交换法、萃取分离法、膜分离法。发酵产物分离后，还需要采用蒸发、结晶、干燥等技术进行进一步纯化。

（6）发酵副产物及废物处理

发酵工业从发酵液中提取产品后，其中仍残留未被利用的培养基成分、菌体蛋白及各种代谢产物等，若不加以处理而直接排放，则会对环境造成影响。因此应对发酵废物进行无害化处理。目前，以发酵废液为原料生产单细胞蛋白和以发酵纤维质废物为原料生产乙醇的生产工艺已经比较成熟，而针对发酵工业废水则视其对氧的需求，分别采用活性污泥法或消化法等对其进行处理，待达到工业废水排放的相关国家标准方可排放到环境中。

发酵生产过程流程图见图 5-1-1。

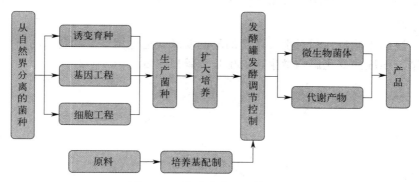

图 5-1-1　发酵生产过程流程图

5.1.2　发酵对食品品质的影响

5.1.2.1　影响食品发酵的因素

（1）酸度

较低的 pH 值可能会降低通过原生质膜运输溶质结合蛋白和催化膜成分合成的酶的活性，从而阻碍细菌对养分的吸收。

较低的 pH 值会抑制微生物的正常呼吸，抑制微生物中酶系统的活性，因此控制酸度可以控制发酵。

不同微生物所需的生长环境对 pH 的要求也不一样，一般来说，细菌喜欢中性 pH 值，霉菌和酵母适合微酸度，放线菌适合微碱度。当 pH 值低于 2 左右时，许多微生物的生长受到抑制。此外，食物中不同来源的酸会抑制微生物的生长。食品中一定量的酸可以使食品防腐，但表面与氧气接触，也会产生霉菌。霉菌会消耗酸性物质，导致食品的防腐能力下降，脂肪和蛋白质会逐渐出现在食品表面，起到降解作用。

（2）酒精含量

酒精与酸一样同样具有防腐作用。这是由于酒精的脱水作用，菌体中蛋白质由于脱水而变性。菌体表面的脂质在酒精的作用下会溶解，导致机械灭菌。

酒精的浓度决定了酒精的防腐能力。不同微生物的特性不同，对酒精的耐受程度也不同。按容积计 12％～15％发酵酒精对微生物生长有抑制作用，而普通发酵饮料的酒精含量仅为 9％～13％，防腐能力差，长期贮存需要巴氏杀菌。如果在饮用酒中加入适量的酒精，以达到 20％（体积分数）的酒精含量，则无需进行巴氏杀菌就可完全防止腐败和变质。

葡萄酒的酒精含量受葡萄初始糖含量、酵母种类、发酵温度和含氧量的影响，其中酵母种类这一因素尤为重要。虽然酒精对所有酵母都有抑制作用，但这种作用的大小取决于酵母的耐受性。例如乳酸菌对酒精的耐受力就很强，在酒精含量 26％或更高情况下仍能生长。

（3）发酵剂

在发酵初期，加入了大量的预期菌株，该菌种能快速生长繁殖，抑制其他细菌的生长，促进发酵过程朝着预定的方向发展。该发酵技术已应用于面包、馒头、葡萄酒和酸奶的发酵。

随着科学技术的发展，这种预期的菌株可以通过纯培养获得，即酵种，它可以是单一菌株，也可以是混合菌株，该工艺可用于制作酸白菜、泡菜等。

（4）温度

由于微生物的不同特性和对生长温度的不同要求，通过调节发酵食品的温度可以控制不同类型的发酵。温度的变化影响微生物的生长和繁殖速度（图 5-1-2）。

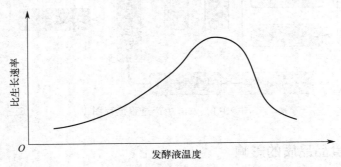

图 5-1-2　发酵液温度对微生物生长速率的影响

在多种菌类混合发酵时，要想达到发酵的预设效果，要根据不同类型的微生物特性来调节所需的发酵温度，从而控制其生长速率。

（5）氧

根据对氧气的需求，可将微生物分为五类：需氧微生物、兼性需氧微生物、微量需氧微生物、耐氧微生物和厌氧微生物。

需氧微生物需要氧气来呼吸，没有氧气就不能生长。但氧气浓度不宜过高，否则会对需氧微生物产生毒害作用。当氧气浓度低于大气中的氧气浓度时，大多数需氧微生物都适合生长。有些微生物需要进行厌氧呼吸，即只能在无氧分子环境中进行呼吸，称为厌氧微生物。兼性需氧微生物在有氧或无氧存在的情况下都能生长，但所进行的代谢途径不同。在有氧存在的条件下，兼性需氧微生物需要进行有氧呼吸。

常见菌种类型如下：

霉菌不能在厌氧条件下存活。它是完全需氧性微生物。为了控制霉菌的生长，必须控制霉菌的缺氧条件。

酵母是一种兼性厌氧菌。当氧气充足时，酵母会大量繁殖。在缺氧条件下，酵母将进行酒精发酵，将糖转化为酒精。

细菌种类多样，可分为需氧菌、兼性厌氧菌和专性厌氧菌。例如，醋酸菌是需氧菌，乳酸菌是兼性厌氧菌，肉毒杆菌是专性厌氧菌。

因此，可适当地通过供氧或停氧控制细菌的生长，促进发酵的发展，达到预定的效果。

（6）食盐

由于微生物的自身特性不同，耐盐性也存在差异性。细菌耐盐性是细菌鉴定中常用的筛选和分类方法。在不改变其他因素的情况下，通过控制盐的添加量来限制微生物的生长和发酵活性。所以盐不仅可作为一种防腐剂，通过调整食盐溶液的浓度，来避免腌制品腐败变质，同时也可作为一种呈味剂，调节发酵食品的咸味，调控食品发酵过程中微生物的生长代谢活动，从而使发酵食品形成特色各异的风味。

与其他菌类相比，乳酸菌、酵母菌和霉菌对盐的耐受性更强，但盐的抑制作用对这三种真菌的生长和繁殖也有一定的影响。例如，在普通蔬菜腌制品中，乳酸菌通常能承受10%～18%的盐浓度。因此，在泡菜生产中，初始盐浓度较低时泡菜乳酸菌的生长相对较快，产酸速度较高，体系中酸和盐的共同作用抑制了有害菌的生长。

食盐除了主要成分氯化钠外，还有钙、镁、铁的氯化物等盐类成分。虽然所有的阳离子都能对微生物产生毒害作用，但从食品质量方面考虑，这些杂质应越少越好。

5.1.2.2　发酵对食品品质的影响

发酵技术为消费者提供风味特异、种类繁多的食品，提高食用人群的购买力。食品的最终发酵产物，尤其是酸和醇，能抑制有害菌种生长，从而使食品的保存时间更长久。同时还能阻止或延缓致病性微生物和产生有毒化合物的微生物的生长活动。但是，食品发酵过程所使用的温和条件很少产生像其他食品加工单元操作那样的风味和营养品质方面的剧烈变化。通常物料蛋白质和糖类的变化还会使发酵食品组织结构变松软，发酵食品的风味和口感也会发生微妙的变化。

（1）提高营养价值

食品发酵时，微生物从被发酵物质成分中获得能量，使食品的成分受到相应的氧化，这样食用者获得的消化利用的能量变少。发酵时还会产生发酵热，使介质温度略有升高，从而相应地也消耗掉一些能量，此能量原为食品能量中的一部分，不再可能成为人体有用的能源。因而，从这方面来看，感官上觉得发酵技术降低了食品的营养价值，但实际上，发酵反而使食品的营养价值所提高，原因如下：

① 食品的原辅材料经微生物发酵后，最后形成对食用者生长、发育、健康起一定作用的营养物质，如可食用微生物菌体、维生素、氨基酸等营养物质在其他食品中含量较少或者

没有。发酵还促进了人体对大分子物质的消化和吸收，如蛋白酶对蛋白质的分解、淀粉酶对淀粉的分解、脂肪酶对脂肪的分解、纤维素酶对纤维素和类似物质的分解等，这些物质经过分解都有利于人体消化和吸收。而且可以消除一些食品中的抗营养因子。

② 发酵还能释放封闭在植物结构和细胞中不能消化物质的营养组分，该现象尤其出现在谷类和种子类食品物质中。研磨过程能将许多营养组分从被纤维或半纤维结构环绕的内胚乳中释放出来，后者富集着可消化的糖类和蛋白质。然而，在许多欠发达国家中，粗磨往往不足以释放此类植物产品中所有的营养组分，甚至在煮制后，一些被截留的营养组分仍然不能被人体有效消化。但霉菌富含纤维素裂解酶，它的发酵作用能把在物理和化学意义上不可消化的外壳和细胞壁进行分裂，此外，霉菌生长时的菌丝能改变食品的结构，使煮制水和人体消化液更易透过此结构。酵母菌和细菌的酶作用也能产生类似的现象。

③ 发酵过程中一些益生菌如乳酸菌、双歧杆菌等，在适宜的环境中大量生长繁殖。乳酸菌在肠道中的繁殖可以抑制病原菌的生长繁殖，促进人体分泌消化酶和肠道蠕动，降低血清胆固醇的含量，活化 NK 细胞（自然杀伤细胞），增强人体免疫力；双歧杆菌在肠道中的代谢产生乙酸和 L 型乳酸，易消化吸收和促进胃肠道蠕动，防止便秘和消化不良，有机酸降低肠道 pH，腐败菌无法生长，减少致癌物的产生和肝脏对吲哚、甲酚、胺等的解毒压力，促进人体正常的代谢。

（2）改善食品的风味和香气

在发酵食品的生产中，适当的微生物发酵会产生良好的呈味物质和芳香成分，使食品的风味非常诱人，如泡菜生产中产生的乳酸、蛋白质水解产生的多肽和氨基酸等，酒精生产过程中产生的醇、醛、酯等。

（3）改变食品的组织质构

在一些发酵食品中，食品组织结构的变化也与微生物活性有关。面包和奶酪是两个主要的例子：烤面包的蜂窝结构是由酵母发酵产生的二氧化碳引起的；由于乳酸菌产生的二氧化碳被困在凝乳中，一些奶酪内部会出现许多毛孔。当然，上述这些伴随着原始食品材料的结构和外形的重大变化，正如所有发酵食品与它们为发酵的母体相比发生了显著的改变一样，这样的变化不能被认为是质量上的缺陷，恰恰相反，这些变化使得发酵食品更受消费者的欢迎。

5.2 食品的膨化

膨化加工是一种新型的食品加工方法，膨化食品组织蓬松、口感酥脆、易消化吸收。膨化技术的历史可以追溯到 1856 年，最初由美国人沃德研究成功，并申请专利。1936 年，膨化玉米首次生产成功。1946 年，膨化技术开始逐步被投入商业生产中。20 世纪 50 年代，基于大米、玉米、高粱和豆类等谷物原料开发的膨化食品及动物饲料开始在市场上出现。20世纪 80 年代，食品挤压机一机多能、能效高的特点吸引了食品生产企业的关注，并得到了迅速发展。随着膨化生产技术的成熟，产品花样不断翻新，膨化装备设计和工艺条件控制也不断完善。

国外膨化生产技术发展较早，如美国、日本，以及部分欧洲国家均已创立了知名的膨化食品企业，除了生产膨化零食外等，还会利用膨化技术处理谷物、酿造酱油和制作动物饲料。目前，国内大多数膨化食品厂为外商投资企业，在一定程度上促进了我国膨化产业的发展。

5.2.1　食品膨化的概念与特点

5.2.1.1　概念

膨化食品（puffing food）又称挤压食品，早在 20 世纪 60 年代便伴随着膨化技术而出现。根据《食品安全国家标准　膨化食品》（GB 17401—2014），被加工的原料通过相变和热压效应，使温度和气压升高，原料内部的液体汽化膨胀，食品组分中的许多高分子物质结构发生变化，形成多孔网状结构物质，这一技术称为膨化。人们应用此技术将薯类、谷物类等物料膨化为多种多样口感松脆的膨化食品。

5.2.1.2　特点

膨化技术通过物理变化分别从外部形态和分子内部结构两方面加工成新型的膨化食品。膨化食品具有如下特点：

（1）营养成分的保存率和消化率高

由于原料膨化后其内部分子结构发生改变，原料中的营养成分如维生素 B_1、维生素 B_6 保存较好，并且其含量高于蒸煮后的食品。

在膨化过程中谷物原料中的淀粉则很快被糊化，使其中蛋白质和糖类的水化率显著提高，糊化后的淀粉经长时间放置也不会回生。这是因为淀粉糊化后其微晶束状结构被破坏，温度降低后也不易再缔合成微晶束，故不易回生。

原料中的蛋白质经过高温膨化过程发生变性，原料内部组织结构发生改变，增大与人体中消化酶的接触面积，使蛋白质更能被人体消化吸收。通过膨化所改变的组织结构较蒸煮技术更好，例如大米膨化后的消化率较蒸煮后提高 8.5％。

（2）赋予制品较好的营养价值和功能特性

通过高温瞬时的挤压膨化技术加工食品原料时，一些营养物质如蛋白质、维生素和一些食品添加剂能与挤压物均匀充分混合，减少营养物质的损失，增强食品品质。

（3）改善食用品质，易于储存

膨化技术之所以能够改善食用品质是因为膨化过程中原料内部组织结构的多孔形态让其口感变得松脆柔软，过程中的美拉德反应也让食品口味更加浓厚独特，色泽也更加鲜明。

膨化中高温高压的环境也抑制了食品中微生物的生长繁殖，起到了杀菌消毒的作用。同时降低了食品中的水分，提高了食品的稳定性，利于食品储存。

（4）食用方便，品种繁多

将谷类、薯类、豆类等食品原料与其他辅料或添加剂等混合挤压膨化，制成一类营养丰富、食用简便的即食方便食品。

（5）生产设备简单、占地面积小、耗能低、生产效率高

膨化技术所用设备结构简单，具有特殊设计，其多用途膨化系统可通过设备快速组合实现，生产设备占地面积小，能源消耗低，生产效率高，加工费用低。

（6）工艺简单，成本低

谷物食品传统加工方式是通过混合、成型、烘烤或油炸、杀菌、干燥或粉碎等工序，相对于挤压加工技术其生产工序较长，制作成本较高，并且挤压膨化技术能将混合、破碎、杀菌、脱水等过程同时完成，节约时间和能源。

（7）原料的利用率高

以淀粉为原料酿造葡萄酒和麦芽糖，原料利用率达98％以上，酿酒率达20％以上，制糖率提高12％。膨化高粱产醋量提高40％左右。以膨化大豆为原料制备酱油，蛋白质利用率提高25％。

5.2.2　食品膨化类型

（1）按膨化方式分类

根据膨化方式，膨化食品分为油炸膨化食品和非油炸膨化食品。

① 以油炸物料为热交换介质，通过膨化技术生产的食品称为油炸膨化食品。根据膨化工艺中的温差和压差，可分为高温油炸膨化和低温真空油炸膨化两种。

高温油炸膨化食品：油炸膨化的油温一般控制在160～180℃为佳，最高不超过200℃。

低温真空油炸膨化食品：在真空、油温100℃下会产生60℃的水蒸气，将油温提高至80～120℃，原料中的水分蒸发导致体积膨胀，产生的膨化效果较好且油炸时间较短。

② 非油炸膨化食品是指原料经膨化器加温、挤压、焙烤、调味或不调味制成的膨化食品，包括焙烤膨化、挤压膨化、气流膨化等。

a. 焙烤膨化食品：烘焙、沙炒和微波三大类。使用烘焙设备进行膨化生产的食品称为烘焙膨化食品，如雪饼、仙贝等。以细沙为传热介质的膨化食品称为沙炒膨化食品。利用微波吸收原料中的水分以达到膨化效果的食品称为微波膨化食品。

b. 挤压膨化食品：挤压膨化的设备为螺杆挤压机，挤压膨化食品有麦圈、虾条等。

c. 气流膨化食品：利用物料在密闭容器中受热的原理，由于物料中水分蒸发产生高压体系，然后突然开罐释放罐内高压气体，颗粒食品因巨大压差而爆裂膨化，如爆米花等。

（2）按是否含油分类

根据含油情况，膨化食品分为油性食品和非油性食品。用食用油脂煎炸或喷洒而成的膨化食品为含油膨化食品，如炸薯片；不含食用油的膨化食品是非含油的膨化食品，如爆米花。

（3）按膨化加工的工艺过程分类

按膨化加工的工艺过程可将膨化分为，直接膨化和间接膨化。直接膨化又称一次膨化，是指把原料放入膨化设备中，通过加热、加压再降温、减压而使原料膨胀化，如爆米花、膨化米果等。间接膨化食品又称二次膨化食品，是指先用一定的工艺方法制成半熟的食品毛坯，再把这种坯料通过微波、焙烤、油炸、炒制等方法进行第二次加工，得到酥脆的膨化食品。

（4）按原料分类

按原料分类可分为，淀粉类膨化食品（以玉米、大米、小米等为原料）；蛋白质类膨化食品（以大豆及其制品等为原料）；混合的膨化食品（以虾片、鱼片等为原料）；海藻类膨化食品（以紫菜、海带为代表的海藻类植物为原料）；果蔬类膨化食品（如苹果脆片、胡萝卜脆片等）。

（5）按生产的食品性状分类

① 小吃及休闲食品类可直接食用的非主食膨化食品，如米花糖、凉糕、爆米花等。

② 快餐汤料类需加水后食用的膨化食品，如膨化玉米粉、黑芝麻糊等。

（6）按产品的风味、形状分类

膨化食品有多种风味，如甜味、咸味、辣味、怪味、海鲜味、咖喱味、鸡味、牛肉味等；也有条形、圆形、饼形、环形、不规则形等不同形状。

5.2.3　食品膨化技术

5.2.3.1　挤压膨化技术

（1）挤压膨化的原理

膨化准备阶段：将原料放置在水中加热使原料中含淀粉较多的如薯粉、谷物粉等排列的胶束结构溶解，从而使体积膨胀，增大间隙。

挤压阶段：物料通过进料装置时，在高温高压环境下，通过螺旋输送机输送物料。在套筒中通过挤压、混炼、剪切、混合、熔融、灭菌和熟化处理材料。结构内的胶束结构被破坏形成单分子结构，导致淀粉糊化，结晶结构受到高温高压环境的破坏。此时物料中的水分仍处于液体状态。

膨胀阶段：当物料从压力罐中挤至大气压力时，物料中的水瞬间蒸发膨胀。淀粉溶胶在物料中的体积也瞬间增大，使物料的体积也突然膨胀，形成松散的食品结构。

（2）挤压膨化设备

食品挤压机根据分类方法的不同可以分为多种类型。

根据挤压机螺杆数量的不同可以分为单螺杆挤压机、双螺杆挤压机和多螺杆挤压机。其中只配置一根和两根挤压螺杆的挤压机最为常见，并且根据单螺杆挤压机原理随后发展为双螺杆挤压机，两者合作完成挤压作业。

单螺杆挤压机和双螺杆挤压机的作用机理不同，前者通过机器挤压自然膨化，后者利用外部的加热挤压。单螺杆挤压机相对于双螺杆挤压机其设备刚性高，制造成本低，主要靠内摩擦供热；而双螺杆挤压机靠机筒供热，其优点为易于控制温度。但单螺杆挤压机物料受限，只能膨化脂肪含量低，具有一定颗粒感的谷物，且物料易黏附螺杆。而双螺杆挤压机可以各种谷物为原料且不产生倒粉现象，可在膨化前调整风味，具有自身排清物料的功能，零件不易损坏。

根据加热形式不同可将挤压机分为自加热式和外加热式。通过物料与螺杆之间、物料与机筒之间、物料与物料之间的摩擦生热提供能量的为自加热式挤压机。通过机械能转化为热能和通过筒壁或轴心用蒸汽或电加热器控制温度的为外加热式挤压机。加热系统与冷却系统共存的为复合型挤压机。

挤压机按照功能还可分为单一功能挤压机和多功能挤压机。单一功能挤压机适应性较差，可生产产品品种单一；多功能挤压机可通过挤压机某些元件如螺杆、螺套的改变，把低剪切功能变为高剪切功能，把低压缩比变为高压缩比等，以适应不同产品的生产。

（3）挤压膨化食品生产工艺

工艺流程：

原料粉碎→混合→喂料→输送→压缩→粉碎→混合加热→熔融→升压→挤出→切断→烘干（冷却）→调味→成品包装。

将原料按照适宜配比混合均匀后放入挤压机内，加入 15% 左右的水，在 $120\sim160℃$ 的温度、$200\sim350r/min$ 的转速下挤压 $10\sim20s$，通过挤压过程中的水蒸气外溢而使食品不断膨胀，减少其水分，有利于食品的储存与调味处理。再经传送带冷却除去部分水分后用聚丙烯聚酯复合膜或真空镀铝薄膜进行包装。在包装袋内充入氮气可防止产品氧化变质。

5.2.3.2 油炸膨化技术

（1）油炸膨化原理

将食品放入热油中提升食品表面温度，使食品内外水分含量不同，形成蒸气压差从而实现脱水，食品表面形成多孔结构干燥层，便于水蒸气溢出，然后由热油进入其中。油炸通过美拉德反应、组织膨化和油中挥发性物质的吸附，改善了食品的色、香、味和形。

（2）油炸膨化设备

① 常见油炸设备

常用油炸设备有常压油炸设备、真空油炸设备和高压油炸。通过电、油气和燃气作为能源的一类设备称为常压油炸设备。在低温条件下对食品进行油炸、脱水操作的为真空油炸设备，高压油炸设备则是指在 101.33kPa 以上的压力下炸制各种食品的设备。

常压油炸机是一种理想的油炸设备，可以精确控制油温，控制设备参数，操作简洁卫生，但生产能力低。适用于食品生产线或酒店和机关等。真空油炸设备可以有效地减少高温对食品营养成分的破坏。高压油炸机的优点是可自动控制油温和炸制时间，并具有报警和自动排气功能，其优点是无油烟污染，操作安全。适用于炸制鸡、鸭、鱼、肉、糕点、蔬菜、薯类等食品。

常见的常压油炸设备有电加热油炸设备、燃气式油炸设备和连续式深层油炸锅。真空油炸设备分为间歇式真空油炸设备、连续式真空油炸设备、双锅交替式真空油炸机和全自控真空油炸机。

② 油炸辅助设备

a. 滤油机：在油炸过程中，落入油炸锅中的碎屑长时间处于高温情况下，会加速油的"老化"，影响制品质量。因此，及时去除落入油中的碎屑，是生产过程中必要的一步。

浮筒式滤油机通过循环系统中的过滤浮筒，其滤网能够过滤出炸油的碎屑，过滤后的炸油进入加热器后返回油锅中循环使用。

网带洗刷式滤油机碎屑能够被设备中的栅板阻挡使其不能进入循环系统，碎屑会落入网篮中被清除。其优点是处理碎屑并不影响油的过滤。

圆筒过滤器主要由不锈钢圆筒、不锈钢丝过滤网和锁紧装置三部分构成，其操作原理同上。

b. 真空油炸脱油机：主要由主轴、料篮提升、料篮、料门和罐体等结构组成。

c. 料篮：具有快速装卸料的性能，减少装卸料等轴助时间，提高生产效率，减少热损失和工人的劳动强度。

d. 热交换器：螺旋板式热交换器热效率高、传热而积大，在与列管式加热器的相互配合下，能够提高产量与传热效率。

e. 抽真空系统：有机械真空泵式和喷射真空泵式两种，抽真空系统的选择对整机的造价、运行成本、功耗影响较大。

（3）油炸膨化食品生产工艺

工艺流程：

原料→验收→清洗→调整→预处理→油炸→脱油→调味→包装→成品。

5.2.3.3　焙烤膨化技术

（1）焙烤食品膨化原理

焙烤膨化技术是使水分子通过热传导、对流和辐射获得能量，实现汽化，形成膨胀压力，进而导致饼坯膨化。油炸膨化、微波膨化和焙烤膨化是利用相变原理和气体热压效应，在短时间内迅速蒸发物料内液体的过程。利用气体的膨胀力，改变组分中高分子物质的结构。

（2）焙烤膨化设备

根据烤炉种类及热源不同，可分为煤炉、煤气炉、燃油炉和电炉等，其中电炉可以分为普通电烤炉和远红外线烤炉；以结构形式分为箱式烤炉和隧道式烤炉两大类。下面主要介绍远红外线烤炉。

① 箱式远红外线烤炉

如图 5-2-1 所示，箱式远红外线烤炉主要由箱体和电热红外加热元件等组成。箱体外壁是钢板材质，内壁是被抛光的不锈钢板，这两种材质的内、外壁可提高折射能力和热效率，保温层顶部排气孔的设计有利于烘烤中的水蒸气排出。炉膛内壁的多层支架可放置多个烤盘，且烤炉中的温控元件能更好地控制炉内温度。

这类烤炉结构简单、占地面积小、造价低，但由于电热管与烤盘位置相应固定，容易出现烘烤产品上色不均的现象。

② 隧道式远红外线烤炉

这种烤炉是由一条带式输送机穿过烘焙室将食品连续送入和输出烤炉的一种连续式烘烤设备。根据输送装置的不同可将其分为钢带隧道炉、网带隧道炉、烤盘链条隧道炉和手推烤盘隧道炉等。

a. 钢带隧道炉：钢带隧道炉简称钢带炉（图 5-2-2），食品以钢带作为载体，通过钢带带动，在空心辊筒的驱动下焙烤后的产品从烤炉末端输出并落入在后道工序的冷却输送带上。此种烤炉的热损失较少，但钢带制造较困难，调偏装置较复杂。

图 5-2-1　箱式远红外线烤炉

图 5-2-2　钢带隧道炉

b. 网带隧道炉：网带隧道炉简称网带炉，用网带作为传送面坯的载体，其余结构与钢带炉类似，因网带损坏后经补编可以继续使用，所以网带炉使用寿命长于钢带炉，运转时网带面粗糙不易打滑，易于控制。焙烤中制品底部水分也可以从网眼空隙蒸发，网带炉使用优点：焙烤量大，热量损失小，易与其他机械配套组成连续的食品生产线；缺点：清洗困难，食品外观容易受污垢影响。

c. 链条隧道炉：简称链条炉，是指食品及其载体在炉内的运动依靠链条传动来实现的烤炉。链条炉的载体分为烤盘和烤篮两种，可对不同种食品进行焙烤。链条隧道炉出炉端的烤盘转向装置及翻盘装置可使成品进入冷却输送带，载体由炉外传送装置送回入炉端。但烤盘在炉外循环过程中不易保存设备中的热量，浪费热源，且形成的环境不利于工作。根据同时进入炉内的载体数量又可以将链条炉分为单列链条炉和双列链条炉。单列链条炉只能有一个烤盘或一列烤篮进入炉内，而双列链条炉可以两个烤盘或两列烤篮并列进入。

（3）焙烤膨化食品生产工艺

代表焙烤膨化的食品有以大米或马铃薯为原料所制成的雪饼、仙贝、雪米饼等产品。下面简单介绍焙烤膨化米饼。

工艺流程：

浸米→制粉→蒸炼→水→一次挤压→水冷→二次挤压→压延成型→一次干燥→二次干燥→整列→焙烤膨化→整列→撒糖→三次干燥→淋油调味→四次干燥→包装→成品。

① 大米的清理与浸泡

用自来水或利用洗米机洗净糯米，在 $10 \sim 20 ℃$ 的温度下浸米 $20 \sim 30 min$，吸水后便于粉碎，使大米的含水量达到 30%（质量分数）左右为宜。

② 磨粉与调制

将浸泡好的米置于金属丝网上沥水约 1h 或放入离心机中脱水 $2 \sim 3 min$，再利用粉碎机进行粉碎，在调制过程加入小麦面粉、玉米淀粉等直链淀粉含量较高的粉来降低原料粉的支链淀粉含量，其中加水量以 35%（质量分数）左右为宜。

③ 蒸炼

将米粉、淀粉、糖等细化后按比例加入水搅拌蒸煮，随后将面团挤出成块状，将米粉放入蒸煮器中搅拌蒸煮，约 10min 后取出并冷却到 60℃，过程重复三次至米团被揉捏均匀。

④ 米饼冷却与成型

一般采用自然冷却，冷却后放置 $1 \sim 2$ 天，使其回生硬化，但不宜过长。再把米团压辊成一定厚度的皮子，进入切割成型机，切成所需要的形状，与废料分离，废料回到第二次挤出机。

⑤ 干燥、静置

将水分偏高的米饼进行热风预先干燥，注意控制适宜的干燥温度、时间及干燥终点（干燥后的水分含量），防止出现饼坯表面失水干裂等现象，提高生产效率。干燥后，将米饼坯静置 $12 \sim 48 h$，使饼内部发生水分转移，确保饼坯内部及表层水分均衡，保持成品的感官品质。

⑥ 焙烤膨化

将完成上步操作的米饼坯放入烤箱内焙烤。过程中经历了升温饼坯软化、膨化、饼坯降温定型等阶段，再将米饼焙烤上色，形成松脆可口的产品。温度在 $145 \sim 165 ℃$ 会使米饼坯软化，升温至 $180 \sim 200 ℃$ 会使其焦化。

⑦ 冷却与包装

膨化米饼一般采用真空充氮软包装，要求包装材料密封而不透气，无毒、无异味。

5.2.3.4　气流膨化技术

（1）气流膨化原理

气流膨化与挤压膨化的原理相似，即气流膨化是靠外部气流加热的方法使体系获得能量而达到高温高压状态。

但是，气流膨化与挤压膨化的特点大不相同。挤压膨化机具有自热式和外热式，气流膨化可靠过热蒸汽加热、电加热或明火加热等方法为过程提供所需能量，在加热时容器中的水分汽化导致膨胀获得高压状态；挤压膨化则是通过挤压过程中空间的体积变化和气体膨胀导致高压环境。挤压膨化适合的原料可以是粒状的，也可以是粉状的；而气流膨化的原料大多均为粒状。相对于气流膨化过程，挤压膨化导致原料受到剪切与摩擦作用，使物料充分混合均质。

挤压膨化可通过剪切力使原料中的淀粉、蛋白质等内部组织分子结构发生改变，形成线性排布，使生产组织化，而气流膨化不具备此特点。挤压膨化不适用于水分含量和脂肪含量高的原料的生产；而气流膨化在较高的水分和脂肪含量情况下，仍能完成膨化过程。挤压机的使用范围较气流膨化机的使用范围大得多。挤压机可应用于生产小吃食品、方便营养食品、组织化产品等多种产品。目前，气流膨化设备一般仅限于小吃食品的生产。

（2）气流膨化设备

气流膨化机分为连续式和间歇式，连续式气流膨化机相对于仅有加热室和对应的加热系统之外，多出了进料室、出料室和传热系统，其加热方式一般采用电加热，结构较复杂。间歇式气流膨化机生产能力较小，体积较小，容易操作，处理量较小。而连续式气流膨化机生产能力相对较大，适合加工的原料较多，几乎所有的谷物原料均可进行加工，不易污染食物。

电加热式、连续带式、过热蒸汽加热式、气力输送式和流化床式等是常见的气流膨化设备样式。

（3）气流膨化食品生产工艺

市场中流行的果蔬脆片均应用了气流膨化的技术手段，通过气流膨化技术保持了果蔬原料原本的色泽和风味，延长了保质期。

气流膨化的基本工艺流程如下：

原料→处理→水分调节→进料→加热升温升压→出料膨化→调味→包装→成品。

原料处理的目的是去除混在原料中的石块、灰尘等杂质。原料处理后，进行水分调节，将水分含量控制在 13%～15%（质量分数）。原料喷水后，应在恒温、恒湿条件下放置一定时间，使其中的水分分布均匀。原料由进料器进入，加热空气的温度一般为 200℃左右，压力一般控制在 0.5～0.8MPa。原料在加热室中蓄积了大量能量后通过出料器放出而发生膨化，完成气流膨化的整个加工过程。

膨化果蔬脆片生产及贮藏中的质量问题主要是产品的膨化度和色泽变化。

色泽变化主要有美拉德褐变反应、粉末状物质的吸附等。

① 美拉德褐变反应

果蔬原料在膨化过程中，色泽经常会发生变化，脆片变成褐色通常是由于膨化罐内温度太高所致的。由于温度高，果蔬内部的氨基酸和还原糖发生美拉德褐变反应。解决的方法是：尽量选择低糖原料；降低膨化罐内的操作温度，如苹果，操作温度不高于 95℃，同时操作温度保持恒定；采用非冷凝性气体（如 N_2）稀释过热蒸汽，在膨化系统中，按蒸汽和气体 2∶1 的比例将过热蒸汽稀释，可有效抑制褐变的发生。

② 粉末状物质的吸附

在膨化加工过程中，果蔬脆片表面经常会出现一层黑色物质，原因是黑尘的吸附。由于膨化罐的经常使用，有些褐变的果蔬脆片经过长时间加热，颜色加深，同时，碎片逐渐变成碎渣乃至粉末状，物料进入低压区喷爆时，使产品表面形成一层黑点。解决方法是定期用水冲洗膨化罐和接料容器，一般一周清洗 1 次即可。

在膨化过程中，有时会出现产品不能膨化或膨化度很低的现象。原因主要是预干燥后果蔬含水量太高或太低。当物料含水量过高时，结合态或凝胶态的水分子在其间占据很难被取代，致使自由水难以促进物料形成膨化现象；即使经历膨化过程，也会因为膨化罐内的操作温度低、加热时间短而难以定形。若物料含水量太低，则膨化效果不明显。膨化罐内的操作温度、膨化罐与低压罐之间的压力差也是影响脆片质量的关键因素，只有采用这两个参数的恰当组合，才能生产出高质量的产品。

同时，在贮藏过程中，果蔬脆片有可能发生自动氧化作用，引起品质的变化，通常采用充氮和添加抗氧化剂的方法，来避免该现象的发生。

5.3　食品的熏制

5.3.1　食品熏制生产原理

5.3.1.1　食品熏制

熏制过程中，熏烟中各种脂肪族和芳香族化合物如醇、醛、酮、酚、酸类等凝结沉积在制品表面和渗入近表面的内层，从而使熏制品形成特有的色泽、香味和具有一定保藏性。熏烟中的酚类和醛类是熏制品特有香味的主要成分。

5.3.1.2　熏制的作用

（1）防腐

熏烟中的多数醛类、酸类和酚类是具有杀菌作用的物质，其中杀菌力强的部分是酚类，特别是存在于木焦油中的分子量较大的酚类。熏制品的防腐保藏是酚类、醛类、酸类等多种物质结合作用的结果。熏烟成分不但在熏制加工过程中有杀菌作用，而且在保藏期内仍具有遗留的杀菌作用。杀菌作用和防腐作用，两者有着不可分割的关系，但具有杀菌作用并不等于即具有完全的防腐作用。熏烟由于具有一定的杀菌能力，因此对制品也起着防腐保存作用，这种作用的大小是和熏制方法密切相关的。熏制品区别于其他加工制品的一个重要特点，是对油脂显著的抗氧化作用，这对易于氧化油烧的水产品有着重要的意义。熏制品因熏烟中的抗氧化物质具有的抗氧特性，可使烟熏后的油脂产生高度稳定的抗氧性能，因而防止了油脂的氧化酸败。

（2）形成风味

熏制品中特有的烟熏味和芳香味，主要来自酚类和芳香醛类，它们都具有良好的香气。熏烟中的有机物愈创木酚和 4-甲基愈创木酚是最主要的风味成分，烟熏成分也可和肉的成分反应生成新的呈味物质。烟熏加工时，制品通过吸附作用吸附了这些风味成分。

（3）发色

在食品的烟熏加工过程中，色泽的变化和形成主要通过褐变在制品表面形成特有的棕褐色。这一色泽的形成是美拉德反应的结果，它是由于原料的蛋白质或其他氨基化合物与熏烟中的羰基化合物发生了羰氨反应。其中的羰基化合物是木材产生熏烟过程中形成的。制品的色泽与木材的种类、烟气的派度、树脂的含量、熏制的温度以及肉品表面的水分等因素有关。

（4）抗氧化

熏烟中酚类具有抗氧化作用，对熏制品的脂肪氧化酸败有一定的预防作用。

5.3.2　食品熏制的方法

5.3.2.1　冷熏法

制品周围熏烟和空气混合物气体的温度不超过 22℃的烟熏过程称为冷熏。冷熏时间长需要 4～7 天，熏烟成分在制品中渗透较均匀且较深，冷熏时制品干燥虽然比较均匀，但程度较大，失重量大，有干缩现象，同时由于干缩提高了制品内盐含量和熏烟成分的聚集量，制品内脂肪熔化不显著或基本没有，冷熏制品耐藏性比其他烟熏法稳定，冷熏法特别适用于烟熏生香肠。

5.3.2.2　热熏法

制品周围熏烟和空气混合气体的温度超过 22℃的烟熏过程称为热熏，常用的烟熏温度在 35～50℃，因温度较高，一般烟熏时间短，12～48h。在肉类制品或肠制品中，有时烟熏和加热蒸煮同时进行，因此生产烟熏熟制品时，常用 60～110℃温度。热熏时因蛋白质凝固，以致制品表面上很快形成干膜，妨碍了制品内部的水分渗出，延缓了干燥过程，也阻碍了熏烟成分向制品内部渗透，因此，其内渗深度比冷熏浅，色泽较浅。

5.3.2.3　电熏法

电熏法是应用静电进行烟熏的一种方法。该法是将制品吊起挂在电线上，通上 15～20kV 的高压直流电或交流电，以自体（制品）作为电极进行电晕放电。烟的粒子由于放电作用而带电荷，于是便急速地吸附在制品表面，并向其内部渗透。该法比通常烟熏法可缩短 1/20 的时间，延长储藏期限，不易生霉；缺点是烟的附着不均匀，制品尖端吸附较多中部吸附较少，且成本较高，目前尚未普及。

5.3.2.4　液熏法

液熏法是指不用熏烟直接处理，而是利用木材干馏时生成的熏烟的水溶液经浓缩等处理后，将其喷雾、浸渍或直接添加到肉食品中，使其带上烟熏风味。使用烟熏液和使用天然熏烟相比的优点为：不需用熏烟设备，大大节省了投资；制品重现性好；液态烟熏制剂中的固相已去净，无癌性。一般用硬木制液态烟熏剂。使用方法有两种：一是用加热的方法使其挥发，并包附在制品上；二是采用浸渍或喷洒的方法，将液态烟熏制剂加 3 倍水稀释，将制品在其中浸渍 10～20h（加入 0.5％的食盐风味更佳）。

思考题

1. 发酵与腌制的区别有哪些？
2. 发酵影响因素对发酵食品品质有哪些影响？
3. 试述各种膨化技术的原理。
4. 简述食品熏制的原理和作用。
5. 简述食品熏制常用的方法。

第 2 篇

各类食品生产工艺

第6章

果蔬产品的加工

学习目标：掌握果蔬罐头产品生产的操作要点；掌握果蔬澄清汁和浑浊汁生产工艺的差别；掌握果蔬汁杀菌和灌装的方式；掌握速冻果蔬的特点和生产过程中温度的要求；掌握果蔬干制品生产的基本工艺。

掌握果蔬糖制品的加工工艺及加工过程中常见的问题；掌握蔬菜腌制品的分类及其特点；掌握蔬菜腌制品的工艺要点以及加工过程中常见的问题和预防措施；掌握果酒、果醋的酿造工艺。

6.1 果蔬罐头产品生产

果蔬罐藏是将果蔬原料经预处理后密封在容器或包装袋中，通过杀菌工艺杀灭大部分微生物的营养细胞，在维持密闭和真空的条件下，得以在常温下长期保存的果蔬保藏方法。果蔬罐头产品的生产工艺步骤包括原料选择与预处理、装罐、排气、密封、杀菌、冷却、检验与贮藏。

6.1.1 原料选择与预处理

6.1.1.1 原料选择

果蔬原料的品质影响到罐头产品的色泽、风味、质地及原料的利用率，正确选择罐藏原料是保证罐头产品质量的关键。

罐藏对水果原料的要求，主要体现在品种栽培和加工工艺两方面。品种栽培上要求树势强健，结果习性良好，丰产稳定，抗逆性强。工艺上则依加工工艺过程和成品质量标准而定，品种成熟期以中、晚熟品种为佳，品质优且耐藏；罐藏成熟度往往略高于坚熟，稍低于鲜食成熟度，便于贮运，减少损耗，能经受工艺处理和达到一定的质量标准。此外，考虑原料预处理和加热杀菌对原料的特殊要求，果肉组织要紧密，具有良好的煮制性；为减少加工过程中的损耗，提高产品率，要求果皮、果核、果心等废弃部分少。

罐藏对蔬菜原料的要求，则包括新鲜饱满，成熟适度且一致，具有一定的色香味，肉质丰富、质地柔嫩细致，粗纤维少，无不良气味，没有虫蛀和霉烂以及机械损伤，能耐高温处理。罐藏蔬菜原料的选择通常从品种、成熟度和新鲜度三个方面考虑。不同的产品均有其特别适合于罐藏的专用种，如蘑菇要采用气生型，番茄应选择小果型、茄红素含量高的品种。

不同的蔬菜种类、品种亦要求有不同的罐藏成熟度，如蘑菇罐头应用不开伞的蘑菇，罐藏加工的番茄要求可溶性固形物含 5% 以上、番茄红素含量达到 12% 以上。

6.1.1.2　预处理

（1）分选

果蔬原料的分选包括选择和分级。

进场的原料在使用前进行选择是剔除不合乎加工的果蔬，包括未熟或过熟的，已腐烂或长霉的果蔬，还有混入果蔬内的砂石、虫卵和其他杂质，从而保证产品的质量。对残、次果和损伤不严重的则先进行修整后再应用。

原料进厂经粗选后，应按大小、成熟度及色泽进行分级。其中，几乎所有的加工果蔬均需大小分级。分级有利于制定出最适合每一级的工艺条件，从而保证有良好的产品质量和数量，保证各项工艺过程的顺利进行，同时也降低能耗和辅助材料的用量。色泽和成熟度的分级主要采用人工目测分级，也可用仪器设备进行色泽分辨选择。大小分级可采用人工或借助简单的辅助工具，如苹果圆孔分级板、蘑菇大小分级尺和豆类分级筛等，也可采用滚筒分级机、振动筛、分离输送机，以及许多专用的分级机，如蘑菇分级机、橘瓣分级机、菠萝分级机等，以提高分级效率。

（2）清洗

对果蔬原料进行清洗，可洗去其表面附着的灰尘、泥沙和大量的微生物及残留的化学农药，保证产品清洁卫生。洗涤用水应该符合饮用水要求，在水中加入 0.5%～1.5% 盐酸、600mg/L 漂白粉、50mg/L 二氧化氯、0.1% 高锰酸钾等化学试剂，及脂肪酸系的洗涤剂，如单硬脂酸甘油酯、蔗糖脂肪酸脂、磷酸盐、柠檬酸钠等，可加强洗涤效果。常见果蔬清洗设备包括洗涤水槽、滚筒式清洗机、喷淋式清洗机等，应根据不同原料特性灵活选择洗涤设备。

（3）去皮

果蔬原料的外皮一般比较粗糙、坚硬，口感不良，有的还有不良气味，对加工制品有不良的影响，因此，这样的果蔬加工时要进行去皮。主要有机械去皮、化学去皮、热力去皮、手工去皮、冷冻去皮、酶法去皮等。

其中，热力去皮是将果蔬用接近 100℃ 的蒸汽或热水短时高温处理，使之表皮迅速升温而松软，果皮膨胀破裂，与内部果肉组织分离，然后迅速冷却去皮。此法适用于成熟度高的番茄、桃、杏、枇杷、甘薯等。具体的热烫时间，根据原料种类和成熟度而定，如番茄可在 95～98℃ 的热水中处理 10～30s，桃可在 100℃ 的蒸汽下处理 8～10min。

化学去皮通常用氢氧化钠、氢氧化钾或两者混合物处理果蔬，碱液去皮使用方便、效率高、成本低，适应性广。碱液去皮的原理是利用碱液使表皮和表皮下的中胶层皂化溶解，从而使果皮脱落、分离。碱液处理的程度由表皮及中胶层细胞的性质决定，去皮时只要求溶解中胶层细胞，否则就会腐蚀果肉，使果肉部分溶解，表面毛糙，同时增加原料的消耗。经碱液处理后的果蔬必须立即在冷水中浸泡、清洗，漂洗至果块表面无滑腻感，口感无碱味为止。为了快速降低 pH，可用 1～2g/L 盐酸或 2.5～5g/L 的柠檬酸水溶液浸泡。表 6-1-1 为几种果蔬碱液去皮参考条件。

表 6-1-1　几种果蔬碱液去皮参考条件

果蔬种类	NaOH 浓度/(g/L)	碱液温度/℃	处理时间/min
桃	15～30	>90	0.5～2
杏	20～60	>90	1～1.5

续表

果蔬种类	NaOH 浓度/(g/L)	碱液温度/℃	处理时间/min
李	50~80	>90	2~3
猕猴桃	20~30	>90	3~4
全去囊衣橘瓣	20~40	60~65	5~10
半去囊衣橘瓣	100~200	>90	3~5
青梅	30~60	>90	1~3
胡萝卜	30~60	>90	4~10
甘薯	80~100	>90	4~10
马铃薯	20~30	>90	3~4

（4）烫漂

烫漂也称预煮，是将果蔬原料用热水或蒸汽进行短时间加热处理。烫漂的作用如下：①抑制酶活，防止酶促褐变；②破坏细胞膜的透性，利于脱水、渗糖、榨汁等工序的进行；③减少物料体积，使其适度软化，便于装罐；④稳定或改进色泽，排除组织中空气，使物料透明，色泽鲜艳；⑤除去新辣味和其他不良味；⑥杀菌、杀虫作用，降低污染及带菌率，这对于速冻制品尤为重要。

各种果品蔬菜所要求的烫漂温度和时间不完全一样，应根据果蔬原料的种类、成熟度、嫩度、色泽等特性综合考虑，一般在沸水或略低于沸点的温度下处理 2~10min。如菠菜 76.5℃时烫漂对绿色保持好，如果在沸水中烫漂，就会造成严重失绿；山楂应在 75℃ 以下烫漂，以免果胶受热溶胀，引起裂果。各种原料对烫漂液的要求也不完全一致，白色原料，如苹果、桃、蘑菇、白芦笋、花椰菜等，可用柠檬酸调整降低烫漂液 pH，以增强烫漂效果，防止褐变。绿色原料如青刀豆等，要求在烫漂液中加碱，使其 pH 值为 7.5~8.0 左右，以抑制叶绿素脱镁。烫漂程度，从外表上看果实烫至半生不熟，组织较透明，失去新鲜果蔬的硬度，又不像煮熟后那样柔软，也常以最耐热的过氧化物酶的钝化作标准，方法是在烫漂原料表面滴上 0.3% 的双氧水，如气泡微弱，则表示烫漂完全；或在烫漂后原料切面上滴上 0.1% 联苯胺与 0.3% 双氧水混合液，若不变色，则烫漂完全，若变蓝，表明烫漂程度不够。

（5）抽空

某些果蔬含空气较多，如苹果，含气量为 12.2%~29.7%（以体积计）。这些空气的存在不利于罐头加工，使制成品变色，组织疏松，装罐困难而造成开罐后固形物不足，加速罐内壁的腐蚀，降低罐头真空度、果块上浮等，采用烫漂的方法驱除空气比较困难，因此，含气量高的果蔬装罐前用抽空代替烫漂处理有比较好的效果。抽空是利用真空泵等机械造成真空状态，使果蔬中的空气释放出来，代之以抽空液，抽空液可以是糖水、盐水或护色液。

抽空分为干抽法和湿抽法。干抽是将处理好的果蔬装于容器中，置于真空室或锅内抽去组织内的空气，然后吸入规定浓度的抽空液，使之淹没果面 5cm 以上，当抽空液吸入时，应防止真空室或锅内的真空度下降。湿抽是将处理好的果实，浸没于抽空液中，放在抽空室内，在一定的真空度下抽去果肉的空气。抽空多在 40~50℃ 条件下，在 18~25°Bx❶ 糖水中进行，抽空液与原料块之比为 1:1.2，使用 0.04MPa 负压连续抽空时间 10~30min，以完全淹没为度，等果片达 2/3 透明即可。

---

❶　°Bx，制糖行业中的 Bx 值的意思是糖度单位，是英文糖度 Degress Brix 的缩写，表示在 20℃情况下，每 100g 水溶液中的蔗糖质量（g），1 度 Bx 表示 100g 溶液中的 1g 蔗糖。Bx 单位的使用历史悠久，用于葡萄酒、糖、碳酸饮料、果汁、新鲜农产品、枫糖浆和蜂蜜行业。

（6）工序间的护色

果蔬原料去皮、切分、破碎等操作完成以后放置于空气中，极易发生褐变，影响产品外观和质量。这种褐变主要是酶促褐变，主要与酚类底物、酶活性和氧气有关。因为酚类底物不可能去除，一般护色措施均从排除氧气和抑制酶活力两方面着手。在加工预处理中常采用食盐水（10～20g/L）、柠檬酸溶液（5～10g/L）浸泡的方法进行护色。

6.1.2 装罐

6.1.2.1 空罐的清洗消毒

常见罐藏容器有金属罐、玻璃罐及软包装容器。在装罐前必须对空罐进行清洗消毒。金属罐先用热水冲洗，后用清洁的100℃沸水或蒸汽消毒30～60s，然后倒置沥干备用。玻璃罐的清洗一般采用热水浸泡或冲洗。对于回收的旧玻璃罐，罐壁上带有油脂、食品碎屑等污物，应先用水温为40～50℃的浓度为2%～8%的氢氧化钠溶液洗涤，然后再用漂白粉或高锰酸钾溶液消毒，最后用高温清洁水清洗，消毒后，应将空罐沥干并立即装罐，防止再次污染。罐盖也进行同样处理，或用前用75%酒精消毒。

6.1.2.2 灌液的配制

除了果汁、菜汁等液态食品和番茄酱、果酱等黏稠食品外，一般要往罐内加注罐液或汤汁。果品罐头的罐液一般是糖液，蔬菜罐头多为盐水，也有只用清水的。加注罐液可填充罐内除果蔬以外所留下的空隙，排除空气、提高初温，并加强热的传递效率同时增进风味。果蔬罐头罐液中加入适当的柠檬酸，除了增进风味作用外，同时可起到护色、提高杀菌效果的作用。

糖液的浓度，依水果种类、品种、成熟度、果肉装量及产品质量标准而定。我国目前生产的糖水果品罐头，一般要求开罐糖度为14%～18%。装罐时罐液的浓度计算方法如式(6-1-1)所示。

$$Y = (W_3 Z - W_1 X)/W_2 \times 100\% \tag{6-1-1}$$

式中，Y 为需配制的糖液浓度，%；W_1 为每罐装入果肉重，g；W_2 为每罐注入糖液重，g；W_3 为每罐净重，g；X 为装罐时果肉可溶性固形物含量，%；Z 为要求开罐时的糖液浓度，%。

盐水配制时，将食盐加水煮沸，除去上层泡沫，经过滤，然后取澄清液按比例配制成所需要的浓度，一般蔬菜罐头所用盐液浓度为1%～4%。

6.1.2.3 装罐工艺要求

果蔬罐头的装罐主要采用人工装罐。原料经预处理后应迅速装罐。装罐时要保证产品符合卫生要求，同一罐内原料的成熟度、色泽、大小、形状应基本一致，搭配合理，排列整齐。此外，还应注意达到以下要求：

（1）装罐量必须准确

每一种产品都有其规定的净重和固形物含量，装罐时必须保证衡量准确，每只罐头允许的净重误差为±3%，但每批罐头净重的平均值不应低于标准所规定的净重。罐头的固形物含量一般为45%～65%，常见的为55%～60%。各种果蔬原料在装罐时应考虑其本身的缩减率，通常按装罐要求多装10%左右。

（2）罐内应保留一定的顶隙

所谓顶隙是指罐头内容物表面和罐盖之间所留空隙的距离。一般装罐时罐头内容物表面与翻边相距 4~8mm，在封罐后顶隙为 3~5mm。如果顶隙过大，引起罐内食品装量不足，同时罐内空气量增加，会造成罐内食品氧化变色；如果顶隙过小，则会在杀菌时罐内食品受热膨胀，使罐头变形或裂缝，影响接缝线的严密度。

（3）提高初温

装罐温度应保持在 80℃左右，以便提高罐头的初温，这在采用真空排气密封时更要注意。

6.1.3　排气密封

6.1.3.1　排气

（1）排气的目的

排气是将罐顶隙中和食品组织包括物料间、物料内部及罐液中残留的空气排除掉，使罐头封盖后形成一定程度的真空状态，以防止罐头的败坏和延长贮存期限。排气的目的主要有以下几个方面：①防止或减轻因加热杀菌时内容物的膨胀而使容器变形，影响罐头卷边和缝线的密封性，防止玻璃罐的跳盖；②减轻罐内食品色香味的不良变化和营养物质的损失；③阻止好气性微生物的生长繁殖；④减轻马口铁罐内壁的腐蚀；⑤使人们正确识别罐头的优劣，在打检时真空度高的罐头发出的声音清脆，可与漏气及变质罐头区别，形成罐头特有的内陷内态，便于成品检查。

（2）排气的方法

排气方法主要有热力排气法、真空排气法和蒸汽喷射排气法。

① 热力排气法

利用食品和气体受热膨胀冷却收缩的原理将罐内空气排除，除了排除顶隙空气外，还能去除大部分食品组织和汤汁中的空气，故能获得较高的真空度，但食品受热时间较长，对产品质量带来影响。热力排气法分为热装排气和加热排气两种。热装排气即先将食品加热到一定温度（75℃以上）后立即装罐密封；加热排气法是将食品装罐后覆上罐盖，经一定时间热处理，使中心温度达到 75~90℃，然后封罐。

② 真空排气法

真空排气法是将罐头置于真空封罐机的真空密封室内，在抽气的同时进行密封的排气方法。采用真空排气密封法，生产效率高，减少一次加热过程，使成品质量好。但因排气时间短，所以主要是排除顶隙内的空气，而食品组织及汤汁内的空气不易排除。

③ 蒸汽喷射排气法

罐头密封前的瞬间，向罐内顶隙部位喷射蒸汽，由蒸汽将顶隙内的空气排除，并立即密封，顶隙内蒸汽冷凝后就产生部分真空，在糖水橘片等产品中广泛应用。这种方法主要排除的是罐头顶隙中的空气，对于食品本身溶解和含有的空气排除能力不大，且对于表面不能湿润的产品不适合，使用上受到一定的限制。

6.1.3.2　密封

罐头食品之所以能长期保存而不变质，除了杀菌，主要是依靠罐头的密封，罐内食品与外界完全隔绝，不再受到外界空气和微生物的污染而产生腐败变质。因此，密封是罐藏工艺中的关键性操作，直接关系到产品的质量。密封必须在排气后立即进行，以免罐温下降而影响真空度。

金属罐的密封是指罐身的翻边和罐盖的圆边在封口机中进行卷封，使罐身和罐盖相互卷合形成紧密重叠的二重卷边的过程。常用的金属封罐机有手扳式封罐机、半自动封罐机、自动封罐机、真空封罐机及蒸汽喷射封罐机等。玻璃罐本身因罐口边边缘造型不同，罐盖的形式也不同，其封口方法也各异。目前常用的封口方法有旋转式密封法和套压式密封法。旋转式密封法有三旋、四旋、六旋式，该法要求玻璃瓶上有 3 条、4 条或 6 条螺纹线，瓶盖上有相应数量的盖爪，密封时将盖爪和螺纹线始端对准、拧紧即可，密封操作可由手工或机械完成。套压式密封法依靠预先嵌在罐盖边缘内壁上的密封胶圈，密封时由自动封口机将盖子套压在罐凸缘线的下缘而得到密封。蒸煮袋即软罐头，一般用真空包装机进行热熔密封，依靠蒸煮层的聚丙烯材料在加热时熔合成一体而达到密封的目的。目前，国内外普遍采用电加热密封法和脉冲密封法。

6.1.4　杀菌冷却

6.1.4.1　杀菌

（1）杀菌的目的

罐头经排气和密封后，仅是排除了罐内部分空气和防止微生物的感染，只有通过杀菌才能破坏食品中所含的酶类和罐内能使食品败坏的微生物，从而达到商业无菌状态，才能得以长期保存。同时，杀菌还能对内容物起到一定的调煮作用，改进产品的质地和风味。

（2）杀菌方法

果蔬罐头杀菌方法包括常压杀菌和加压杀菌两种。

① 常压杀菌

适用于 pH 在 4.5 以下的酸性和高酸性食品，如水果类、果汁类、酸渍菜类等。常用的杀菌温度是 100℃ 或以下，一般杀菌温度在 80～100℃。杀菌时，开口锅或柜子内盛水，水量要超过罐头 10cm 以上，用蒸汽管从底部加热至杀菌温度，将罐头放入杀菌锅（柜）中（玻璃罐杀菌时，水温控制在略高于罐头初温时放入），继续加热，待达到规定的杀菌温度后开始计算杀菌时间，经过规定的杀菌时间，取出冷却。

② 加压杀菌

适用于 pH 大于 4.5 的低酸性食品，杀菌的温度在 100℃ 以上。加压杀菌是在完全密封的加压杀菌器中进行的，靠加压升温来进行杀菌。传热介质可用高压蒸汽或高压水。高压蒸汽杀菌法对马口铁罐较理想。而对玻璃罐，则采用高压水杀菌较为适宜，可以解决玻璃罐在加压杀菌时的脱盖和破裂的问题。

加压杀菌过程分排气升温、恒温杀菌、消压降温三个阶段。

① 排气升温阶段，罐头送入杀菌器后，将杀菌器盖严密封，将所有的排气阀和泄气阀打开，通入蒸汽，将杀菌器内的空气彻底排除干净，待空气排完后，关闭其他所有的泄气阀，只留排气阀开着，这时开始上压升温，使温度升到规定的杀菌温度；

② 恒温杀菌阶段，到达杀菌温度时关小蒸汽阀门，但排气阀仍开着，使杀菌器内保持一定的流通蒸汽，并维持杀菌温度达到规定的时间；

③ 消压降温阶段，杀菌结束后，关闭蒸汽阀门，同时打开所有泄气阀，使压力降至 0，然后通入冷水降温，若用反压冷却，则杀菌结束关闭蒸汽后，通入压缩空气和冷水，使降温时罐内外压力达到基本平衡。

6.1.4.2　冷却

罐头杀菌完毕后，应迅速冷却，否则会造成果蔬色泽和风味变劣，组织软烂，甚至失去食用价值，还可能造成嗜热性细菌的繁殖和加剧罐头内壁的腐蚀现象。罐头冷却的最终温度一般控制在 40℃左右，过高会影响罐内食品质量，过低则不能利用罐头余热将罐外水分蒸发，造成罐外生锈。冷却后应放在冷凉通风处，未经冷凉不宜入库装箱。

罐头杀菌后冷却越快，对食品的品质越有利。目前，罐头冷却普遍采用冷水冷却，一般用流水浸冷法最常见。玻璃罐的冷却速度不宜太快，常采用分段冷却的方法，即 80℃、60℃、40℃三段，以免爆裂受损。冷却用水必须清洁，符合饮用水标准。

6.1.5　检验贮藏

6.1.5.1　检验

果蔬罐头食品的质量要求包括罐头容器和内容物两方面。罐头容器方面，检查瓶与盖结合是否紧密牢固，胶圈有无起皱；罐盖的凹凸变化情况；用打检法敲击罐盖，以声音判定罐内的真空度，进而判断罐内食品的质量状况。开罐后，观察内容物的色泽是否保存本品种应有的正常颜色，有无变色现象；气味是否正常，有无异味；块形是否完整，同一罐内果块大小是否均匀一致；汁液的浓度、色泽、透明度、沉淀物和夹杂物是否合乎规定要求；风味是否正常，有无异味或腐臭味。此外，还要进行包括净重、固形物的含量、糖水浓度、罐内真空度、有害物质（食品添加剂、重金属及农药残留）方面的理化指标检测，以及包括致病菌和腐败菌方面的微生物指标检测。

6.1.5.2　贮藏

罐头食品贮藏要注意防晒、防潮、防冻、环境整洁，通风良好，贮藏温度为 0～20℃，贮存适温一般为 0～10℃。保持相对湿度在 70％～75％为宜，最高不要超过 80％。

6.1.5.3　果蔬罐头常见质量问题及产生原因

（1）胀罐

胀罐俗称"胖听"。所谓胀罐是指罐头的一端或两端（底和盖）向外凸出的现象。根据凸的程度，可将其分为弹胀、软胀和硬胀。弹胀是罐头一端稍外突，用手按压可使其恢复正常，但一松手又恢复原来突出的状态；软胀是罐头两端突出，如施加压力可以使其正常，但一除去压力立即恢复外突状态；硬胀即使施加压力也不能使其正常。

胀罐的主要原因是微生物生长繁殖所致，特别是产气微生物的生长，产生大量的气体而使罐头内部压力超过外界气压所致。这种胀罐除产生气体外，还常伴有恶臭味和毒素，已完全失去食用价值，应予废弃。此外，罐头内容物装量太多、排气不完全或贮藏温度过高也会造成胀罐，这种胀罐的内容物并未坏，可以食用。罐头内容物与金属包装容器作用引起金属罐内壁腐蚀而产生氢气也会引起胀罐，又称氢胀罐。因其不是腐败菌引起，轻度时亦无异味，尚可食用，严重时能使制品产生金属味，且重金属含量超标。高酸性果蔬罐头常易出现此类败坏。

（2）微生物败坏

微生物败坏主要引起罐头食品细菌性胀罐、平罐酸败、黑变、臭变等败坏现象。造成罐头食品微生物败坏的主要原因如下。

① 杀菌不足 杀菌不足是造成罐头食品微生物败坏的主要原因。杀菌条件不足，嗜热性腐败菌得以幸存，在适宜的条件下活动产生气体而形成胀罐，这种条件易被发现。但对于不产气的平罐酸败微生物则不易发现。有的虽然执行了严格的杀菌操作，但因原料过度污染而造成杀菌达不到要求，还有的是因为杀菌锅操作失误造成的。

② 密封不严 因封罐机调节不当或没有及时检查调整，致使罐头密封不严，卷边松弛泄漏，造成微生物的再污染而引起败坏。

③ 杀菌前的败坏 原料不新鲜，或在加工过程中原料处理不及时，造成微生物大量繁殖，使用这种原料加工，势必使罐头败坏。

④ 冷却污染 罐头冷却时因冷却时间过短或水温过高，使得嗜热性微生物存在而引起罐头败坏。因此，杀菌后的罐头应迅速冷却。

（3）变色变味

因内容物的化学成分之间或与罐内残留的氧气、包装容器等的作用而造成变色现象。如花青素与马口铁作用而呈紫色，荔枝、白桃、梨等的无色花青素变红等。虽一般无毒，但直接影响到外观色泽。

引起罐头食品变味的原因很多。微生物可以引起变味从而不能食用，如罐头内平酸菌（如嗜热芽孢杆菌）的残存会引起食品变质后呈酸味；加工中的热处理过度常会使内容物产生煮过味，罐壁的腐蚀又会产生金属味（铁腥味）。此外，原料品种的不合适也会带来异味。

（4）罐内汁液的浑浊和沉淀

造成罐内汁液浑浊和沉淀的原因有多种：加工用水的硬度大；原料成熟度过高，热处理过度使罐头内容物软烂；制品在运输过程中振荡剧烈而使果肉碎屑散落等。这些情况如不严重影响产品外观品质，则允许存在。

（5）罐头容器腐蚀

罐头容器腐蚀主要是指马口铁罐，可分为罐头外壁的锈蚀和罐头内壁的腐蚀两种情况。罐头外壁的锈蚀主要是因为贮藏环境中湿度过高而引起马口铁与空气中的水汽、氧气作用，形成黄色锈斑，严重时不但影响商品外观，还会促进罐壁腐蚀穿孔而导致食品的变质和腐败。罐头内壁的腐蚀情况较为复杂，引起腐蚀的因素较多，如食品原料中含硫蛋白，食品中的盐、酸、金属离子等。一般，樱桃、酸黄瓜、菠萝、柚子、杨梅、葡萄等具有较强的腐蚀性，而桃、梨、竹笋等腐蚀性就较弱些。又如，在罐头中添加盐水、酱油、醋和各种香辛料等调味料，会使罐内壁的腐蚀进一步复杂化。另外，罐内硝酸根离子、亚硝酸根离子或铜离子含量较高时，易促进罐内壁的腐蚀。

6.2 果蔬汁产品生产

6.2.1 果蔬汁的分类

根据 GB/T 10789—2015《饮料通则》（含第 1 号修改单），果蔬汁类及其饮料是以水果

（或）蔬菜（包括可食的根、茎、叶、花、果实）等为原料，经加工或发酵制成的液体饮料。包括果蔬汁（浆）、浓缩果蔬汁（浆）、果蔬汁（浆）类饮料。

　　果蔬汁（浆）：以水果或蔬菜为原料，采用物理方法（机械方法、水浸提等）制成的可发酵但未发酵的汁液、浆液制品；或在浓缩果蔬汁（浆）中加入其加工过程中除去的等量水分复原制成的汁液、浆液制品，如果汁、蔬菜汁、果浆/蔬菜浆、复合果蔬汁（浆）等。

　　浓缩果蔬汁（浆）：以水果或蔬菜为原料，从采用物理方法榨取的果汁（浆）或蔬菜汁（浆）中除去一定量的水分制成的，加入其加工过程中除去的等量水分复原后具有果汁（浆）或蔬菜汁（浆）应有特征的制品。含有不少于两种浓缩果汁（浆），或浓缩蔬菜汁（浆），或浓缩果蔬果汁（浆）和浓缩蔬菜汁（浆）的制品为浓缩复合果蔬汁（浆）。

　　果蔬汁（浆）类饮料：以果蔬汁（浆）、浓缩果蔬汁（浆）为原料，添加或不添加其他食品原辅料和（或）食品添加剂，经加工制成的制品，如果蔬汁饮料、果肉（浆）饮料、复合果蔬汁饮料、果蔬汁饮料浓浆、发酵果蔬汁饮料、水果饮料等。

6.2.2　原果蔬汁加工工艺

6.2.2.1　原果蔬汁生产工艺流程

　　根据生产工艺不同，原果蔬汁基本分为澄清汁、浑浊汁、浓缩汁和果浆汁四类，其中，果浆汁的生产需要进行预煮和打浆，其他工序与浑浊汁相同（图 6-2-1）。

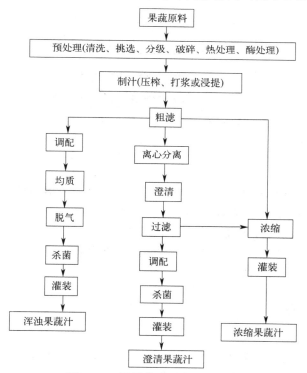

图 6-2-1　原果蔬汁生产工艺流程

6.2.2.2　原料的选择

　　用于果蔬汁加工的原料要求应具有如下特征：

① 具有良好的芳香和风味，色泽稳定，酸度适中，并在加工和贮存过程中品质稳定，不发生明显变化；

② 汁液丰富，取汁容易，出汁率高；

③ 新鲜，无腐烂，采用干果原料时，应无霉烂或虫蛀。

6.2.2.3 破碎

破碎的原理是利用机械力来克服果蔬内部凝聚力，利用挤压、剪切、冲击的方式来破坏果蔬的组织，使细胞壁发生破裂，以利于细胞中的汁液流出，提高出汁率。果汁加工中使用的破碎机或磨碎机有辊磨式、锥盘式、锤磨式和打浆机等。如番茄、梨、杏宜采用锥盘式破碎机，葡萄等浆果类采用对辊式破碎机（如图 6-2-2），带肉胡萝卜、桃汁可采用打浆机。果蔬破碎必须适度，破碎后的果块太大，压榨时出汁率低；果块过小，则压榨时外层的果汁很快地被压榨出来，形成致密的滤饼而使得内层的果汁难以流出，也会降低出汁率。破碎程度依果实品种而定。如用辊压机破碎，则可调节轴辊的轧距。苹果、梨破碎后碎片以 3~4mm 大小为宜；草莓和葡萄以 2~3mm 为好；番茄等浆果则可大些，只需破碎成几块即可。

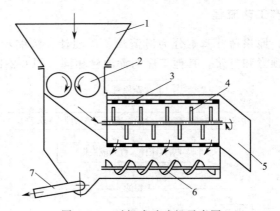

图 6-2-2 对辊式破碎机示意图

1—料斗；2—带齿磨辊；3—圆筒筛；4—叶片；5—果梗出口；6—螺旋输送器；7—果汁果肉出料口

冷冻机械破碎和超声波破碎是果蔬破碎的新工艺。冷冻机械破碎是将果蔬慢冻至−5℃以下，利用果蔬细胞的冰晶膨胀刺破细胞壁，可提高出汁率 5%~10%；超声破碎是应用强度大于 3W/cm² 的超声波处理果蔬，引起果肉共振使细胞壁破坏。此外，为防止破碎时果肉组织接触氧气发生氧化反应，可在破碎时喷雾加入维生素 C 或异维生素 C，或在密闭环境中进行充氮破碎或加热钝化酶活。

6.2.2.4 热处理与酶处理

（1）热处理

葡萄、李、山楂等水果，在破碎之后，须进行加热处理。加热使细胞原生质中的蛋白质凝固，改变了细胞的通透性，同时使果肉软化、果胶物质水解，降低了果汁的黏度，因而提高了出汁率。此外，加热还有利于色素和风味物质的释放，并能抑制酶活防止褐变，以及微生物的作用。一般的热处理条件为 60~70℃、15~30min。带皮橙类榨汁时，为了减少汁液中果皮精油的含量，可在 80~90℃预煮 1~2min。

加热在管式换热器中进行，果浆和蒸汽或热水在不同的传热管中流过进行热交换，果浆迅速升温。

（2）酶处理

对于果胶含量丰富的核果类和浆果类，榨汁前加入果胶酶可分解果胶物质，从而降低果汁的黏度，提高出汁率。添加果胶酶时，应将酶与果肉混合均匀，控制好酶的用量，并控制好作用的温度和时间。

6.2.2.5　榨汁

榨汁方法依果实的结构、果汁存在的部位及其组织性质以及成品的品质要求而定。常见的果蔬榨汁方式有压榨、浸提、打浆三种方式。榨汁效果常用出汁率表示。

压榨法适用于柑橘、梨、苹果、葡萄、蓝莓等汁液含量高、压榨易出汁的果蔬原料。常用压榨机有水平室式杠杆式压榨机、裹包式榨汁机、螺旋榨汁机、带式榨汁机等。压榨时可通过降低压榨层的厚度、加入疏松物质、降低果汁黏度来提高出汁率。压榨时间和压力对果蔬汁出汁率影响也较大，如果压力增加太快，那么施加压力也能降低出汁率。

浸提法适用于汁液含量少的原料，如山楂、枣等用水浸泡一定时间，促使原料中的可溶性营养成分及色素物质溶解于水中，然后过滤即可。杨梅、草莓等浆果有时也用该法来改善色泽和风味。浸提时可通过增加浸提水量、浸提次数、提高温度等措施提高出汁率。浸提一般在夹层锅中进行。

打浆法主要适用于草莓、番茄、芒果、香蕉等组织柔软、果肉含量高、胶体物质含量丰富的果蔬原料，是生产带肉果蔬汁或浑浊果蔬汁的必要工序，采用打浆机完成。打浆机多数为刮板式（如图 6-2-3），中间为带有桨叶的刮板，下部为网筛，果浆通过筛网上的筛孔进入下道打浆，果核则由出渣桨叶排出出渣口，从而实现浆渣自动分离。

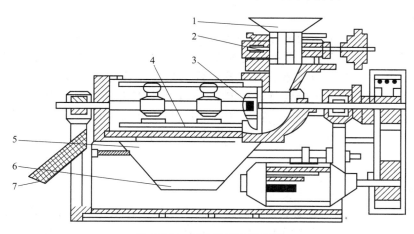

图 6-2-3　打浆机结构示意图
1—进料斗；2—切碎刀；3—螺旋推进器；4—破碎桨叶；5—圆筒筛；6—出料斗；7—出渣斗

6.2.2.6　粗滤

榨汁后要立即进行粗滤，又称筛滤。对于浑浊果汁，主要是去除分散于果蔬汁中的粗大颗粒和悬浮粒（主要来源于种子、果皮和其他食用器官的组织颗粒，果蔬细胞的周围组织或细胞壁），同时又保存色粒以获得色泽、风味和典型的香味。

生产上，粗滤可在压榨中进行，也可以在榨汁后作为一个独立的操作单元。粗滤可采用各种型号的筛滤机或振动筛，滤孔大小为 0.5mm 左右。

6.2.2.7　成分调整

成分调整的目的是使果蔬汁改进风味，符合一定的出厂规格要求。果蔬汁调整一般利用不同产地、不同成熟期、不同品种的同种原果蔬汁进行调整，取长补短；混合汁可用不同种类的果蔬汁混合。对糖、酸等成分调整，调整的范围不宜过大，以免丧失原果蔬汁风味。

6.2.2.8　澄清与精滤

澄清与精滤为澄清果汁生产的特有工序。

（1）澄清

澄清的目的是除去造成果蔬汁浑浊的果蔬汁中细小的果肉粒子，胶态或分子状态的溶解物质。常用方法有：

① 自然澄清法

长时间静置，促进果蔬汁中悬浮物自然沉降。原因果胶物质逐渐水解，蛋白质和单宁等逐渐形成不溶性的单宁酸盐。但长时间静置过程中果汁易败坏，因此仅用于由防腐剂保藏的果汁。

② 加酶澄清法

包括酶法、酶-明胶联合澄清法。果胶物质是果蔬汁中主要胶体物质，加果胶酶使果胶物质水解，使果蔬汁中的悬浮颗粒失去果胶胶体的保护而沉降。对淀粉含量较高的果实，可将淀粉酶与果胶酶一起使用。明胶也可与果胶酶联合使用，明胶起到去除单宁的作用，同时也可防止单宁对果胶酶的抑制作用。

③ 明胶单宁法

适用于苹果、梨、葡萄、山楂等含有较多单宁物质的果汁。明胶或鱼胶、干酪素等蛋白质物质，可与单宁形成络合物，此络合物沉降的同时，果汁中的悬浮颗粒亦被缠绕而随之沉降。另外，果汁中的果胶、维生素、单宁及多聚戊糖等带负电荷，酸性介质中明胶、蛋白质、纤维素等则带正电荷，正负电荷相互作用，可促使胶体物质不稳定而沉降，果汁得以澄清。一般 100kg 果汁约需明胶 20g、单宁 10g。明胶单宁分别配成 1% 和 0.5% 溶液，在不断搅拌下，先将单宁溶液加入果蔬汁中，然后徐徐加入明胶溶液，使混合均匀，于 8～12℃下静置 6～10h，令其沉淀。

④ 其他澄清剂法

包括膨润土（皂土）法、硅胶法等。

膨润土有 Na-膨润土、Ca-膨润土和酸性膨润土三种，在果汁的 pH 范围内，呈负电荷，可以通过吸附作用和离子交换作用去除果汁中多余的蛋白质，防止因使用过量明胶而引起浑浊。硅胶粒子呈负电性，能与果蔬汁中的呈正电性的各类粒子如明胶粒子、蛋白质粒子和黏性物质结合而沉淀。膨润土的常用量为 0.25～1g/L，温度以 40～50℃ 为宜，使用前用水将膨润土充分吸胀形成悬浮液。硅胶使用温度为 20～30℃，加入量为每 100L 果汁需硅胶 20～30g，作用时间 3～6h。

此外，用 1g/L 果汁浓度的聚乙烯吡咯烷酮（PVPP）或 2～5g/L 果汁浓度的聚酰胺处理 2h 可以有明显的澄清效果。向果汁内加入琼脂、活性炭、蜂蜜、壳聚糖等均有一定的澄清效果。

⑤ 物理澄清法

包括加热法、冷冻法、离心法、超滤法。

加热法和冷冻法是利用温度剧变使果汁中蛋白质和其他胶体物质变性凝固析出。离心法需用离心机完成分离，一般转速为 3000r/min 以上，在离心力的作用下实现固液分离，对于含粒子不多的果蔬汁具有一定的澄清效果，多作为超滤澄清的预澄清。常用的超滤膜为醋酸纤维膜、聚砜膜、陶瓷膜等，有管状膜、空心纤维膜及平板膜。超滤膜孔径 0.0015～0.1μm，过滤范围在 0.002～0.2μm，理论上只有直径小于 0.002μm 的粒子如水、糖、盐、芳香物质可滤过超滤膜，直径大于 0.1μm 的粒子如蛋白质、果胶、脂肪等及所有微生物都不能通过超滤膜。

（2）精滤

澄清处理后必须经过精滤，将浑浊或沉淀物除去得到澄清透明且稳定的果蔬汁。

滤材有帆布、不锈钢丝布、石棉、脱脂棉等。对不易过滤的果汁可添加助滤剂，如硅藻土，是一种具有高度多孔性、低重力的助滤剂。常用的过滤方法有压滤、离心分离、真空过滤等，最常用的是压滤和真空过滤。

压滤是将待过滤果蔬汁流经一定的过滤介质，形成滤饼，并通过机械压力使汁液从滤饼流出，与果肉微粒和絮凝物分离。常用的过滤设备如板框式压滤机（图 6-2-4）采用固定的石棉等纤维作过滤层，可根据果汁不同，选用不同的过滤材料。

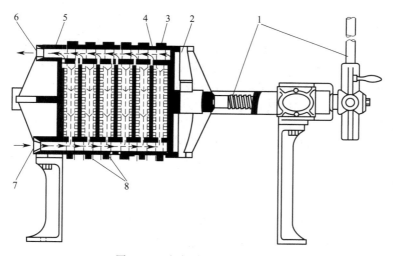

图 6-2-4 板框式压滤机示意图

1—压紧装置；2—可动头；3—滤框；4—滤板；5—固定头；6—滤液出口；7—滤浆进口；8—滤布（棉）

真空过滤是过滤滚筒内产生一定的真空度，一般在 84.6kPa 左右，利用压力差使果蔬汁渗过助滤剂，得到澄清果蔬汁。过滤前在真空过滤器的滤筛上涂一层厚 6～7cm 的硅藻土，滤筛部分浸没在果蔬汁中。过滤器以一定的速度转动，均一地把果蔬汁带入整个过滤筛表面，过滤器内的真空使过滤器顶部和底部果蔬汁有效地渗过助滤剂。

6.2.2.9 均质与脱气

（1）均质

生产带肉果蔬汁或者浑浊果蔬汁时，由于果汁中含有大量果肉微粒，为了防止果肉微粒与汁液分离影响产品外观，提高果肉微粒的均匀性、细度和口感，需要进行均质处理。常用的均质设备有胶体磨、高压均质机。加工过程中，一般先将果蔬粗滤液和果蔬浆经过胶体磨处理，再由高压均质机进一步的微细化。胶体磨可使颗粒细化度达到 2～10μm，物料通过定、转齿之间的间隙（间隙大小可调至 $10 \sim 30 \mu m$）时受到强大的剪切力、摩擦力、高频振动等物理作用，被有效地乳化、分散和粉碎。高压均质机可以使物料微粒细化到 $0.1 \sim 0.2 \mu m$，物料在高压均质机的均质阀中发生细化和均匀混合。

（2）脱气

脱气也称脱氧，其作用有以下四点：a. 脱除果蔬汁中的氧气，防止或减轻果蔬汁中的色素、维生素 C、芳香成分和其他营养物质的氧化损失；b. 除去附着于产品悬浮颗粒表面的气体，防止装瓶后固体物上浮液面；c. 减少装罐（瓶）和瞬时杀菌时的起泡；d. 减少金属罐的内壁腐蚀。脱气方法有真空脱气法、气体置换法、化学脱气法、酶法脱气法。

① 真空脱气法

真空脱气是采用真空脱气机进行脱气（图 6-2-5），果汁被引入真空锅内，喷成雾状或分散成液膜，使果汁中的气体迅速逸出。一般在真空度为 $0.08 \sim 0.093MPa$ 和 $40℃$ 左右时进行脱气，可脱除果蔬汁中 90% 的空气。为了减少真空脱气过程中香气损失，可以安装香气回收装置，将回收的冷凝液回加到果汁中。

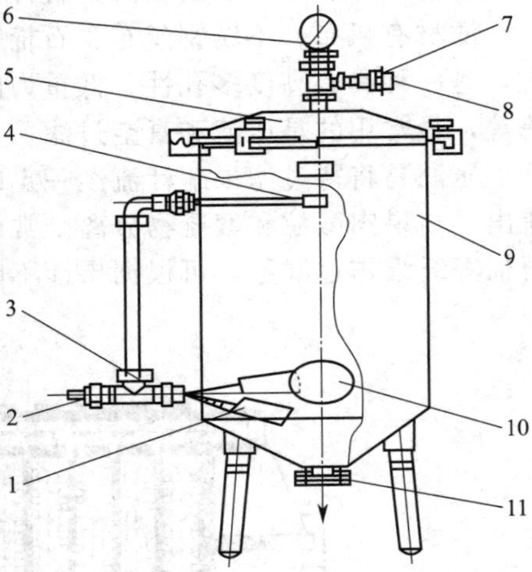

② 气体置换法

气体置换法是把氮气、二氧化碳等惰性气体充入果蔬汁中，利用其置换出果蔬汁中的氧的方法。比较常见的是氮置换法，可减少挥发性芳香成分的损失，防止果蔬汁加工过程中的氧化变色。

③ 化学脱气法

果蔬汁灌装时加入少量抗坏血酸等抗氧化剂，以除去容器顶隙中氧的方法。1g 抗坏血酸约能去除 1mL 空气中的氧。

图 6-2-5　真空脱气示意图
1—浮子；2—进料管；3—三通阀；
4—喷头；5—顶盖；6—真空表；
7—单向阀；8—真空阀；9—脱气室；
10—视孔；11—放液口

④ 酶法脱气法

向果蔬汁中加入葡萄糖氧化酶。葡萄糖氧化酶是一种典型的需氧脱氢酶，使氧气在葡萄糖氧化成葡萄糖酸的过程中消耗掉，因此具有脱氧作用。

6.2.2.10　浓缩

（1）浓缩果汁的优点

浓缩果汁是在澄清汁或浑浊汁的基础上脱除大量水分得到的产品。浓缩果汁具有如下优点：

① 容量小，可溶性固形物可高达 65%～68%，可节省包装和运输费用，便于贮运；

② 由于果蔬原料品种、产地、采收时间、原料品质等不同，虽经完全相同的生产工艺，所得的果蔬汁质量也有差异，浓缩可使这种差异减小或消除；

③ 糖酸含量的提高，增加了产品的保藏性；

④ 用途广泛，可上市又可作中间产物。

（2）浓缩方法

理想的浓缩果蔬汁，在稀释和复原后，应和原果蔬汁风味、色泽、混浊度相似，生产上常用的浓缩方法如下：

① 真空浓缩法

真空浓缩法，是在减压下使果蔬汁中的水分迅速蒸发，这样既可缩短浓缩时间，又能防止果蔬汁在高温下发生各种不良反应，保证果蔬汁的质量。真空浓缩设备由蒸发器、真空冷凝器和附属设备组成。蒸发器由加热器、蒸发分离器和果汁气液分离器组成。真空冷凝器由冷凝器和真空泵组成。常见的果蔬汁浓缩装置有薄膜式、强制循环式、离心薄膜式和膨胀流动式等。果汁浓缩前可先将芳香物质提取回收，浓缩后再加到浓缩果汁中，以强化果汁的香气，改进浓缩果汁的质量。

② 冷冻浓缩

当水溶液中所含溶质浓度低于共溶浓度时，溶液被冷却至冰点后，其中的水便部分成冰晶析出，剩余溶液的溶质浓度则由于冰晶数量和冷冻次数的增加而大大提高。冷冻浓缩避免了热力及真空的作用，没有热变性，不产生加热臭，挥发性芳香物质损失少，产品质量高，特别适用于热敏性果蔬汁的浓缩。由于把水变成冰所消耗的热量远低于蒸发水所消耗的能量，因此能耗较低。但冷冻浓缩效率不高，不能把果蔬汁浓缩到 55% 以上，且除去冰晶时会带走部分果蔬汁而造成损失。此外，冷冻浓缩时不能破坏微生物和酶的活性，浓缩汁还必须再经杀菌处理或冷冻保藏。

③ 反渗透浓缩

反渗透技术是一种膜分离技术，果汁受到一个大于渗透压的压力，其中的水分就会通过膜渗透到另一侧，从而达到浓缩的效果，这就是反渗透浓缩工艺的原理。与蒸发浓缩相比，反渗浓缩优点是：不需加热，常温下浓缩不发生相变，挥发性芳香成分损失少，在密闭管道中进行不受氧气的影响，节能。反渗透技术在果蔬汁工业上用于果蔬汁的预浓缩，需要与超滤和真空浓缩结合起来才能达到较为理想的效果。

6.2.2.11　杀菌

果蔬汁通常使用瞬时杀菌器、板式热交换器进行高温短时杀菌，防止因温度过高、时间过长而致使色泽变深、风味劣化。此外，超高压杀菌（400~600MPa）技术也逐渐在果蔬汁工业中应用。紫外线照射灭菌法目前也已接近产业化，将其用于苹果汁、柑橘汁、胡萝卜汁及其混合汁的灭菌，取得了满意的结果，而且对果蔬汁的风味无任何影响。

果蔬汁杀菌方式又分为一次杀菌和二次杀菌。耐热 PET（polyethylene terephthalate，聚对苯二甲酸乙二醇酯）及纸盒包装采用一次杀菌方式，多采用超高温瞬时杀菌无菌灌装，灌装温度一般在 85℃ 以上，封口后冷却即为成品。玻璃瓶和易拉罐等耐热容器包装采用二次杀菌方式，第一次杀菌多采用高温瞬时杀菌，灌装温度不低于 70℃，封口后在 80℃ 下杀菌 20min，冷却即为成品。

6.2.2.12　灌装

杀菌工序可放在灌装前后，灌装前杀菌的果蔬汁，应迅速灌装密封，灌装后还应尽快冷却，以免产生煮熟味。果蔬汁灌装方式可分为热灌装与冷灌装。热灌装是果蔬汁经高温短时杀菌后，趁热灌入已预先消毒的洁净瓶内或罐内，趁热密封，倒瓶杀菌，冷却。冷灌装是灌装前进行高温短时杀菌，冷却到 5℃ 后进行灌装，冷藏销售。

无菌灌装是热灌装的发展，或者是热灌装的无菌条件系统化、连续化。无菌条件包括果蔬汁无菌、容器无菌、罐装设备无菌和罐装环境无菌。

（1）果蔬汁的杀菌

采用超高温瞬时杀菌，从而保持营养成分、色泽和风味。

（2）无菌包装容器及其杀菌

用于果蔬汁无菌包装的容器包括复合纸容器、塑料容器、复合塑料薄膜袋、金属罐和玻璃瓶几种类型。包装容器的杀菌可采用 H_2O_2、乙醇、紫外线、放射线、超声波、加热法等等，也可以几种方法联合在一起使用，具体选择何种杀菌方法需要根据包装容器材料而定。

（3）周围环境的无菌

必须保持连接处、阀门、热交换器、均质机、泵等的密封性和保持整个系统的正压。操作结束后用 CIP 装置，加 0.5%～2% 的氢氧化钠热溶液循环洗涤，稀盐酸中和，然后用热蒸汽杀菌。无菌室需用高效空气滤菌器处理，以达到卫生标准。

6.2.3　果蔬汁饮料加工工艺

果蔬汁饮料是以原果蔬汁、原浆或浓缩汁为主要原料，添加糖或食盐、酸、香料、色素、稳定剂等经调配、均质、过滤、杀菌、灌装等工艺得到的可直接饮用的饮品。

果蔬汁饮料生产中应根据所要制造的果蔬汁饮料的种类确定原果蔬汁的最低含量，然后确定糖酸比，绝大多数果汁的糖酸比为 20∶1～40∶1，果蔬汁饮料的糖酸比一般大于果蔬汁的糖酸比，适宜的糖酸比来源于市场调查。

调配果蔬汁饮料一般是先将白砂糖溶解配成 55%～65% 的浓糖浆贮存备用，再依次按照配方加入预先配制成一定浓度的防腐剂、甜味剂、原果汁、稳定剂、柠檬酸、品质改良剂、色素、香精等，蔬菜汁饮料一般需用食盐、味精调配，最后用软化水定容。

其他工艺操作与原果蔬汁相同。

果蔬汁饮料常见质量问题及控制措施：

（1）变色

变色主要包括褐变和绿色果蔬汁的变色。

褐变是指产品色泽变为褐色，包括酶促褐变和非酶促褐变。酶促褐变是果蔬汁中多酚类物质在多酚氧化酶及氧的作用下产生褐色素。非酶促褐变主要是美拉德反应的结果，此外还有维生素 C 的褐变。防止方法主要有：选择单宁少的原料；加热钝化酶活性；尽量排除氧气；加热时勤搅拌防锅底褐变；加工少用还原糖；选择适宜的 pH 等。

绿色果蔬汁的变色主要是由于在酸性条件下叶绿素易被 H^+ 取代变成脱镁叶绿素，色泽变暗。护色方法主要有稀碱液浸泡、加其他物质如 Cu^{2+} 取代 H^+ 等。

（2）后浑浊和分层

澄清果蔬汁在装瓶后贮藏过程中产生浑浊，继而形成沉淀的现象称为后浑浊。造成后浑浊的主要原因：一是澄清效果不好，由果胶、单宁、蛋白质、淀粉等物质引起。二是生产环节卫生控制不当或杀菌条件不合适等，导致微生物污染而引起。此外，水的硬度高也会导致后浑浊。

生产上可采用提高澄清处理效果，注意加强操作卫生、规范生产工艺条件，采用软水加工等措施避免后浑浊现象发生。

保持均匀一致的质地对浑浊果蔬汁品质至关重要。生产中采用均质处理以降低微小果肉粒子的体积，以及采取脱气处理，加热钝化酶，加入适量增稠剂的方法防止浑浊果蔬汁分层。

（3）柑橘类果汁的苦味

柑橘类果汁在加工或贮藏过程中易产生苦味。其苦味物质包括前苦味物质和后苦味物质。前苦味物质存在于白皮层、种子和囊衣中，包括柚皮苷、橙皮苷、枸橘苷等，是葡萄柚、早熟温州蜜柑的主要苦味物质；后苦味物质是橙类的主要苦味物质，如柠碱，在果汁加工中表现为"迟发苦味"。防止苦味的方法主要有选择苦味物质含量少的优质原料，改进取汁方法，采用酶法脱苦、吸附或隐蔽法脱苦等。

6.3 果蔬速冻产品生产

果蔬速冻保藏，是将经处理的果蔬原料采用快速冷冻的方法使之冻结，然后在 $-20\sim18℃$ 的低温中保藏。果蔬速冻属于果蔬的加工范畴，因为原料在冻结之前，经过修整、热烫或其他处理，再放入 $-35\sim-25℃$ 的低温条件下迅速冻结，这时原料已不再是活体，但物质成分变化极小。

6.3.1 原料选择与预处理

6.3.1.1 原料选择

并不是所有的果蔬都适宜速冻。宜于速冻加工的品种，主要看解冻后的食用品质及价值，一般质地坚脆、含水分少、淀粉多的品种，对冷冻的适应能力强；水分和纤维素多的品种，对冷冻的适应能力差。适宜速冻的果蔬种类有苹果、桃、李、杏、葡萄、草莓、樱桃、菠菜、青豌豆、豆角、胡萝卜、马铃薯、菜花、辣椒、大葱、芦笋、蘑菇等。原料要求新鲜，放置或贮藏时间越短越好。

6.3.1.2 预处理

原料预处理因种类不同而方法各异，主要包括如下工序：

（1）选剔

选剔是去掉有病虫害、机械伤害等不符合加工要求的原料。有些原料要剔除老叶、黄叶，切去根须，修整外观等，使果蔬品质一致，做好速冻前的准备。

（2）清洗

加工前应根据原料种类采用适宜的洗涤方法进行洗涤，以去除果蔬表面泥沙、污物及农药等，保证加工产品的卫生。

（3）驱虫

有些蔬菜如椰菜花、西蓝花、菜豆、豆角等，要在 $2\%\sim3\%$ 的盐水中浸泡 $15\sim30min$，以便将其内部的小虫驱出，浸泡后应再漂洗。盐水与原料的比例不低于 2∶1，浸泡时随时调整盐水浓度。浓度太低，虫不出来；浓度太高，虫会被腌死。

（4）去皮、去核、切分

清洗后小型果多进行整果速冻，大形果或果皮比较坚实粗硬或果皮不能食用或含果核的原料，需去皮、去核、切分，以便制成品的大小规格一致，既便于后面工序操作，又符合商品的要求。

（5）烫漂

烫漂主要是用于速冻蔬菜，主要目的是钝化酶的活性，软化纤维组织，去掉辛辣涩等异味，便于烹调加工。但也有些蔬菜可以不经烫漂，如番茄、黄瓜、洋葱、甜椒等。原料烫漂后应迅速冷却，避免果蔬持续受热，导致品质下降，产生煮熟味。烫漂一般可采用水冷和空气冷却，可以用浸泡、喷淋、吹风等方式。最好能冷却至 5～10℃，最高不应超过 20℃。经过烫漂和冷却的原料带有水分，需要沥干，可以用振动筛或离心机脱水，以免产品在冻结时黏结成堆。

（6）浸糖

速冻果品为考虑对品质的影响，往往不采用烫漂，而是采用浸渍糖液，并可结合添加柠檬酸和维生素 C 或异维生素 C 的方法，以抑制酶活性，防止产品变色和氧化。浸糖处理还可以减轻结晶对水果内部组织的破坏作用，防止芳香成分的挥发，保持水果的原有品质及风味，也可以用拌干糖粉的办法。糖的浓度一般控制在 30%～50%，因水果种类不同而异，一般用量配比为 2 份水果加 1 份糖液，加入超量糖会造成果肉收缩。为了增强护色效果，还常在糖液中加入 0.1%～0.5% 的维生素 C、0.1%～0.5% 柠檬酸。维生素 C 和柠檬酸混合使用效果更好，如 0.5% 左右的柠檬酸和 0.02%～0.05% 维生素 C 合用。

6.3.2 速冻

6.3.2.1 预冷

速冻是保证产品质量的关键。一般冻结的速度越快，温度越低越好。经预处理的原料，可预冷至 0℃，这样有利于加快冻结。许多速冻装置设有预冷设施，或者在进入速冻前先在其他冷库预冷，等候陆续进入冻结。

6.3.2.2 速冻要求

在冻结过程中，最大冰晶生成温度带为 -5～-1℃，在这个温度带内，原料的组织损伤最为严重，所以在冻结时，要求以最短的时间，使原料的中心温度低于最大冰晶生成的温度带，保证产品质量。速冻温度在 -35～-30℃，风速应保持在 3～5m/s，这样才能保证冻结以最短的时间通过最大冰晶生成区，使冻品中心温度尽快达到 -18～-15℃ 以下，才能称为"速冻果蔬"。

6.3.2.3 速冻方法

按冷却介质与果蔬接触的方式，果蔬速冻方法可以分为空气冷冻法（鼓风冷冻法）、间接接触冷冻法和直接接触冷冻法三种，每一种方法均包含了多种形式的冻结装置。

（1）鼓风冷冻法

鼓风冷冻法实际上就是空气冷冻法，是利用高速流动的空气，促使果蔬快速散热，以达到迅速冷冻的目的，实际生产中多采用隧道式鼓风冷冻机。

目前有的工厂采用在大型冷冻室，内装置回旋式输送带，使果蔬在室内输送带盘旋传送过程中进行冻结。还有一种冷冻室为方形的直立井筒体，装果蔬的浅盘自下向上移动，在传送过程中完成冻结。鼓风冷冻中，冷冻的速度取决于空气的温度与流速及产品的初温、形状的大小、包装与否、产品的铺放排列方式等。速冻关键是保证空气流畅，并使之与果蔬所有部分能充分接触。鼓风冷冻法中，如让空气从传送果蔬的输送带的下方向上鼓送，流经放置于有孔眼的网带上产品堆层时，它就会使颗粒果蔬轻微跳动，增加果蔬与冷空气的接触面积，加速冷冻，如流态化冻结装置，解决了冷冻时颗粒果蔬的黏结现象，加速了颗粒果蔬的冻结，特别适于小型果蔬如草莓、菜豆等。

（2）间接接触冷冻法

用制冷剂或低温介质（如盐水）冷却的金属板和果蔬密切接触，使果蔬冻结的方法称为间接接触冻结法。可用于冻结未包装的和用塑料袋、玻璃纸或纸盒包装的果蔬。金属板有静止的，也有可上下移动的，常用的有平板、浅盘、输送带等。生产中多采用在绝热的厢橱内装置可以移动的空心金属平板，冷却剂通过平板的空心内部，使其降温，产品（厚 2.5～7.5cm）放在上下空心平板之间紧密接触，进行热交换降温。由于冻结品是上下两面同时进行降温冻结的，故冻结速度比较快。冷冻速度依产品的种类、制冷剂的温度、包装的大小、相互接触的程度以及包装材料的差异而不同。此冷冻方式虽然冻结速度快，冻结效率高，但分批间歇操作，劳动强度大，日产量低。随着果蔬速冻技术的发展，半自动与全自动装卸的接触速冻设备相继问世，加速了速冻果蔬的生产，提高了生产量与劳动生产率。

（3）直接接触冷冻法

直接接触冷冻法是指散态或包装果蔬与低温介质或超低温制冷剂直接接触进行冻结的方法。一般将产品直接浸渍在冷冻液中进行冻结，也有用冷冻剂喷淋产品的方法。液体是热的良好传导介质，在浸渍或喷淋冷冻中，冷冻介质与产品直接接触，接触面积大，热交换效率高，冷冻速度快。直接接触冷冻法常用的制冷剂有液态氮、液态二氧化碳、一氧化碳、丙二醇、丙三醇等。果蔬浸渍冷冻时，为了不影响产品的风味及质量，常采用糖液或盐液作为直接浸渍冷冻介质，糖液和盐液以一定温度由机械冷凝系统将其降温维持在要求的冷冻温度。

6.3.3　包装

包装是贮藏速冻果蔬的重要条件，可以有效地控制速冻果蔬在长期贮藏过程中菜（果）体冰晶升华，即水分由产品的表面蒸发而形成干燥状态，防止产品长期贮藏接触空气而氧化变色，便于运输、销售和食用，防止空气污染，保持产品卫生。

速冻果蔬的包装材料按用途可分为内包装（薄膜类）、中包装和外包装材料。内包装材料有聚乙烯、聚丙烯、聚乙烯与玻璃复合或与聚酯复合材料等，中包装材料有涂蜡纸盒、塑料托盘等，外包装材料有瓦楞纸箱、耐水瓦楞纸箱等。用于速冻果蔬包装的材料的特点主要有以下四点：

① 耐温性　速冻果蔬包装材料一般以能耐 100℃ 沸水 30min 为合格，还应能耐低温。纸最耐低温，在 −40℃ 下仍能保持柔软特性，其次是铝箔和塑料在 −30℃ 下能保持其柔软性，塑料遇超低温时会硬化。

② 透气性　速冻果蔬包装除了普通包装外，还有抽气、真空等特种包装，这些包装必须采用透气性低的材料，以保持果蔬特殊香气。

③ 耐水性　包装材料还需要防止水分渗透以减少干耗，这类不透水的包装材料，由于环境温度的改变，易在材料上凝结雾珠，透明度降低。因此，在使用时要考虑到环境温度的变化。

④ 耐光性　包装材料及印刷颜料要耐光，否则材料受到光照会导致包装色彩变化及商品价值下降。

包装应在低温下进行，工序安排紧凑，迅速，重新入库。一般冻品在−4～−2℃时，即会发生重结晶，所以应在−5℃以下环境包装。冻结后的产品经包装后入库冻藏，为了加快冻结速度，多数果蔬冻品生产采用先冻结后包装的方式。但有些产品如叶菜类为避免破碎可先包装后冻结。为防止氧化褐变和干耗，在包装前对于某些产品如菠菜应镀包冰衣，即将产品倒入水温不得高于5℃镀冰槽内，入水后很快捞出，使产品外层镀包一层薄薄的冰衣。

6.3.4　冻藏

速冻果蔬的长期贮存，要求贮温控制在−18℃以下，冻藏过程应保持稳定的温度和相对湿度，还应确保商品的密封，避免引起重冰晶、结霜、表面风干、褐变、变味、组织损伤等品质劣变。另外，不应与其他有异味的食品混藏，最好采用专库贮存。速冻果蔬产品的冻藏期一般可达12个月以上，条件好的可达2年，应根据不同品种速冻果蔬的耐藏性确定最长贮藏时间。

6.4　果蔬干制产品生产

果蔬干制的主要目的是为了保藏，利用一定的手段，减少果蔬中的水分，将其可溶性固形物的浓度提高到微生物不能利用的程度，同时使果蔬本身所含的酶的活性也受到抑制，使产品得以长期保藏。干制以后的果蔬，减少了质量和体积，便于运输，有的风味也发生了一定的变化，成为一种新的制品。

6.4.1　原料选择与预处理

6.4.1.1　原料选择

果蔬干制的原料宜选择干物质含量高、水分少、可食部分比例大、风味良好、粗纤维含量少的种类和品种，并要充分成熟。大部分果蔬均可进行干制，只有少数种类由于化学成分或组织结构的关系不适宜干制。如芦笋干制后会失去脆嫩品质，黄瓜干制后失去柔嫩松脆的质地。

6.4.1.2　原料预处理

干制原料预处理包括一般的选剔分级、清洗、去皮去核、切分等处理步骤。

对于李子、葡萄等果皮有蜡质层的果蔬，干制前要进行浸碱处理，以除去附着在表面上的蜡质，加速水分蒸发，提高干燥效率和产品质量。浸碱脱蜡常用的试剂有氢氧化钠、碳酸氢钠等。如葡萄用1.5%～4%的NaOH溶液处理1～5s，李子用0.15%～1.5%的NaOH溶液处理5～30s，然后用清水洗净。

对某些蔬菜，如葱、蒜等在切片过程中还需用水不断冲洗所流出的胶质汁液，直至把胶质漂洗干净为止，以利于干燥脱水和使产品色泽更加美观。

灭酶护色是干制品生产中最为重要的预处理步骤，可以防止果蔬在干燥和储藏过程中变色和变质。常用的灭酶方法是热烫、硫处理或者两者兼用。其中，硫处理可以有效地防止酶促褐变和非酶促褐变。除葱蒜类不宜用硫处理外，其他果蔬原料均可采用此方法进行灭酶护色。

　　硫处理的主要目的是使多酚氧化酶钝化，减少酚类物质氧化变色，延缓棕色色素的生成，防止变色，抑制杂菌生长或杀死杂菌。硫处理常用的方法是熏硫法和浸硫法，熏硫法是直接用气态二氧化硫处理原料，对果蔬组织中的细胞膜产生一定的破坏作用，增强其通透性，有利于干燥，对维生素 C 的保护作用明显。浸硫法是用一定浓度的亚硫酸或亚硫酸盐溶液浸泡原料，其优点是便于操作使用。但要注意，处理时间不能过长，一般浸渍 10～15min 即可，防止残留超标。

6.4.2　干制

　　根据热量来源的不同，果蔬干制方法可分为自然干制和人工干制两大类。

6.4.2.1　自然干制

　　自然干制是利用自然条件如太阳辐射能、热风等使果蔬干燥。直接受日光暴晒的称为晒干，在通风良好的室内或荫棚下干燥的，称为阴干或晾干。

　　晒干与一个地区的太阳辐射强度有关。太阳辐射的强度因地区的纬度和季节而异，纬度低的地区较纬度高的地区强，夏季较冬季强，我国北方和西北地区的气候常具备这样的特点。阴干和晾干与一个地区的温度、湿度和风速等气候条件有关。我国西北地区属干旱半干旱地区，气候十分干燥，空气相对湿度低，有利于果蔬阴干。新疆地区葡萄干的生产常用阴干的方法。

　　自然干制方法的优点是方法和设备简单，生产成本较低，干制过程中管理比较粗放，能在产地和山区就地进行。因此，自然干制仍然是世界上许多地方常用的干燥方法。我国许多著名的土特产就是采用自然干燥方法制成的，如红枣、金针菜、玉兰片、梅菜、萝卜干等。但自然干制时间长，不能人为控制，产品质量较差，干燥时需要较多的劳动力和相当大的场地，制品易遭受污染和灰尘、虫、鼠等的危害，常常受到气候条件的限制等缺点也限制了它的应用。

6.4.2.2　人工干制

　　人工干制是利用干制设备将果蔬烘干，可以克服自然干制的一些缺点，不受气候条件的限制，可以人工控制干燥条件，因此干燥迅速、效率高，干制品的品质优良，完成干燥所需时间短。但人工干制需要一定的干制设备，且操作比较复杂、生产成本较高。干制方法包括空气对流干燥、滚筒干燥、真空冷冻干燥等。

（1）空气对流干燥

　　空气对流干燥是最常见的果蔬干燥方法，采用的干燥设备如烘房、隧道式干燥机、带式干燥机等。这类干燥在常压下进行，物料可分批或连续地干制，循环或流动的空气可采用直接法或间接法加热，使物料从热空气中获得热量后，完成水分蒸发过程。

　　① 烘房

　　烘房是一种较传统的，但目前仍然广泛使用的干制设备，适于大量生产，干制效果好，设备费用低。烘房是烟道气加热的热空气对流式干燥设备，其主要组成部分包括烘房主体结构、加热设备、通风排湿设备和装载设备。

　　烘房干制不同品种的果蔬时，应采用不同的升温方式，一般可以分为以下三种：

　　a. 干制期间，烘房温度按照"低→高→低"的方式进行温度控制，即初期为低温，中期为高温，后期为低温直至结束。这种升温方式适于可溶性物质含量高的果蔬，或不切分的整个果蔬，如红枣、柿饼等的干制。该方式加工出来的产品质量好，成本低，成品率高。

　　b. 烘房温度按照"高→低"的方式进行温度控制，即干制初期急剧升温，之后逐渐降温至烘干结束。这种升温方式适于可溶性物质含量较低的果蔬，或切成薄片、细丝的果蔬，如苹果、辣椒等。

　　c. 恒温完成干燥。在整个干燥期间，温度维持在 55～60℃ 的恒定水平，直至烘干完成再逐步降温。这种升温方式适于大多数果蔬的干制。其操作容易，产品质量好，但能耗高，生产成本也高一些。

　　② 隧道式干燥机

　　隧道式干燥机是指干燥室为狭长的隧道型，原料装载在运输载车上（地面需铺设铁道），经狭长的隧道，以一定的速度向前移动，并与流动的热空气接触，进行热湿交换而进行干燥，从隧道另一端出料，完成干燥。

　　根据原料与干燥介质的运动方向不同，隧道式干燥机可以分为顺流式、逆流式和混合式。

　　a. 顺流式干燥机　是指载车的前进方向和空气流动的方向相同。原料从隧道高温低湿的热风端进入。开始时水分蒸发很快，但随着载车的前进，湿度增大，温度降低，干燥速度逐渐减慢，有时甚至不能将干制品的水分降至最低的标准含量。这种干燥机的开始温度为 80～85℃，终点温度为 50～60℃，适于干制含水量高的蔬菜。其特点是前期干燥强烈，后期干燥缓慢，且制品最终的水分含量较高，一般高于 10%。

　　b. 逆流式干燥机　是指载车的前进方向和空气流动的方向相反。原料从隧道低温高湿的热风端进入，由高温低湿的一端完成干燥过程出来。开始时，温度较低为 40～50℃，终点温度较高为 65～85℃。这种干燥机适于含糖量高、汁液黏厚的果实，如桃、李、杏、梅、葡萄等。但也应注意，干燥后期温度不能太高，否则容易引起硬化和焦化，如桃、杏等干制时的最高温度不能超过 72℃，葡萄不宜超过 65℃。其特点是前期干燥缓慢，后期干燥强烈，制品最终的水分含量较低，一般不超过 5%。

　　c. 混合式干燥机　综合了上述两种干燥机的优点，克服了它们的缺点。混合式干燥机有两个鼓风机和两个加热器，分别设置在隧道的两端，热风由两端吹向中央，通过原料后，一部分热气从中部集中排出，一部分回流加热再利用。干制时果蔬原料首先进入顺流隧道，用高温和风速较大的热风吹向原料，加速原料水分的蒸发。载车前进过程中，温度不断下降，湿度逐渐增加，水分蒸发减缓，利于水分内部扩散，不易发生硬壳现象，待原料大部分水分蒸干后，载车再进入逆流式隧道，温度渐高，湿度降低。因此，混合式干燥处理的原料干燥比较彻底。其优点是能够连续生产，温度、湿度易于控制，生产效率高，产品质量好。

　　③ 带式干燥机

　　带式干燥机是使用环带作为输送原料装置的干燥机。常用的输送带有橡胶带、帆布带、涂胶布带、钢带和钢丝网带等。将原料铺在带上，借助机械力向前转动，与干燥室干燥介质接触，排除水分，使原料干燥。图 6-4-1 所示为四层传送带式干燥机，能够连续转动。当上层温度达到 70℃ 时，将原料从顶部入口定时装入，随着传送带的转动，原料最上层逐渐向下移动，至干燥完毕后，从最下层的一端出来。

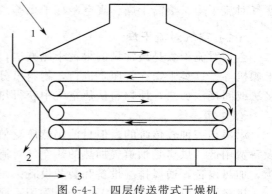

图 6-4-1　四层传送带式干燥机

1—原料进口；2—原料出口；3—原料运动方向

这种干燥机可用蒸汽加热，散热片装在每层传送网之间，新鲜空气由下层进入，经过加热管变成热气，使原料水分蒸发，湿气由顶部出气口排出。带式干燥机适于单品种、整季节的大规模生产。如胡萝卜、马铃薯、洋葱和苹果都可以在带式干燥机上进行干燥。

（2）滚筒干燥

滚筒式干燥机是由一个或两个以上表面光滑的金属滚筒构成的。滚筒是加热部分，其直径为 20～200cm，中空并通有加热介质，使滚筒壁成为被干燥产品接触的传热壁。干燥时，滚筒的一部分浸没在稠厚的浆状或泥状原料中，或者将稠厚的浆状及泥状原料洒到滚筒表面时，因滚筒的缓慢旋转使物料呈薄层状附着在滚筒外表面进行干燥。其干燥量与有效干燥面积成正比，也与转速有关，转速以每转一周使原料干燥为准。当旋转接近一周时，原料即可达到预期的干燥程度，由附带的刮料器刮下，收集起来，干燥可以连续进行。

滚筒干燥设备适宜于番茄酱、马铃薯泥及耐热的果蔬浆类的干燥。为了实现快速干燥，滚筒表面温度一般高达 145℃左右，因而使成品带有煮熟味和呈现不正常的色泽。若把滚筒装在真空室内，可以降低干燥温度，但是设备造价和操作费用高于常压干燥和喷雾干燥。

（3）真空冷冻干燥

真空冷冻干燥又称为冷冻升华干燥、升华干燥，简称"冻干"（FD）（图 6-4-2）。它是将物料中的水分冷冻成冰后，在真空条件下，使其直接升华变成水蒸气逸出，从而使物料脱水获得冻干制品的过程。由于在低温下操作能最大限度地保存食品的色香味，真空冷冻干燥特别适合热敏性高和极易氧化的食品干燥，能保存食品中的各种营养成分，产品具有理想的速溶性和快速复水性并能较好地保持原物料的外观形状。

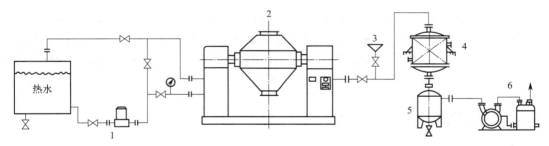

图 6-4-2　真空冷冻干燥机示意
1—管道泵；2—干燥机；3—过滤放空阀；4—冷凝器；5—缓冲罐；6—真空泵

在冻结干燥中，冻结速度对制品的多孔性、复水性、营养成分及冷冻干燥速度等都有影响。因此，在果蔬冷冻干燥过程中，一般采用速冻。影响升华干燥的主要因素是真空度和加热板温度。如果真空室的压力保持足够低，一般在 13～267Pa 内，热量控制在刚刚不足以使冰融化的程度，则果蔬组织中的冰升华速度接近最高值。

6.4.3　包装前处理

干制品在包装前通常需要作一系列的处理，以提高干制品的质量，延长贮存期，降低包装和运输费用等。

6.4.3.1　分级

分级是根据品质和大小分为不同等级，剔除大小不符合标准的产品以提高其质量。筛下物另作他用，碎屑物视作损耗。大小合格的产品还要进行进一步的筛选，剔除变色、残缺或不良成品及杂质，并经磁铁吸出金属杂质。

6.4.3.2　回软

回软又称均湿或水分的平衡，以使干制品变软，水分均匀一致。回软的方法是将筛选、分级处理后的干燥产品稍冷却后立即堆积起来或放置于较大的密闭容器中，进行短暂储藏，使水分在干制品内部及干制品之间相互扩散和重新分布。最终，达到均匀一致，水分平衡的要求。一般菜干 1～3 天，果干 2～5 天。回软操作一般适于菜叶类以及丝、片状干制品，防止其在后期加工过程中因过于干脆而碎裂。

6.4.3.3　压块

蔬菜干制后，体积蓬松，容积很大，不利于包装和运输，因此在包装前需要进行压块处理。脱水蔬菜的压块必须同时利用水、热与压力的作用，一般蔬菜在脱水的最后阶段温度为 60～65℃，立即压块。否则，脱水蔬菜冷却后，质地变脆而易碎。在压块之前喷以热蒸汽以减少破碎率。但喷过蒸汽的干菜压块以后，水分可能超过预定的标准，影响耐贮性，所以在压块以后还需作最后的干燥处理。压块使最后的干燥需要较长的时间，最好的方法是与干燥剂一起贮放在常温下，使干燥剂吸收脱水菜里的水，使其含水量降低到 5％以下。

6.4.3.4　防虫

果蔬干制品处理不当常有虫卵混杂，尤其是自然干制的产品。果蔬干制品的防虫处理一般有物理和化学防治两类。物理防治法包括低温杀虫、高温杀虫、高频加热和微波加热杀虫、辐射杀虫、气调杀虫等。化学防治法采用化学药剂烟熏的方法，常用的熏蒸剂有二硫化碳、二氧化硫、溴代甲烷等，使用时应严格控制使用量，正确使用。

6.4.4　包装贮藏

6.4.4.1　包装

经处理的干制品，宜尽快包装。包装的作用是防止果蔬吸湿回潮，使干制品在常温、90％的相对湿度环境中，6 个月内水分增加量不超过 1％，避光隔氧，利于商品推销，使食品符合卫生要求。

常用包装材料有木箱、纸箱、金属罐等。大多数干制品用纸箱或纸盒包装时还衬有防潮纸和涂蜡纸以防潮。塑料薄膜袋用于抽真空和充气包装。铝箔复合袋适合各类干制品包装。有时在包装内附装干燥剂、抗结剂（硬脂酸钙）以增加干制品的贮藏稳定性。干燥剂有硅胶和生石灰，可用能透湿的纸袋包装后放于干制品包装内，以免污染食品。

6.4.4.2　贮藏

干制品贮藏应注意保持低温、防潮、避光、隔氧。

（1）温度

温度对于干制品储藏影响很大。以 0～2℃储藏效果最好，既降低了储藏费用，同时又抑制了干制品的变质和生虫。一般不超过 10～14℃。高温会导致干制品氧化变质，加速干制果蔬的褐变。所以，干制品的储藏尽量保持较低的温度。

（2）湿度

空气湿度对未经防潮包装的干制品影响很大。储藏环境的相对湿度最好在 65％ 以下，空气越干越好。湿度大，干制品易吸湿返潮，特别是含糖量高的制品。一般情况下，储藏果干的相对湿度不超过 70％。

（3）光线和空气

光线和空气的存在也降低干制品的耐藏性。光线能促进色素分解，导致干制品变色并失去香味，还会引起维生素 C 的破坏。空气中的氧气能引起干制品变色和维生素的破坏，采用包装内附装除氧剂的方法可以消除其危害。所以，干制品最好储藏在避光、缺氧的环境中。

6.4.5　果蔬脆片生产

果蔬脆片是利用真空低温油炸技术加工而成的一种脱水食品。在果蔬加工过程中，先将果蔬切成一定厚度的薄片，然后在真空低温条件下将其油炸脱水而得，产生一种酥脆性的片状制品，所以称为果蔬脆片。

6.4.5.1　原料选择及预处理

果蔬脆片要求原料必须有完整的细胞结构，致密的组织，新鲜，无病虫害，无机械伤，无霉烂。如苹果、菠萝、芒果、胡萝卜、马铃薯、山药、芋头等。

原料预处理包括挑选、清洗、整理、切分、热烫、浸渍沥干、预冷冻等。

浸渍在果蔬脆片生产中又称为前调味，通常用 30％～40％ 的葡萄糖溶液浸渍物料，让葡萄糖渗入物料内部，达到改善口味的目的。同时，可以影响最终油炸产品的颜色。浸渍时可以采用真空浸渍，缩短浸渍时间，提高效率。浸渍后沥干时，一般采用振荡沥干或抽真空预冷来除去多余的水分。

油炸前进行冷冻处理利于脆片膨大酥松、变形小，脆片表面无起泡现象，增加产品酥脆性。果蔬原料冷冻后，对油炸的温度、时间要求较高，应注意与油炸条件配合好。一般原料冻结速度越高，油炸脱水效果越好。

6.4.5.2　真空低温油炸

（1）真空低温油炸干燥的原理

在真空度为 700mmHg❶ 的真空系统中，水的汽化温度降低至 40℃ 左右。此时，以植物油为传热介质，果蔬原料内部的自由水和部分结合水会急剧蒸发而喷出，短时间内迅速脱水干燥，同时急剧喷出的汽化水使切片体积迅速增加，间隙膨胀，形成疏松多孔的结构组织，形成良好的膨化效果。油炸时多使用棕榈油，该油的抗氧化性能强，利于防止褐变。真空低温油炸的产品酥脆可口，富有脂肪香味。真空油炸干燥技术将脱水干燥和油炸有机的结合，利用较低的加工温度有效地避免了高温对果蔬营养物质的破坏和使油质腐败，在真空状态下减轻或避免脂肪酸败、酶促褐变或其他氧化作用对果蔬脆片制品的危害。

---

❶　1mmHg＝133.3224Pa。

（2）真空低温油炸干燥方法

将油脂先行预热，至 $100 \sim 120 ℃$ 时，迅速放入已冻结好的物料，关闭仓门。为防止物料熔化，应立刻启动真空系统。当真空度达到要求时，启动油炸开关，物料被慢速浸入油脂中进行油炸，到达底部时，用相同的速度缓慢提起，升至最高点又缓缓下降。如此反复，直至油炸完毕，整个过程耗时约 15min。不同的原料采用的真空度、油温和时间不尽相同。油炸后的物料表面会残留有不少油脂，需采取措施进行分离脱油。一般选用离心甩油法。

6.4.5.3　调味及包装

果蔬脆片调味也称后调味，即将脱油后的果蔬脆片趁热喷以不同风味的调味料，使其具有不同风味。

果蔬脆片包装分销售小包装及运输大包装，小包装大都采用铝箔复合袋，抽真空充氮包装，并添加防潮剂及吸氧剂；大包装通常采用双层 PE 袋作内包装，瓦楞牛皮纸箱作外包装。

6.5　果蔬糖制品生产

6.5.1　果蔬糖制品分类

果蔬糖制品是指以果蔬为原料，与糖或其他辅料生产出的产品，利用高浓度的糖来进行保藏。果蔬糖制品含糖量较高，大多数在 $60\% \sim 65\%$。这种将果蔬进行糖制使其能够长时间保藏的方法在我国已经有悠久的历史，现在我国已经将果蔬糖制发展成了专业的果蔬贮藏加工工艺，在果蔬加工行业中也占据重要地位。果蔬糖制品不仅可以直接食用，还可以作为辅料来生产糖果、糕点等。果蔬糖制工艺主要特点为：①提高自然资源的利用率和经济价值；②增加食品的花色品种，使其食用品质得到改善；③保藏时间大大延长；④工艺简单，成本低。

果蔬糖制品之所以能长时间保存，主要是利用食糖的保藏作用。渗透压与糖液浓度成正比，果蔬糖制品糖液浓度较高，因此具有高渗透压，微生物细胞质发生脱水收缩，影响了微生物正常的生长繁殖，对微生物产生了抑制作用，从而延长制品的保藏时间，但部分霉菌和酵母菌对高渗透压环境的耐受力较强，为了有更强的抑菌效果，果蔬糖制品的含糖量需达到 $60\% \sim 65\%$，或可溶性固形物含量达到 $68\% \sim 75\%$，且制品中需含有一定量的有机酸。食糖不仅可以使糖制品具有高渗透压，还可以降低其水分活度，随着含糖量的增加，水分活度不断下降，因此糖制品水分活度很小，微生物在其中无法进行生长繁殖活动，一般微生物生长繁殖所需水分活度最低为 0.8，而糖制品水分活度通常小于 0.75，故而糖制品具有较强保藏作用。此外，食糖具有抗氧化性，与氧在水中相比，氧在糖液中的溶解度更小，可以更好地维持色、香、味以及其中的营养成分。

一般根据果蔬糖制品的加工方法和成品状态可分为蜜饯和果酱两大类。

（1）蜜饯类

蜜饯是指果蔬经糖液煮制或腌制而形成的一类果蔬糖制品，其成品保持原果蔬的形状或为块状。

① 根据产地不同，可分为京式蜜饯、苏式蜜饯、广式蜜饯和闽式蜜饯。

a. 京式蜜饯　京式蜜饯的发源地为北京，故又被称为北京果脯。代表产品为金丝蜜枣、金糕条、苹果脯。京式蜜饯特点为果体呈半透明状、产品表面干燥、用料简单、口感柔软、甜味重等。

b. 苏式蜜饯　起源于苏州，除苏州当地所产的蜜饯外，还包括苏州周边一带如上海、无锡等地的蜜饯，白糖杨梅是苏式蜜饯较有代表性的产品之一。苏式蜜饯的特点为配料种类多，口味多为酸甜或咸甜，回味无穷。

c. 广式蜜饯　起源于广州、潮州一带，广式蜜饯多为返砂类产品，其中橄榄、糖心莲、糖橘饼、奶油话梅、嘉应子享有盛名。广式蜜饯的主要特点为选料讲究、制作精细、色泽鲜艳、风味独特清雅、造型别致。

d. 闽式蜜饯　起源于福建的泉州、漳州一带。其中较为著名的产品有大福果、加应子、十香果等。闽式蜜饯的特点为配料种类多、用量大，口感香甜，富有回味。

② 按产品的加工方式和风味形态特点可分为干态蜜饯、湿态蜜饯、凉果。

a. 干态蜜饯　果蔬糖制后，经过晾晒或烘干等处理得到干燥状态的蜜饯，成品即为干态蜜饯。干态蜜饯含糖量较高，一般在 75% 以上。在干态蜜饯基础上又可分为果脯和返砂蜜饯两类，果脯类制品的表面呈干燥状态，拿取时不粘手，产品外观为半透明状，色泽艳丽，含糖量高，食用时口感柔软，有弹性，味道酸甜可口，有原果风味，成品具有果蔬原料原有的形状，番茄脯、杏脯、桃脯等均属干态蜜饯。在干态蜜饯表面沾上一层干燥透明的糖霜或糖衣得到的产品即为返砂蜜饯，其特点为表面干燥，入口甜糯松软，具有浓郁的原果风味，如金丝蜜枣、冬瓜条、糖藕片等。

b. 湿态蜜饯　果蔬经糖煮后，在糖液中进行保存，该种产品即为湿态蜜饯，保存蜜饯的糖液浓度应保持在 60%～65%。湿态蜜饯糖制后无需进行干燥处理，部分产品需罐藏，产品特点为蜜饯表面被一层糖液包裹，形状完整且饱满，口感脆爽或柔软，味道甜美，色泽为半透明，无软烂、皱缩现象。代表产品有糖渍青梅、糖渍板栗、蜜饯樱桃等。

c. 凉果　将新鲜果蔬进行腌制或晒干，得到果蔬坯，经过清洗、脱盐、浸渍调味料等工序，最后干燥制得的产品即为凉果。大多数产品中会添加甘草达到矫味或增加甜味的效果，故而又被称为甘草制品。凉果主要特点为表面干燥、皱缩，味道复杂，将酸、甜、咸三种口味融为一体，且有回味。话梅、嘉应子、九制陈皮均属于代表产品。

（2）果酱类

果酱制品的含糖量和含酸量均较高，通常具有果蔬原料的独特风味，但不保持原果蔬的形状。根据不同的制作方法和成品性质，可以分为以下几类。

① 果酱　将挑选完毕的果蔬原料进行分级、清洗等处理，然后将其打碎或切块，加入糖，若选用的果蔬原料的含酸量较低或果胶含量较少，可在进行加工处理时加入适量的酸和果胶，然后进行浓缩，得到的凝胶制品即为果酱。果酱制品的含糖量一般在 55% 以上，含酸量在 1% 左右，如菠萝酱、桃子果酱、苹果酱、覆盆子果酱等。

② 果泥　将选好的果蔬原料软化打浆，通过过滤除去粗渣，向过滤完的果肉浆液中加入配料，如砂糖，将果浆加热浓缩，得到质地浓稠的泥状制品，成品即为果泥，如胡萝卜泥、香蕉泥、南瓜泥等。在一些欧美国家和日韩等地的餐饮行业中，果泥可作为果汁和鸡尾酒的原材料，在中国则被用于制作果奶、果汁饮料等产品。此外，果泥还可作为婴儿辅食，提供婴儿生长发育所需的部分营养。

③ 果冻　制作果冻时需要选择果胶含量高的果蔬作为原料，将所选果蔬原料进行软化榨汁，加入糖、酸和适量果胶进行调配，加热浓缩得成品。果冻制品表面光滑，颜色透明，有弹性和光泽。如山楂冻、苹果冻等。

④ 果糕　将果实软化后，将其打浆，在所得浆液中加入糖、酸、果胶进行浓缩，倒入盘中摊成薄层，在 50～60℃ 条件下进行烘干，直至不粘手进行切块，用玻璃纸包装，如山楂糕等。

⑤ 马茉兰　以柑橘类为原料，将柑橘类果皮切成条状，进行糖渍直至透明，然后加到配料中，使其均匀分布在果冻中。有甜、苦两种产品，如柑橘马茉兰。

⑥ 果丹皮　将选用的果蔬原料制成果泥后，把果泥摊成薄片，烘干后得到的产品即为果丹皮。果丹皮酸甜可口、开胃消食、深受儿童喜爱。果丹皮的原料易获得，加工方法简便，是一项投资小、利润大的果品。如山楂果丹皮、柿子果丹皮等。

6.5.2　果脯蜜饯类加工

6.5.2.1　工艺流程

不同种类的果脯蜜饯根据原料特点，在个别步骤上会略有不同，但是大体上遵循如下所示的加工工艺流程。

选择 → 预处理 → 硬化 → 漂洗 → 预煮 → 加糖 → 煮制 → 烘干 → 包装 → 成品

6.5.2.2　加工工艺要点

（1）原料选择与预处理

进行原料选择时应选用品质较好、无腐烂变质及机械伤的果蔬，原料的品质与蜜饯的品质密切相关，产品的外观、风味和营养成分很大程度上取决于原料的好坏。在加工前应先对果蔬进行分级处理，以便后续加工更好进行，分级依据有果蔬的品种、成熟度、大小及质量，主要采用筛分法，常见的分级设备主要有摆动筛、转筒筛、振动筛等，不同设备的加工对象不同，选择加工设备时要考虑到加工对象的特性，例如振动筛通过使物料进行跳跃式运动进行分级，对物料的冲击力比较大，所以此类设备适用于筛分金橘、枣、土豆等表皮坚韧、耐冲击的产品。经过分级处理的果蔬更能适应机械操作的需要。

原料分选之后，根据不同产品的要求对原料进行去皮、切分等处理，以便糖分更好渗入。

（2）硬化与漂洗

在糖煮过程中，一些果蔬容易发生软烂，为防止这种情况的发生，在糖煮之前通常需要进行硬化处理，以此增强果蔬原料的耐煮性。将进行完预处理的果蔬原料浸泡在石灰水等稀薄溶液中，经过适当时间的浸渍后可达到硬化目的，选择硬化剂时要注意根据原料选择合适种类，硬化剂的用量及处理时间要适度，若硬化剂过多或处理时间过长，则会生成过多钙盐，导致部分纤维素钙化，对产品质地造成不良影响。硬化结束后，对原料进行漂洗，将附着在原料上的硬化剂清洗干净。

（3）护色

原料经过去皮、修整、切分后，果肉接触到空气的部分会发生氧化，出现褐变现象，影响产品外观，所以需要进行护色处理，使其保持良好的外观品质。目前，硫处理和热处理是目前广泛应用的护色方法。硫处理护色是将经过预处理的原料浸泡在含 0.1%～0.2% 亚硫酸或亚硫酸盐的溶液中数小时。热处理护色是用沸水或蒸汽对原料进行处理，使氧化酶和过氧化酶的活性发生钝化，防止果蔬原料发生氧化，为了避免高温处理影响果蔬的脆性，在热处理过后，应迅速用冷水将原料冷却。

（4）脱气与预煮

果蔬组织内部含有一定量的空气，这会影响糖分的渗入，因此要进行脱气处理，将果蔬组织内部的空气排出，使糖分更好地渗入果蔬内部。一般采用真空脱气法，主要的设备由真空设备和脱气罐组成。

预煮也称烫漂，就是将果蔬原料在沸水或蒸汽中进行短时间加热处理，再进行冷却。果蔬原料经过硬化处理后，果蔬组织内部会残留一定量的二氧化硫和硬化剂，对产品质量造成不良影响，因此需要通过预煮将其除去。同时，预煮可以使果蔬组织软化，可使糖分更容易地渗入果蔬内部，还可使部分氧化酶失活，防止原料氧化。不同原料的预煮时间不同。

（5）糖制

糖制一般分为糖煮和糖渍两类。

① 将原料在糖液中进行加热煮制的步骤叫作糖煮，对于内部组织紧密、有较强耐煮性的果蔬可选用糖煮的方法。糖煮具有用时短、可连续生产、生产效率高的优点，但由于在高温环境下进行煮制，产品的风味和外观均会受到一定程度的不良影响。糖煮可以分为一次煮制法、多次煮制法、快速煮制法和真空煮制法。一次煮制法是指经预处理后的原料在加糖后一次煮制而成，时间大概在 2h 左右，内部组织松散、糖分容易渗入组织内部的原料可选用此方法进行煮制，如苹果脯、蜜枣的生产。多次煮制法需将原料进行3～5 次煮制，组织紧实、糖分不易渗入组织内部的果蔬原料可选用多次煮制法。快速煮制法是将原料在糖液中交替进行加热煮制和放冷糖渍，这种冷热交替的煮制法可快速消除果蔬组织内部的水气压，使糖分更易渗进果蔬内部。真空煮制法是将原料放于真空环境中在较低温度下煮沸，真空煮制法可使糖分更加快速地渗入果蔬内部，常用的真空设备有真空收缩锅和真空罐。

② 糖渍是在常温状态下进行的，又称冷制，是不常使用的糖制方法，适用于质地柔软、易煮烂的果蔬原料，其特点是分次加糖，无需加热，产品能更好地保持色、香、味、型，制作杏脯以及大多数凉果时多选用糖渍。

（6）干燥

生产干态果脯时，原料糖制完成后还需要进行干燥处理，使果脯表面和内部的部分水分被除去。干燥的方法基本上可以分为自然干燥和人工干燥，但自然干燥存在所用时间长、容易对环境造成污染的缺点，所以目前食品加工企业大多采用人工干燥的方法，即人为加热，使制品中多余的水分蒸发，根据加热方式不同，可以分为煤加热、电加热和蒸汽加热。干燥设备有烘房、隧道式烘干机、带式烘干机，其中隧道式烘干机具有结构简单、热力均匀、可大批量连续生产的优点，应用最为广泛。

（7）上糖衣

将蜜饯放入过饱和糖液中进行浸泡，一段时间后取出，进行干燥处理，干燥后的蜜饯表面会形成一层透明的薄膜，即为糖衣，上糖衣是生产糖衣果脯所需的处理。过饱和糖液配比为糖液∶淀粉糖浆∶水＝3∶2∶1，将配制好的糖液煮沸到 114℃ 左右，然后冷却至 93℃，将干燥后的蜜饯浸入其中，1min 左右将其取出，自然晾干即可。

（8）包装

在包装之前，需要将经干燥处理的蜜饯进行整形、分级，使产品外形更加美观整齐。同时除去加工过程中产生或混入其中的杂质，防止食品污染，最后将处理好的制品进行包装，常用的包装方法为先将制品装入以聚乙烯薄膜作为包装材料的小袋中，然后将固定数量的小袋包装放入瓦楞纸箱中作为大包装。

6.5.2.3　加工过程中常见问题

（1）返砂

糖制品经过糖制、冷却后，表面或内部会出现晶体颗粒，这种现象即为返砂。返砂会使产品口感变得粗糙，也会对产品的外观造成不良影响。生产果脯、蜜饯时一般会对其进行糖煮，处理温度较高，且多数采用蔗糖，所以当贮藏温度低于 10℃ 时，产品表面会析出结晶，出现返砂现象。另外，当产品中葡萄糖含量较高时，也容易出现返砂现象。

为避免出现返砂现象，需增加糖液饱和度，抑制晶核生长，对果蔬进行糖制时可加入少量饴糖，对含酸量较少的果蔬原料进行糖制时，可加入少量的酒石酸和柠檬酸，促进蔗糖的转化，当转化糖的含量达 30％～40％ 时，也可达到防止返砂的目的。

（2）流糖

在高温潮湿的环境中，当蜜饯中转化糖含量过高时，会出现吸潮"流糖"现象。流糖会影响蜜饯品质，为了防止出现流糖的现象，进行糖煮时加酸量和糖煮时间应适度，若加酸量过多或糖煮时间过长，会造成蔗糖过度转化。此外，进行干燥处理的初始温度要适度，若过高，产品表面会发生干结，果脯内部的水分随之扩散出来。贮藏时应保存在密闭环境中，可将其装进塑料袋进行密封保存，并加入干燥剂。

（3）漂烂和皱缩

在生产过程中，若选用的果蔬原料成熟度过高，或漂烫温度过高、时间过长，就会造成漂烂。相反，若所选果蔬原料成熟度过低，或漂烫温度过低、时间过短，就会造成渗糖不充分，出现皱缩的现象，此外，渗糖条件控制不好也会导致皱缩。漂烂与皱缩是蜜饯类制品生产过程中常出现的问题。为防止出现上述两种现象，在进行原料选择时，应选择成熟度适当的果蔬进行生产，漂烫时应控制好温度和时间。此外，为防止漂烂，还可以在热烫前用 1％ 的氯化钙溶液浸泡果实，但要控制好浸泡时间，若时间过长，会导致产品口感变差，食用时有颗粒感。为防止出现皱缩现象，可采用低温渗糖技术，同时还可避免营养成分流失，保持果实原有的色、香、味。

（4）褐变

包括酶促褐变和非酶促褐变。

果蔬中的酚类物质在氧化酶的作用下会导致褐变，属于酶促褐变。为防止酶促褐变，可将处理后的原料进行漂烫，高温可使大部分酶失活，有效预防褐变。漂烫时需控制好温度和时间，使果实中心的温度达到漂烫水的温度，否则，非但不能使酶失活，还会促进酶促褐变的发生。

当糖液中的转化糖与果蔬原料中的氨基酸发生美拉德反应时，会出现非酶促褐变。非酶褐变的程度受渗糖时间和温度影响，渗糖时间越长，温度越低，转化糖含量越高。为防止非酶促褐变的发生，需降低转化糖的比例，缩短渗糖时间，降低渗糖温度。低温真空糖制是一种效果最好的方法，此方法渗糖温度较低、时间短，可有效防止加工过程中的非酶促褐变。

6.5.3　果酱类加工

6.5.3.1　工艺流程

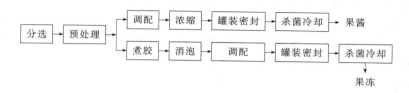

6.5.3.2　加工工艺要点

（1）原料选择

生产果酱类制品时，应选择果胶含量较多的果蔬，同时含酸量较多，果实香味浓郁、成熟度适中，且汁液丰富、易破碎。如草莓、蓝莓、苹果、菠萝、柑橘类果实等。

（2）预处理

加工前需要对原料进行分拣，对霉变、病虫害严重的不合格果实进行剔除，然后清洗干净。如有必要，应对原材料进行去皮、切块、去核等处理，然后放入胶体磨中进行胶体破碎。一些易氧化的果蔬原料会发生褐变，为防止果蔬褐变，应对其进行护色处理，并尽快对其加热，使其软化。加热处理可降低酶的活性，甚至使酶失活，防止果蔬出现褐变，使果胶在果肉组织中更好地溶解，有助于形成凝胶，软化果肉组织便于打浆工序的进行，同时可使糖液更好地渗透进果蔬组织内部，加热可使果蔬内部一部分水分蒸发，缩短浓缩时间，还有助于消除果蔬组织中的气体，使生产出的酱体不含气泡。

生产果冻、马茉兰等半透明或透明的糖制品时，需要将软化后的果蔬进行榨汁。对果汁含量高的果蔬可直接进行榨汁，无需额外加水，对于内部组织坚硬致密、含水量较少的果蔬，如山楂、胡萝卜等，软化时应加入适量的水，以便于后续的压榨。压榨后剩余的果渣中还含有一定量的可溶性物质和果胶，为使其溶出，应进行二次压榨，二次压榨前需加入适量的水将果渣软化。对于一些要求完全透明的产品，榨汁后需要进行澄清和精滤，常采用的澄清方法有自然澄清、酶法澄清和热凝聚澄清。

（3）调配

根据原料种类和产品标准，一般要求果肉（果浆）占总配料的 $40\%\sim55\%$，砂糖占 $45\%\sim60\%$（允许使用一定量的淀粉糖浆，用量不超过总糖的 20%）。果肉与加糖量之比为 $1:1.2$。为了更好地形成凝胶，果胶、糖和酸应该有适当的比例。根据原料中果胶和酸的含量，可加入适量的柠檬酸、果胶或琼脂进行调配。

（4）加热浓缩

将调配好的浆体进行加热，将原料组织内部的大部分水分蒸发，砂糖、酸、果胶等成分随果肉一起煮沸，均匀渗透至果肉内部，从而提高浓度，使果酱的质地和风味均有所改善。同时，加热还可杀灭有害微生物，破坏酶的活性，有利于延长产品的保质期。

浓缩方法有常压浓缩和减压浓缩两种。

① 常压下夹层锅加热浓缩原料的方法是常压浓缩。由于物料组织内部存在大量的空气，浓缩初期会产生大量的泡沫，为防止液体溢出，可向锅中加入少量冷水或植物油，消除泡沫，保证蒸发的正常进行。加热浓缩时要注意加热时间，浓缩时间过长，会影响果酱的外观

和口感，转化糖含量随时间的增加而增加，导致焦糖化和美拉德反应；浓缩时间过短，转化糖产量不足，保存时容易出现蔗糖结晶，果酱凝胶效果不好。当可溶性固体浓缩到 60% 以上时，加入柠檬酸、果胶或淀粉糖浆。

② 减压浓缩又称真空浓缩，在真空浓缩过程中，采用低温蒸发水分的方法，不仅可以提高其浓度，还不会破坏制品原有的色、香、味，因此真空浓缩优于常压浓缩法。常用装置分为单效、双效浓缩装置。双效真空浓缩装置由仪表控制，生产连续化、机械化、自动化、效率高，产品质量优。

（5）包装

果酱类产品多采用玻璃瓶、铁罐进行包装，也可使用塑料盒小包装，果丹皮、果糕等干态制品采用玻璃纸包装。在包装之前需要对包装容器进行消毒处理。果酱出锅后应迅速进行罐装并密封，一般要求分装时间低于 30min，密封时果酱温度不低于 80℃，密封后应立即进行杀菌并冷却。

（6）杀菌冷却

杀菌方法可采用沸水或蒸汽杀菌。依据产品品种和包装方法不同，采取不同的杀菌温度和时间，一般以 100℃ 温度下杀菌 5～10min 为度。杀菌后需将产品冷却至 38～40℃，然后将包装表面的水分擦干，贴上标签进行装箱。

6.5.3.3　加工过程中常见问题

（1）果酱褐变

果酱内含有的单宁、花青素在酶的作用下发生氧化，导致果酱褐变，此外变色成分与重金属接触也会导致褐变，加工中温度过高而导致焦化，使酱体颜色变深。为防止果酱褐变，在加工过程中应添加维生素 C 及其他抗氧化剂，控制果肉不得与铜、铁等金属器具接触，花青素含量多的深色果实应避免与素铁罐接触，加热时间要适宜，不宜过长，在浓缩过程中要不断搅拌，防止焦化，果酱出锅后应迅速装罐，产品贮藏温度不宜过高。

（2）结晶

当蔗糖的转化程度不足时，产品的表面或内部会析出糖，这种现象即为结晶返砂。控制方法与蜜饯类似，可在煮制即将结束时加入一定量的酸进行调整，如 0.2%～0.5% 的柠檬酸，使转化糖的含量控制在 30%～40%，即占总糖 60% 左右。还可加入淀粉糖浆、饴糖等抗结晶物质，防止晶核生成。

（3）析水

果酱的凝胶强度受选用的果蔬原料中果胶含量的高低、添加的果胶量、果酱加热时间和温度、产品贮藏条件的影响。随着贮藏时间的增加，果酱的凝胶强度降低，从而出现"析水"现象。为防止果酱析水，在进行加热软化时应充分使原果胶溶解成可溶性果胶，也可适当添加果胶或胶凝剂以增强胶凝现象，还可添加适量的糖。

6.6　蔬菜腌制产品生产

6.6.1　蔬菜腌制品分类

利用盐等添加剂渗入蔬菜组织，使水分活性降低，渗透压升高，对有害微生物的生长繁殖起到抑制作用，有利于有益微生物进行发酵活动，从而防止蔬菜腐烂变质，延长蔬菜贮藏期，保持蔬菜食用品质的保存方法是蔬菜腌制。蔬菜腌制是中国最流行、最古老的蔬菜加工方法，最早可以追溯到周朝，距今已有 3000 年左右的历史。随着蔬菜腌制工艺和配方的不断提升完善，我国出现了多种多样的蔬菜腌制品，很多著名产品随处可见，如浙江萧山萝卜干、四川涪陵榨菜、广东脆姜等。

蔬菜腌制可延长蔬菜的贮藏期，其原理是利用了食盐的高渗透压作用、降氧作用、降低水分活度、降低酶活性和食盐本身对微生物的毒害作用。蔬菜腌制品中食盐浓度越高，其渗透压越高，因此腌制品具有高渗透压，可有效抑制微生物的活性。氧在盐溶液中的溶解度小于在水中的溶解度，由于蔬菜腌制使用的盐水浓度较高，盐渗透到蔬菜组织中形成的盐溶液，使蔬菜腌制品中的溶解氧的能力降低，从而形成缺氧环境，对一些好氧微生物的生长繁殖起到抑制作用，需氧细菌、霉菌等微生物很难在其中生长。盐溶于水后会形成带电离子，与水分子进行水合作用，导致果蔬组织中的水分活度降低，微生物可利用的水分随之减少，微生物生长繁殖受到抑制。高浓度的盐会导致酶的活性降低，因为盐溶液中的钠离子和氯离子可与酶蛋白中的肽键进行结合，破坏酶分子的特定空间构型，使酶的催化活性降低，甚至失活，进一步抑制微生物的生长繁殖。盐分子溶于水后发生电离，以离子状态存在，当这些离子达到一定的高浓度时，就会对微生物产生生理毒性，发生毒害。

除了盐的作用，在腌制过程中还有许多发酵作用。微生物需要营养物质维持其生长发育，但蔬菜中所含的糖类和蛋白质等复杂的有机化合物无法被利用，因此微生物需将其分解成简单化合物。微生物按照糖、果胶、半纤维素和蛋白质的顺序分解蔬菜中的有机物。蔬菜中糖的发酵主要有乳酸发酵、酒精发酵、醋酸发酵和丁酸发酵。乳酸发酵被人们应用的时间十分久远，并且被广泛使用，例如，在畜牧业中，乳酸发酵可用于食品工业中制作青贮饲料、泡菜和酸奶。乳酸发酵过程中产生的乳酸可以防止腐败菌，乳酸发酵不需要空气，而大多数产膜酵母和霉菌都是好气菌。因此，在腌制蔬菜时，应将其压紧或密封，或用盐水浸泡，以隔绝空气。在酒精发酵和醋酸发酵的过程中，会产生少量的乙醇，与醋酸结合生成酯类，能够产生独特的芳香气味，从而增强泡菜的风味。丁酸发酵会产生丁酸，不仅不利于蔬菜的腌制，还会使腌制后的蔬菜口感变差，应加以预防。

（1）按保藏作用的机理分类

从保藏机制出发，根据蔬菜腌制品在腌制过程中是否发生显著的发酵作用，可将产品分为发酵性蔬菜腌制品和非发酵性蔬菜腌制品。

① 发酵性蔬菜腌制品

制作发酵性腌制品时，食盐的用量较少，在腌制过程中会出现明显的乳酸发酵现象。食盐、香辛料以及发酵产生的乳酸均有防腐作用，在增强产品风味的同时，还能延长保藏期。发酵性腌制品一般有明显的酸味，如泡菜、酸白菜等。根据腌制方法和产品状态，可分为半干态发酵和湿态发酵两类。

a. 半干态发酵类　半干态发酵类腌制品需要先将蔬菜原料进行风干或人工脱水，然后用食盐进行腌制，自然发酵后熟得到成品，如榨菜、冬菜。

b. 湿态发酵类　将蔬菜原料浸泡在低浓度的食盐溶液或清水中进行发酵，形成的带有酸味的蔬菜腌制品即为湿态发酵腌制品，如泡菜、酸白菜。

143

② 非发酵性蔬菜腌制品

腌制非发酵性腌制品时添加食盐的量较多，高浓度的食盐会抑制乳酸发酵的进行，导致发酵无法进行，或只能轻微进行，利用高浓度的食盐和香辛料等的综合作用来保藏蔬菜并增进其风味，包括咸菜、酱菜、糖醋菜。

a. 咸菜　将蔬菜用高浓度的食盐进行腌制，根据实际情况可添加多种香辛料。如咸萝卜、咸雪里蕻、咸大头菜等。

b. 酱菜　用食盐将选用的新鲜蔬菜进行腌制，用酱料腌制好的咸坯进行酱渍，使产品具有酱料独特的色、香、味。如酱乳黄瓜、酱萝卜、酱木瓜等。

c. 糖醋菜　蔬菜经盐腌、脱盐后，再用糖醋卤进行浸渍，得到的产品甜酸可口。如糖醋荞头、糖醋蒜头等。

（2）按生产工艺分类

① 盐渍菜

盐渍菜是盐溶液浓度较高的腌菜，根据成品的不同形态可分为湿态、半干态、干态三种。湿态盐渍菜的成品不与菜卤分离，如泡菜、酸黄瓜等；半干态盐渍菜是从菜卤中分离出来的一类盐渍菜，如榨菜、大头菜、萝卜干等；干态盐渍菜是经过腌制后的干制品，如干菜笋、咸香椿芽等。

② 酱渍菜

选用新鲜蔬菜作为原料，用食盐将其盐腌或盐渍成蔬菜咸坯，再用酱料对菜坯进行酱渍，所得成品即为酱渍菜。我国酱渍菜主要有酱曲醅菜、麦酱渍菜、甜酱渍菜、黄酱渍菜、甜酱与黄酱混合渍菜、甜酱与酱油混合渍菜、黄酱与酱油混合渍菜、酱汁渍菜八类。酱渍菜中具有代表性的产品当属酱黄瓜、酱茄子、酱八宝菜。

③ 糖醋渍菜

糖醋渍菜是蔬菜咸坯经脱盐、脱水后用糖渍醋渍制作而成的蔬菜制品。醋渍菜具有较浓的酸味，产品中不仅含有发酵生产的有机酸，还有在制作过程中添加的醋酸。糖渍菜的特点是产品含糖量高，甜味浓，口感几乎尝不出酸味，或多或少都含有糖卤汁。糖醋渍菜是在传统的糖渍菜和醋渍菜基础上发展起来的蔬菜制品，甜中带酸，甜而不腻，酸甜适口。主要产品有糖醋蒜、甜酸乳瓜、糖醋萝卜、糖醋莴苣等。

④ 糟渍菜

糟渍菜是以新鲜蔬菜为原料，经盐渍成咸坯后，再经酒糟或醪糟糟渍而成的制品。在我国江南各地，自古以来就有糟菜的习惯。用酒糟做的产品有南京糟茄、扬州的糟瓜，用醪糟做的糟菜有贵州独山盐酸菜。

⑤ 糠渍菜

新鲜蔬菜用食盐腌渍成咸坯后，将稻糠或粟糠与调味料、香辛料、着色剂混合均匀，放入蔬菜咸坯，腌渍制成糠渍菜，常见品种有米糠萝卜、米糠白菜。

⑥ 酱油渍菜

选用新鲜蔬菜作为原料，将其进行盐腌或盐渍，得到蔬菜咸坯，降低菜坯的含盐量和含水量，然后用酱油和其他香辛料共同腌制一周左右，沥干后再放入新鲜酱油中继续盐渍，所得产品即为酱油渍菜，如北京辣菜、榨菜萝卜、面条萝卜等。

⑦ 清水渍菜

选用叶菜类蔬菜作为原料，经过清水熟渍或生渍制成，所得的蔬菜制品具有酸味。主要产品为北方酸白菜。

⑧ 水渍菜

将新鲜蔬菜浸泡在不同浓度的盐水中，腌制过程中发生乳酸发酵，所得成品即为盐水渍菜，如泡菜、酸黄瓜、盐水笋等。

⑨ 虾油渍菜

虾油渍菜是以蔬菜为主要原料，先经盐渍，再用虾油浸渍而成的蔬菜制品。我国知名度较高的虾油渍菜首推辽宁省锦州市的虾油什锦小菜，所用原料为小黄瓜、小茄子、小芸豆、长豇豆、芹菜、柿椒、苤蓝、生姜、宝塔菜和杏仁 10 种果蔬，在加工过程中，选料严格、精工细做、配比适宜，颜色以青翠为主，具有虾油香和菜香，滋味鲜咸，体态美观。其他地方生产的虾油渍菜多以单一蔬菜品种加工而成，如北京的虾油黄瓜、沈阳的虾油青椒、虾油豇豆等。这类产品的缺点是味极咸，氯化钠含量均在 20％以上。

⑩ 菜脯类

选用新鲜蔬菜作为原料，制作方法与果脯类似，制得的产品即为菜脯，如安徽糖冰姜、湖北苦瓜脯、刀豆脯及全国各地的糖藕、糖冬瓜条等。

⑪ 菜酱类

将用食盐腌制过的新鲜蔬菜磨成糊状，加入香辛料，所得产品即为菜酱，如辣椒酱、番茄酱等，另外，还有具有西方风味的番茄沙司、辣椒沙司等。

6.6.2 非发酵性腌制品生产

6.6.2.1 糖醋菜加工工艺

（1）工艺流程

将经过整理的蔬菜进行预处理，用糖醋液浸泡，制成一种酸甜可口、口感脆嫩、清香爽口的腌制品，即为糖醋菜。加工工艺流程如下。

原料选择 → 预处理 → 盐渍 → 晾干 → 糖醋卤浸渍 → 杀菌包装 → 成品

（2）加工要点

① 原料选择 应选择适合糖醋加工的原料，如黄瓜、萝卜、鲜嫩蒜、未成熟的番木瓜、芒果等。

② 预处理 选好的原料要清洗干净，按照需要去皮、去核、切分。

③ 盐渍 将选好的蔬菜原料用食盐进行腌制，腌制到原料呈半透明状即可。盐渍不仅可以去除蔬菜原料中苦味等不良风味，还可以增强蔬菜细胞膜通透性，以便于糖醋液更好地渗透至蔬菜组织内部。

④ 糖醋卤配制 糖醋卤的配制关系到成品的质量，糖醋卤的口味要酸甜适中，含糖量在 30％～40％为宜，一般选用白砂糖，此外还可使用甜味剂代替部分白砂糖；酸的含量约为 2％，可与醋酸或柠檬酸一起使用。除了酸和糖之外，还可以适当添加调味品，以增加产品风味，如加入 0.5％的白酒、0.3％的辣椒、0.05％～0.1％香料或香精。

⑤ 浸渍 将腌制好的原料浸入清水中脱盐至微咸，捞出后沥干水分。按照脱盐沥干的菜坯与糖醋液份数之比为 6∶4 的比例装入罐或缸中，密封保存。20～25d 后，制品成熟，即可食用。

（3）质量控制点及预防措施

① 原料菜坯的质量控制

a. 原料的选择 应选择新鲜、适合腌制的蔬菜品种；

b. 食盐用量　食盐的用量是能否腌制成各种口味咸菜的关键，根据原料种类选择不同的用量；

c. 按时倒缸　使蔬菜不断散热，受热均匀，可保持原有颜色；

d. 食用时间　应在 20d 后食用；

e. 腌制工具选择　一般用缸，半干咸菜用坛，酱腌咸菜用布袋，酱用木耙；

f. 温度与放置场所　温度不超 20℃，不低于 -5℃，阴凉通风处，不得阳光暴晒；

g. 腌制品和器具卫生　腌制前原料与器具处理干净，严格掌握食品添加剂的用量。

② 糖醋卤浸渍　糖醋液一般含糖 30%～40%，含酸 2% 左右，为增进风味可适当加入 0.5% 白酒，0.3% 的辣椒，0.05%～0.1% 香料。

③ 杀菌的影响　糖醋菜含有较高的酸分，有利于保存，但保存期不长，若要延长保质期，须按照罐头食品保存方法进行保存。

6.6.2.2　酱菜加工工艺

（1）工艺流程

选用新鲜蔬菜作为原料，用食盐将其腌制成咸菜坯，将咸菜坯进行压榨或用清水浸泡，去除其中多余盐分，将盐度降低后的咸菜坯用不同酱料进行酱制，如黄酱、甜面酱等，也可选择使用酱油，使糖分、氨基酸、芳香气体等充分渗入到咸菜坯中，制得美味可口、营养丰富、爽口开胃、容易保存的酱菜。

原料选择 → 预处理 → 腌制 → 脱水、脱盐 → 酱渍 → 杀菌包装 → 成品

（2）加工要点

① 原料选择　应选用肉质肥厚、质地脆嫩的叶菜类、根菜类、瓜菜类及香辛菜作为制作酱菜的原料。

② 预处理　将原料冲洗干净，去皮，剔除腐烂部分，对需要切分的原料进行切分。

③ 腌制　分为干腌法和湿腌法。干腌法将原料与盐在大缸或池内层层相间放置，用盐量为原料重的 14%～16%，适用于含水量多的原料，腌制时间 10～20d。湿腌法将原料在 25% 的盐水中腌制，腌制时间同样为 10～20d。

④ 脱盐　将腌制的菜坯在清水或流动的水中浸泡脱盐，夏天 2～4h，冬天 6～7h，脱盐至口尝能感到少许咸味即可。

⑤ 酱渍　用发酵好的酱或酱油浸渍，使酱料中的色、香、味等物质渗透到坯料内部。

⑥ 成品　成品酱菜应具有与酱同样鲜美的风味、色泽与芳香，保持原有蔬菜的形态和质地脆嫩的特点，呈半透明状。

（3）质量控制点及预防措施

① 酱渍及影响　为使酱菜具有优良品质，应采用连续三次酱渍的方法。第一次在第一个酱缸内进行酱渍 1 周后转入第二个酱缸内，再用新鲜的酱酱渍 1 周，转入第三个酱缸内继续酱渍 1 周即成熟，成品在第三个酱缸内长期保存。为充分利用酱料，第一个酱缸内的酱重复使用两三次后不适宜再用，第二个酱缸内的酱使用两三次后可作为下一批咸菜坯用于第一次酱渍的酱料，同样，第三个酱缸内的酱使用两三次后可作为下一批咸菜坯用于第二次酱渍的酱料，下一批咸菜坯用于第三次酱渍的酱料需重新配制，以此类推，这样操作可使酱菜成品的品质保持一致。

② 杀菌 为了便于贮存、运输和销售，目前已普遍采用罐藏工艺生产酱菜，可缩短酱渍时间，在贮存过程中进行酱渍，1 个月左右即可渗透平衡。瓶装酱菜的技术关键是保持酱菜的脆度，由于加热排气和杀菌对此都有一定影响，因此结合抽真空包装降低排气和杀菌温度，在达到杀菌目的条件下，尽可能降低热负荷对脆度的影响。

6.6.3 发酵性腌制品生产

6.6.3.1 工艺流程

6.6.3.2 加工要点

（1）原料选择与预处理

选择原料时，要选择组织紧实、脆度高、含纤维少、含糖较高的原料，以利于发酵。原料须除去须根、老叶，根据需要切成块、片、条等形状。

（2）晾晒

将挑选好的原料进行晾晒，主要目的是晾干原料表面的水分，若表面有水分，进行腌渍时会使盐水的浓度降低。对含水量较高的原料进行晾晒可以使其发生脱水，从而使其变软萎蔫，不仅可以减少食盐的用量，还能更方便地装入坛中。

（3）装坛

泡菜坛的质量会影响泡菜成品的品质，因此要对泡菜坛进行严格筛选，选用的泡菜坛应没有裂纹和砂眼，且盖子与坛体吻合，坛沿要深，否则会影响其密封效果，从而使泡菜在腌制过程中发生腐烂败坏。

在装坛之前要检查泡菜坛是否完好。坛口向上，将泡菜坛压入水中，观察坛内渗水情况，或轻轻敲击坛壁，若发出的声音为钢音，则泡菜坛完好。还可向坛沿倒入一半水，点燃纸后将其放进泡菜坛，盖上盖子，若坛沿的水被吸入坛中，则密封性好。选好泡菜坛后，将坛子清洗干净，沥干水分，装入预处理完的蔬菜原料。

① 干装坛法 将泡菜坛子清洗干净，并进行干燥，把需要进行泡制的蔬菜原料放入泡菜坛中，装至坛容积的一半，然后将配制好的香料包放入坛中，继续装到坛容积的 80%～90%，用竹片或石块将坛内蔬菜固定，向坛中缓慢倒入放有调料的盐水，盐水超过坛内蔬菜即可将坛盖盖上，将坛沿用清水进行密封。自身浮力较大且需要腌制较长时间的果蔬可选用干装坛法，如辣椒、茄子、刀豆等。

② 间隔装坛法 将检查完的密封性完好的泡菜坛清洗干净，干燥后备用，装坛顺序为两层蔬菜一层佐料，将蔬菜与佐料按顺序装入泡菜坛，装至坛容积 50%时将香料包放入坛中，继续按照间隔法装至泡菜坛八九成满，用竹片或石块将坛内蔬菜固定，再将混有其他佐料的盐水慢慢倒入泡菜坛中，盐水完全覆盖蔬菜后盖上坛盖，将清水倒入坛沿进行密封。这种装坛方法可以充分发挥佐料的效果，体积较小的蔬菜可选用间隔装坛法，如四季豆、蒜薹等。

③ 盐水装坛法 将泡菜坛洗净晾干，先将盐水和佐料放入坛中，搅拌均匀，然后放入需要泡制的蔬菜，蔬菜原料装到泡菜坛容积的一半时放入配制好的香料包，然后继续装满，继续装到坛容积的 80%～90%，盐水应完全淹没蔬菜，盖上坛盖，最后将清水倒入坛沿进

行密封。这种装坛方法适宜于自身浮力较小、在泡制时能自行沉没于水中的蔬菜，如根、茎菜类中的萝卜、芋头等。

（4）泡菜水配制

泡菜需要在泡菜盐水中进行发酵。泡菜成品的脆度受腌制用水的硬度的影响，因此，为了保持成品的脆度，配制盐水时要选用硬度较高的水。在盐水中加入 0.05% 的钙盐可增强泡菜的脆性，如氯化钙、碳酸钙、硫酸钙、磷酸钙等，此外，还可将原料在 0.2%～0.3% 的石灰溶液中进行短时间浸泡，清洗后浸泡在盐水中，这样可以有效增加脆性。泡菜卤水的含盐量取决于地区和泡菜品种，为 5%～28%。泡菜盐水中可加入白酒、干辣椒、红糖等进行调味，还可将八角、花椒等用纱布包成香料包，在蔬菜装至泡菜坛一半时将其放入坛中。

（5）发酵

根据微生物活动情况和乳酸积累量，发酵周期可分三个阶段。

① 发酵初期——异型乳酸发酵　发酵初期进行的是异型乳酸发酵和微弱的酒精发酵，发酵过程中会产生大量的二氧化碳，气泡沿坛沿从罐中逸出，坛内逐渐成嫌气状态。含酸量约为 0.4%，是泡菜初熟阶段，其菜质有咸味，但无酸味，有生味。

② 发酵中期——同型乳酸发酵　发酵中期的乳酸积累量可达 0.6%～0.8%，pH 值为 3.5～3.8，可抑制有害微生物的生长繁殖活动。此时的泡菜达到完熟，菜体有酸味和独特清香。

③ 发酵后期　发酵进行到后期时，乳酸积累量可 1.0% 以上。乳酸菌活性受乳酸含量影响，当乳酸含量高于 1.2% 时，会抑制乳酸菌活性，发酵速度逐渐减慢甚至停止。发酵后期的泡菜酸度过高，风味不协调。

（6）成品

不同的蔬菜需要腌制的时间不同，此外，影响腌制时间的因素还有盐水的浓度和种类、发酵温度。夏季气温较高，腌制所需时间较短，用新盐水泡制的叶菜类一般 3～5 天即可成熟，根茎类所需时间略长，一般为 7～10 天，而大蒜、藠头一类原料则需要 15 天以上才能成熟。冬季气温较低，腌制所需时间则需要延长一倍。若泡制时所用盐水为老盐水，所需时间可大大缩短。

对泡菜成品进行包装时，应遵循不可混装的原则，一个坛子里只装一种泡菜，要适量多加些盐，表面加些酒。近年来，小包装被广泛应用，方法是将泡菜成品取出后沥干水分，放入小包装后抽真空，也可在包装内加入一些菜卤后抽真空。

6.6.3.3　加工过程中常见问题及预防措施

（1）失脆

若所选蔬菜原料成熟度过高或存在机械伤，蔬菜内部原果胶酶的活性会增强，导致细胞壁中的原果胶发生水解，就会出现失脆的现象。此外，腌制过程中一些有害微生物生长繁殖，这些微生物会分泌出果胶酶类，也会使果胶发生水解，导致蔬菜原料变软，失去脆性。

为了保脆，在进行原料选择时，应将成熟度过高和存在机械伤的蔬菜剔除，并将原料与泡菜坛清洗干净；收购的蔬菜要及时进行腌制，防止蔬菜品质下降；不适合长期存放的泡菜应及时取食，取食泡菜后应及时将新的蔬菜原料补充进坛中，防止泡菜坛中存在空气，同时用水对坛子进行密封，勤检查；取食时不要将油脂带入坛内，以防腐败微生物分解脂肪使泡菜腐臭；还需加入保脆剂以及调节渍制液的 pH 值和浓度，果胶在高浓度渍制液中的溶解度小，在 pH 值为 4.3～4.9 时水解度最小，菜质不易软化。

（2）微生物污染

蔬菜腌制过程中，除了有益微生物进行发酵外，也会存在有害微生物的发酵作用，这些有害的微生物大量繁殖后，不仅消耗了糖分与乳酸，还降低了腌制品的质量，使产品劣变并产生异味。

选择原料时应保证蔬菜原料鲜嫩完整，无损伤及病虫害侵染，清洗附着泥土和污物；加工用水、食盐必须符合国家卫生标准；腌制中要封闭并隔离空气，且容器使用前，要进行检查和消毒；还可适当添加防腐剂，但其作用有限。

（3）亚硝酸盐生成

亚硝酸盐的前身是硝酸盐。植物从土壤中吸收氮肥后，氮素残留在植物体内，因此新鲜蔬菜中含有大量的硝酸盐。硝酸盐被某些细菌的硝酸还原酶催化转化为亚硝酸盐，亚硝酸盐对人体有毒害作用，进入人体血液循环后，可将人体内正常的血红蛋白氧化为高铁血红蛋白，对红细胞的输氧功能造成阻碍。

应选用新鲜蔬菜原料，加工前清洗干净，减少硝酸盐还原菌的侵染；腌制时应注意盐的用量，撒盐要均匀并将原料压紧，使乳酸菌迅速生长、发酵，形成酸性环境，从而抑制分解硝酸盐的细菌活动；如发现腌制品表面产生菌膜或"生花"，不要打捞或搅动，以免菌膜下沉使菜卤腐败而产生胺类，可加入相同浓度的盐水使菌膜浮出，或立即处理销售；腌制成熟后并度过亚硝酸盐生成的高峰期再进行食用，若腌菜发生霉烂变质，则不可食用。

6.7　果酒果醋产品的生产

6.7.1　果酒分类

由水果或果汁经酒精发酵制成的酒精饮料称为果酒，具有独特的水果风味，如杨梅酒、桑葚酒、葡萄酒等，其酒精度在体积分数的 7%～18%。果酒具有以下优点：①含有多种营养成分，如有机酸、维生素、矿物质等，适量饮用果酒可以补充人体所需的营养，有益健康；②果酒含酒精少，对人体刺激性小，适量饮用可以放松身心，不会对人体造成伤害；③不同水果原料制成的果酒具有不同的色泽和风味，口感也有差别，能够满足不同消费者的需求；④果酒以水果为原料，可以节约粮食。

根据不同的酿造方法和产品特点，果酒可以分为四类。

① 发酵果酒　将压榨得到的果汁或果浆进行酒精发酵，得到的产品即为发酵果酒，以葡萄酒、桑葚酒为代表。由于其发酵程度不同，又可对其进一步分类，分为全发酵果酒和半发酵果酒。全发酵果酒指的是果汁或果浆中的糖完全发酵得到的果酒，其残糖量低于 1%，果汁或果浆中的糖部分发酵得到的果酒即为半发酵果酒。

② 蒸馏果酒　以水果为原料，经酒精发酵再进行蒸馏而成的酒，代表酒为白兰地。

③ 配制果酒　将水果、果皮、鲜花等放入酒精或白酒中浸泡，然后取露，或将果汁与糖、香精、色素等食品添加剂混合制得。

④ 起泡果酒　起泡果酒指的是含有二氧化碳的果酒，以小香槟和汽酒为代表产品。

按照我国最新的葡萄酒标准 GB/T 15037—2006 规定，葡萄酒是以鲜葡萄或葡萄汁为原料，经全部或部分发酵酿制而成的，酒精度不低于 7.0° 的酒精饮品。葡萄酒是最典型的果酒之一，在果酒中，葡萄酒的种类和产量位居第一。按照不同的分类方法，可将葡萄酒分为以下几类。

（1）按色泽分

① 白葡萄酒　选用白葡萄或红皮白肉的葡萄作为原料，皮汁分离后进行发酵。酒的颜

色为淡黄绿色,几乎无色或淡黄色、金黄色。所有深黄色、土黄色、棕黄色都不符合白葡萄酒的颜色要求。

② 红葡萄酒　以红皮白肉或红皮红肉的葡萄为原料,将葡萄皮和葡萄汁混合发酵,得到的产品即为红葡萄酒。酒色为自然深宝石红、宝石红、紫红或石榴红。所有黄棕色、棕褐色、土棕色都不符合红葡萄酒的颜色要求。

③ 桃红葡萄酒　由带皮的红葡萄发酵或分离发酵而成。酒色为浅红色、桃红色、橘红色或玫瑰色。颜色太暗或太亮均不符合要求。这种酒口感新鲜,果香明显,单宁含量不宜过高。玫瑰香、佳丽酿、法国蓝等品种可作为酿造桃红葡萄酒的原料。此外,红、白葡萄酒按一定比例勾兑也可视为桃红葡萄酒。

（2）按含糖量分

葡萄酒按含糖量分类见表 6-7-1。

表 6-7-1　葡萄酒按含糖量分类

品种	含糖量/(g/L)	特点
干酒	<4	无甜味,具有干净、幽雅、和谐的果香和酒香
半干酒	4~12	入口微甜,口感干净、幽雅、圆润,具有和谐宜人的果香和酒香
半甜型葡萄酒	12~45	具有甘甜、清爽、宜人的果香和酒香
甜葡萄酒	>45	具有甘甜、醇厚、舒适、爽顺的口味,具有和谐的果香和酒香

（3）按是否含有二氧化碳分

① 静酒　不含有自身发酵或人工添加 CO_2 的葡萄酒叫静酒,即静态葡萄酒,CO_2 压力小于 0.05MPa。

② 起泡酒　在 20℃下,葡萄酒自然发酵产生 CO_2 压力不小于 0.05MPa。压力不超过 0.34MPa 的为低泡葡萄酒,压力不低于 0.35MPa 的为高泡葡萄酒,高泡葡萄酒按含糖量不同又分为以下几种（表 6-7-2）。

表 6-7-2　高泡葡萄酒按含糖量分类

品种	含糖量/(g/L)	品种	含糖量/(g/L)
天然高泡葡萄酒	≤12.0	半干高泡葡萄酒	32.1~50.0
绝干高泡葡萄酒	12.1~17.0	甜高泡葡萄酒	>50.0
干高泡葡萄酒	17.1~32.0		

（4）按酿造方法分

① 天然葡萄酒　完全由葡萄发酵完成,发酵过程中无需额外加糖和酒精。选择提高原料含糖量的方法,提高最终产品的酒精度,控制残糖量。

② 加强葡萄酒　通过增加原酒的酒精度得到的葡萄酒产品被称为加强葡萄酒,增加酒精度的方法有加入白兰地或脱臭酒精。在加强葡萄酒的基础上通过加糖来增加甜度得到的葡萄酒被称为加强甜葡萄酒,中国称之为浓甜葡萄酒。

③ 加香葡萄酒　将芳香植物浸入酒中调配制成开胃型葡萄酒,将药材浸入酒中调配制成滋补型葡萄酒。

④ 蒸馏葡萄酒　将品质优良的原酒或发酵后得到的果渣进行蒸馏,或用葡萄汁分离器将果渣和葡萄果浆分离,然后用糖水发酵蒸馏。调配后的产品称为白兰地,未调配的产品称为葡萄烧酒。

（5）特种葡萄酒

由新鲜葡萄或葡萄汁在采摘或酿造过程中通过特殊方法制成的葡萄酒称为特种葡萄酒,

可分为以下几类。

① 利口葡萄酒　利口葡萄酒的酒精度为 15°～22°，通过在酒精度高于 12°的葡萄酒中加入葡萄白兰地、食用酒精或葡萄酒精以及葡萄汁、浓缩葡萄汁、白砂糖等制得。

② 葡萄汽酒　葡萄酒中的 CO_2 是部分或全部由人工添加的，具有起泡葡萄酒的特性。

③ 冰葡萄酒　采用延迟采收的方法，当气温低于 $-7℃$ 时，使葡萄在树枝上保持一定的时间，待葡萄结冰后再进行采收，采收的葡萄在结冰的状态下压榨、发酵，生产过程中不能额外添加糖。

④ 贵腐葡萄酒　葡萄成熟后期，会出现灰葡萄孢霉菌，感染了灰葡萄孢霉菌的葡萄果实成分发生明显变化，用这种葡萄酿造的葡萄酒称为贵腐葡萄酒。

⑤ 产膜葡萄酒　葡萄汁经过发酵后，其中所含的糖基本发酵完毕，酒的表面会产生一层典型的酵母膜，然后人为地向其中加入葡萄白兰地、葡萄酒精、食用酒精，使葡萄酒中的酒精度不低于 15°。

⑥ 加香葡萄酒　用葡萄酒浸泡一些芳香植物和中药材而成，具有开胃、益神、保健的功能。

⑦ 低醇葡萄酒　新鲜葡萄或葡萄汁全部或部分发酵，采用特殊工艺制得的酒精度为 1°～7°的葡萄酒。

⑧ 无醇葡萄酒　新鲜葡萄或葡萄汁全部或部分发酵，采用特殊工艺制得的酒精度为 0.5°～1°的葡萄酒。

⑨ 山葡萄酒　以新鲜山葡萄或山葡萄汁为原料，经全部或部分发酵而成的发酵酒。

6.7.2　果酒的生产

6.7.2.1　工艺流程

分选→破碎除梗→打浆→分离取汁→澄清→发酵→倒桶→贮酒→过滤→冷处理→调配→过滤→成品

6.7.2.2　加工要点

（1）预处理

包括原料的分选、破碎、压榨、果汁澄清和改良一系列工序。破碎时需注意不要破坏种子和果梗，种子内部含有的油脂和糖苷类会对果酒味道造成不良影响，果梗中的一些物质会导致生产出的果酒带有苦味。果实破碎后应及时将果浆中的果梗分离出来，果梗中含有会引起不良风味的物质，这些物质溶出后会影响果酒品质。

（2）分离取汁

果实破碎后，根据获取方式不同，可分为自流汁和压榨汁。自流汁无需人为施加压力即可获得，而压榨汁需对果浆施加压力使其流出。自流汁的品质好，应单独进行发酵，从而得到品质优良的果酒。压榨取汁时应分成两次进行，第一次压榨时应对得到的果酱逐渐施加压力，尽可能将果浆中的汁液挤出，第一次压榨得到的果汁品质稍差，应单独酿造，也可与自流汁混合。将第一次压榨后得到的残渣加水（或不加水），进行第二次压榨，此时得到的果汁有杂味、品质差，适合制成蒸馏酒或其他用途。

（3）果汁澄清

压榨得到的果汁中含有一些不溶物，在发酵时会产生不良影响，使果酒品质下降，口感变差，因此需要对果实进行澄清处理。此外，果汁澄清后制得的果酒胶体稳定性高，对氧不敏感，色泽浅，含铁量低，香气稳定，酒质清爽。

（4）二氧化硫处理

二氧化硫在果酒中的作用包括杀菌、澄清、抗氧化、酸化、溶解色素和单宁、还原、改善酒香。所用的二氧化硫包括气态二氧化硫和亚硫酸盐，前者可以通过管道直接引入，而后者需要溶解在水中才能加入。发酵基质中二氧化硫的浓度为 $60 \sim 100 \text{mg/L}$。此外，所选用的葡萄含糖量高时，二氧化硫更易结合，应增加二氧化硫的用量；原料含酸量高时，二氧化硫的活性高，用量需适当减少；二氧化硫添加量随微生物的含量和活性的升高而增加；霉变严重时，加大剂量。

（5）果汁的调整

① 调糖　酿造酒精度 $10° \sim 12°$ 的葡萄酒，果汁的含糖量需要 $17 \sim 20°\text{Bx}$。如果含糖量达不到要求，需要额外向果酒中加糖，实际生产加工中一般通过向果汁中添加蔗糖或浓缩汁的方法增加含糖量。

② 酸的调节　适量的酸可抑制细菌的生长繁殖，确保发酵顺利进行，使葡萄酒色泽鲜艳，口感清新柔和，酸与酒精反应生成酯类物质，增加酒的香气，延长葡萄酒的贮藏时间，提高其稳定性。干酒含酸量应为 $0.6\% \sim 0.8\%$，甜酒含酸量应为 $0.8\% \sim 1\%$，pH 大于 3.6 或可滴定酸低于 0.65% 时，应提高果汁含酸量，可向其中加入酸度高的同类果汁，也可添加酒石酸或柠檬酸。

（6）酒精发酵

将酵母加入发酵醪液中制得酒母，在加入之前，需将酵母进行三次扩大培养，分别为一级培养（试管或三角瓶培养）、二级培养、三级培养，最后转移到酒母桶中培养，方法如下：

一级培养：生产前 10 天左右，选择成熟的、不变质的水果，榨汁。装入干净、干热灭菌的试管或三角瓶中。装入的量为试管容积的 1/4，或三角瓶容积的 1/2。用常压沸水将装好的果汁消毒 1h 或 58kPa 消毒 30min。冷却后，接种培养菌种，摇匀汁液使其分散，进行培养，当发酵旺盛时，可用于下一级培养。

二级培养：在干净、干燥、热灭菌的三角瓶中装入 1/2 果汁，接种于上述培养液中进行培养。

三级培养：选择一个容积为 10L 左右的玻璃瓶，清洗干净，进行消毒，装上发酵栓，然后加入果汁至玻璃瓶容积的 70% 左右。加热杀菌或用亚硫酸杀菌，后者果汁中二氧化硫含量应为 150mg/L，但应保存一天。瓶口用 70% 酒精消毒，接种 2% 二级菌种，培养箱培养，繁殖旺盛后扩大。

酒母桶培养：酒母桶用灭菌后，装入 $12 \sim 14°\text{Bx}$ 果汁，在 $28 \sim 30℃$ 的环境下培养 $1 \sim 2$ 天。培养好的酒母可以直接加入发酵液中，用量为 $2\% \sim 10\%$。

（7）果汁发酵

果汁的发酵分为前发酵和后发酵两个阶段。前发酵的适宜温度为 $20 \sim 28℃$，将果汁倒入发酵容器中，倒至八成满即可，加入 $3\% \sim 5\%$ 的酵母，搅拌均匀，发酵温度和酵母活性会对发酵时间产生影响，一般 $3 \sim 12$ 天即可完成前发酵。当残糖量低于 0.4% 时，前发酵结束。将装酒的容器密封，放入酒窖，在 $12 \sim 28℃$ 条件下进行 30 天左右的后发酵。后发酵结束后进行澄清。

（8）调配

调配包括勾兑和调整。勾兑指的是选择一种质量与原酒标准相近的酒作为原酒的基础，将不同的酒按照一定比例进行混合，使原酒具有更好的品质。调整是指根据产品质量标准对酒中含糖量、含酸量、酒精含量等进行调整，可通过向原酒中加入同一品种酒精含量高的葡萄酒或添加蒸馏酒的方法提高酒精含量，含糖量较低时可添加浓缩果汁或砂糖，需要提高含酸量时可添加柠檬酸、酒石酸。

（9）过滤

过滤包括硅藻土过滤、薄板过滤、微孔膜过滤等。

（10）包装

对果酒进行杀菌处理，常用方法为巴氏杀菌，冷却后装瓶，葡萄酒通常用玻璃瓶包装。装瓶时，将容器进行灭菌，酒精含量低的果酒装瓶后也要消毒。

6.7.2.3　葡萄酒常见病害及防治

葡萄酒的病害分为微生物病害、物理化学病害及不良风味三大类。

（1）微生物病害

① 好气性微生物病害

a. 酵母病害——酒花病　如果葡萄酒在贮藏过程中没有将容器完全装满，容器中就会存在空气，在与空气接触一定时间后，葡萄酒表面会逐渐形成灰白色的薄膜，随时间增加，薄膜会逐渐变厚，出现褶皱。酒花病是由葡萄酒假丝酵母引起的，葡萄酒假丝酵母是一种传染性酵母，其生长繁殖速度较快，酿酒厂的表土、墙壁、罐壁和管道中均会出现葡萄酒假丝酵母。此外，毕赤酵母、汉逊氏酵母和酒香酵母均可使葡萄酒表面出现酵母膜。

当葡萄酒与空气接触或原酒酒精含量较低时，葡萄酒假丝酵母会引起葡萄酒中酒精和有机酸的氧化，导致酒精含量和总酸的降低。一方面，在饮用受感染的酒时，能明显感觉到酒的味道变淡，另一方面，由于乙醛含量的增加，感染了酒花病的酒会出现过氧化物的味道，酒的风味会受到不良影响。酒花病可以通过添罐阻止酒与空气接触来预防。

b. 醋酸菌病——变酸病　葡萄酒表面形成一层颜色很浅的灰色薄膜，不像酒花病那么明显，然后薄膜慢慢变厚，颜色变为玫瑰红。这时，薄膜会沉入酒中，形成黏稠的物体，俗称"醋母"。这种病害是由醋酸杆菌引起的，酒与空气长时间接触、卫生清洁不到位、酒精含量低、固定酸含量低、挥发酸含量高均可导致醋酸杆菌将乙醇氧化成乙酸和乙醛，再形成乙酸乙酯，从而降低酒的酒精度和色度，增加挥发酸含量。这是一种非常严重的葡萄酒病害，预防措施包括：做好清洁工作，保持良好的卫生条件；在发酵过程中采取措施，增加酒的固定酸含量，减少其挥发酸含量；正确使用 SO_2，尽可能将醋酸杆菌清除干净；严格避免酒和空气接触。

② 厌气性微生物病害

a. 乳酸菌病害——苦味病　苦味病多发于陈红瓶装酒中。饮用染病的葡萄酒时，会品尝出明显的苦味，酒中释放出 CO_2，颜色会发生变化，出现色素沉淀的现象。苦味病的原因是乳酸菌将甘油分解成乳酸、乙酸、丙烯酸等，因此苦味病又称甘油发酵病。丙烯醛和多酚的相互作用是产生苦味的主要原因，因此多酚含量较高的红酒更易出现苦味病。采用 SO_2 杀菌且防止温度升高过快可预防苦味病，对于已经感染苦味病的葡萄酒应进行 1~2 次下胶处理，但很难完全清除致病菌，且处理过程中要尽量避免酒与空气接触。

此外，还有酒石酸发酵病、甘露醇病、油脂病等其他乳酸菌病害。

b. 酵母菌病　干葡萄酒和甜型葡萄酒中的残糖可以通过酵母发酵。引起再发酵的主要酵母有酿酒酵母、拜耳酵母、路氏类酵母、毕赤酵母和酒香酵母，这些酵母在有氧或无氧条件下都很容易繁殖，不需要维生素。

（2）物理化学病害

① 氧化病害

葡萄酒氧化病害会引起酒体浑浊、出现沉淀，氧化病害主要有铁破败病和棕色破败病。

由于生产过程中会接触到铁制的器具以及葡萄自身含有的铁元素，含铁量较大时会发生铁破败病。为防止铁破败病，在生产过程中应尽量减少与铁器具的直接接触，防止葡萄酒中铁含量异常增加。一旦发现有葡萄酒出现铁破败病，应及时处理。

棕色破败病又称氧化破败病，发病的主要原因是氧化酶将发霉的葡萄中的色素转化为不溶性物质。酒在空气中放置一段时间后，感染棕色破败病的酒出现浑浊，时间从几小时到几天不等。红葡萄酒变为棕色，甚至出现巧克力色，颜色昏暗发黑，出现棕黄色沉淀。白葡萄酒变成黄色，但出现的沉淀少于红葡萄酒。感染棕色破败病的酒会有氧化味和煮熟的味道。防止棕色破败病的措施是尽量减少葡萄酒中多酚氧化酶的含量。这些措施包括：选择原料时及时剔除发霉及有机械伤的果实，加入 SO_2 热处理，膨润土处理。

② 还原病害

铜破败病是在还原条件下发生的病害。含有游离态二氧化硫的葡萄酒中易出现铜破败病，特别是暴露在阳光下或贮藏环境温度较高时。感染铜破败病的葡萄酒装瓶后会出现浑浊，逐渐出现棕红色沉淀。主要的预防措施是尽可能降低酒中的铜含量。

③ 其他浑浊性病害

除了上述疾病外，葡萄酒还会遭受由酒石酸盐沉淀和蛋白质、色素等胶体凝固引起的非生物性浑浊疾病。如果发生在瓶中，会影响葡萄酒的澄清度和商品价值。对于不同原因引起的疾病，应进行不同的处理，如冷处理、热处理和涂胶。

（3）不良风味

有些葡萄酒有完全正常的分析结果，但由于风味不好，没有商业价值。酒的不良风味有很多种，原因也不一样。常见的有臭鸡蛋味、过氧化物味、燥辣味等，可以采取一些措施来去除它。原料成熟度、生产工艺、卫生条件、贮藏条件均会影响葡萄酒品质。

6.7.3　果醋的生产

以水果或果品加工下脚料为原料进行酿制，得到的营养丰富、风味独特的酸味调味品即为果醋。果醋作为一种新型饮品，有多种功能。

① 降低胆固醇　果醋中的维生素 B_5（尼克酸、烟酸）含量较高，维生素 B_5 可促进体内胆固醇的排出，有利于降低人体内的胆固醇含量。

② 提高免疫力　果醋中富含维生素、氨基酸等，可与体内的钙结合生成醋酸钙，有利于钙的吸收。此外，维生素 C 具有抗氧化作用，不仅可防止细胞衰老，还可阻碍致癌物亚硝胺的生成，提高机体免疫力。

③ 促进血液循环，降血压　山楂等果醋中含有三萜类物质和黄酮成分，可促进心血管扩张，预防高血压、脑血栓、动脉硬化等多种疾病。

④ 抗菌消炎　醋酸具有抗菌作用，对腮腺炎、体癣、毒虫叮咬等均有一定疗效。

6.7.3.1　工艺流程

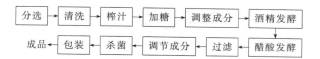

6.7.3.2　加工要点

（1）原料预处理

选取次级品质的水果作为制作果醋的原料，用清水进行清洗，除去果实腐烂变质部分，再次清洗后沥干水分。

（2）榨汁

对不同的原料进行特定的处理，如去皮、切块、除梗，然后用榨汁机进行榨汁。不同的水果具有不同的出汁率，通常来说，苹果的出汁率为 70%～75%，梨的出汁率为 78%～82%，葡萄的出汁率为 60%～70%，柑橘类的出汁率为 60%左右。

（3）调整成分

果汁中可发酵性糖含量不足或为降低生产成本时，需要提高果汁含糖量，应对果汁进行加糖处理，可添加淀粉糖化醪，也可添加蔗糖。

（4）澄清

果汁中存在果胶、单宁等物质，自身聚集或与其他物质结合时，会使果汁变浑浊，为了提高澄清度，需要将调整好成分的果汁进行澄清。常用方法有明胶法、超滤法、酶解法、冷热处理法等。

（5）酒精发酵

进行酒精发酵前需将澄清完的果汁冷却至 30℃左右，然后接入 1%的酒母开始进行酒精发酵，发酵温度需控制在 30～34℃，发酵 5 天左右，其中酸度达到 1%～1.5%，发酵酒精醪含量达到 5%～8%时，酒精发酵完成。

（6）醋酸发酵

一般采用液态发酵的方法，有利于保持水果原有的气味，使产品独具特点，固态发酵会造成产品有辅料味道，影响其风味。

（7）陈酿

常用的方法为醋醅陈酿和醋液陈酿。醋醅陈酿是指将成熟醋醅加盐，放入缸中压实，密封 15～20 天后进行倒醋，再次密封，陈酿数月后将其中醋液提取出来。醋液陈酿是指将提取出的醋液倒入缸中，密封 1～2 个月进行陈酿。

（8）调节成分

陈酿完的半成品过滤后需要进行成分的调节，使其酸度为 3.5%～5%。

（9）杀菌

常用杀菌方法为加热杀菌，采用蛇管热交换加热灭菌时，应将温度控制在 80℃以上，采用煮沸法时，则需要使温度在 90℃以上。加热时加入 0.06%～0.1%的苯甲酸钠作为防腐剂。加热结束后装瓶即为成品。

6. 7. 3. 3　加工过程中常见问题及防治措施

果醋成品存放时表面常出现一层悬浮物，果醋内部会出现结块与沉淀，造成浑浊，不仅影响产品外观，还会对品质造成不良影响。果醋的浑浊可分为生物性浑浊和非生物性浑浊两类。

（1）生物性浑浊

① 果醋发酵多为敞开式发酵，发酵过程与空气接触，空气中的杂菌会进入发酵罐中，果醋会受到微生物的侵染。曲料中含有多种微生物，如霉菌（红曲霉、根霉、米曲霉）、酿酒酵母、醋酸杆菌等发酵菌种，以及能够使醋产生多种独特香味的菌种，如汉逊氏酵母、皮膜酵母。在含糖量和含酸量均处于较高水平的有氧环境下，汉逊氏酵母和皮膜酵母会大量繁殖，酵母菌体在果醋表面形成一层膜，悬浮膜多为乳白色至黄褐色。果醋表面悬浮的其他杂菌也会造成浑浊。

② 果醋经过滤、杀菌后，保存时会出现均匀浑浊，这是由嗜温、耐醋酸、耐高温、厌氧的梭状芽孢杆菌引起的。梭状芽孢杆菌在果醋中生长繁殖会使果醋中的营养物质被消耗，同时梭状芽孢杆菌代谢的不良产物会对果醋风味造成不良影响，大量菌体存在于果醋中，造成果醋浑浊。

③ 防治措施包括：a. 做好用具及加工车间的清洁工作，规范工作人员的操作行为；b. 采用先进的杀菌设备及方法，有效清除杂菌，避免污染；c. 原料预处理时，将病果、烂果剔除，可将原料用 0.02% 的 SO_2 浸泡 30min；d. 添加适量的 SO_2，抑制有害微生物的生长繁殖，防止有害微生物对产品造成不良影响，维持果汁中的营养成分，经驯化的有益微生物，如酵母菌等，耐 SO_2 能力较强，适量添加不会对其造成抑制，添加方法为将 SO_2 用果汁溶解，按 0.05% 添加到发酵罐中并搅拌均匀。

（2）非生物性浑浊

原辅料利用不完全或未被降解时会存在一些大分子物质，如蛋白质、淀粉、纤维素、半纤维素、果胶、脂肪等，生产过程中会造成部分金属离子进入果醋，这些物质在氧气与光的作用下会发生化合、凝聚等一系列反应，生产沉淀，造成果醋浑浊。同时，辅料中的粗脂肪与金属离子发生络合，络合物为耐酸菌提供了再利用的条件，此时也会造成果醋浑浊。

在发酵前，应将果汁中会引起浑浊的物质去除或降解。具体方法有：①加入果胶酶、蛋白质酶等酶制剂，将果汁中的蛋白质、果胶等大分子降解；②加入皂土，吸附果汁中的金属离子，并与蛋白质发生反应，产生絮状沉淀；③加入适量单宁，单宁带有负电荷，可与带有正电荷的蛋白质发生反应，生产絮状沉淀；④利用 PVPP（不溶性聚乙烯聚吡咯烷酮）作为稳定剂，PVPP 络合能力强，可与果胶酸、褐藻酸等生成络合性沉淀。

思考题

1. 写出果蔬罐头产品生产的基本工艺流程。
2. 提高果蔬出汁率的方法有哪些？
3. 速冻果蔬生产过程中烫漂和浸糖的作用有哪些？
4. 真空低温油炸生产果蔬脆片的原理是什么？
5. 简述果酱类加工过程中常见问题及预防措施。
6. 简述非发酵性腌制品加工工艺。
7. 简述果酒加工工艺。
8. 简述果醋加工过程中常见问题及防治措施。

第7章

畜产食品的加工

学习目标：掌握液态乳、发酵乳、乳粉、干酪、奶油生产工艺要点及质量控制关键点；掌握肉品贮藏保鲜的方法及保鲜技术要点；掌握中式肉制品与西式肉制品分类的区别；掌握肉制品加工工艺及常见质量问题产生原因；掌握禽蛋的功能特性；掌握蛋制品加工原理和加工工艺。

7.1 乳制品生产

7.1.1 液态乳生产

7.1.1.1 液态乳的概念

液态乳是以生鲜牛乳、乳粉等为原料，经过净化、杀菌、均质、冷却、包装，所制成的可供消费者直接饮用的液态状的商品乳。

7.1.1.2 液态乳的分类

按热处理方式进行分类，可以分为消毒乳、灭菌乳；按产品营养成分进行分类，可以分为普通牛乳、高脂牛乳、高蛋白质牛乳、强化营养素牛乳、花式牛乳、乳饮料、再制乳。

7.1.1.3 液态乳生产工艺流程

原料乳的验收 → 过滤 → 净化 → 冷却 → 贮存 → 标准化 → 均质 → 杀菌 → 灌装及贮藏 → 成品

7.1.1.4 液态乳生产工艺要点

（1）原料乳的验收和分级

液态乳的质量决定于原料乳，优质的乳产品需要优质的原料。验收原料乳时，主要对牛乳进行感官检验、理化检验、微生物检验，只有符合标准的原料乳才可用于生产。

① 原料乳的感官检验

鲜乳验收时首先要进行感官检验，感官检验的主要项目有：色泽、组织状态、滋气味等。即对鲜乳进行嗅觉、味觉、外观、尘埃、杂质等的鉴定，正常鲜乳为乳白色或微带黄色，不得含有肉眼可见的异物，不得有红、绿等异色，不能有苦、涩、咸的滋味和饲料、青贮、霉等异味。

② 原料乳的理化检验

乳的理化检验主要检测乳的相对密度、酸度及乳成分。国标 GB 19301—2010 中规定原料乳的验收理化指标为：脂肪≥3.10g/100g，蛋白质≥2.80g/100g，相对密度（20℃/4℃）≥1.027，杂质度≤4mg/kg。非脂乳固体 28.1g/100g，酸度为 16～18°T，冰点为－0.560～－0.500℃。

③ 原料乳的微生物检验

一般现场收购鲜乳不做细菌检验，但在加工以前，须检查细菌总数国标要求生乳的菌落总数≤2×10^6 CFU/g(mL)。如果是加工发酵制品的原料乳，必须做抗生素的检验。

（2）过滤或净化

为了防止粪屑、牧草、毛、蚊蝇等带来的污染，挤下的牛乳必须用清洁的纱布进行过滤。在乳品厂也可用不锈钢制金属丝网加多层纱布进行粗滤，进一步可采用管道过滤器。过滤后的乳还会有很多极微小的机械杂质和细菌、细胞等，为了除去这些杂质，达到较高的纯净度，必须用离心式净乳机净化。离心净乳机构造基本与奶油分离机相似，分离钵具有较大的聚尘空间，杯盘设有孔，上部有分配杯盘。乳在分离钵内受强大离心力的作用，将大量的杂质留在分离钵内壁上而被除掉。

（3）冷却

刚挤下的乳，温度在 36℃ 左右，是许多微生物繁殖的适宜温度，如果不及时冷却，乳中的微生物将大量繁殖，酸度迅速增高，不仅降低乳的质量，甚至使乳凝固变质，所以挤出后的乳应迅速冷却到 4℃ 左右，以抑制乳中微生物的繁殖，保持乳的新鲜度。原料乳的冷却方法有水池冷却、表面冷却器冷却、浸没式冷却器冷却。

（4）贮存

为了保证工厂连续生产的需要，必须有一定的原料乳贮存量。冷却后的乳还要继续保存在低温处。根据实验，将乳冷却到 18℃ 时，已有相当的作用。冷却到 13℃ 可保存 12h 以上。冷却只能暂时抑制微生物的生长繁殖，当乳温逐渐升高时，微生物又开始生长繁殖，所以乳在冷却后，应在处理前的整个时间内，一直维持低温，温度越低保存时间越长。

（5）标准化

原料乳中的脂肪、蛋白质和非脂乳固体含量，随乳牛的品种、地区、季节和饲养管理等因素不同有很大的差异，因此必须对原料乳进行标准化，调整原料乳脂肪、蛋白质和非脂乳固体的关系，使其比例符合制品的要求。标准化通常通过添加稀奶油、脱脂乳或者奶粉实现。根据我国食品卫生标准规定，消毒乳的含脂率为 3.0%，因此，凡不符合该标准的乳都必须进行标准化。

（6）均质

均质是在强力的机械作用下将乳中大的脂肪球破碎成小的脂肪球的过程。均质可以防止脂肪的上浮分离，使牛乳具有新鲜牛乳的芳香气味，均质后的牛乳脂肪直径减小，易消化吸收。均质时先将牛乳预热至 65℃ 左右，然后使其通过 10～20MPa 压力的均质阀。牛乳中的脂肪球受到两次粉碎处理，达到细小的分散状态，脂球直径在 $2\mu m$ 以下。均质机的种类主要有高压均质机、离心均质机和超声波均质机，常用的是高压均质机。

（7）杀菌

乳的杀菌方法分为巴氏杀菌和超高温灭菌，前者生产出来的称为巴氏杀菌乳，后者生产出来的称为灭菌乳。巴氏杀菌一般分为低温长时杀菌（LTLT）和高温短时杀菌（HTST）两种，低温巴氏杀菌一般是指在 63℃ 杀菌 30min，而高温巴氏杀菌则是指在 72～75℃ 范围内，杀菌 15～20s。超高温（UHT）灭菌是在 135～142℃ 范围内，灭菌 2～4s。不同地区的生乳质量各不相同，因此，应根据实际情况选择不同的杀菌方式。

（8）灌装及贮藏

杀菌后的液态乳，为了便于运输分送和零售，防止外界杂质混入成品中，防止微生物再污染，保持特有的滋气味，防止吸收外界气味而产生异味以及防止维生素等成分受到损失，要及时进行灌装。目前我国采用的包装有玻璃瓶、塑料瓶、塑料袋和复合纸板容器等。对于巴氏杀菌乳，灌装后的产品要尽快送至冷库。冷库的温度一般控制在 2～6℃，温度要保持稳定均匀。超高温灭菌乳可以在室温下贮存，为保持乳的风味，超高温产品也宜在 15℃ 下贮存。

7.1.1.5　液态乳的质量控制

（1）脂肪上浮

脂肪上浮现象在液态乳中最为常见。当剪开利乐包装盒，会发现上层有明显可见的白色流动液体，有时浮有少量白色碎片，而且会粘在盒内壁。但品尝此种奶口味纯正，无异味。黏度、酸度均在正常奶的范围。

液态乳产生脂肪上浮的原因主要有：

① 均质不当

在 UHT 乳生产中要求采用二级均质，均质时先将牛乳预热至 65℃ 左右。

② 乳化剂的乳化效果不好

在长货价期 UHT 乳生产中，乳化剂的选用尤为重要，添加量约为 0.1%，过量或不足都会影响产品的稳定性。

③ 乳中天然蛋白酶（碱性蛋白酶）所致

在乳中，该酶能够水解蛋白，破坏了乳脂肪球和酪蛋白表面结构，引起脂肪与脂肪、脂肪与酪蛋白结合并聚集，形成小的薄片浮于乳的上部。影响乳蛋白酶的因素主要有牛的健康状况和乳的卫生质量。因此，禁止使用以乳腺炎乳为液态乳的原料乳。

（2）蛋白质凝块和乳清析出

这种凝块现象在早期不明显，但当乳加热到 40～50℃ 时即出现絮状沉淀，这表明乳已发生了一定程度的水解。同时这种现象还伴有苦味出现，产生一些苦味肽和氨基酸。

液态乳产生蛋白质凝块和乳清析出的原因主要有：

① 酶水解乳蛋白

a. 天然乳蛋白酶（纤维蛋白酶）

乳中天然乳蛋白酶会水解蛋白质生成胨类，使乳产生凝胶现象。

b. 微生物蛋白酶

虽然加热处理能够杀死绝大部分微生物，但某些微生物分泌的一些代谢产物如蛋白酶和脂肪酶能够忍受高温处理，会在乳贮存中被激活。这些酶耐热性很高，能存活于 UHT 乳中，因此在乳贮存中会逐渐发挥水解作用，使蛋白质聚集，最终由于自身重力作用沉于底部，随时间延长，逐渐析出乳清。

② 乳中盐的失衡

乳中钙离子对乳的稳定性影响最大。因盐类失衡引起的蛋白质沉淀现象出现较快，可能在 2 周内就会发生，而对于这种现象的预防，则主要是把好原料乳的质量关，严禁高酸度乳、酒精阳性乳、热不稳定乳、掺假乳的混入。

（3）酸包和胀包

液态乳出现酸包、胀包现象一般是由微生物引起的，当杀菌不彻底时，或无菌灌装机出现了问题，可能出现此现象。

（4）乳色香味的改变

正常液态乳应为乳白色或稍带黄色。当乳出现棕色时，可能发生了不同程度的褐变。褐变主要是由于乳中乳糖和某些氨基酸发生了美拉德反应。

酶水解乳蛋白会产生苦味，脂肪氧化水解会产生氧化味和酸败味，微生物残留会产生酸败味和腐臭味，过氧化氢渗入可能产生辣味和涩味等。

7.1.2　发酵乳生产

7.1.2.1　发酵乳的概念

发酵乳就是乳和乳制品在特征菌的作用下发酵而成的酸性凝乳状制品，该类产品在保质期内的特征菌必须大量存在，能继续存活，且具有活性。发酵乳制品能抑制肠道内有害微生物的活动，增进人体的健康，能促进消化腺机能，促进食欲，增强消化机能，增加肠胃蠕动和机体的新陈代谢；能防止某些疾病发生。

7.1.2.2　发酵乳的分类

按发酵剂的类型分类，发酵乳可以分为单一发酵产品和混合发酵产品；按成品的组织状态分类，发酵乳可以分为凝固型酸乳和搅拌型酸乳；按菌种分类，发酵乳可以分为普通酸乳、双歧杆菌酸乳、嗜酸乳杆菌酸乳、干酪乳杆菌酸乳。

7.1.2.3　发酵乳的生产工艺流程

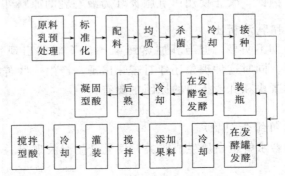

7.1.2.4　凝固型酸奶生产工艺要点

（1）原料乳预处理

用于制作发酵剂和加工酸乳制品的原料乳必须高质量，要求酸度在 18°T 以下，杂菌不高于 500000CFU/mL，总干物质含量不低 11％，具有新鲜牛乳的滋味和气味，不得有异味，如饲料味、苦味、臭味、涩味等。对原料乳的另一个要求是不含有抑制或杀灭发酵剂中细菌的物质，否则，酸度形成缓慢、影响酸乳的风味，用乳腺炎乳和抗生素乳容易发生这种情况。乳腺炎乳中白细胞含量高，白细胞对发酵剂菌种有不同程度的噬菌作用。泌乳母牛在产奶期间如果患有某种炎症或传染性疾病，进行治疗时使用的抗生素在乳中有一定的残留量，对发酵剂细菌有抑制或杀死作用。

（2）配料要求

用作发酵乳的脱脂乳粉要求质量高、无抗生素和防腐剂。脱脂乳粉可提高干物质含量，改善产品组织状态，促进乳酸菌产酸，一般添加量为 1％～1.5％。发酵乳中常用的稳定剂有明胶、果胶和琼脂，其添加量应控制在 0.1％～0.5％。在酸乳生产中，常添加 5％蔗糖。

（3）均质

均质前将原料乳预热到 55℃左右，可以提高均质效果，所采用的压力以 20～25MPa 为好。均质处理可使原料充分混合，粒子变小，有利于提高酸乳的稳定性和稠度，并使酸乳质地细腻，口感良好。

（4）杀菌

杀菌目的在于：杀灭原料乳中的杂菌，确保乳酸菌的正常生长和繁殖；钝化原乳中对发酵菌有抑制作用的天然抑制物；使牛乳中的乳清蛋白变性，以达到改善组织状态稠度和防止成品乳清析出的目的。原料奶经过 90～95℃（可杀死噬菌体）并保持 5min 的热处理效果最好。

（5）接种

杀菌后的乳应迅速降温到乳酸菌最适生长温度 45℃左右，以便接种发酵剂。一般发酵剂加入量为 3％～5％，加入发酵剂不应有大凝块，以免影响成品质量。制作酸乳用单一发酵剂，口感往往较差。而利用两种或两种以上的发酵剂效果较好，此外混合发酵剂还可缩短发酵时间，如开始时球菌生长得比杆菌快，当球菌产一定酸时抑制其生长，此时，杆菌迅速生长。常用的混合发酵剂比例为：保加利亚杆菌：嗜热链球菌＝1：1；保加利亚杆菌：乳酸链球菌＝1：4。

如生产短保质期普通酸奶，发酵剂中球菌和杆菌的比例应调整为 1：1 或 2：1。生产保质期为 14～21 天的普通酸奶时，球菌和杆菌的比例应调整为 5：1。对于制作果料酸奶而言，两种菌的比例可以调整到 10：1，此时保加利亚乳杆菌的产香性能并不重要，这类酸奶的香味主要来自添加的水果。

（6）装瓶

可根据市场需要选择玻璃瓶或塑料杯。在装瓶前需对玻璃瓶进行蒸汽灭菌。一次性塑料杯可直接使用。

（7）发酵

用保加利亚乳杆菌与嗜热链球菌的混合发酵剂时，温度保持在 41～42℃，培养时间 2.5～4.0h（2％～4％的接种量）。

一般发酵终点可依据如下条件来判断：滴定酸度达到 80°T 以上；pH 值低于 4.6；表面有少量水痕；倾斜酸奶瓶或杯，奶变黏稠。

发酵应注意避免振动，否则会影响组织状态；发酵温度应恒定，避免忽高忽低；发酵室内温度上下均匀；掌握好发酵时间，防止酸度不够或过度以及乳清析出。

（8）冷却后熟

发酵好的凝固酸乳，应立即移入 0～4℃ 的冷库中。在冷藏期间，酸度仍会有所上升，同时风味成分双乙酰含量会增加。因此。凝固后的酸乳须在 0～4℃ 下贮藏 24h 再出售，通常把该贮藏过程称为后成熟，一般最大冷藏期为 7～14d。

7.1.2.5　凝固型酸奶的质量控制

（1）凝固性差

① 不凝固

a. 乳中含有抗生素、磺胺类药物以及防腐剂时，都会抑制乳酸菌的生长。当抗生素为 0.01IU/mL 时，对乳酸菌就有明显的抑制作用，注射抗生素的乳牛应在断药 10 天后，其乳汁才能用于生产酸牛乳。

b. 干物质含量很低＜11％（正常乳中干物质含量为 11％～14％）不能用于生产酸牛乳。可适当添加脱脂乳粉，以提高干物质含量。

c. 原料乳消毒前，污染有能产生抗生素的细菌，杀菌处理可以杀灭细菌，但这些细菌产生的抗生素不受热处理影响，会在发酵培养中起抑制作用，这一点常被忽视。

d. 发酵温度过高（正常发酵温度为 40～45℃），当温度大于 45℃ 时，会产生不凝固现象。

② 凝固不坚实

a. 干物质含量低。b. 乳酸菌活力低。c. 发酵剂被噬菌体污染：为避免乳酸菌感染噬菌体，应该常更换发酵剂；采用混合乳酸菌发酵；菌种使用前，多次活化，使其活力达 0.8％以上；对容器上的洗涤剂要冲洗干净。d. 杀菌温度不适合：UHT 乳的凝固性不如 90～95℃，杀菌 5～10min 的消毒奶。e. 发酵温度过低：为控制凝固不坚实，可适当加入耐酸性稳定剂，如羟甲基纤维素（CMC）、凝胶、乳胶、琼脂、明胶等。f. 加糖量：凝固型酸乳，加糖量一般为 5％，超过 5％，反而抑制菌种生长。

（2）乳清析出

① 原料乳热处理不当

热处理温度偏低或时间不够，就不能使至少 75％～80％ 的乳清蛋白变性，而变性乳清蛋白可与酪蛋白形成复合物，能容纳更多的水分，并且具有最小的脱水收缩作用。

② 发酵时间

发酵时间过长，乳酸菌继续生长繁殖，产酸量不断增加。酸性的增加破坏了原来已经形成的胶体结构，使其容纳的水分游离出来，形成乳清上浮。发酵时间过短，乳蛋白质的胶体结构还未充分形成，不能包裹乳中原有的水分，也会形成乳清析出。

③ 干物质含量不足

④ 机械振动

发酵过程中要避免机械振动，否则会破坏已形成的胶体结构。

⑤ 发酵剂剂量过大

发酵剂剂量过大，产生的乳酸过多，会导致乳清过度析出。

（3）风味缺陷

① 香味不足

a. 菌种的选择及操作工艺不当：在选择混合菌种发酵时，必须比例合适，任何一方占优势都会导致产香不足，风味劣变；b. 高温短时发酵：高温短时发酵，香味形成的时间不够；c. 原料乳中柠檬酸含量低：芳香味主要来自发酵剂酶分解柠檬酸产生的丁二酮物质，当原料乳中柠檬酸含量低时，产生的芳香味就不足，一般喂精饲料过多的牛，产的乳中柠檬酸含量少。

② 口感过酸或过甜

发酵过度，菌种活力过高，发酵温度偏高，冷却时温度偏高，加糖量较低等，使酸乳偏酸。加糖量大，发酵不足，酸乳易过甜。

（4）口感差（口感粗糙，有砂状感）

① 采用了劣质的乳粉；

② 生产时温度过高，蛋白质发生变性；

③ 均质不彻底；

④ 均质机清洗不干净。

（5）发黏

发酵温度过低，或污染了酵母菌。

7.1.3　乳粉生产

7.1.3.1　乳粉的概念

乳粉是指以新鲜乳为原料，或为主要原料，添加一定数量的植物或动物蛋白质、脂肪、维生素、矿物质等配料，通过冷冻或加热的方法除去乳中几乎全部的水分，干燥而成的粉末。

7.1.3.2　乳粉的分类

乳粉的种类很多，目前以全脂乳粉、脱脂乳粉、速溶乳粉、配制乳粉、加糖乳粉为主，其他还包括乳清粉、酪乳粉、乳油粉、冰激凌粉、麦精乳粉等。

7.1.3.3　乳粉的生产工艺流程

7.1.3.4　乳粉的生产工艺要点

（1）原料乳的验收

只有优质的原料乳才能生产出优质的乳粉，原料乳必须符合国家标准规定的各项要求，严格地进行感官检验、理化检验和微生物检验。生产乳粉的鲜乳，酸度不应该高于20°T。

（2）原料乳的标准化

由于奶畜的品种、泌乳期、饲养管理等条件不同，乳的成分尤其是乳脂肪含量差别很大，乳粉的质量也不一致，必须对原料乳进行标准化处理，使全年都获得与标准规定一致的产品。乳脂肪的标准化一般在离心净乳时同时进行。在乳粉生产过程中，乳虽经过浓缩、干燥等过程，但只除去乳中水分，而乳中的脂肪和无脂干物质的比例并不发生变化。所以，乳经标准化后的脂肪与无脂干物质的比例就是乳粉成品中脂肪与无脂干物质的比例。工厂一般将成品的脂肪控制在 $25\%\sim30\%$。

（3）均质

生产全脂乳粉时，一般不经过均质，但如果进行了标准化添加了稀乳油或脱脂乳，则应该进行均质。均质的目的在于破碎脂肪球，使其分散在乳中，形成均匀的乳浊液。即使未经过标准化，经过均质的全脂乳粉量也优于未经均质的乳粉。经过均质的原料乳制成的乳粉，冲调后复原性好。均质前，将原料乳预热到 $60\sim65℃$，均质效果更佳。

（4）杀菌

杀菌的目的是抑制细菌的繁殖，消灭致病菌，破坏解脂酶和过氧化物酶类的活性。因为这些酶类能加速奶粉的脂肪分解，影响其保存性。大规模生产乳粉的加工厂，为了便于加工，经均质后的原料乳用片式热交换器进行杀菌后，冷却到 $4\sim6℃$，返回冷藏罐贮藏，随时取用。小规模乳粉加工厂，将净化、冷却的原料乳直接预热、均质、杀菌后用于乳粉生产。

（5）加糖

加糖的方法有四种：①净乳之前加糖；②将杀菌过滤的糖浆加入浓缩乳中；③包装前加蔗糖细粉于乳粉中；④预处理前加一部分糖，包装前再加一部分。后加糖粉的乳粉其相对密度较预热杀菌时加糖者大，所以成品乳粉所占的容积较小，可节省包装费。先加糖的乳粉溶解性好，但吸湿性较大。生产含糖量低于 20% 的加糖乳粉，可采用①或②法。生产含糖量高于 20% 的加糖乳粉，可采用③或④法。

（6）真空浓缩

原料乳在干燥前先经过真空浓缩，除去 $70\%\sim80\%$ 的水分，可以节约加热蒸汽和动力消耗，相应地提高了干燥设备的生产能力，降低成本。真空浓缩对乳粉颗粒的物理性状有显著的影响，可以改善乳粉的保藏性。经过浓缩后喷雾干燥的乳粉，其颗粒致密、坚实、密度较大，对包装有利。

原料乳一般浓缩至原体积的 1/4，乳干物质达到 45% 左右，浓缩后的乳温一般均为 $47\sim50℃$，相对密度应在 $1.089\sim1.100$ 之间。浓度的控制一般以取样测定浓缩乳的密度或黏度来确定，也可以在浓缩设备上安装折光仪进行连续测定。

（7）喷雾干燥

喷雾干燥是采用机械力量，通过雾化器将浓缩乳在干燥室内喷成极细小的雾状乳滴（直径为 $100\sim200\mu m$），以增大其表面积（每升乳可被分散成 146 亿个小雾滴，表面积达 $54000m^2$），加速水分蒸发速率。雾状乳滴一经与同时鼓入的热空气接触，水分便在瞬间蒸发除去，使细小的乳滴干燥成乳粉颗粒。干燥可以使乳粉中的水分含量在 $2.5\%\sim5\%$ 之间，抑制细菌繁殖，延长了货架寿命，降低质量和体积，减少产品的贮存和运输费用。

（8）出粉冷却

喷雾干燥结束后，应立即将乳粉送至干燥室外并及时冷却，避免乳粉受热时间过长。特别是全脂乳粉，受热时间过长会引起乳粉中游离脂肪的增加，严重影响乳粉的质量，使之在保存中容易引起脂肪氧化变质。乳粉的色泽、滋味、气味、溶解度同样会受影响。所以，在喷雾干燥以后，出粉和冷却也是一重要的环节。

喷雾干燥乳粉要求及时冷却至 30℃ 以下。若出粉后乳粉不经过充分冷却，容易引起蛋白质热变性。全脂乳粉脂肪含量高，在高温下游离脂肪增多，在乳粉颗粒表面渗出，暴露于空气中易被氧化，产生氧化臭味。乳粉在高温状态下放置还容易吸收大气中的水分。

（9）筛粉晾粉

筛粉一般用采用机械振动筛，筛底网眼为 40～60 目。目的是使乳粉均匀，松散，便于冷却。晾粉过程中，不但使乳粉的温度降低，同时乳粉表观密度可提高 1%，有利于包装。

（10）包装

各国乳粉包装的形式和尺寸有较大差别，主要有：①充氮包装，称量装罐，抽真空排除乳粉及罐内的空气，然后立即充以纯度为 99% 以上的氮气再行密封，可使乳粉保质期达 3～5 年。②塑料袋包装，可采用 500g 塑料袋简易包装或复合薄膜袋包装。③大包装，产品一般供应特需用户，如出口、食品工厂等。有 12.5kg 的圆罐或方罐，也有聚乙烯薄膜做内袋，外面用三层牛皮纸套袋，常用的为 25kg/袋。

7.1.3.5　乳粉的质量控制

（1）乳粉水分质量分数过高

乳粉水分含量一般为 2%～5%，含量过高，微生物易繁殖，产生乳酸，使酪蛋白变性，乳粉的溶解度降低。水分含量过低，容易引起乳粉变质，产生氧化气味，喷雾干燥的乳粉水分含量低于 1.88% 时，易引起这种缺陷。产生的原因主要有：

①喷雾干燥中的操作：进料量、进出风温度、进出风量都会影响乳滴干燥的效果；②雾化效果不好，乳滴太大；③包装间空气相对湿度太大；④乳粉冷却时，冷风湿度太大；⑤包装密封性不好。

（2）乳粉的溶解度过低

溶解度低，说明蛋白质变性量大，蛋白质不易溶解，黏附在容器壁上或沉淀于底部。产生的原因主要有：

①原料乳质量差，混入了酸度较高的乳；②乳在杀菌、浓缩、喷雾干燥时，温度过高，时间过长，引起蛋白质变性；③喷雾干燥时雾化效果不好，乳滴过大，干燥困难；④乳和浓缩乳在高温下长时间保存，蛋白质变性；⑤乳粉贮藏在高湿、高温条件下，溶解度会下降；⑥生产方式的不同，滚筒干燥生产的乳粉溶解度 70%～85%，喷雾干燥生产的乳粉溶解度 99% 以上。

（3）乳粉结块

乳粉中的非结晶状态的乳糖吸湿性很强。产生的原因主要有：①乳粉干燥时操作不当，水分含量过高；②在包装和贮藏过程中，吸收水分，导致自身水分含量升高。

（4）乳粉颗粒的形状和大小异常

不同干燥方法生产出来的乳粉的颗粒度大小不一样，压力喷雾干燥法比离心喷雾干燥法生产的乳粉颗粒度小。一般来说乳粉的颗粒度直径大，色泽好，易溶解；如果颗粒大小不一，有少量黄色焦粒，乳粉的溶解度就差，杂质度高。产生的原因主要有：①雾化器出现故障；②干燥方法不同；③同一种干燥方法，但干燥设备的类型不一样（立式的较卧式的颗粒度大）；④浓缩乳中干物质含量越大，乳粉颗粒直径大；⑤压力喷雾干燥中，压力低，乳粉颗粒直径大；⑥离心喷雾干燥中，转盘转速低，乳粉颗粒直径大；⑦喷头孔径大，内孔粗糙度高，乳粉颗粒直径大。

（5）乳粉脂肪的氧化味

乳粉中游离脂肪的含量影响脂肪的氧化，游离脂肪含量越高，乳粉中的脂肪越易被氧化。产生的原因主要有：①喷雾干燥采用二级均质，游离脂肪含量低；②干燥后的乳粉冷却的速度会影响游离脂肪的含量；③真空包装或惰性气体包装，适当的贮藏条件，使得游离脂肪含量低。

（6）乳粉色泽异常

正常乳粉呈淡黄色。乳粉色泽异常的原因主要有：①原料乳酸度高，加碱中和，乳粉色泽深，呈褐色；②乳脂肪含量高，色泽深；③乳粉颗粒度大，色泽较黄；颗粒度小，色泽灰色；④空气过滤效果不好，乳粉易呈暗灰色；⑤乳的热处理过度，或长时间在高温下存放，色泽深；⑥贮藏环境温度湿度较高，或乳粉水分含量高，色泽加深。

（7）乳粉细菌总数过高

产生的原因主要有：①原料乳污染严重；②杀菌不彻底；③生产过程中二次污染。

（8）乳粉杂质过高

产生的原因主要有：①原料乳净化不彻底；②进风温度过高，产生焦粉；③乳粉局部受热过度产生焦粉；④生产过程中二次污染。

7.1.4 奶油生产

7.1.4.1 奶油的概念

牛乳静置时由于重力的作用或离心分离时由于离心力的作用，新鲜的全脂乳会分成富含脂肪的和含脂较低的两部分，前者称为稀奶油，后者称为脱脂乳。将稀奶油经成熟、搅拌、压炼而成的一种乳制品，就称为奶油。

7.1.4.2 奶油的分类

根据其制造方法分类，奶油分为：甜性奶油、酸性奶油、重制奶油、脱水奶油、连续式机制奶油；根据加盐与否分类，奶油分为：无盐奶油、加盐奶油；根据脂肪含量分类，奶油分为：一般奶油、无水奶油（即黄油）、人造奶油。

奶油应呈均匀一致的颜色、稠密而味纯。水分应分散成细滴，从而使奶油外观干燥。硬度应均匀，这样奶油就易于涂抹，有舌感即融的感觉。奶油的主要成分为：脂肪（80%～82%）、水分（15.6%～17.6%）、盐（约1.2%）、蛋白质、钙和磷（约1.2%），奶油还含有脂溶性的维生素 A、维生素 D 和维生素 E。

7.1.4.3 奶油的生产工艺流程

```
原料乳验收 → 预处理 → 分离 → 稀奶油 → 杀菌 → 发酵 → 成熟 → 加色素 → 搅拌 →
排除酪乳 → 奶油粒 → 洗涤 → 加盐 → 压炼 → 包装 → 成品
```

7.1.4.4　奶油的生产工艺要点

（1）原料乳验收

用于奶油生产的原料，要求必须是健康牛所分泌的正常乳。原料乳的酸度应低于 22°T，个别地区可用酸度为 25°T 的牛乳。当牛乳的酸度超过 25°T 时，乳只能用于制作低级奶油和重制奶油。

（2）原料预处理

用于生产奶油的原料乳要过滤、净乳，其过程同前所述。

（3）稀奶油的分离

稀奶油分离的方法包括静置法和离心法。静置法分离所需的时间长，且乳脂肪分离不彻底。离心法采用牛乳分离机将稀奶油与脱脂乳迅速而较彻底地分开，因此它是现代化生产普遍采用的方法。

工业化生产采用离心法来实现牛乳分离。生产操作时将离心机开动，当达到稳定时（一般为 4000~9000r/min），将预热到 35~40℃牛乳输入。

（4）稀奶油的中和

稀奶油酸度过高，杀菌时会导致稀奶油中酪蛋白的凝固，部分脂肪被包裹在凝块中，搅拌时易流失在酪乳中，影响奶油产量。同时甜性奶油酸度过高，贮藏中易引起水解，促进氧化。生产甜性奶油时，稀奶油水分中的 pH 应保持在近中性，以 pH 6.4~6.8 或稀奶油的酸度以 16°T 左右为宜；生产酸性奶油时，pH 值可略高，稀奶油酸度 20~22°T。

一般使用的中和剂为 $CaCO_3$（碳酸钙）或碳酸钠，但 $CaCO_3$（碳酸钙）难溶于水，必须调成 20% 的乳剂徐徐加入，均匀搅拌，不然很难达到中和目的。碳酸钠易溶于水，中和速度快，不易使酪蛋白凝固，可直接加入，但中和时很快产生二氧化碳，如果容器过小，稀奶油易溢出。

（5）稀奶油的杀菌和真空脱臭

稀奶油因本身含脂量较高，故通常采用高温杀菌，用 90℃ 保持约 10min。杀菌的目的是：杀灭病原菌和腐败菌以及其他杂菌和酵母等；破坏各种酶，提高奶油保存性和风味；稀奶油中存在各种挥发性物质，加热杀菌可以除去那些特异的挥发性物质，改善奶油的香味。

加热处理时不能过于强烈，以免引起蒸煮味之类的缺陷产生。杀菌后应尽快冷却，以抑制微生物繁殖，阻止油脂中许多芳香性物质继续挥发，缩短生产周期，有利于物理成熟。冷却温度以 2~5℃ 为宜。而酸性奶油制作时，先冷却到 18~20℃，添加发酵剂进行发酵，酸度达到一定程度后，再冷却至 2~5℃。

如果生产稀奶油的原料来源于牧场，稀奶油中会混有牧场的异味，一般用真空杀菌脱臭机来处理。真空脱臭是将稀奶油加热到 78℃，然后输送至真空机，真空室内稀奶油的沸腾温度为 62℃ 左右。通过真空处理可将挥发性异味物质除掉，也会使其他挥发性成分逸出。

（6）发酵

生产甜性奶油时，则不经过发酵过程，在稀奶油杀菌后立即进行冷却和物理成熟。生产酸性奶油时，须经发酵过程。发酵的目的是：①产生乳香味，发酵法生产的酸性奶油比甜性奶油有更浓的芳香风味；②产生乳酸，抑制腐败性细菌的繁殖。

生产酸性奶油用的纯发酵剂是产生乳酸的菌类和产生芳香风味的混合菌种。菌种有乳酸链球菌、乳脂链球菌、嗜柠檬酸链球菌、副嗜柠檬酸链球菌、丁二酮乳链球菌、丁二酮乳链球菌，发酵剂的制备方法与酸乳相似。

经过杀菌、冷却的稀奶油流入发酵成熟槽内，温度调到 18～20℃后，添加相当于稀奶油 5% 的工作发酵剂，添加时进行搅拌，慢慢添加，使其均匀混合。发酵温度保持在 18～20℃，每隔 1h 搅拌 5min，达到规定酸度后，停止发酵，转入物理成熟。

（7）稀奶油的物理成熟

稀奶油经过发酵剂的作用，完成了生物化学成熟后，必须经过冷却以进行物理成熟，才能加工出奶油。稀奶油冷却至脂肪的凝固点，以使部分脂肪变为固体结晶状态，这一过程称之为稀奶油物理成熟。

通常制造新鲜奶油时，在稀奶油冷却后，立即进行成熟；制造酸性奶油时，则在发酵前后，或与发酵同时进行，物理成熟温度控制在绝大部分甘油酯的凝固点。脂肪球愈小或低分子量的甘油酯含量愈高，则凝固点愈低，结晶也就愈困难，物理成熟需要的温度也就愈低。

一般成熟温度为 5℃，稀奶油在较低的温度下成熟，会使稀奶油的搅拌时间延长，生产出来的奶油过硬，保水性差，组织状态不良。稀奶油在较高的温度下成熟，会使稀奶油的搅拌时间缩短，生产出来的奶油过软，油脂损失在酪乳中的数量增加。国外有些乳品厂根据乳脂肪中脂肪酸性质（硬脂肪酸和软脂肪酸之间比例）来确定成熟时的温度要求。成熟不充分的稀奶油，搅拌后的奶油颗粒较软、黏性高，易黏附在搅拌器内壁上，给包装造成很大的困难。

（8）稀奶油的搅拌

利用机械的冲击力，使脂肪球破碎，在空气进入，形成泡沫的情况下，脂肪球被集中在泡沫周围，当泡沫不稳定而破裂时，脂肪球相互间聚结而形成奶油粒，同时析出酪乳。

搅拌时稀奶油的温度，夏季为 7～10℃，秋冬 10～14℃为宜。整个过程温度会提高 1～2℃。搅拌时间一般为 30～60min，转速为 18～31r/min。稀奶油的含脂率、酸度和脂肪球大小等对搅拌均有一定影响。每次装入搅拌器容积的 40%～50% 为宜，以便留出空间使空气进入，容易起泡。

奶油作为商品时，为了使颜色全年一致，冬季可添加色素。色素添加通常是在杀菌后搅拌前直接加入搅拌器中，通常使用的色素为安那妥。

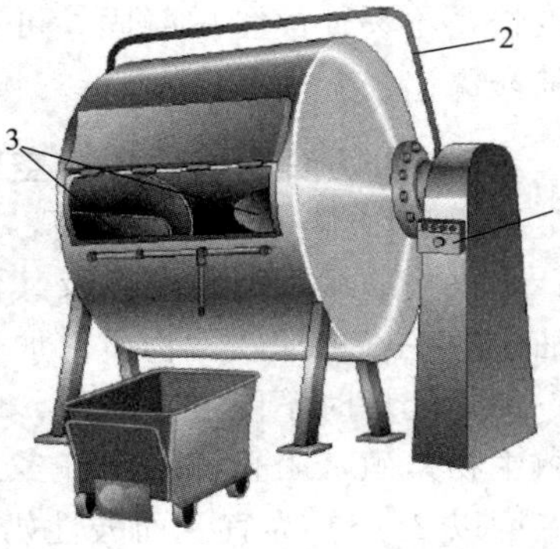

稀奶油搅拌所用仪器如图 7-1-1 所示。

图 7-1-1　间歇式生产中的奶油搅拌器
1—控制板；2—紧急停止；3—角开挡板

（9）奶油粒的洗涤

搅拌到奶油颗粒达一定大小时（比米粒稍大）为止，稍停片刻后就排放酪乳。然后用等量的清洁消毒水对奶油颗粒进行 2～3 次洗涤，水温在 3～10℃ 的范围，目的是除去奶油粒表面的酪乳，调整奶油的硬度，消除稀奶油的不良气味。

（10）奶油的加盐

为了使奶油有一定风味，提高保能力，在排尽洗涤水后，把经过烘干的精制食盐按奶油量的 2.5%～3.0% 添加。盐粒的大小不宜超过 50μm，加入盐水会提高奶油的含水量。为了减少含水量，在加入盐水前要保证奶油粒中的含水率为 13.2%。

（11）奶油的压炼

洗涤后的奶油颗粒间存留空气和水分，通过压炼，挤压颗粒，使奶油粒变为组织致密的奶油层，使水滴分布均匀，使食盐全部溶解，并均匀分布于奶油中。同时调节水分含量，即在水分过多时排除多余的水分，水分不足时，加入适量的水分并使其均匀吸收。

（12）奶油的包装

压炼后的奶油，送到包装设备进行包装。奶油通常有 5kg 以上大包装和从 10g 到 5kg 重不等的小包装。根据包装的类型，使用不同种类的包装机器。外包装材料最好用防油、不透光、不透气、不透水包装材料，如复合铝箔、马口铁罐等。

（13）奶油的贮藏

奶油包装后应送入冷库中贮藏。4～6℃的冷库中贮藏期一般不超过 7 天。0℃冷库中贮藏期 2～3 周。当贮藏期超过 6 个月时，应放入−15℃的冷库中。当贮藏期超过一年时，应放入−25～−20℃的冷库中。

7.1.4.5　奶油的质量控制

（1）风味缺陷

①鱼腥味：主要是奶油中的卵磷脂水解，生成三甲胺造成的；②脂肪氧化与酸败味：脂肪氧化味是氧与不饱和脂肪酸反应造成的，酸败味是脂肪在解脂酶的作用下生成低分子游离脂肪酸造成的；③干酪味：污染了霉菌和细菌，使蛋白质分解造成的；④肥皂味：中和过度或中和操作过快，会使产品产生肥皂味；⑤金属味：产品接触了铜、铁设备而产生；⑥苦味：原料乳中掺入了末乳，或奶油被酵母污染，都会使产品出现苦味。

（2）组织状态缺陷

①软膏状或黏胶状：压炼过度、洗涤水温度过高或稀奶油酸度过低和成熟不足等；②奶油组织松散：压炼不足、搅拌温度低等造成液态油过少；③砂状奶油：加盐奶油中，盐粒粗大，未能溶解所致，或是中和时蛋白质凝固，混合于奶油中造成的。

（3）色泽缺陷

①条纹状：在干法加盐的奶油中，盐加得不匀、压炼不足等；②色暗而无光泽：压炼过度或稀奶油不新鲜；③色淡：冬季生产的奶油，因为原料乳中胡萝卜素含量低，生产出来的产品色泽淡；④表面褪色：奶油暴露在阳光下，发生光氧化。

7.1.5　干酪生产

7.1.5.1　干酪的概念

干酪是指在乳（包括脱脂乳、稀奶油等）中加入适量的乳酸菌发酵剂和凝乳酶，使乳蛋白质（主要是酪蛋白）凝固后，排除乳清，将凝块压成所需形状而制成的产品。未经发酵成熟的产品称为新鲜干酪；经长时间发酵成熟而制成的产品称为成熟干酪。国际上将这两种干酪统称为天然干酪。

7.1.5.2　干酪的分类

国际上通常将干酪划分为三大类：天然干酪、融化干酪、干酪食品。

（1）天然干酪

以乳、稀奶油、部分脱脂乳、酪乳或混合乳为原料经凝固后，排出乳清而获得的新鲜或成熟的产品，允许添加天然香辛料以增加香味和滋味。

（2）融化干酪

用一种或一种以上的天然干酪，添加食品卫生标准所允许的添加剂（或不加添加剂），经粉碎、混合、加热、融化、乳化后而制成的产品，含乳固体46%以上，还有下列两条规定：①允许添加稀奶油、奶油或乳脂，以调整脂肪含量；②为了增加香味和滋味，添加香料、调味料及其他食品时，必须控制在乳固体的1/6以内，但不能添加脱脂奶粉、全脂奶粉、乳糖、干酪素以及不是来自乳中的脂肪、蛋白质及糖类。

（3）干酪食品

用一种或一种以上的天然干酪或融化干酪，添加食品卫生标准所规定的添加剂（或不加添加剂），经粉碎、混合、加热、融化而成的产品。产品中干酪数量占50%以上，此外，还规定：①添加香料、调味料或其他食品时，须控制在产品干物质的1/6以内；②添加不是来自乳中的脂肪、蛋白质、糖类时，不超过产品的10%。

7.1.5.3　干酪的生产工艺流程

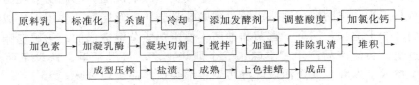

7.1.5.4　干酪的生产工艺要点

（1）原料乳的预处理

生产干酪的原料必须是由健康母畜分泌的新鲜优质乳。牛乳的酸度为16~18°T，不得使用近期内注射过抗生素的母畜所分泌的乳汁。利用离心净乳除去大部分的杂质，以及乳中90%的细菌，尤其对相对密度较大的芽孢去除效果更好。

（2）标准化

原料乳中的含脂率决定了干酪的脂肪含量，而且原料乳中的脂肪含量必须与乳中的酪蛋白保持一定的比例关系。为了保证产品符合有关标准，质量均一，在加工之前要对原料乳进行标准化处理，包括对脂肪标准化、对酪蛋白以及酪蛋白与脂肪的比例（C/F）标准化，一般要求$C/F=0.7$。

（3）原料杀菌

加热杀菌使部分白蛋白凝固，留存于干酪中，可以增加干酪的产量。但如果杀菌温度过高，时间过长，则变性的蛋白质增多，破坏乳中盐类离子的平衡，进而影响皱胃酶的凝乳效果，使凝块松软，收缩作用变弱，易形成水分含量过高的干酪。在实际生产中多采用63℃、30min的保温杀菌（LTLT）或71~75℃、15s的高温短时杀菌（HTST）。

（4）添加发酵剂和预酸化

原料乳经杀菌后，直接放入干酪槽中，冷却到30~32℃，按要求加入活化好的发酵剂，加入量为原料的1%~2%，充分搅拌3~5min，发酵30~60min，发酵剂发酵乳糖产生乳酸，提高凝乳酶的活性，缩短凝乳时间，促进切块后凝块中乳清的析出。发酵过程中，乳酸的生成使一部分钙盐变得可溶，进一步促进皱胃酶对乳的凝固作用。

干酪生产中采用的发酵剂主要有：乳酸链球菌（*Streptococcus lactics*）、乳脂链球菌（*Str. cremoris*）、干酪乳杆菌（*Lactobacillus casei*）、丁二酮链球菌（*Str. diacetilactis*）、嗜酸乳杆菌（*L. acidophilus*）、保加利亚乳杆菌（*L. bulgaricus*）以及嗜柠檬酸明串珠菌（*Leuconostoc. citreum*）等。目的在于产酸和产生相应的风味物质。

（5）调整酸度

预算化后，取样测定酸度，按要求用 1mol/L 的盐酸调整酸度至 0.02%～0.22%。

（6）添加剂的加入

① 添加氯化钙

为了改善凝乳性能，提高干酪质量，可添加氯化钙来调整盐类平衡，促进凝块的形成。如果生产干酪的牛乳质量差，则凝块会很软。这会引起细小颗粒（酪蛋白）及脂肪的严重损失，并且凝块收缩能力很差。可在 100kg 原料乳中添加 5～20g 的 $CaCl_2$（预先配成 10% 的溶液），以调节盐类平衡，促进凝块的形成。

② 添加硝酸钠

如果干酪乳中含有丁酸菌或大肠菌，就会影响发酵。硝石（硝酸钾或钠盐）可用于抑制这些细菌，硝酸钠的最大允许用量为每 100kg 乳中添加 30g 硝酸钠。

③ 添加色素

为了使产品的色泽一致，还应该在原料中加入胭脂树橙的碳酸钠抽取液，根据颜色要求，每 1000kg 的原料加入 0～60g。

④ 添加 CO_2

通过人工手段加入 CO_2 可降低牛乳的 pH 值，通常可降低 0.1～0.3 个单位，这会导致凝乳时间的缩短，这一效果在使用少量凝乳酶情况下，也能取得同样的凝乳时间。此法可节省一半的凝乳酶，而没有任何负效应。

⑤ 添加凝乳酶

根据活力测定值计算凝乳酶的用量。用 1% 的食盐水将酶配成 2% 的溶液，并在 28～32℃ 下保温 30min。然后加入乳中，搅拌 2～3min 后加盖，静置。活力为 1∶10000～1∶15000 的液体凝乳酶的剂量在每 100kg 乳中可用到 30mL。

（7）凝块切割

正确判断恰当的切割时机非常重要，如果在尚未充分凝固时进行切割，酪蛋白或脂肪损失大，且生成柔软的干酪，反之切割时间迟，凝乳变硬不易脱水。当乳凝固后，用刀在达到适当硬度的凝块表面切割出深约 2cm、长约 5cm 的小口，用食指从切口处插入凝块中约 3cm，当手指向上挑时，如果裂面整齐平滑，指上无小凝块残留，渗出的乳清澄清透明时，即可开始切割。先沿着干酪槽长轴用水平式刀平行切割，再用垂直式刀沿长轴垂直切后，沿短轴垂直切，使其成为 0.7～1.0cm 的小立方体。干酪手工切割工具见图 7-1-2。

（8）凝块的搅拌和加温

凝块切割后开始用干酪耙或干酪搅拌器轻轻搅拌，刚刚切割后的凝块颗粒对机械处理非常敏感，因此，搅拌必须很缓和，并且必须足够快，以确保颗粒能悬浮于乳清中。边搅拌边升温，初始时每 3～5min 升高 1℃，当温度升至 35℃ 时，则每隔 3min 升高 1℃。当温度达到 38～42℃ 停止加热，并维持此时的温度。

在整个升温过程中应不停地搅拌，以促进凝块的收缩和乳清的渗出，防止凝块沉淀和相

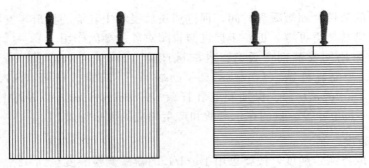

图 7-1-2　干酪手工切割工具

互粘连, 升温和搅拌是干酪制作工艺中的重要过程, 它关系到生产的成败和成品质量的好坏。图 7-1-3 为带有干酪生产用具的普通干酪槽。

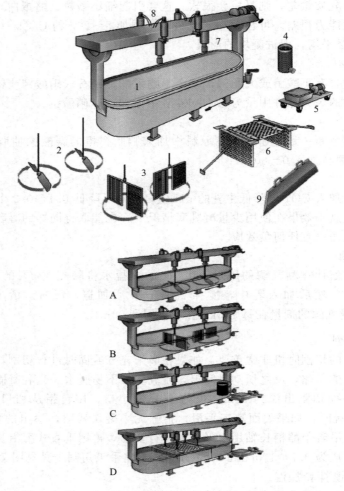

图 7-1-3　带有干酪生产用具的普通干酪槽

A—槽中搅拌；B—槽中切割；C—乳清排放；D—槽中压榨；

1—带有横梁和驱动电机的夹层干酪槽；2—搅拌工具；3—切割工具；4—置于出口处过滤器

干酪槽内侧的过滤器；5—带有一个浅容器小车上的乳清泵；6—用圆孔干酪生产的预

压板；7—工具支撑架；8—用于预压设备的液压筒；9—干酪切刀

（9）排除乳清

乳清酸度达 0.17％～0.18％时，凝块收缩至原来的一半，用手捏干酪粒感觉有适度弹性即可排除全部乳清。可将乳清通过干燥槽底部的金属网排出，此时应将干燥粒堆积在干燥槽的两侧，促进乳清的进一步排除。乳清的排除，可分为几次进行，为保证干酪生产中均匀地处理凝块，要求每次排除同样体积的乳清，此操作也应该按照干酪品种的不同，而采取不同的方法。排出的乳清脂肪含量，一般约为 0.3％，蛋白质 0.9％，如果脂肪含量在 0.4％以上，证明操作不理想，应将乳清回收作为副产物进行综合处理。

（10）堆积

乳清排除后，将干酪粒堆积在干酪槽的一端，用带孔木板或不锈钢板压 5min，压出乳清，使其成块，这一过程叫作堆积。

（11）成型压榨

将堆积后的干酪块切成方砖形或小立方体，装入模型中进行定型压榨，压榨的时间和压力依不同的干酪品种而异。先进行预压榨，压力 0.2～0.3MPa，时间 20～30min。将干酪反转后装入成型器内，以 0.4～0.5MPa 的压力，在 15～20℃条件下再压榨 12～24h 并修整形状。压榨机如图 7-1-4 所示。

图 7-1-4　带有气动操作压榨平台的垂直压榨器

（12）盐渍

加盐可以改变干酪的风味组织状态和外观，促进乳清的排除，增加干酪硬度，延缓乳酸发酵的进程，抑制腐败微生物的生长。干酪加盐的方法有两种：①干盐法，在定型压榨前，将所需的食盐撒布在干酪粒（块）中，或者将食盐涂布于生干酪表面。②湿盐法，将压榨后的生干酪浸于盐水池中浸盐，盐水浓度第 1～2 天为 17％～18％，以后保持 20％～23％的浓度。浅浸盐化系统见图 7-1-5。

（13）干酪的成熟

将生鲜干酪置于一定温度（10～12℃）和湿度（相对湿度 85％～90％）条件下，经一定时期（3～6 个月），在乳酸菌等有益微生物和凝乳酶的作用下，使干酪发生一系列的物理和生物化学变化的过程，称为干酪的成熟。

在成熟期间，需要严格控制成熟室的温度和湿度，以保证所希望的微生物良好地生长，以及各种酶促反应的顺利进行，从而为干酪特殊风味及特点的形成创造良好的前提条件。

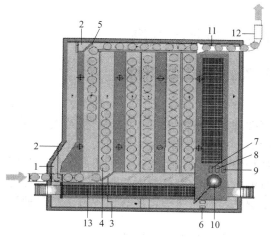

图 7-1-5　浅浸盐化系统

1—带有可调板的入口传送装置；2—可调隔板；
3—带调节隔板和引导门的入口；4—表面盐
化部分；5—出口门；6—带滤网的两个搅拌器；
7—用泵控制盐液位；8—泵；9—板式热交换器；
10—自动计量盐装置（包括盐浓度测定）；
11—带有沟槽的出料输送带；12—盐液抽
真空装置；13—操作区盐液

干酪的成熟通常在成熟库内进行。成熟时低温比高温效果好，一般为 5～15℃。相对湿度一般为 85％～95％，因干酪品种而异。当相对湿度一定时，硬质干酪在 7℃条件下需 8 个月以上的成熟期，在 10℃时需 6 个月以上，而在 15℃时则需 4 个月左右。软质干酪或霉菌成熟干酪需 20～30d。

7.1.5.5　干酪的质量控制

（1）物理性缺陷

①质地干燥：较高温度下"热烫"、切割过小、加热搅拌时温度过高、酸度过高、处理时间较长及原料含脂率低；②组织疏松（凝乳中存在裂隙）：酸度不足、乳清残留于凝块中、压榨时间短、成熟前期温度过高；③多脂性（脂肪过量存在于凝乳块表面或其中）：操作温度过高、堆积过高使脂肪压出；④斑纹：切割和热烫工艺中操作过于剧烈或过于缓慢；⑤发汗（干酪成熟过程中渗出液体）：酸度过高的产品易出现。

（2）化学性缺陷

①金属性黑变：由铁、铅等金属与干酪成分生成黑色硫化物；②桃红或赤变：色素与干酪中的硝酸盐结合而成更浓的有色化合物。

（3）微生物性缺陷

①酸度过高：预发酵速度过快；②干酪液化：液化酪蛋白的微生物引起；③发酵产气：微生物引起干酪产生大量气体；④苦味生成：酵母或非发酵剂细菌都可引起；⑤恶臭：厌气性芽孢杆菌会分解蛋白质生成硫化氢、硫醇、亚胺等；⑥酸败：微生物分解乳糖或脂肪等生成丁酸。

7.2　肉制品生产

7.2.1　肉的贮藏保鲜

肉营养丰富，微生物在其中容易生长繁殖。在室温下放置，微生物的作用，易使肉产生腐败现象。腐败的过程中会产生对人体有害的毒素物质，肉品失去食用价值。另外肉自身的酶类，也会使肉产生一系列的变化，控制不当，也会使肉产生变质。肉的贮藏保鲜，就是通过抑制和杀死微生物，钝化酶的活性，延缓肉内部的物理化学变化，达到长时期贮藏保鲜的目的。肉的贮藏保鲜方法很多，主要有冷却冷冻、气调法、干燥法、盐藏法、化学贮藏法、烟熏法、辐照法等，所有这些方法都是通过抑制微生物来达到目的的。

7.2.1.1　肉的低温贮藏

低温贮藏是应用最广泛、效果最好、最经济的方法，它不仅贮藏时间长，而且在冷加工中对肉的组织结构和性质破坏最小，被认为是目前肉类贮藏的最佳方法。

低温可以抑制微生物的生命活动和酶的活性，从而达到贮藏保鲜的目的。由于能保持肉原有的颜色和状态，方法简单易行、冷藏量大、安全卫生，因而低温贮藏原料肉的方法被广泛采用。

根据贮藏时采用的温度不同，肉的低温贮藏可以分为冷却贮藏和冻结贮藏。

（1）肉的冷却贮藏

肉的冷却贮藏是使产品深处的温度降低到 0～1℃，在 0℃左右贮藏的方法。冷却肉因为仍有低温菌活动，所以贮存期不长，一般猪肉可以贮存 1 周左右。为了延长冷却肉的贮存期，可使产品深处的温度降低到 -6℃ 左右。在每次进肉前，使冷却间温度预先降到 -2～3℃，进肉后经 14～24h 的冷却，待肉的温度达到 0℃ 左右时，使冷却间温度保持在 0～1℃。在空气温度为 0℃ 左右的自然循环条件下，所需冷却时间为：猪、牛胴体及副产品 24h，羊胴体 18h，家禽 12h。肉在冷却状态下冷藏的时间取决于冷藏环境的温度和湿度。

（2）肉的冻结贮藏

肉的冻结是将肉的温度降低到 -18℃ 以下，肉中的绝大部分水分（80% 以上）形成冰晶。当冻结间设计温度为 -30℃，空气流速 3～4m/s 时，牛羊肉胴体冻结至中心温度为 -18℃，所需时间约为 48h。

7.2.1.2　肉的气调保鲜

气调包装是用阻气性材料，将肉类食品密封于一个改变了的气体环境中，从而抑制有害微生物的生长繁殖及生化活性，达到延长货架期的目的。

鲜肉气调保鲜机理是通过在包装内充入一定的气体，破坏或改变微生物赖以生存繁殖以及色变的条件，以达到保鲜的目的。气调包装用的气体通常为 CO_2、O_2 和 N_2，或是它们的各种组合。每种气体对鲜肉的保鲜作用不同。

气调保鲜肉用的气体须根据保鲜要求选用由一种、两种或三种气体按一定比例组成的混合气体。通常使用的有 100% 纯 CO_2 气调包装，75% O_2 和 25% CO_2 的气调包装，50% O_2、25% CO_2 和 25% N_2 气调包装。

7.2.1.3　肉的化学保鲜

肉的化学保鲜主要是利用化学合成的防腐剂和抗氧化剂来预防肉的变质腐败。常用的有山梨酸及其盐类、乳酸链球菌素、亚硝酸钠等。单一的防腐剂和抗氧化剂并不能起到理想的效果，多种合理复配使用，效果更好。

（1）有机酸防腐保鲜法

有机酸的防腐作用机理是使菌体蛋白质变性，干扰细胞膜，干扰遗传机制，干扰细胞内酶的活力等。

（2）脱氧剂保鲜法

脱氧剂是一种不需要加入食品中而起作用的保鲜剂，具有方便、安全、无毒的优点。现广泛使用的脱氧剂有铁系脱氧剂，主要含亚铁化合物、碱性化合物、亚硫酸盐和活性炭等。

在贮存期内借助脱氧剂的吸氧能力，不断将透入包装内的氧吸收，保持无氧环境，从而有效地抑制霉菌和酵母菌，这样就延缓了微生物引起的肉品腐败变质，而且可以防止脂肪的氧化酸败和变色，保持肉品原有的色、香、味，维持原有的营养成分，从而达到有效延长保藏期的目的。

我国使用较多的抗氧化剂，有抗坏血酸（维生素 C）及其盐类、抗坏血酸基棕榈酸酯、异构抗坏血酸及生育酚。

7.2.1.4　肉的辐照保鲜

肉类辐照贮藏是利用放射性核素发出的射线，在一定剂量范围内辐照肉，杀灭其中的害虫，消灭病原微生物及其他腐败细菌，或抑制肉品中某些生物活性物质和生理过程，从而达到保藏或保鲜的目的。

辐射处理会使肉品特有的香气损失产生轻微的"辐照味"，这主要是肉品中蛋白质和氨基酸等含氮物质经照射后会产生 NH_3、CO_2、H_2S、酰胺等有异味的分解物。脂类物质在辐照条件下也会发生氧化反应，产生羰基化合物和过氧化物等，从而导致肉品酸败，产生异味。

为了防止异味的产生，采取的措施有：①用聚合薄膜作增感剂（即照射时尽量用最低剂量，利用增感剂来补救剂量不足，以增加被照射物质的感受度）。②采用真空包装鲜牛肉、猪肉后再用放射线照射处理时，在风味、香味、肉质上均无任何影响。

7.2.2　肉制品分类

肉制品是指以畜禽肉为主要原料，经调味等加工处理而制得的熟肉制品或半成品。根据《肉与肉制品术语》（GB/T 19480—2009）的国家标准，肉制品分为中式肉制品和西式肉制品两大类，根据热加工温度可分为高温肉制品和低温肉制品。中式肉制品也称中国传统肉制品，是劳动人民为了便于贮藏、改善风味、提高可口性、增加品种等目的，而世代相传发展起来的肉类制品，包括腌腊制品、酱卤制品、熏烤肉制品、干制品、其他肉制品等五大类。西式肉制品是指由国外传入的工艺加工生产的肉制品，主要包括培根、香肠制品和火腿制品三大类。

（1）腌腊制品

肉经腌制、酱渍、晾晒（或不晾晒）、烘烤等工艺制成的生肉类制品，食用前需经加工。有腊肉类、咸肉类、酱（封）肉类、风干肉类等。

① 腊肉类

腊肉是指我国南方冬季长期贮存的腌肉制品，用猪肉条肉经过剔骨、切割成条状后，用食盐或者其他调料腌制，经长期风干、发酵或者经人工烘烤而成，使用时需要加热处理。腊肉的品种很多，选用鲜猪肉的不同部位可以制成各种不同品种的腊肉，其产品的品种和风味各具特色。

② 咸肉类

肉经过腌制加工而成的生肉类制品，咸肉的特点是用盐量高，其生产过程一般不经过干燥脱水和烘烤过程，腌制是其主要加工步骤。经过腌制，产生了丰富的滋味物质，因此咸肉制品滋味鲜美，但咸肉没有经过干燥脱水和发酵成熟，挥发性风味物质产生不足，没有独特的气味，是肉制品的一种简单贮藏方法。

③ 酱（封）肉类

酱（封）肉是咸肉和腊肉制作方法的延伸和发展，是用甜酱或者酱油腌制后加工而成的肉制品，食用前需煮熟。酱（封）肉色泽棕红，有酱油味。如北京清酱肉、广东清酱封肉和杭州酱鸭等。

④ 风干肉类

肉经腌制、洗晒、晾挂、干燥等工艺制成的生、干肉类制品，食用前需经煮熟。风干肉类有风干猪肉、风干牛肉、风干羊肉、风干鸡和风干鹅等。

（2）酱卤制品

酱卤制品是将原料肉在水中加食盐或酱油等调味料和其他香料一起煮制而成的一类熟肉类制品，酱卤制品的色泽和风味主要取决于所用的调味料和香辛料。酱卤肉有苏州酱汁肉、卤肉、道口烧鸡、蜜汁蹄髈等。

① 苏州酱汁肉

苏州酱汁肉是江苏省传统名优特产，苏州酱汁肉选用五花肉为主料，佐以红曲粉水、生姜、八角等辅料制成，成品色泽鲜艳，酥润可口。

② 卤肉

卤肉有红卤和白卤之分，种类多样。卤制需要用"老卤"，卤制时添加适当的调味料，卤制后剩余部分乳汁作为"老卤"备用。卤肉由于长时间在乳汁内加热，内外熟透，口味一致。

③ 道口烧鸡

道口烧鸡产于河南滑县道口镇，首创于清顺治十八年，已有 300 多年的历史。道口烧鸡，不仅造型美观，色泽鲜艳，黄里透红，而且味香独特，余味绵长。

（3）熏烤肉制品

熏烤肉制品是指经腌制或熟制后的肉，以熏烟高温气体或固体、明火等为介质热加工制成的一类熟肉制品。熏和烤为两种不同的加工方法加工的产品，可分为熏烟制品和烧烤制品两类。

① 熏烟制品

肉经腌、煮后，再以烟气、高温空气、明火或高温固体为介质的干热加工制成的熟肉类制品。有生熏腿、培根、熏鸡等。

② 烧烤制品

肉经配料、腌制，再经热气烘烤，或明火直接烧烤，或以盐、泥等固体为加热介质煨烤而制成的熟肉类制品。有名的烧烤肉类有：北京烤鸭、烤乳猪、江苏常熟烤鸡、广东烤鹅、广东叉烧肉等。

（4）干肉制品

干肉制品是肉经过预加工后再脱水干制而成的一类熟肉制品，产品为片状、条状、粒状、絮状。干肉制品的种类很多，根据产品的形态主要包括肉干、肉松、肉脯三大类。

① 肉干

肉干是用瘦肉经煮制成型，配以辅料、干燥而成的肉制品。肉干有猪肉干、牛肉干、咖喱肉干、五香肉干，也有调片糊状肉干，但加工方法大同小异。

② 肉松

肉松是将肉煮烂，再经过炒制、揉搓而成的一种营养丰富、易消化、食用方便，易于贮藏的脱水制品。

③ 肉脯

肉脯是经过直接烘干的干肉制品，与肉干不同之处是不经过煮制，多为片状。肉脯的品种很多，但与肉干的加工过程基本相同，只是配料不同，各有特色。

（5）香肠制品

香肠制品是指切碎或斩碎的肉与辅料混合，并灌入肠衣内加工制成的肉制品，主要包括中式香肠、发酵香肠、熏煮香肠和粉肠等。

① 中式香肠

以猪肉为主要原料，经切碎或绞碎成丁，用食盐、硝酸钠、糖、曲酒、酱油等辅料腌制后，充入可食性肠衣中，经晾晒、风干或烘烤等工艺制成的肠制品。食用前需经熟制，加工产品中不允许添加淀粉、血粉、色素及其他非肉组分。按口味分，有川味香肠，广味香肠；

按产地分，有广东香肠、北京香肠、南京香肠、如皋香肠、哈尔滨香肠等；按生熟分，有生干香肠和熟制香肠；按形状分，有枣状香肠、环形香肠、直长型香肠、佛珠形香肠等；按香型分，有香蕉香肠、桂花香肠、金钩香肠、麻辣香肠等。

② 发酵香肠

发酵香肠亦称生香肠，是指将绞碎的肉（常指猪肉或牛肉）和动物脂肪同糖、盐、发酵剂、香辛料等混合后灌入肠衣，经过微生物发酵而制成的具有稳定的微生物特性和典型的发酵香味的肉制品。产品通常在常温条件下贮存、运输，并且不经过熟制处理直接食用。在发酵过程中，乳酸菌发酵糖类形成乳酸，使香肠的最终 pH 值降低到 4.5～5.5，这一较低的pH 值使得肉中的盐溶性蛋白质变性，形成具有切片性的凝胶结构。

③ 熏煮香肠

熏煮香肠指以鲜、冻畜禽肉为主要原料，经选料绞碎、腌制、斩拌（乳化或搅拌）、充填，再经烘烤、蒸煮、烟熏（或不烟熏）、冷却等工艺制成的熟肉制品，颜色均匀一致，组织致密，切片性能好，有弹性，无空洞，无汁液，咸淡适中，滋味鲜美，有各自产品的特殊风味。熏煮火腿是块肉产品，内容物中必须有成块的肉，颜色呈粉红色或玫瑰红色，有光泽，弹性好，切片性能好。熏煮香肠火腿制品分熏煮香肠类和熏煮火腿类。熏煮香肠有红肠、烤肠、维也纳香肠和法兰克福香肠等，火腿肠也属于熏煮香肠。

④ 粉肠

以淀粉和肉为主要原料，按照与熏煮香肠相近的工艺生产而成的一类制品，淀粉添加量可以大于原料肉重的10%。

（6）火腿制品

① 中式火腿

以整条带皮腿为原料，经腌制、水洗和干燥，长时间发酵制成，加工期近半年，成品低水分，肉紫红色，有特殊的腌腊香味，食前需热处理。著名的产品有金华火腿、宣威火腿、如皋火腿等。

② 西式火腿

大都以瘦肉、无皮、无骨和无结缔组织肉腌后充填到模型或肠衣中进行煮制和烟熏，形成即食火腿，加工期短，成品水分含量高，嫩度好。西式火腿可以分为：带骨火腿、去骨火腿、里脊火腿、成型火腿、肉糜火腿。

（7）罐藏肉制品

肉类罐头按加工及调味方法可分为以下几类：清蒸类罐头、调味类罐头、腌制类罐头、烟熏类罐头、香肠类罐头、内脏类罐头。

（8）其他肉制品

① 油炸制品

油炸制品是指调味或挂糊后的肉（生品、熟制品），经高温油炸或浇淋而制成的熟肉制品。根据制品油炸时的状态分为挂糊炸肉、清炸肉制品两类。典型产品有炸鸡腿、炸乳鸽、上海狮子头等。

② 调理肉制品

调理肉制品是指鲜、冻畜禽肉（包括畜禽副产品）经初加工后，再经调味、腌制、滚揉、上浆、裹粉、成型、热加工等加工处理方式中的一种或数种，在低温条件下贮存、运输、销售，需烹饪后食用的非即食食品。

7.2.3　灌制与肠类灌制品生产

灌制与肠类灌制品通常是以畜禽肉类为主要原料，经过腌制（或者不腌制）、斩拌或绞碎等操作将肉加工成为块状、丁状或者肉糜状态，添加其他辅料后进行混合搅拌，然后灌入肠衣（天然或者非天然）或模具中定型，再经过烟熏、烘烤、蒸煮发酵等工艺而制成的肉制品。

7.2.3.1　肠类灌制品的种类

在所有肉制品中，灌肠类制品不仅在世界上产量最高，同时种类也极其丰富。随着现代食品工艺的发展，各具特色灌肠类制品也走进大众的视线，深受广大消费者喜爱。常见的肠品种类如表 7-2-1。

表 7-2-1　常见灌肠制品种类

名称	主要特征
生鲜肠	用新鲜肉切碎后加入辅料，搅拌均匀灌入肠衣内，冷冻贮藏，食用时熟制
烟熏肠（生）	将腌制或者非腌制的肉切碎，加入辅料后均匀搅拌，灌入肠衣，经过烟熏但不熟制
烟熏肠（熟）	将原料肉腌制，绞碎或斩拌，加入辅料后搅拌均匀，灌入肠衣烘烤，熟制后烟熏而成
熟肠	将腌制或者非腌制的肉进行斩拌或绞碎，加入辅料搅拌均匀，灌入肠衣，熟制而成
发酵肠	将腌制肉搅碎，加入辅料搅拌均匀后灌入肠衣，可烟熏或者不烟熏，然后干燥、发酵，除去大部分水分
腊肠	以肉类为原料，经切块、搅碎，配以辅料腌制，灌入肠衣经过成熟干制成的生干肠制品

7.2.3.2　西式肠类制品

西式熏煮类香肠是世界上产量最大、品类最多的一类，在欧美一些地区占总数的 30%～50%。有的产品烟熏在蒸煮后进行。有些产品不经过烟熏，仅进行蒸煮，又称熟香肠。

（1）西式肠类制品的加工

① 原料

生产香肠的原料肉来源十分广泛，只要通过兽医卫生检验合格的大多数可食动物肉均可用作为原料，例如鸡肉、猪肉、羊肉、牛肉和鱼肉等。

② 肠衣

肠衣为肠类制品外的包装物。通常分为天然肠衣和人造肠衣。

a. 天然肠衣：通常是由动物内脏中最长的小肠制作而成的，其制作过程十分繁琐。但是天然肠衣的优点是透气性良好，有利于灌好的香肠后期更易形成风味。

b. 人造肠衣：人造肠衣使用安全、方便、成本低、填装量固定且方便印刷。人造肠衣包括以下几种：（a）胶原肠衣，主要成分为动物胶原，分为可食用和不可食用两种。（b）纤维素肠衣，主要成分为天然纤维，如木屑、棉绒等。（c）塑料肠衣，主要成分为聚丙二氯乙烯或聚乙烯，不能食用。

（2）西式香肠的加工工艺

① 工艺流程

原料肉的选择和修整 ➡ 腌制 ➡ 绞碎 ➡ 斩拌 ➡ 灌制 ➡ 烘烤 ➡ 熟制 ➡ 烟熏、冷却

② 主要工序技术

a. 选料：香肠原料的选择面很广，选择经兽医卫生部门检验合格的猪肉、牛肉、羊肉、鸡肉及其内脏均可。针对合格的原料肉进行修整，即把碎骨、污物、腱、筋及结缔组织膜等剔除，初加工成纯精肉，然后按肌肉组织的自然块型分开，并切成长条或肉块备用。

b. 腌制：根据产品配方将精肉中加入食用盐、多聚磷酸盐、亚硝酸钠等食品添加剂混合均匀，然后放入 (4±2)℃的冷库内腌制 20～70h。肥膘只加食盐进行腌制。瘦猪肉呈现均匀粉红色时为原料肉腌制结束的标志，此时的肉质结实而富有弹性。

c. 绞碎：将腌制好的原料精肉和肥膘分别通过不同直径筛孔的绞肉机进行绞碎。在进行绞肉时投料量不宜过大，需保持肉的温度，以防止对肉的黏着性产生不良影响。

d. 斩拌：斩拌操作是肠加工过程中一个非常重要的工序，斩拌操作好与坏直接影响产品品质。在进行斩拌时，将肉放入斩拌机内，并且均匀铺开，然后启动斩拌机，斩拌机运作不久后肉的黏着性就会不断增强，最终形成一个肉团，然后再向肉中添加调料和香辛料，最后添加脂肪。需要特别注意的是为了使脂肪均匀分布，在添加脂肪时，不要一次性添加，要分量进行添加。斩拌时应添加冰屑用来降温，这是因为斩刀的高速旋转致使肉料的升温是不可避免的，过度升温会使肌肉蛋白质变性，降低其工艺特性。

e. 灌制：将斩好的肉馅用灌肠机充入肠衣内的操作叫作灌制，又称填充。灌制时应做到肉紧密而无间隙，也要避免装得过紧或松动。装得过紧则会使肠在蒸煮时肠衣胀破，反之装得过松会造成肠馅脱节或进入空气而变质。灌制所用的肠衣有天然肠衣、人造肠衣、PVDC 肠衣、尼龙肠衣、纤维素肠衣等。若不是真空连续灌肠机灌制，应及时针刺放气。灌好的肠按要求打结后，悬挂在烘烤架上，用清水冲去表面油污，然后送去烘烤。

f. 烘烤：烘烤是用动物肠衣灌制的香肠必要的加工工序，烘烤的目的主要是使肠衣蛋白质变性凝固，增加肠衣的表面干燥程度、机械强度和稳定性并去除肠衣异味，同时使肉馅变为红色。传统的方法是用未完全燃烧的木材的烟火来烤，目前用烟熏炉烘烤是由空气加热循环的热空气烘烤的。烘烤时肠馅温度提高，促进发色反应。烘烤的温度 65～80℃，烘烤时间 1h，维持肠心温度为 55～65℃。烘干好的肠体表面干燥光滑，肉色红润。

g. 熟制：目前国内应用的煮制方法有两种，一种是蒸汽煮制，一般应用于大型企业批量生产；另一种为水浴煮制，适于中、小型企业批量生产。无论哪种煮制方法，均要求煮制温度在 80～85℃之间，煮制结束时肠品本身中心温度要维持 70～72℃。感官鉴定方法是用手轻捏肠体，挺直有弹性，肉馅切面平滑有光泽表示煮熟，反之未熟。

h. 烟熏、冷却：烟熏主要是赋予制品以特有的烟熏风味，改善制品的色泽，并通过脱水作用和烟熏成分的杀菌作用增强产品的保藏性。烟熏好的肠表面干燥有光泽，能形成特殊的烟熏色泽，韧性良好，具有特殊的烟熏芳香味。

i. 贮藏：烟熏完成的肠用 15℃左右的冷水进行淋浴 15～20min，使肠体降温至室温。然后放入冷库内冷却至库温，贴标签再进行包装即为成品。

7.2.3.3　中式肠类制品的加工

中式香肠俗称腊肠，以肉类为原料，经切块、搅碎，配以辅料腌制，灌入肠衣经过成熟干制成的生干肠制品，是我国传统腊制品腌腊肉制品的一类。各种腊肠除了用料略有分别外，制法大致相同。

（1）工艺流程

（2）主要工序技术

① 原料的选择

猪肉：以新鲜猪后腿瘦肉为主，夹心肉次之（冷冻肉不用），肉膘以背膘为主，腿膘次之。

② 切丁

剥皮剔骨，除去结缔组织，各切成小于 $1cm^3$ 的肉丁，分开放置，硬膘用温水洗去浮油后沥干待用。

③ 配料

将按瘦肉、肥膘 7∶3 比例的肉丁放容器中，另将其余配料用少量 50℃ 左右温开水溶化，加入肉馅中充分搅拌均匀，使肥、瘦肉丁均匀分开，不出现黏结现象，静置片刻即可用以灌肠。

以广式香肠为例（100kg），瘦肉 70kg、肥膘 30kg、60%（体积分数）大曲酒 2.5～3kg、硝酸钠 50g、白酱油 2.5～3kg、精盐 2kg、白砂糖 6～7kg、味精 0.2kg、清水按肉量的 15%～20% 加入。

④ 灌制

将上述配制好的肉馅用灌肠机灌入肠内，每灌到 12～15cm 时，即可用麻绳结扎，待肠衣全灌满后，用细针戳洞，以便于水分和空气外泄。

⑤ 漂洗

灌好结扎后的湿肠，放入温水中漂洗几次，洗去肠衣表面附着的浮油、盐汁等污物。

⑥ 日晒、烘烤

水洗后的香肠分别挂在竹竿上，放到日光下晒 2～3 天。工厂生产的香肠应进入烘房烘烤，温度在 50～60℃（用炭火为佳），每烘烤 6h 左右，应上下进行调头换尾，以使烘烤均匀，烘烤 48h 后，香肠色泽红白分明，鲜明光亮，没有发白现象，烘制完成。

⑦ 成熟

日晒或烘烤后的香肠，放到通风良好的场所晾挂成熟，穿挂好后晾 30 天左右，此时为最佳食用时期。香肠成品率约为 60%，规格为每节长 13.5cm，直径 1.8～2.1cm，色泽鲜明，瘦肉呈鲜红色或枣红色，肥膘呈乳白色，肠体干爽结实，有弹性，按压无明显凹痕，咸度适中，无肉腥味，略有甜香味。

⑧ 成品

成熟后的肠体在 10℃ 下可保藏 4 个月。

7.2.3.4　灌肠生产中常见的质量问题

（1）重制灌肠制品的外表颜色不均匀和发黑

由于烟熏浓度和熏制温度不均匀，烟熏后成品的外表颜色就不均匀，裸露部分的颜色趋于正常，而互相接近或紧靠部分的颜色则呈灰白、棕黄，即出现所谓的"阴阳面"。为使外表色泽均匀一致，在挂肠烟熏时肠与肠之间应留有一定空隙，一般距离 3cm 左右为宜。此外，还要注意烟熏室内火堆的均匀，以保证熏烟浓度基本一致。灌肠熏制后颜色发黑，多是由于熏烟材料中含有较多的松木等油性木柴，燃烧时树脂剧烈燃烧产生的大量黑色烟尘，这些黑色烟尘黏附于肠体表面造成的。因此，熏烟材料宜采用硬杂木。

（2）灌肠爆裂

爆裂原因一般是：肠衣质量不好，肉馅充填过紧，煮制时温度掌握不当，烘烤、熏烟温度过高，原料不新鲜或肉馅变质等。

（3）红肠发"渣"

红肠用手提时弹性不足，切开后，肠体松散发"渣"，主要原因为脂肪加入过多、加水量过多、腌制期过长等。

（4）红肠有酸味或臭味

主要是因为原料不新鲜或在高温下堆积过厚，腌制、斩拌温度过高，烘烤时炉温过低，烘烤时间过长，产品会变质而产生酸臭味。

（5）肠身松软无弹性

① 煮不熟

这种肠不仅肠身松软无弹力，在气温高时还会产酸、产气、发胖，不能食用。

② 肠馅黏结性差

当腌制不透时，蛋白质的肌球蛋白没有全部从凝胶状态转化为黏着力强的溶胶状态，影响了肉馅的吸水能力；当机械斩拌不充分时，肌球蛋白的释放不完全；当盐腌或操作过程中温度较高时，蛋白质会变性，破坏蛋白质的胶体状态，影响肉馅的保水能力，造成游离水外流。

7.2.4　火腿的生产

火腿制品是指用大块肉为原料加工而成的肉制品。我国生产的火腿制品分为中式火腿和西式火腿两大类。中式火腿以我国的干腌火腿（如金华火腿）为代表，是中国的传统肉制品，不仅味道鲜美而且保质期也很可观。西式火腿具有嫩、保水性好、出率高、生产周期短等优点。根据火腿制品的加工工艺及产品特点可将其分为干腌火腿、熏煮火腿和压缩火腿等。

7.2.4.1　中式火腿

干腌火腿是整个猪后腿或前腿，经过一系列工艺制成的著名生腿制品，以风味独特著称，例如我国的金华火腿。金华火腿是我国传统的腌腊精品，历史悠久。其中，其以独特的工艺、严格的选料、制作的精细和其皮薄骨细、精多肥少、腿心饱满、形似竹叶等特征形成了誉满海内外的色、香、味、形"四绝"。火腿可于蒸制、烹调后直接食用，独具一格。

① 工艺流程

② 工艺要求

a. 环境要求：金华火腿的传统加工对气候条件有独特的要求，只能在浙江省金华地区进行加工。该地区条件适宜，有利于火腿的腌渍；春季多雨，湿度较大，气温逐渐升高至20℃以上，夏季湿度下降，气温在30℃以上，最高可达37℃，这种温度和湿度变化过程有利于火腿的发酵成熟；秋季气温下降，金华火腿也进入后熟期。金华火腿从冬季腌渍开始至秋季加工成成品，整个过程需要8～10个月。

　　b. 选料：选用符合卫生要求的新鲜猪腿（以后腿为最佳），质量在 5～7.5kg 较为适宜，过小则肉质太嫩，腌制后失重过大，肉质干硬，过大则脂肪过多，腌制困难，风味不佳。

　　c. 修整：修整包括削骨、开面、修腿边和挤淤血四个主要步骤。将原料腿肉面向上置于台案上，首先用刀削去耻骨和髂骨部分，其目的是使其与肉面平行。然后，割去尾骨，斩去突出肉面的腰椎和肩椎部分，使肉面平整。削骨后，用割皮刀于胫骨上方肉皮与肉面结合处将肉皮切开成月牙形，割去皮层和肉面脂肪及筋膜，但不能割破肌肉。然后用割皮刀刀锋向外在腿两边沿弧形各划刀，割去多余肥膘和皮层，最后挤出血管中的淤血，以保证卫生安全。

　　d. 腌制：在腌制过程中，按每 100kg 鲜腿加 8kg 食盐或按 10% 比例计算加盐。一般分5～7 次上盐，一个月左右加盐完毕。

　　e. 浸腿：将腌好的火腿放在清水中浸泡，肉面向下，皮面朝上，全部浸没，层层堆放。水温 10℃ 左右时，浸泡约 10h，达到皮面浸软，肉面浸透。

　　f. 洗腿：浸泡后进行刷洗，顺纹轻轻刷洗，冲干净，除去过多的盐分和杂质，再放入清水中浸漂 2h，直至洗净为止。

　　g. 晒腿、整形：日晒脱水不足可导致腿在发酵期间变质，所以晒腿对火腿的品质高低十分重要。晒腿时将大小相似的两条腿配对套在绳子两端，一上一下均匀悬挂在晒架上进行日晒，挂腿间隔 30～40cm，以利于通风。悬挂 1～2h 即可除去悬蹄壳，刮去皮面水迹和油污，并加盖厂名和商标等印章。待印章稍干后需要对腿进行整形，即将腿从晒架上取下，借助整形工具将小腿关节扳直，脚爪向内压弯，肉面向中间挤压，使肌肉隆起。然后再将腿成对挂起，并将脚爪套住固定在小腿下方，使脚爪向内压弯 45°。

　　h. 发酵：发酵的主要目的是使腿中的水分继续蒸发，进一步干燥。另一方面是促使腿中肌肉蛋白发生生物化学变化，脂肪发生分解和氧化，产生特殊的风味物质，使肉色、肉味和香气更加诱人。

　　将火腿挂在木架或不锈钢架上，两腿之间应间隔 5～7cm，以免相互碰撞。发酵场地要求保持一定温度、湿度，通风良好。发酵季节常在 3～8 月份，发酵期一般为 3～4 个月。经发酵的火腿，水分逐渐蒸发，腿部干燥，肌肉收缩，腿骨暴露于外。

　　i. 堆叠：经过发酵修整后的火腿，根据发酵程度分批落架。除去霉污，并按照大小分别堆叠。堆叠时内面向上，皮面向下，每隔 5～7 天翻堆一次，使之渗油均匀，并用食用油涂擦表面，保持火腿油亮和光泽。

　　j. 成品：经过半个月左右的堆叠后熟过程，即为成品。

7.2.4.2　西式火腿

　　西式火腿是欧美地区人民最喜爱的肉制品之一，一般采用猪肉加工而成，有时会辅以牛肉、鸡肉等，大多数是去骨（或同时去皮）的熟制品。经过对原料肉进行一系列加工工艺，经检验合格后而最终制成。

（1）熏煮火腿的加工

　　熏煮火腿是用大块肉经整形修割、腌渍、嫩化、滚揉、捆扎后，再经蒸煮、烟熏（或不烟熏）、冷却等工艺制成的熟肉制品。

　　① 工艺流程

② 工艺要点

a. 原料肉的选择及修整：用于生产火腿的原料肉原则上仅选择猪的臀腿肉和背腰肉，也有的厂家根据销售对象选用猪的前腿肉，但品质稍差。若选用热鲜肉作为原料，需将热鲜肉充分冷却，使肉的中心温度降至 0～4℃。如选用冷冻肉，宜在冷库内进行解冻。

选好的原料肉经修整，去除皮、骨、结缔组织膜、脂肪和筋、腱，使其成为纯精肉，然后按肌纤维方向将原料肉切成不小于 300g 的大块。修整时应注意，尽可能少地破坏肌肉的纤维组织，刀痕不能划得太大太深，并尽量保持肌肉的自然生长块型。

b. 盐水配制：注射所用的盐水，主要组成成分包括食盐、亚硝酸钠、糖、磷酸盐、抗坏血酸钠及防腐剂、香辛调味料等。按照配方要求将上述添加剂用 0～4℃ 的软化水充分溶解，并过滤，配制成注射盐水。

c. 注射：配制的盐水应及时注入肉块中，注射 2～3 次，直至全部盐水注射到肉块中。注射压力大小根据肉块的大小调节，保证盐水充分进入肉块。盐水注射机的针头保持锋利、卫生，否则易撕裂肉块表面、污染肉块，使肉块变色，影响注射效果，降低贮存性。

d. 嫩化、滚揉：注射后嫩化是产品必不可少的工序。嫩化要注意切碎不要过度，溢出的盐水要一起加入滚揉工序中，以保证整个配料的稳定性。

滚揉温度一般在 4℃ 左右，滚揉时肉块温度不应超过 8℃，温度较高时会减缓提取肉蛋白的效率，导致肉块间黏附力差及促进微生物生长繁殖。滚揉的同时可添加一定量的大豆分离蛋白、淀粉、调味料，有时还添加 10% 左右经腌制斩拌的肉糜，以提高黏结性和出品率。

e. 充填：滚揉以后的肉料，通过真空火腿压模机将肉料压入模具中成型。一般充填压模成型要抽真空，其目的在于避免肉料内有气泡，造成蒸煮时损失或产品切片时出现气孔现象。火腿压模成型，一般包括塑料膜压模成型和人造肠衣成型两类。塑料膜压模成型是将肉料充入塑料膜内再装入模具中，压上盖，蒸煮成型，冷却后脱膜，再包装而成。人造肠衣成型是将肉料用充填机灌入人造肠衣内，用手工或机器封口，再经熟制成型。

f. 蒸煮与冷却：熏煮火腿的加热方式一般有水煮和蒸汽加热两种方式。金属模具火腿多用水煮办法加热，充入肠衣内的火腿多在全自动烟熏室内完成熟制。为了保持熏煮火腿的颜色、风味、组织形态和切片性能，熏煮火腿的熟制和热杀菌过程，一般采用低温巴氏杀菌法，即火腿中心温度达到 68～72℃ 即可。若肉的卫生品质偏低时，温度可稍高，以不超过 80℃ 为宜。

蒸煮后的火腿应立即进行冷却，采用水浴蒸煮法加热的产品，是将蒸煮篮重新吊起放置于冷却槽中用流动水冷却，冷却到中心温度 40℃ 以下。用全自动烟熏室进行煮制后，可用喷淋冷却水冷却，水温要求 10～12℃，冷却至产品中心温度 27℃，送入 0～7℃ 冷却间内冷却到产品中心温度至 1～7℃，再脱模进行包装即为成品。

（2）西式火腿出现的问题及原因

① 产品热加工后发散、肉质变硬，原因：

a. 原料肉使用时，pH 降低，要求 pH 在 5.8～6.4。

b. 添加的混合盐中的食盐过少，盐溶蛋白质提取不足。

c. 盐水注入量少，滚揉的时间不够，滚揉的温度高，导致细菌增殖，pH 降低。

d. 蒸煮是产品质量出现问题的一个不可忽视的环节。一般有蒸煮温度过高（80℃ 以上）、产品中心温度高、蒸煮时间过长等原因。

② 产品表面、切面太湿及切面渗水，原因：

a. 选择原料肉的 pH 太低，导致肉的持水性低。

b. 食盐及多聚磷酸盐加入量不足，盐溶蛋白质提取少，而造成产品保水性能差。

c. 盐水注入量过多，滚揉的时间不足或滚揉温度高。

d. 蒸煮方面，加热温度不够、贮存温度过高等引起产品外表水分多。

③ 产品表面或断面存在有大量的空洞，原因：

a. 原料肉污染细菌严重，产生了大量的气体。

b. 滚揉温度高，以及加热不够等都会导致气体出现，形成气孔，冷却后形成空洞。

c. 盐水注入量过多，滚揉机转速快或滚揉前后没有抽真空。

d. 热加工的蒸煮温度不够，中心温度低，加入的砂糖量过多，pH、a_w 高，造成细菌产气而产生气孔。

④ 出品率低，原因：

a. 所选择的原料中 pH 低的苍白松软渗水肉（PSE 肉）较多。

b. 盐水注射量不够及滚揉加工时间短，从而影响产品的保水能力。

c. 蒸煮时加热升温速度太快。

⑤ 产品发色不均匀，原因：

a. 腌制剂未拌均匀。

b. 配制的盐水不达标，且注射盐水不均匀。滚揉温度低，发色反应迟缓。

⑥ 生产加工中所使用的 PSE 肉，造成原料肉的 pH 降低。原因：

a. 产品加工后，制品表面发生变色。

b. 使用的原料肉中黑硬干肉（DFD 肉）量多，pH 在 6.4 以上，其次因屠宰、剔骨不卫生造成细菌污染。

c. 所使用的包装材料保管不当，细菌污染。

d. 产品在热加工及后期工序没有达到工艺要求标准。

⑦ 加工后的风味、香味等不足，原因：

原料肉的 pH 低，使用大量的 PSE 肉，注入的盐水量不足，工艺配方的各种辅料比例不合理，滚揉时间过短。此外，蒸煮温度高等也会造成产品风味、香味不足。

⑧ 蒸煮引起产品过度收缩，原因：

a. 过量的添加脂肪（溶解比例高）。

b. 软脂肪（疏松结缔组织）斩拌过度。

c. 冰屑添加量过多，从而引起水分超标，使肉糜的持水性下降。

d. 在加工过程中，添加的 PSE 肉过多而造成产品收缩。

e. 在加工过程中，加工工艺配方的不合理，主要指混合盐的成分配比不合适。

⑨ 蒸煮后的西式盐水火腿变软，原因：

a. 在选肉、修整过程中，未按操作要求执行，遗留下来的结缔组织、脂肪、软脂肪、筋膜、韧带过多。

b. 蒸煮后的产品冷却不彻底造成的产品变软。

⑩ 蒸煮后的西式盐水火腿切片时，组织切面易碎，无弹性，原因：

a. 选择的原料肉的质量差。

b. 其次盐溶蛋白质提取的量不足。

c. 压制火腿蒸煮前的压盖紧度不够。

d. 配料标准不合理（卡拉胶、磷酸盐等）。

此外，西式火腿表面及两端还易出现脂肪析出的问题，造成该现象的主要原因是：配方不科学，脂肪含量偏高；腌制加工肉温太高，使脂肪的乳化能力降低；蒸煮温度过高，使脂肪熔化析出；保油性添加剂（分离蛋白、酪朊酸钠等）漏加或偏低。

7.2.5　烧烤制品生产

（1）广东烤乳猪

广东烤乳猪也称脆皮乳猪，是广东省的特产，也是广东省著名的烧烤制品，具有色泽鲜艳、皮脆肉香、入口即化的特点。

① 原料

选用皮薄、身肥丰满、活重在 5～6kg 的乳猪。

② 配方（见表 7-2-2）

表 7-2-2　按一只质量约 2.5kg 的光猪计的原料配方

原料	用量/g	原料	用量/g
五香盐	50	五香粉	0.5
白糖	200	汾酒	40
调味酱	100	大茴香粉	0.5
南味豆腐乳	25	味精	0.5
芝麻酱	50	麦芽糖	50
蒜蓉(去皮捣碎的蒜头)	25		

注：五香盐由五香粉 25g、精盐 25g 混合而成。

③ 制坯

a. 将乳猪屠宰、放血、去毛，开膛取出内脏冲洗干净，将头和背脊骨从中劈开（钩破猪皮），取出脑髓和脊髓，斩断第四肋骨，取出第五至八肋骨和两边肩胛骨。后腿肌肉较厚部位，用刀割花，使辅料易于渗透入味和快熟。

b. 将劈好洗净的乳猪放在平案板上，把五香盐均匀地擦在猪的胸腹腔内，腌制 20～30min，用钩把猪身挂起，使水分流出，取下放在案板上，再涂白糖、调味酱、芝麻酱、南味豆腐乳、蒜蓉、味精、汾酒、五香粉、大茴香粉等拌匀，涂在猪腔内腌 20～30min。

c. 用乳猪铁叉（图 7-2-1）把猪从后腿穿至嘴角，在上叉前要把猪撑好。方法是用两条长 40～43cm 和两条长 13～17cm 的木条，长的作直撑，短的木条作横撑。然后用草或铁丝将前后腿扎紧，以固定猪体形，使烧烤后猪身平正，均衡对称，外形美观。

d. 上猪叉后用沸水浇淋猪全身，稍干后再浇上麦芽糖溶液，或用排笔蘸糖浆刷匀猪全身，挂在通风处晾干表皮后，进行烤制。

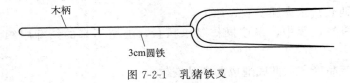

木柄

3cm圆铁

图 7-2-1　乳猪铁叉

④ 烧烤

烤猪可用明炉烧烤法，也可用挂炉烧烤法。明炉烤乳猪是将炉内木炭烧红，把腌制好的猪坯用长铁叉叉住，放在炉上烧烤。先用慢火烧烤约 10min，以后逐渐加大火力。烧烤时不断转动猪身，使其受热均匀，并不时针刺猪皮和扫油，目的是使猪烤制后表皮酥脆。直至猪皮呈现红色为止，一般烧烤 50～60min。

挂炉烤乳猪一般使用烤鸭、烤鹅用炉。先将木炭烧至 200～220℃，或通电使炉温升高，然后把猪坯挂入炉内，关上炉门烧烤 30min 左右，在猪皮开始转色时取出，针刺，并在猪身泄泌时，用棕扫将油扫匀，再放入炉内烤制 20～30min，便可烤熟。

猪坯烤成熟猪的成品率为 72%～75%。烤熟的乳猪一般切片上席，同时配备有专门的蘸料，如海鲜酱等。图 7-2-2 为烤猪明炉示意。

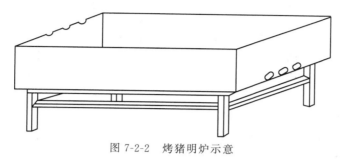

图 7-2-2　烤猪明炉示意

（2）广东化皮烧猪

广东化皮烧猪是广东著名的烧烤制品，也是广东的名特食品。化皮烧猪的特点是皮色鲜红、松脆，具有烧烤产品特有的香味，鲜美可口，是佐膳佳品。人们习惯用烧猪作为馈赠礼品，尤其是在节日更为普遍。

① 原料

选用 25～30kg（不包括内脏）、皮薄的、肥瘦适宜的猪体作为加工原料。

② 配方（见表 7-2-3）

表 7-2-3　按原料肉 100kg 质量计的配方

原料	用量/kg
精盐	1.5
珠油（为酱油的一种，色浓，一般作着色用）	0.2
五香粉	0.015

③ 制坯

a. 原料处理：将猪屠宰、脱毛、去内脏后从猪体后部脊骨旁分别顺脊骨劈开两道，但不要劈穿皮，保持原猪只，再挖除脑、割去舌、尾、耳等，剥去板油、剔除股骨、肩胛骨，割除股骨部位的瘦肉，同时在瘦肉较厚的部位用刀割花，便于吸收辅料和烤熟。

b. 腌制：把五香粉、精盐、珠油等调味料拌匀，然后均匀地擦抹在猪坯内腔及割花处，使调味料渗入肌肉，腌制 20～30min。

c. 装猪：将腌好的猪坯用铁环倒挂在钢轨上，用圆木插入猪耻骨两边，把猪脚屈入体内，用小铁钩勾好猪前脚。

d. 燎毛：用汽油或煤油喷灯，把未去掉的猪残毛烧去。然后用清水清洗，再用小刀刮去皮上的杂质、污物。

e. 上麦芽糖：用 30% 的麦芽糖水擦遍猪体外面，要擦均匀，渗透猪皮并晾干。麦芽糖水只擦一次，不可重复，否则会使猪皮色泽变暗，不够鲜明，或者烧成一块白一块红，影响质量。

④ 烧烤

广东化皮烧猪烧烤的热源有木炭和电热远红外线等。

化皮烧猪的烧烤方法是先将腌好的猪坯挂入炉内（头向下），用慢火烤至皮熟（称为"够身"），时间约 30min，然后把猪取出，用特制刺针（图 7-2-3）从皮刺入，遍刺全身。针刺处既不要用力过大，但也不能太轻，以刺过皮层为宜。对猪体受火力较多的部位，可以贴上湿草纸，以缓和火力，避免烧焦。针刺后把猪坯放回炉内关上炉门，并将炉温升高到

250～280℃，继续烧烤，烧到皮肤呈红色、起小泡，猪体流出的油水为白色即熟。一般前后约烧烤 1.5h。

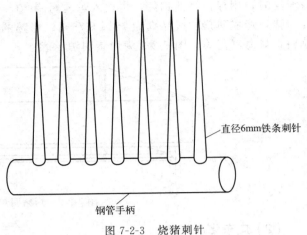

直径6mm铁条刺针

钢管手柄

图 7-2-3　烧猪刺针

（3）叉烧肉

叉烧肉在广东、上海、北京、江苏等地均有，但由于各地所用辅料和工艺不尽相同，而各具特色，现主要介绍广式叉烧肉。

广式叉烧肉又称"广东蜜汁叉烧"，是广东著名的烧烤肉制品之一，也是我国南方人喜食的一种食品。广式叉烧具有色泽鲜明、光润香滑的特点。

① 原料

选去皮的猪前腿或后腿瘦肉为原料。

② 配方（见表 7-2-4）

表 7-2-4　按原料肉 10kg 计配方参考

配方 1		配方 2	
原料	用量/kg	原料	用量/kg
白糖	0.8	白糖	0.75
精盐	0.2	生抽	0.4
老抽(酱油的一种，色深、味浓、带甜)	0.1	老抽	0.5
精盐	0.15	汾酒	0.3
50°白酒	0.2	芝麻酱	0.1
香油	0.14	五香粉	0.01
麦芽糖	0.5		

③ 腌制

先将选好的原料肉切成 40cm×4cm×1.5cm、质量 250～300g 的肉条。然后把切好的肉条放入盆内，加入酱油、白糖、精盐拌匀，腌制 40～60min，每隔 20min 翻动一次。待肉条充分吸收辅料后，再加白酒、香油拌匀，然后用叉烧铁环（图 7-2-4）将肉条逐条穿上，每环穿 10 条。

④ 烧烤

将炉温升至 100℃，然后把用铁环穿好的肉条挂入炉内，关上炉门进行烤制，炉温逐渐升高至 200℃左右，烧烤 25～30min。烧

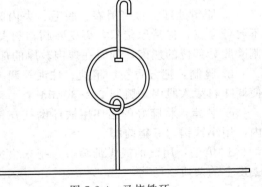

图 7-2-4　叉烧铁环

烤过程中，注意调换方向，转动肉条，使其受热均匀。肉条顶部若有发焦，可用湿纸盖上。烤好出炉后将肉条浸于麦芽糖溶液中上色，再放入炉内烤 2～3min，取出，即为成品。

（4）啤酒烤鸡

① 原料

一般选用 40～60 日龄、体重在 1.0～1.5kg、经检疫合格、健康无病的肉用仔鸡。这种原料鸡肉质香、嫩，净肉率高，烤制成烤鸡成品率高，风味好。

② 配方（表 7-2-5）

表 7-2-5 啤酒烤鸡配方

配料		用量	配料	用量
腌制料（按 5kg 腌制液计）	生姜	10g	葱	15g
	八角	20g	花椒	10g
	香菇	50g	啤酒	500mL
	食盐	800g		
涂料（按 20 只鸡计）	芝麻油	100g	味精	15g
	鲜辣粉	50g		

③ 宰杀

宰前禁食 12~24h（排空嗉囊及胃肠）。宰杀采取颈下切三管（血管、气管、食管），操作时，下刀要准，刀口要小，放血要净。

④ 烫毛、煺毛

采用脱毛机烫毛、煺毛。浸烫水温：60~63℃；时间：1~2min。如有未煺尽的绒毛，可用镊子人工拔除或用火燎掉。

⑤ 净膛

在腹下横切 3~5cm，刀口不宜过大，将肠管及内脏全部拉出，直肠处切断。

⑥ 漂洗

把净膛后的鸡放入清水中漂洗，漂洗时间 30~40min，目的是净出鸡体内残血。

⑦ 整形

将全净膛的光鸡先去腿爪，再从放血处横断，向下推脱颈皮，切断颈骨，去掉头颈后，再将两翅反转成"8"字型。

⑧ 腌制、腹腔涂料

将整形后的光鸡，逐只放入腌缸中，用压盖将鸡压入液面以下，腌制时间根据鸡的大小、气温高低而定，一般在 40min~1h，腌制后捞出，挂鸡晾干。

将腌好的光鸡放在操作台上，用带圆头的棒具挑约 5g 的涂料插入腹腔向四壁涂抹均匀。

⑨ 烫皮、挂糖、晾干

将鸡腹下开口用钢针缝合后，逐只放入加热到 100℃的糖色料液中浸烫半分钟左右，然后取出挂起，晾干待烤。

⑩ 烤制

先将炉温升到 100℃，将鸡挂入炉内。当炉温升到 180℃时，恒温烤 10~15min，这时主要目的是烤熟，然后再将炉温升高到 240℃烤 5~10min。此时主要是使鸡皮上色、发香。当鸡体全身上色达均匀的橘红色或枣红色时即可出炉。出炉后趁热在鸡的表皮上擦上一层香油，使皮更加红艳发亮，即为成品。

7.2.6 其他肉制品生产

7.2.6.1 腌腊肉制品

（1）板鸭加工

板鸭又称"贡鸭"，是咸鸭的一种。我国南京所产板鸭最为盛名。板鸭有腊板鸭和春板鸭两种。腊板鸭是从小雪到立春时段加工的产品。这种板鸭腌制透彻，能保藏 3 个月之久；春板鸭是从立春到清明时段加工的产品，这种板鸭保藏期没有腊板鸭时间长，一般只有 1 个月左右。

板鸭体肥、皮白、肉红、肉质细嫩、风味鲜美，是一种久负盛名的传统产品。其简要的生产工艺过程为：原料→宰杀及前处理→干腌→卤制→滴卤叠坯→晾挂。

① 原料　板鸭要选择体长身高、胸腿肉发达、两翅下有核桃肉、体重在 1.75kg 以上的活鸭做原料。活鸭在屠宰前用稻谷饲养一段时间使之膘肥肉嫩。这种鸭脂肪熔点高，在温度高的时候也不容易滴油酸败。

② 宰杀　经前处理肥育好的鸭子宰杀前停食 12～24h，充分饮水。用麻电（60～70V）使活鸭致昏，采用颈部或口腔宰杀法进行宰杀放血。宰杀后 5～6min 内，用 65～68℃的热水浸烫脱毛，之后用冰水浸洗 3 次，时间分别为 10min、20min 和 1h，以除去皮表残留的污垢，使鸭皮洁白，同时降低鸭体温度，达到"四挺"，即头、颈、胸、腿挺直，外形美观。去除翅、脚，在右翅下开一长约 4cm 的直形口子，摘除内脏，然后用冷水清洗，至肌肉洁白。压折鸭胸前三叉骨，使鸭体呈扁长形。

③ 干腌　前处理后的光鸭沥干水分，进行擦盐处理。擦盐前，100kg 食盐中加入 125g 茴香或其他香辛料炒制，可增加产品风味。腌制时每 2kg 光鸭加盐 125g 左右。先将 90g 盐从右翅下开口处装入腔内，将鸭反复翻动，使盐均匀布满腔体，剩余的食盐用于体外，其中大腿、胸部两旁肌肉较厚处及颈部刀口处需较多施盐，于腌制缸内腌制约 10h。该过程中为了使腔体内盐水快速排出，需进行扣卤：提起鸭腿，撑开肛门，将盐水放出。擦盐后 12h 进行第一次扣卤操作，之后再叠入腌制缸中，再经 8h 进行第二次扣卤操作。目的是使鸭体腌透的同时渗出肌肉中血水，使肌肉洁白美观。

④ 卤制　也称复卤。第二次扣卤后，从刀口处灌入配好的老卤，叠入腌制缸中，并在上层鸭体表层稍微施压，将鸭体压入卤缸内距卤面 1cm 下，使鸭体不浮于卤汁上面，经 24h 左右即可。

⑤ 叠坯　把滴净卤水的鸭体压成扁平形，叠入容器中。叠放时鸭头须朝向缸中心，以免刀口渗出血水污染鸭体。叠坯时间为 2～4 天，接着进行排坯与晾挂。

⑥ 排坯与晾挂　把叠在容器中的鸭子取出，用清水清洗鸭体，悬挂于晾挂架上，同时对鸭体整型，拉平鸭颈，拍平胸部，挑起腹肌。排坯的目的是使鸭体肥大好看，同时使鸭子内部通风。然后挂于通风处风干。晾挂间需通风良好，不受日晒雨淋，鸭体互不接触，经过 2～3 周即为成品。

（2）腊肉加工

我国腊肉品种很多，风味各有特色。按产地分，有广东腊肉、四川腊肉、云南腊肉和湖南腊肉等。按原料分，有腊猪肉、腊牛肉、腊羊肉、腊鸡、腊鸭等。腊肉色泽粉红，香味浓郁，肉质脆嫩。虽然腊肉品种繁多，但加工过程大同小异，以广东腊肉为例，其简要工艺过程为：原料→预处理→腌制烘烤或熏制→包装。

① 原料　选肥瘦层次分明的去骨五花肉或其他部位的肉，一般肥瘦比例为 5∶5 或 4∶6，修刮净皮层上的残毛及污垢。

② 预处理　将适于加工腊肉的原料，除去前后腿，将腰部肉剔去全部肋条骨、椎骨和软骨，边沿修割整齐后，切成长 33～40cm、宽 1.5～2cm 的肉坯。肉坯顶端斜切一个 0.3～0.4cm 的吊挂孔，便于肉坯悬挂。肉坯于 30℃左右的温水中漂洗 2min 左右，除去肉条表面的浮油、污物。取出后沥干水分。

③ 腌制　一般采用干腌法或湿腌法腌制。按表 7-2-6 配方用 10％清水溶解配料，倒入容器中，然后放入肉坯，搅拌均匀，每隔 30min 搅拌翻动一次，于 20℃下腌制 4～6h，腌制温度越低，腌制时间越长，腌制结束后，取出肉条，滤干水分。

表 7-2-6　腊肉腌制配方

品名	原料肉	食盐	砂糖	曲酒	酱油	亚硝酸盐	调味料
用量/kg	100	3	4	2.5	3	0.01	0.1

④ 烘烤或熏制　肉坯完成腌制出缸后，挂于烘架上，肉坯之间应留有 2～3cm 的间隙，以便于通风。烘房的温度是决定产品质量的重要参数，腊肉因肥肉较多，烘烤或熏制温度不宜过高，一般将温度控制在 40～50℃为宜。温度高，滴油多，成品率低；温度低，水分蒸发不足，易发酸，色泽发暗。广式腊肉一般需要烘烤 24～70h，烘烤时间与肉坯的大小和产品的终水分含量要求有关。烘烤或熏制结束时，产品皮层干燥，瘦肉呈玫瑰红色，肥肉透明或呈乳白色。熏烤常用木炭、锯木粉、瓜子壳、糠壳和板栗壳等作为烟熏燃料，在不完全燃烧的条件下进行熏制，使肉制品产生独特的腊香和熏制风味。

⑤ 包装　烘烤后的肉条，送入通风干燥的晾挂室中晾挂冷凉，等肉温降到室温时即可包装。传统上腊肉一般用防潮蜡纸包装，现在一般采用真空包装，在 20℃可以有 3～6 个月的保质期。

（3）咸肉制品加工

咸肉的特点是用盐量高，其生产过程一般不经过干燥脱水和烘熏过程，腌制是其主要加工步骤。经过腌制产生了丰富的滋味物质，因此腌肉制品滋味鲜美，但腌肉没有经过干燥脱水和发酵成熟，挥发性风味成分产生不足，没有独特的气味。作为一种传统的大众化肉制品和简单的贮藏方法，腌肉在我国各地都有生产，种类繁多。根据其规格和加工部位，可分为连片、段头、小块咸肉和咸腿。

连片指用整个半片猪胴体，去头尾、带脚爪骨皮而加工的产品。段头是指去后腿及猪头、带骨皮前爪的猪肉胴体加工的产品。小块咸肉是指用带皮骨的分割肉加工的产品。咸腿也称香腿，是用带骨皮的猪后腿加工的产品。咸肉的简要生产过程为：原料处理→切划刀口→腌制→包装→产品。

① 原料处理　对猪胴体进行修整，割除血管、淋巴及横膈膜等。

② 切划刀口　为了提高盐分的扩散速度，快速在肉组织内部建立起抑制微生物生长繁殖的渗透压，在原料上割出刀口，增大渗透面积。刀口深浅及多少取决于肌肉厚薄和腌制的气温。温度在 10～15℃时，刀口大而深；温度在 10℃以下时，可不切刀口或少开。该步骤在传统工艺上也称"开刀门"。

③ 腌制　为了防止原料肉腐败变质，保障产品质量，腌制温度最好控制在 0～4℃。温度高腌制速度快，但易发生腐败。肉结冰时，腌制过程停止，并且在结冻后会产生汁液流失。

④ 包装　习惯上，咸肉的包装并未受到广泛关注。目前，包装对咸肉品质影响的重要性已得到普遍认可。包装不仅能保护产品的色泽，还能够防止脂肪的过氧化而产生异味。腌制时，通常加入硝盐进行护色，但亚硝基肌红蛋白远比肌红蛋白易受光的损害，光能促进氧化反应，因而腌肉在强光下会迅速褪色。尤其在目前，大量的产品在超市销售。超市货架上一般用冷光源照明同时加紫外线照射，在一般货柜的光照强度下，仅需 1h 就能产生可见的褪色现象，在紫外光线照射下，该变化更迅速。经过包装可消除或降低光线的影响。另外，光线只有在有氧存在的条件下才会加速氧化变化。因此，包装时经过抽真空或充氮也能够消除光线的影响。如果包装内加有抗氧剂，则可以将包装内的氧消耗掉以延缓腌肉表面褪色。还原糖同样可以延缓腌肉表面褪色。

7.2.6.2　肉脯

肉脯是烘干的肌肉薄片，与肉干不同。肉脯不经煮制，经烘烤成熟，制造方法如下。

（1）原料处理

选新鲜的猪后腿肉（或牛肉）除去骨、筋腱和脂肪，切成小块，洗去油污，然后装入肉模内，送到速冻间冷冻至肉中心温度为 -2℃，再用切片机切成薄片。

（2）配料

瘦肉 50kg，白砂糖 7kg，特级酱油 4kg，五香粉或胡椒粉 0.05kg，味精 0.15kg，白酒 1kg。将调味料混合溶解后，拌入肉片内，并搅拌均匀，使调味料充分渗入肉中，最后将肉片按规格平铺在铁网上进行烘制。几种不同风味的肉脯配料见表 7-2-7。

表 7-2-7　几种肉脯的配料　　　　　　　　　　　单位：kg

肉脯种类	猪肉	牛肉	白糖	酱油	胡椒	鲜蛋	味精	白酒	鱼露	姜	曲酒	芝麻	盐	小苏打
靖江猪肉脯	50		6.7	4.2	0.05	1.5	0.25							
上海猪肉脯	50		7.0	0.5	0.01		0.25	1.2					1.2	0.006
牛肉脯		50	8.5		0.1	1.2	0.25	0.75	5	0.5				
湖南猪肉脯	50		8				0.25		6	0.5	1	3	1.4	

（3）烘制

将铁网放在 50℃ 左右的烘房内烘烤，约经 30min 后肉片变硬，这时将肉片逐片掀起（但不要翻身），使热气进，促其烘熟。为使肉片受热均匀，还要适当调动网筛上肉片的位置然后再烘 40min，烘到有香味、肉片发硬发脆时，就可出烘房。烘熟后再用压平机压平，最后按其需要的规格切成小片包装，即为成品。

7.3　蛋制品生产

7.3.1　禽蛋的功能特性

禽蛋有很多重要功能特性，其中与食品加工密切相关的特性有蛋的热力学性质、凝固性、发泡性、乳化性及贮运特性。禽蛋的这些功能特性在各种食品加工中得到广泛应用，如蛋糕、饼干、再制蛋、蛋黄酱、冰激凌及糖果等制造，是其他食品添加剂所无法替代的。

7.3.1.1　禽蛋的热力学性质

在蛋品加工中，加热杀菌、冷却贮藏等是常用的方法。因此，了解食品的热力学特性是非常必要的。

（1）加热凝固点和冻结点

禽蛋蛋清的加热凝固温度为 62～64℃，平均为 63℃；蛋黄为 68～71.5℃，平均为 69.5℃；混合蛋为 72～77℃，平均为 74.2℃。凝固的温度因蛋白质的种类及所存在的盐类而有所不同。卵白蛋白的加热凝固点为 67～72℃。伴白蛋白热稳定性最低，为 58～67℃。卵球蛋白为 67～72℃。卵黏蛋白和卵类黏蛋白热稳定性较高，不发生凝固。此外，各层蛋白质的加热凝点也稍有差别。

（2）热容

禽蛋的热容一方面取决于蛋内含水量的多少，另一方面与禽蛋所处的温度高低有密切关系。含水量较高，则其热容也较高；含水量较低，则其热容也较低。在相同的组织状态下，禽蛋在 0℃ 以上时，热容的变化较大。在 0℃ 以下时，其热容的变化较小。

（3）热导率

禽蛋各部分的热导率与其中的化学组成和温度有关。脂肪含量高的部分，其热导率降低；反之，脂肪含量低的部分，其热导率增高。水分含量高的部分，热导率强；水分含量低的部分，其热导率弱。当蛋的温度发生变化时，如高于冰点，则其热导率变化不大。如低于冰点，则其热导率改变较大。

7.3.1.2 蛋的凝固性

蛋的凝固性或称凝胶化，是蛋白质的重要特性。当禽蛋蛋白质受热、盐、酸、碱及机械作用时会发生凝固。蛋的凝固是一种蛋白质分子结构变化，该变化使蛋液变稠，由流体变成半固体或固体（凝胶）状态。

（1）凝固的机理

蛋白质的凝固分为两个阶段，即变性和结块。变性就是在外界因素作用下，蛋白质分子的次级键被破坏，使分子有规则的肽链结构打开呈松散不规则的结构，分子的刚性降低，柔性、不对称性增加，疏水基团暴露，形成中间体。变性的蛋白质分子的肽链之间又借助次级键相互缔合形成较大的聚合物，成为凝胶状的块，失去流动性和可溶性。

（2）影响禽蛋产品发生凝固的因素

影响蛋白质凝固变性的因素很多，如加热、酸、碱、盐、有机溶剂、高压、光、剧烈振荡等。

7.3.1.3 蛋清的起泡性

泡沫是一种气体分散在液体中的多相体系。即当搅打蛋清时，空气进入并被包在蛋清液中形成气泡。在起泡过程中，气泡逐渐由大变小，而数目增多，最后失去流动性，通过加热使之固定。早在 300 年前，蛋清的起泡性就被用在食品加工上制作蛋糕等产品。蛋清的起泡性决定于球蛋白、伴白蛋白，而卵黏蛋白和溶菌酶则起稳定作用。蛋清一经搅打就会起泡，原因是：蛋清蛋白质降低了蛋清溶液的表面张力，有利于形成大的表面；溶液蒸气压下降，使气泡膜上的水分蒸发现象减少；泡的表面膜彼此不立刻合并；泡沫的表面膜凝固等。

（1）搅打引起的蛋清变化

打蛋第一阶段，形成较大的气泡，无色半透明，易流动，为刚刚发泡的阶段，具有脱除涩、辣等异味的作用。第二阶段泡沫变小，湿而有光泽，用打蛋器搅拌后，取出打蛋器时可看到打蛋器的尖端由于泡沫的压力而弯曲、摇动。第三阶段是充分起泡阶段，泡小，容积增大，色白而明亮，继续打泡时光泽消失，弹力下降，成为不易破灭的泡。第四阶段泡沫坚实而脆弱，表面干燥，这是打泡过度造成的。

（2）起泡作用

搅打蛋清时，由于蛋白质分子发生了横向变化，形成薄膜，从而产生起泡作用。

① 表面张力和起泡

蛋白质类起泡降低表面张力的能力有限，但是它可以形成具有一定机械强度的薄膜，这是因为蛋白质分子之间除了范德瓦耳斯力外，分子中的羧基与氨基之间有形成氢键的能力，所以由蛋白质生成的薄膜十分牢固,形成的泡沫相当稳定。

② 蛋的起泡能力和泡沫稳定性

起泡能力和泡沫的稳定性是两个不同的概念。起泡能力是指液体在外界条件作用下,生成泡沫的难易程度;表面张力越低越有利于起泡,通常加入表面活性剂即此目的。泡沫的稳定性是指泡沫生成后的持久性,即泡沫的寿命长短。由于表面张力与温度有密切关系,随温度的升高表面张力下降,因此,起泡力随温度的升高而增强。

③ 影响蛋清起泡性的因素

a. 添加物对蛋清起泡的影响。无添加物的蛋清起泡性良好,但离液量多,泡沫干燥、脆弱,易于失去弹性而破灭。由于干燥而无弹性的气泡不能膨胀,对制作糕点不利,所以无添加物起泡不可取。添加物种类不同对起泡力有一定影响。起泡力的优劣可以由泡的相对密度和离液率来鉴定。

b. 蛋白泡放置时的变化

ⅰ.气泡的再分布 蛋白质最初是细小、洁白紧密的,放置之后细小的泡逐渐合并成大泡,而气泡数减少,随之大泡变得越来越大,这种现象称为气泡的再分布。再分布时变化迅速的泡不稳定,而缓慢变化的泡比较稳定。这些变化是由于气泡中有空气而引起的。

ⅱ.泡沫厚度的变化 蛋白泡一经放置,容器底部即会集聚液体,其原因是泡沫在大气压和重力的作用下流出液体,聚集于容器底部,这种离液越多,说明泡沫越来越薄,甚至破灭。

ⅲ.蛋白泡与pH的关系 蛋清的等电点约在pH 4.8,这时起泡最好。可以采用酒石酸或柠檬酸降低陈蛋的pH。如果陈蛋的pH为9时设为 a,慢慢加入酒石酸直至pH降到5.0,设为 b。a 的相对密度等于0.142,b 的相对密度等于0.129。这是由于加入酸性酒石酸使蛋清接近于等电点时打蛋,起泡良好。但是加酸不能过多,以防酸味对糕点的不良影响。

总之,利用蛋品加工糕点等食品时,除了能增加产品营养和淡香味外,很大程度上是利用蛋品的性质,即它的乳化性、凝固性及起泡性等。为了得到理想的产品,加工时必须考虑蛋的品种、产地、产蛋季节、蛋的新鲜度及搅拌器的选用、搅拌速度、搅拌时间、搅拌温度、添加物的影响等因素,以便加工出品质优良、经济合理的产品。

7.3.1.4 蛋黄的乳化性

蛋黄中含有丰富的卵磷脂,所以具有优良的乳化性。卵磷脂是一种天然的乳化剂,从而使蛋黄具有良好的乳化作用。蛋黄的乳化性对蛋黄酱、色拉调味料、起酥油面团等的制作有很重要的意义。众所周知,油与水是不相容的,但卵磷脂具有能与油结合的疏水基,又有能与水结合的亲水基,在搅拌下能形成混合均匀的蛋黄酱。

7.3.1.5 鲜蛋的贮运特性

温度的高低、湿度大小以及污染、挤压碰撞等会引起鲜蛋质量的变化。鲜蛋在贮藏、运输等过程中具有以下特点:

(1)孵育性

鲜蛋存放以 $-1\sim0℃$ 为宜。因为低温有利于抑制蛋内微生物和酶的活动,使鲜蛋呼吸缓慢,水分蒸发减少,有利于保持鲜蛋的营养价值和鲜度。

（2）易潮性

潮湿是加快鲜蛋变质的又一重要元素，雨淋、水洗、受潮都会破坏蛋壳表面的胶质薄膜，造成气孔外露，细菌容易进入蛋内繁殖，加快蛋的腐败。

（3）冻裂性

蛋既怕高温又怕低温，当温度低于 −2℃ 时，易将鲜蛋蛋壳冻裂，蛋液渗出，−7℃ 时蛋液开始冻结。因此，当气温过低时，必须做好保温防冻工作。

（4）吸味性

鲜蛋能通过蛋壳的气孔不断进行呼吸，故当存放的环境有异味时，它有吸收异味的特性。鲜蛋在收购、调运、储存过程中如与农药、化学药品、煤油、腥鱼、药材或某些药品等有异味的物质或腐烂变质的动植物放在一起时，就会带有异味，影响食用及加工产品质量。

（5）易腐性

鲜蛋含丰富的营养成分，是细菌的天然培养基。当鲜蛋受到禽粪、血污、蛋液及其他有机物污染时，细菌就会先在蛋壳表面生长繁殖，并逐步从气孔迁入蛋内，在适宜的温度下细菌就会迅速繁殖，加速蛋的变质，甚至使其腐败。

（6）易碎性

挤压碰撞极易使蛋壳破碎造成裂纹、硌窝、流清等。鉴于上述特征，鲜蛋必须存放在干燥、清洁、无异味、温度偏低、湿度适宜、通气良好的地方，并要轻拿轻放，切忌碰撞，以防破损。

7.3.2　蛋制品分类

7.3.2.1　传统蛋制品

（1）松花蛋

松花蛋是指以鲜鸭蛋或其他禽蛋为原料经纯碱和生石灰或烧碱、食盐、茶叶等辅料配制而成的料液或料泥加工而成的再制蛋品。

松花蛋的生产多采用鲜鸭蛋为原料，现在全国各地均有生产，但由于我国地域辽阔，加工工艺和用料不尽相同，名称也不一致。各地分别称松花蛋为皮蛋、变蛋、彩蛋或五彩蛋等。这些名称是根据松花蛋的产品特点命名的，因为在松花蛋的蛋清表面及里面有形似松针的结晶，故得名松花蛋。又因为松花蛋的蛋黄呈现墨绿、草绿、茶色、暗绿及橙黄等五彩色层，所以也叫彩蛋或五彩蛋。此外，有些地方将松花蛋称为牛松花蛋、泥蛋、加碱蛋等。

我国松花蛋种类繁多，分类也不尽相同。根据产地气候可分为湖彩蛋、京彩蛋等；根据加工方式分为浸泡法、包泥法、滚粉法、浸泡包泥法、封皮法、纸包法等；根据蛋黄质地分为汤心、硬心等。松花蛋在加工过程中主要经历化清期、凝固期、转色期、成熟期四个阶段。

松花蛋入口爽滑、口感醇香、回味绵长，深受人们喜爱。在中国及世界各地有 20 亿消费者，诞生了皮蛋瘦肉粥、皮蛋豆腐、姜汁松花蛋、松花蛋鱼片汤，手撕皮蛋等经典松花蛋名菜。

（2）咸蛋

咸蛋又称盐蛋、腌蛋、味蛋等，是指以鸭蛋为主要原料经腌制而成的风味特殊、食用方便的再制蛋。品质优良的咸鸭蛋具有鲜、细、嫩、松、沙、油六大品质特点。咸蛋食用时，黄白混吃味道最好，可切拌以其他凉菜做冷菜拼盘，或加碎肉、碎木耳、绍兴酒和葱末蒸食，风味别致。

我国咸蛋主要品种包括江苏高邮咸蛋、湖北沙湖咸蛋、湖南西湖咸蛋以及浙江兰溪等地的黑桃蛋。咸蛋按加工方式可分为捏灰咸蛋、灰浆咸蛋、灰浆滚灰咸蛋、泥浆咸蛋、泥浆滚灰咸蛋和盐水咸蛋等。

（3）糟蛋

糟蛋即用糯米酒糟糟制鲜鸭蛋而制成的蛋制品。它是我国传统的再制蛋种类之一。我国生产糟蛋的历史悠久，最为著名的糟蛋有浙江平湖糟蛋、四川宜宾糟蛋、河南陕县（现陕州区）糟蛋。糟蛋根据成品外形又可以分为软壳糟蛋和硬壳糟蛋。软壳糟蛋可用禽蛋直接加工，也可将禽蛋加热处理后加工，制成品的石灰质蛋壳已脱落或消失，仅有壳下膜包住，似软壳蛋。硬壳糟蛋常用禽蛋直接糟制，成品仍有蛋壳包住。

平湖糟蛋蛋质柔软，蛋清呈乳白色的胶冻状，蛋黄呈橘红色半凝固状，色白如玉，味浓郁、醇和、鲜美，食之沙甜可口，食后余味绵绵不绝；宜宾糟蛋蛋形饱满完整，蛋清呈黄红色，蛋黄呈油色，整枚蛋质软嫩，色泽红亮，食之醇香味长，能储存 3 年不变质，叙府陈年糟蛋味道更佳；陕县（现陕州区）糟蛋蛋形饱满完整，蛋清稀薄而有光亮，蛋黄红黄软嫩，有浓郁的芳香酒味，食之味鲜微甜，回味悠久。

7.3.2.2　现代蛋制品

现代蛋制品加工技术起源于西方工业发达国家，蛋品主要包括湿蛋制品类和干燥蛋制品类。

（1）湿蛋制品类

湿蛋制品是指将新鲜鸡蛋清洗、消毒、去壳后，将蛋清与蛋黄分离，搅拌过滤后经杀菌或添加防腐剂后制成的一类蛋制品。这类蛋制品易于运输，贮藏期长，一般用作食品原料，主要包括全蛋液、冰蛋、湿蛋黄、浓缩液蛋等蛋制品。

① 液态蛋加工

液态蛋是指禽蛋打蛋去壳后，将蛋液经一定处理后包装，代替鲜蛋消费的产品。可分为蛋清液、蛋黄液、全蛋液三类，供家庭、餐厅直接使用或作为食品加工厂的生产配料。随着食品工业的发展，从 20 世纪起产生了液态蛋行业，历经百余年，取得了卓越的成效。液态蛋可加工生产很多国外市场流行的新型食品，如蛋黄保健油、蛋黄酱、蛋黄酒、蛋奶饮料、卵黄脂、蛋黄提取物、蛋清提取物等。通常的工艺流程为：蛋的选择→整理→照蛋→洗蛋→消毒→晒蛋→打蛋→混合过滤→冷却→蛋液。

液态蛋具有显著的优点：能有效地解决鲜蛋易碎、难运输、难贮藏的问题；能有效避免蛋壳的污染问题，有利于集中处理利用蛋壳和蛋残液；符合食品安全性要求，能有效地解决鲜蛋的沙门氏菌等致病菌隐患。

② 湿蛋黄制品加工

湿蛋黄制品是以蛋黄为原料加入防腐剂后制得的液蛋制品。根据所用防腐剂的不同，湿蛋黄制品分为新粉盐黄、老粉盐黄和蜜黄三种。新粉盐黄以苯甲酸钠为防腐剂，老粉盐黄以硼酸为防腐剂，蜜湿蛋黄制品的防腐剂为甘油。主要的工艺流程为：蛋黄液→搅拌过滤→加防腐剂→静置沉淀→装桶→成品。

③ 冰蛋品加工

冰蛋品是指鲜鸡蛋经打蛋过滤冷冻制成的蛋制品。冰蛋分冰全蛋、冰蛋黄和冰蛋清三种。冰蛋保持了鲜鸡蛋原有成分，可在-18℃冷库内长期储存，用前需要溶冻，溶冻时间不宜过长，融冻后要及时使用。冰全蛋在融冻后与去壳鲜蛋液相同，食用方式同鲜蛋；冰蛋黄用于食品工业制作蛋黄调味汁、蛋乳精、蛋黄酱、饼干等含蛋食品，医疗工业用于制作卵磷脂、蛋黄素和蛋黄油等。冰蛋清除用于食品工业外，在纺织印刷工业中用于各种纺织品的固着剂，在皮革工业中用作上光剂或光泽剂等。

④ 蛋黄酱加工

蛋黄酱又称美乃滋，是以蛋黄及食用植物油为主要原料，添加若干种调味物质加工而成的一种乳化状半固体蛋制品。其中含有人体必需的亚油酸、维生素 A、B 族维生素、蛋白质及卵磷脂等成分，是一种营养价值较高的调味品。优质的蛋黄酱色泽淡黄，柔软适度，呈黏稠态，有一定韧性，清香爽口，口味浓厚。蛋黄酱的用途十分广泛，蛋黄酱是制作西餐菜肴和面点的基本用料之一，可以用来涂抹面包、糕点等食品，也可用作调味料。以蛋黄酱为基本原料，可调制出炸鱼、牛扒以及虾、蛋、牡蛎等冷菜的调味汁。添加番茄汁、青椒、腌胡瓜、洋葱等，可调制出用于新鲜蔬菜色拉或通心粉色拉的调味汁。

近年来，随着消费者需求的不断增加，蛋黄酱品种逐渐增多，衍生出各类半固体的调味酱、色拉调味汁、乳化状调味汁、分离液状调味汁等多种产品。同时各种类型的蛋黄酱产量也大幅度提高。

蛋黄酱是一种乳状液，其稳定性的好坏是决定产品质量的关键。蛋黄酱的稳定性与其所用原辅料的种类、质量、用量、使用方式等有关，还与生产工艺流程及操作方法和参数等有关。蛋黄酱的稳定性可通过黏度的大小来反映，黏度越大，其稳定性越好。

乳状液有水包油型和油包水型两种。蛋黄酱属于水包油型乳化体系，但在一定的条件下会转变为油包水型，此时，蛋黄酱的原有状态被破坏，流动性改变，黏度大幅度下降，在外观上，蛋黄酱由原来的黏稠均一的体系变成稀薄的蛋花汤状。

（2）干燥蛋制品类

禽蛋中含有大量的水分，将禽蛋进行冷藏或运输，既不经济，又易变质。干燥是贮藏蛋的首选方法，目前国内外生产的干燥蛋制品种类很多，但根据原料的不同，干燥蛋制品主要包括干蛋清、干全蛋、干蛋黄和特殊类型干蛋品。

① 蛋清片加工

蛋清片是指鲜鸡蛋的蛋清液经发酵、干燥等加工处理制成的薄片状制品。主要工艺流程为：蛋清液→搅拌过滤→发酵→中和→烘制→晾干→贮藏→包装。

② 蛋粉加工

蛋粉是指用喷雾干燥法除去蛋液中的水分而加工出的粉末状产品。我国主要生产全蛋粉和蛋黄粉。干蛋粉储藏性良好，主要供食用和食品工业用。在食品工业上生产糖果、饼干、面包、冰激凌、蛋黄酱等。蛋黄粉可提炼出蛋黄素用于医药工业，提炼出的蛋黄油可用于油画及化妆用品等。蛋粉的加工方式与奶粉的加工方式类似，主要工艺流程为：蛋液→搅拌过滤→巴氏消毒→喷雾干燥→筛粉→晾粉→包装→干蛋粉。

7.3.3　再制蛋品生产

再制蛋也叫腌制蛋，它是在保持鲜蛋原型的情况下，主要经过碱、食盐、酒糟等加工处理后制成的蛋制品。再制蛋类包括皮蛋、糟蛋、咸蛋等，具有食用方便、风味独特、保质期较长等优点，深受国内外消费者喜爱。

7.3.3.1　皮蛋加工

皮蛋是我国著名的蛋制品之一，又叫松花蛋、彩蛋、变蛋。成熟后的皮蛋，其蛋清呈棕褐色或绿褐色凝胶体，有弹性，蛋清凝胶体内有松针状结晶花纹，故名松花蛋；其蛋黄为呈深浅不同的墨绿、草绿、茶色的凝固体，其色彩多样、变化多端，故又称彩蛋、变蛋。皮蛋的种类较多，按蛋黄的凝固程度可分为溏心皮蛋和硬心皮蛋；按加工辅料可分为无铅皮蛋、五香皮蛋、糖皮蛋等。

（1）皮蛋的加工原理

① 蛋清及蛋黄的凝固

皮蛋形成的基本原理是蛋白质遇碱变性而凝固。加工中所使用的 CaO（生石灰）和 Na_2CO_3（纯碱）在水中可生成强碱氢氧化钠（$NaOH$）。当蛋清和蛋黄遇到一定浓度的 $NaOH$ 后，由于其中蛋白质分子结构受到破坏而发生变性，形成具有弹性的凝胶体。蛋黄部分则因蛋白质变性和脂肪皂化反应形成凝固体。

② 风味的形成

皮蛋之所以具有特殊的风味，主要是由于蛋在加工中发生了一系列生物化学变化，产生了多种复杂的风味成分。皮蛋风味成分主要在蛋变色和成熟两个阶段形成。研究发现，皮蛋在成熟之后产生 40 种新的挥发性风味成分，禽蛋原有 19 种挥发性风味成分。在碱性条件下，部分蛋白质水解成多种带有风味活性的氨基酸。部分氨基酸再经氧化脱氨基而生成 NH_3 和酮酸，含硫氨基酸还可以继续变化分解产生 H_2S。微量的 NH_3 和 H_2S 可使皮蛋独具风味，少量的酮酸具有特殊的辛辣风味。除此之外，食盐的咸味、茶叶的香味等也是构成皮蛋特有风味的重要因素。

③ 颜色的形成

皮蛋颜色的形成主要有三方面的原因。第一，蛋内含有微量的糖类，它能与蛋白质水解的氨基酸发生美拉德反应，生成褐色或棕褐色物质，使蛋白质胶体的颜色由浅变深。第二，蛋白质分解产生的 H_2S 可与蛋内的 Fe^{2+}、Pb^{2+} 生成黑色的 FeS、PbS。蛋黄中的黄色素被 H_2S 还原后呈黑褐色，蛋黄色素的混合物在 $NaOH$ 和 H_2S 的作用下就会变成绿色。第三，由于辅料中色素的影响，如茶汁的褐色对皮蛋的色泽也有一定影响。

④ 溏心的形成

生产溏心皮蛋一般要加入 PbO。Pb 和 S 形成难溶的 PbS 会堵塞蛋壳和蛋壳膜上的气孔和网孔，从而阻止 $NaOH$ 过量向蛋内渗透，这样蛋黄中的 $NaOH$ 浓度过低，不能使其完全凝固而形成溏心。

⑤ 松花晶体的形成

成熟后的皮蛋会在蛋清处形成清晰可见的结晶花纹，即"松花"或"松花纹"，它是由纤维状 $Mg(OH)_2$ 水合晶体在蛋清部分呈松针状排列所形成的。在皮蛋的加工过程中，当蛋内 Mg^{2+} 浓度达到足以同 OH^- 结合成 $Mg(OH)_2$ 时，就在蛋内形成水合晶体。

（2）皮蛋的加工方法

国内民间加工皮蛋的方法很多，但是各种方法使用的辅助材料基本相同，加工工艺也大同小异，这些方法归纳起来主要有浸泡包泥法、包泥法及浸泡法三种。以下介绍前两种方法。

① 浸泡包泥法

即先用浸泡法制成溏心皮蛋，再用含有料汤的黄泥包裹，最后滚稻谷壳、装缸、密封贮存。这种方法适于加工出口皮蛋，同时它也是国内加工皮蛋常用的方法。

　　② 包泥法

　　硬心皮蛋的加工采用此法。就是用调制好的料泥直接包裹在鸡蛋上，再经过滚糠壳后装缸、密封、贮藏。用这种方法加工皮蛋，夏天蛋易变异，冬天气温低，成熟时间过长，所以此法一般只宜在春、秋两季使用。

7.3.3.2　咸蛋加工

　　咸蛋主要是将鸭蛋或鸡蛋用食盐腌制而成。在腌制过程中，食盐能通过蛋壳的气孔、蛋壳膜、蛋清膜、蛋黄膜逐渐向蛋清及蛋黄渗透、扩散，从而使皮蛋获得一定的防腐能力，改善产品的风味。腌制咸蛋时，食盐的作用主要有脱水，降低微生物生存环境的水分活度（a_w），对微生物具有生理毒害作用，抑制酶的活力。此外，食盐扩散至蛋内，可使成熟的咸蛋具有特殊的风味，食盐可使蛋黄中的蛋白质凝固，使蛋黄中的脂肪集聚于蛋的中心而形成蛋黄出油的现象。

　　咸蛋加工有多种方法，如草灰法、盐泥涂布法、盐水涂布法、盐水浸渍法、泥浸法、包泥法等。这些加工方法的原理相同，加工工艺相近，在此仅对最常见的几种加工咸蛋的方法进行介绍。

　　（1）草灰法

　　目前，我国出口的咸蛋一般都采用稻草灰腌制法进行加工。草灰法又分提浆裹灰法和灰料包蛋法两种。

　　（2）盐泥涂布法

　　a. 盐泥的配制：食盐 6.5kg，干黄土 7kg，冷开水 4kg，鸭蛋 65kg。

　　b. 加工过程：先将食盐放在容器内，加冷开水溶解，再加入经晒干、粉碎的黄土细粉，用木棒搅拌使其成为糨糊状。泥浆浓稠程度的检验方法：取一枚蛋放入泥浆中，若蛋一半沉入泥浆，一半浮于泥浆上面，则表示泥浆浓稠度合适。然后将挑选好的原料蛋放入泥浆中（每次 3~5 枚），使蛋壳粘满盐泥再将蛋取出滚上一层干草灰入缸成熟。

　　（3）盐水浸渍法

　　用食盐水直接浸泡腌制咸蛋，其用料少，方法简单，成熟时间短，我国城乡居民普遍采用这种方法腌制咸蛋。

　　a. 盐水的配制：冷开水 80kg，食盐 20kg，花椒、白酒适量，将食盐于冷开水中溶解，再放入花椒、白酒即可。

　　b. 浸泡腌制：将鲜蛋放入干净的缸内并压实，慢慢灌入盐水使蛋完全浸没，加盐密封腌制 20d 左右即可成熟。浸泡腌制时间最多不能超过 30d，否则成品太咸，且蛋壳上出现黑斑。用此法加工的咸蛋不宜久贮，否则容易腐败变质。

7.3.3.3　糟蛋加工

　　糟蛋是用优质鲜蛋在糯米酒糟中糟渍而成的一类再制蛋，它品质柔软细嫩、气味芬芳、醇香浓郁、滋味鲜美、回味悠长，是我国著名的传统特产。糟蛋主要采用鸭蛋进行加工，我国著名的产品有浙江省的平湖糟蛋和四川省的叙府糟蛋。

　　（1）平湖糟蛋的加工

　　平湖糟蛋原产于浙江省平湖市，其生产至今已有 200 多年的历史。该产品蛋清呈乳白色胶冻状，蛋黄为橘红色半凝固体；其蛋质柔软，食之沙甜可口，滋味醇和鲜美，香味浓郁，食后余味无穷。

工艺流程：酿酒制糟→击蛋破壳→装坛糟制→封坛成熟。

（2）叙府糟蛋的加工

叙府糟蛋原产于四川宜宾，它的加工至今已有 120 年以上的历史。该产品蛋形成饱满完整，蛋清呈黄红色蛋，蛋黄呈油亮的红色，滋味甘美，醇香浓郁，回味悠长，在常温下能贮藏三年左右。叙府糟蛋的加工方法与平湖糟蛋的加工方法基本相同。

工艺流程：选蛋→洗蛋→酿制酒糟→击破蛋壳→配料装坛→翻坛去壳→白酒浸泡→加料装坛→再翻坛→成熟。

思考题

1. 液态乳产生蛋白质凝块和乳清析出的原因是什么？
2. 发酵乳出现乳清析出的原因是什么？
3. 乳粉冲调时溶解度过低的原因是什么？
4. 影响奶油风味的因素有哪些？
5. 干酪产品容易出现哪些质量缺陷？产生的原因是什么？
6. 肉制品贮藏保鲜的方法有哪些？各自有什么优缺点？
7. 中式肉制品与西式肉制品的区别有哪些？
8. 试述皮蛋的加工原理。

第8章

粮油产品的加工

学习目标：掌握湿磨法生产玉米淀粉的基本原理和工艺流程；掌握淀粉制糖的生产方法；掌握大豆蛋白的功能特性及大豆蛋白的生产方法；掌握小麦制粉的基本原理和工艺过程；掌握面包各个单元操作工序的作用、方法，及各个工序过程中发生的变化、机理；掌握饼干各个单元操作工序的作用、方法，及各个工序过程中发生的变化、机理；重点掌握稻谷制米工艺及植物油脂的提取。

8.1　玉米的加工

玉米是世界三大粮食作物之一，在工农业生产中占重要地位。我国是世界玉米生产的第二大国，主要产区为吉林、山东、黑龙江、河北、辽宁、河南等地。玉米的利用价值广泛，除直接食用和饲用外，还可以作为深加工工业原料。产品包括淀粉（如糊精、可溶性淀粉、酸变性淀粉、氧化淀粉、交联淀粉、酯化淀粉、醚化淀粉、阳离子淀粉、抗性淀粉、淀粉基脂肪代用品、接枝淀粉及各种复合变性淀粉等）、淀粉糖（如饴糖、麦芽糖浆、果葡糖浆、结晶葡萄糖、全糖及各种低聚糖、糖醇等）、发酵制品类（如酵母、酒精、甘油、丙酮、丁醇、乳酸、柠檬酸、葡萄糖酸、味精、赖氨酸、苏氨酸、色氨酸、天冬氨酸、苯丙氨酸、黄原胶、环状糊精、单细胞蛋白、红曲色素、抗生素等）、油脂（玉米胚芽油）、酶制剂、香料和医药化学产品。

8.1.1　玉米淀粉的生产

玉米淀粉湿磨法生产自19世纪初沿用至今，其生产规模随着社会经济技术的发展不断扩大。"湿磨法"即是玉米在湿态下磨碎，其目的是将玉米籽粒的各成分分离出来，以尽可能提高淀粉收率及获得高纯度的各种副产品，从而提升商业价值。玉米淀粉生产过程概括地说是一浸、二破、三筛分、四分离、五干燥，一浸是指在亚硫酸溶液中浸泡玉米，二破是指破碎浸泡过的玉米籽粒，三筛分是指胚芽和纤维的洗涤筛分，四分离是指胚芽、纤维、蛋白质与淀粉的分离，五干燥是指淀粉和副产品的干燥。在这一加工过程中可获得五种主要成分：淀粉、胚芽、可溶性蛋白、纤维（皮渣）、蛋白质（麸质）。玉米淀粉湿法生产工艺流程如下：

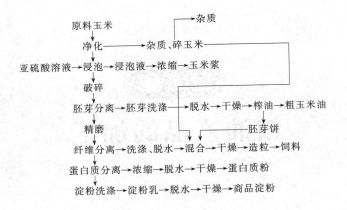

```
                            ┌──→杂质
原料玉米                     │
    净化───────→杂质、碎玉米───┤
                            │
亚硫酸溶液──→浸泡──→浸泡液──→浓缩──→玉米浆
    破碎                     │
                            │
胚芽分离──→胚芽洗涤─────→脱水──→干燥──→榨油──→粗玉米油
    精磨                 ┌──────→胚芽饼
纤维分离──→洗涤──→脱水──→混合──→干燥──→造粒──→饲料
蛋白质分离──→浓缩──→脱水──→干燥──→蛋白质粉
淀粉洗涤──→淀粉乳──→脱水──→干燥──→商品淀粉
```

8.1.1.1　玉米的净化和浸泡

　　玉米原料中含有泥土、沙石、秸秆、碎草屑、玻璃碎块、金属物等无机杂质，及玉米的根茎、野生植物的种子、异种粮粒、鼠雀粪便、昆虫尸体、变质玉米粒等有机杂质。玉米的净化是利用各种清理设备去除原料中所含杂质的工序，其目的是保证产品质量和安全生产，保护机器设备，为浸泡工序传输完全净化的玉米。清理杂质常用的分离方法有风选法（依空气动力学特性的不同）、筛选法（依颗粒大小的不同）、干法或湿法密度分选法（依密度的不同）、磁选法（依磁性不同）。

　　玉米干法清理净化工艺流程如图8-1-1所示。玉米原料经不同筛孔直径的振动筛清理其中的大杂质及轻杂质，然后进入原粮贮存仓。加工时由输送设备送到车间，经平面回转筛、比重去石机和磁选设备完成杂质清理。净化后的玉米经过螺旋输送机、斗式提升机等送至玉米浸渍罐。

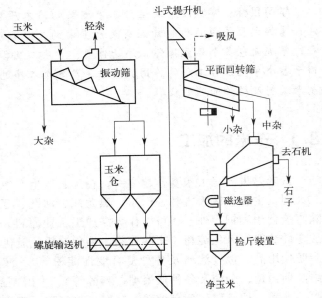

图 8-1-1　玉米干法清理净化工艺流程

　　玉米的浸泡效果直接影响以后各道工序以及最终产品的质量和出品率。将被接收的净化后玉米，用亚硫酸浸泡，在亚硫酸的乳化作用下，软化玉米颗粒，降低玉米粒的机械强度，降低破碎能耗，分散玉米胚体细胞中的蛋白质网，削弱保持淀粉的联结键，释放淀粉颗粒。浸泡改变玉米籽粒各部分的机械性能，便于皮层、胚芽、胚乳的分离，可浸提出籽粒中部分可溶性物质，制成玉米浆，能有效地抑制随玉米带来的微生物活动，起到防腐作用。

8.1.1.2　玉米破碎与胚芽分离

　　玉米经过浸泡后，胚芽、皮层和胚乳之间的结合减弱，浸泡后玉米胚芽含水分60%左右，具有韧性，很容易从玉米籽粒中分离出来。胚乳含淀粉量高，抗压强度低，破碎时胚乳淀粉质部分会被磨成碎粒，并释放出一定数量的淀粉。破碎时要尽可能保持胚芽完整，并在破碎后分离出来，因为其所含的玉米胚芽油有很高的商品价值，并且脂肪容易被淀粉吸收，从而严重影响淀粉产品的质量和应用。玉米破碎设备种类很多，目前常使用的是凸齿磨（又称脱胚磨）。

玉米颗粒破碎后，几乎全部胚芽都和胚乳分离而成为游离状态，但是胚芽仍混合在皮渣、胚乳块、淀粉乳组成的磨下物中。一般经过两个步骤将胚芽从混合物中提取出来，第一步依据胚芽的密度比其他组分小，利用离心设备，分离胚芽与皮渣、胚乳块等大颗粒物料，所获得的胚芽悬浮在淀粉乳中，常用设备为胚芽旋流分离器；第二步依据淀粉乳由淀粉颗粒、麸质颗粒和水溶性物质组成，胚芽粒度与之相比相差悬殊，可利用筛分法回收胚芽所含一定量的淀粉乳浆液，并用水洗净附着在胚芽表面的胚乳，目前常用重力曲筛洗涤胚芽。

8.1.1.3 玉米精磨与纤维分离

经过破碎和分离胚芽后，物料中含有胚乳碎粒、麸质、皮层和部分淀粉颗粒，其中胚乳碎粒和皮层中仍有相当数量的淀粉颗粒包含在蛋白质网和种皮纤维内。精磨的目的就是破坏玉米碎块中淀粉与非淀粉成分的结合，最大限度地使淀粉颗粒游离出来，分离纤维渣，使胚乳中的蛋白质与淀粉颗粒分开。精磨设备主要有砂盘磨、粉碎机、锤碎机和冲击磨等。冲击磨又称针磨，是应用最普遍的精磨设备，具有生产效率高、维护费用低、操作稳定、淀粉收率高等优点。

精磨后浆料中含有游离的淀粉颗粒、麸质的细小颗粒、纤维（粗、细皮渣）和可溶性物质，除纤维皮渣外，其他组分在水中呈乳状悬浮，故称淀粉乳。为得到纯净的淀粉，需把悬浮液分离成各组成成分。纤维的分离是根据纤维和淀粉乳中其他组分粒度差异，采用筛分的方法进行的，具体为：①从淀粉乳中筛分出纤维；②对筛分出的纤维进行洗涤，除去夹带其中的淀粉。通常采用压力曲筛对浆料的纤维皮渣进行分离洗涤，压力曲筛筛缝不易堵塞，能做出精确的筛分，很少维修，生产效率高，占地面积小。

8.1.1.4 麸质分离与淀粉洗涤

经过纤维分离后获得的淀粉乳，其干物质中除淀粉外还有很多非淀粉类物质，习惯上称为淀粉乳。淀粉乳的化学成分如表 8-1-1 所示，蛋白质含量在非淀粉类物质中占绝对优势，必须将其进行分离，才能得到较纯净的淀粉。

表 8-1-1 淀粉乳的化学成分组成（以干物质计）

项目	淀粉含量 /%	蛋白质含量 /%	脂肪含量 /%	灰分含量 /%	可溶性物质含量/%	二氧化硫含量 /%	细纤维 /(g/L)
数值	88～92	6～10	0.5～1.0	0.2～0.4	2.4～4.5	0.035～0.045	0.05～0.1

淀粉乳的精制过程分 2 步：首先分离去除大部分蛋白质，此工序称为麸质分离；然后去除其他杂质，此工序称为淀粉洗涤。分离依据为不溶性杂质与淀粉的密度、粒度不同及淀粉颗粒不溶于水的性质。其中，淀粉颗粒 $5 \sim 26 \mu m$，密度 $1610 kg/m^3$；细渣 $60 \mu m$，密度 $1300 kg/m^3$；蛋白质微粒 $1 \sim 2 \mu m$，密度 $1180 kg/m^3$。常用的淀粉麸质分离方法有离心分离法、气浮分离法和沉降分离法等，其中离心分离法是目前使用较多的分离方法。

（1）离心分离法

在离心力的作用下，淀粉、麸质、纤维和脂肪等由于相对密度差异较大，故所受离心力也不同，从而产生加速或滞后现象，此时分离的速度和质量得以提高，实现分离。常用设备为淀粉离心分离机，是一种高速旋转、连续出料的碟片喷嘴型分离机。

（2）气浮分离法

工作原理是向淀粉悬浮液中通入一定量的气体，使悬浮液中形成气泡而上浮，气泡吸附了蛋白质及其他轻的悬浮粒子，漂浮于液体表面，并通过溢流挡板排走，密度大的淀粉颗粒沉降于分离室底部，从底部排出，从而达到分离目的。淀粉生产中，该法可以用于麸质分离和麸质浓缩。主要设备是气浮槽。

（3）沉降分离法

沉降操作是依靠重力的作用，利用分散物质与分散介质的密度差异，使之发生相对运动而分离的过程。淀粉生产中，是利用麸质与淀粉之间的密度差，使得它们可以通过沉淀速度差而分离。但是，该方法分离效率低，占地面积大，易污染，大型淀粉厂已基本停止使用。

分离去除蛋白质后，淀粉悬浮液中含干物质浓度为 33%～35%，淀粉中仍含有少量可溶性蛋白质、大部分无机盐和微量不溶性蛋白质，洗涤的目的就是将这些水溶性物质去除，得到高质量淀粉。淀粉洗涤的原理是：以水为媒介，一方面水可以将水溶性物质溶解除去，另一方面水可以将密度小于淀粉的细纤维和麸质漂洗出去，将密度大于淀粉的细砂沉积到砂石捕集器中。细淀粉乳洗涤的次数取决于淀粉乳的质量和湿淀粉乳的用途，生产干淀粉所用湿淀粉通常清洗 2 次，生产糖浆所用湿淀粉清洗 3 次，生产葡萄糖所用湿淀粉清洗 4 次，清洗后的淀粉乳中可溶性物质含量应降至 0.1% 以下。

8.1.1.5　淀粉乳脱水与湿淀粉干燥

精制后的淀粉乳呈白色悬浮液状态，含水 60% 左右，需要将水分降低到 40% 以下，才能进行干燥处理。淀粉乳脱水主要采用离心法，离心机的主要工作部件为一快速旋转的转鼓，转鼓安装在竖直和水平的轴上，由电机带动，料浆送入转鼓内随转鼓旋转，在惯性离心力作用下实现分离。有孔的鼓内壁面覆以滤布，则液体被甩出而颗粒被截留在鼓内，从而实现分离。目前实际生产中常用设备有卧式刮刀离心机和三足式自动卸料离心机等，它们工作原理相似，但结构上又有某些不同，大型工厂多采用卧式刮刀离心机。

淀粉乳脱水后含 36%～40% 水分，这些水分被均匀分布在淀粉颗粒各部分，并在淀粉颗粒表面形成一层很薄的水分子膜，对淀粉颗粒内部水分的保存起着重要作用。机械脱水后，水分最低只能达到 34%。因此，必须用干燥方法除去淀粉脱水后的剩余水分，使淀粉含水量符合产品质量标准。进行干燥时，先将冷空气加热成热空气，热空气与湿淀粉混合后，两者进行热交换，淀粉与所含水分被加热，热空气被冷却。淀粉粒表面的水分首先因获得热能而蒸发，淀粉水分开始下降，空气中的含水量则增加，随后淀粉颗粒内部的温度逐渐升高，水分也由内部向表面扩散，直至蒸发到空气中。进入干燥器的空气温度直接影响干燥速度，温度越高，干燥过程越快，但超过一定限度时，会引起淀粉糊化，降低淀粉质量，因此，一般加热后空气温度为 130～150℃，淀粉加热后温度 50～60℃。目前，国内外淀粉干燥基本上都用气流干燥设备，它具有干燥速度快、效率高、产品质量好等优点。

8.1.2　淀粉制糖

淀粉糖是以淀粉为原料，通过酸或酶的催化水解反应生产的糖品总称，是淀粉深加工的主要产品。

8.1.2.1　淀粉糖的生产方法

根据水解淀粉采用的催化剂不同，淀粉水解的基本方法有三种：酸解法、酶解法和酸酶结合法。不同方法特点不同，分别适用于不同品种淀粉糖的生产。淀粉糖工业上常用葡萄糖值表示淀粉的水解程度，是指淀粉水解物中把还原糖全部当作葡萄糖计算占干物质的百分率，用 DE 值表示。

8.1.2.1.1　酸解法

淀粉通过酸催化水解反应生成由葡萄糖、麦芽糖、低聚糖和糊精多种糖分组成的糖浆，在淀粉酸糖化过程中，酸和热既可以催化淀粉的水解反应，又可以催化糖浆中的葡萄糖发生复合反应和分解反应。三种反应同时发生，但发生的时间和条件不同，发生的程度也不同。水解反应是主反应，复合反应和分解反应是副反应。

（1）淀粉的水解反应

淀粉颗粒由直链淀粉和支链淀粉两种分子组成。淀粉乳加入稀酸后，经糊化、溶解，分子中的 α-1,4 糖苷键和 α-1,6 糖苷键被水解，形成各种聚合度的糖类混合溶液。在稀溶液的情况下，最终将全部变成葡萄糖。此时，酸仅起催化作用。淀粉的酸水解反应可用化学反应表示为：

$$(C_6H_{10}O_5)_n + nH_2O \longrightarrow nC_6H_{12}O_6$$

淀粉在水解过程中，先后生成不同的中间产物，表明淀粉糖浆是淀粉的不完全水解糖化产物，其组成是复杂的糖的混合物，如表 8-1-2 所示。

表 8-1-2　淀粉糖混合物的组成

DE/%	单糖	二糖	三糖	四糖	五糖	六糖	七糖	八糖以上
20	5.5	5.9	5.8	5.8	5.5	4.3	3.9	63.3
40	16.9	13.2	11.2	9.7	8.3	6.7	5.7	28.3
60	36.2	19.5	13.2	8.7	6.3	4.4	3.2	8.3

反应过程为：淀粉→可溶性淀粉→有色糊精→无色糊精→低聚糖→麦芽糖→葡萄糖。

水解反应初期，糊精生成量增加，随着反应的进行，糊精的量减少。淀粉颗粒晶体结构受到破坏，糖化液还原性不断升高。主要是由于糖化液中含有葡萄糖，其次是麦芽糖、低聚糖。水解葡萄糖的实际含量比葡萄糖值要低一些，这是因为麦芽糖和其他低聚糖也具有还原性。糊精具有旋光性、还原性，能溶于水，不溶于乙醇。在糊精水溶液中加入乙醇，有白色沉淀析出。糊精依分子量的递减与碘反应而呈紫色、红色或棕色。在淀粉糖生产中，可以用乙醇和碘液检测淀粉糖化液中糊精的含量和变化情况，以了解糖化的进行程度。参与淀粉水解反应的物质，除淀粉外还有酸和水。不同的酸对淀粉水解的催化效果不同。工业上常用的酸主要是草酸、盐酸和硫酸，其中盐酸的催化效果最好，硫酸次之，草酸的催化能力较低。影响酸糖化作用的因素除了酸的种类外，酸的浓度、温度以及淀粉的杂质也有影响。微量金属盐的存在对水解反应有影响。

在淀粉水解过程中，水的量很大，虽然水与淀粉起反应时有所减少，但减少的量只占总量的很微小一部分，可以说没有变化，不影响反应速度，所以水解的速度还决定于淀粉乳的浓度。

（2）葡萄糖的复合反应

淀粉酸法糖化生成淀粉糖的同时，又有部分水解生成的葡萄糖，在酸和热的催化影响下通过糖苷键重新发生聚合，失水生成二糖、三糖和其他较高分子的低聚糖等，这种反应称为复合反应。复合反应有水分子生成，干物质浓度有所降低，出现与水解反应相反的化学减重现象。两个葡萄糖分子复合成二糖的变化用化学反应式可表示为：

$$2C_6H_{12}O_6 \rightleftharpoons C_{12}H_{22}O_{11} + H_2O$$

两个葡萄糖分子主要经由 α-1,6 键聚合成异麦芽糖和经由 β-1,6 键聚合成龙胆二糖，而不是经 α-1,4 键聚合成麦芽糖，表明水解反应实际上是不可逆的，但是复合反应是可逆的，复合糖可以再次经水解转变成葡萄糖。

影响葡萄糖复合反应的条件因素有糖的浓度、酸的种类与浓度、反应温度与时间等。

a. 糖的浓度　葡萄糖的浓度与复合反应关系很大。低浓度下不发生复合反应，随着葡萄糖浓度的增高而发生复合反应，浓度越高，复合反应进行程度越大。在淀粉糖的生产中，1%浓度淀粉乳水解时没有复合反应发生。随着淀粉水解的进行，DE 值增加，只有 DE 达28%以后，才开始有复合糖生成，先出现的是皂脚糖；当 DE 为 90%，复合糖量可达7.37%。复合糖中生成最多的是异麦芽糖和龙胆二糖。

b. 酸的种类与浓度　不同种类的酸对葡萄糖复合反应的催化作用不同。盐酸最强，其次为硫酸、草酸，酸的浓度越大，复合反应进行程度越强。

c. 反应温度与时间　在葡萄糖复合反应未达到平衡之前，随着温度升高和加热时间的延长，有利于复合反应的发生。对于淀粉糖的生产来讲，复合反应是有害的，因为生成的复合糖有些是无甜味的，甚至有些糖还具有苦味和异味。对于生产结晶葡萄糖时，它还影响葡萄糖的结晶，降低葡萄糖的产率。

（3）葡萄糖的分解反应

葡萄糖受酸和热的影响发生分解反应，生成 5-羟甲基糠醛。5-羟甲基糠醛的性质不稳定，又进一步分解成乙酰丙酸、乙酸。5-羟甲基糠醛在受热的情况下分子间脱水生成有色物质等。5-羟甲基糠醛和有色物质的生成量随反应温度的增高及反应时间的延长而增高。pH对葡萄糖分解反应的影响比较复杂，pH 3.0 时 5-羟甲基糠醛和有色物质生成量最少，高于或低于此值都会增加葡萄糖分解反应。工业上酸水解时 pH 一般控制在 1.5~1.6，此时的5-羟甲基糠醛和有色物质相比 pH 3.0 时提高 5 倍和 13 倍，需经活性炭和离子交换树脂去除。

在淀粉糖化过程中，虽然葡萄糖因分解反应所损失的量在 1%以下，但生成的有色物质会增加糖化液精制的困难。因此淀粉糖化的温度不能太高，糖化时间越短越好。

8.1.2.1.2　酶解法

由于淀粉颗粒的结晶性结构，淀粉糖化酶无法直接作用于生淀粉，必须加热生淀粉乳，使淀粉颗粒吸水膨胀。糊化后，淀粉颗粒的结晶结构被破坏，酶对淀粉的水解速度增加。酶法制糖分为淀粉的液化和糖化两步，这两步所用的酶和操作条件不同，在酶法制糖的过程中发挥着不同的作用。

（1）淀粉的液化

淀粉的酶法液化是利用液化酶使糊化淀粉水解到糊精和低聚糖程度，使黏度大为降低，流动性增高。液化还为下一步的糖化创造有利条件，因为糖化使用的葡萄糖淀粉酶和 β-淀粉酶属于外切酶，水解作用从底物分子的非还原性末端进行，液化过程使底物分子数量增多，末端基团增多，糖化酶作用的机会增多，有利于糖化反应。

① 液化机制

液化使用 α-淀粉酶，其能水解淀粉和其水解产物分子中的 α-1,4 糖苷键，使分子断裂，黏度降低。α-淀粉酶属于内切酶，水解从分子内部进行，不能水解支链淀粉的 α 糖苷键，当

α-淀粉酶水解淀粉切断 α-1,4 键时，淀粉分子支叉部位的 α-1,6 键仍然留在水解产物中，得到异麦芽糖和含有 α-1,6 键、聚合度为 3～4 的低聚糖和糊精。但 α-淀粉酶能越过 α-1,6 键继续水解 α-1,4 键，而 α-1,6 键的存在会降低水解速度，所以 α-淀粉酶水解支链淀粉的速度较直链淀粉慢。

② 液化方法

各种液化方法以加热方式和加热温度或所用 α-淀粉酶种类的不同加以区别。常用的液化方法有升温液化法、高温液化法和喷射液化法。

a. 升温液化法　是一种最简单的液化方法。将 30％～40％浓度的淀粉乳用纯碱调节 pH 为 6.0～6.5，加入 $CaCl_2$ 使 Ca^{2+} 浓度达到 0.01mol/L，以干淀粉计投入需要量的 α-淀粉酶，在保持剧烈搅拌的情况下，加热到 85～90℃，保温 30～60min 达到需要的液化程度（DE 值 16～18），然后升温至 100℃ 以终止酶反应，冷却至糖化温度。此法所需设备简单，操作容易，但因在升温糊化过程中，黏度增加使搅料液受热不均匀，液化不完全，导致液化效果差，且会形成不易受酶作用的不溶性淀粉粒，造成糖化液过滤困难，过滤性质差。适用于薯类原料和大米等容易液化的原料，常为小型发酵厂和淀粉糖厂所使用。

b. 高温液化法　又称喷淋液化法。此方法比直接升温法复杂，是一种连续化或半连续化的液化方法。一般在装有搅拌器的开口液化罐中进行，喷淋头位于罐口接近液面处，下方装有分散的蒸汽加热器。在调节好 pH 和 Ca^{2+} 浓度的淀粉乳中，加入需要量的液化酶，用泵将淀粉乳经喷淋头引入液化罐中，蒸汽加热器加热后进入罐内，物料温度始终保持在 90℃。淀粉受热糊化、液化，由罐底部流出，进入保温桶中，于 90℃ 保温约 40min 或更长的时间使淀粉液化彻底。对于液化较困难的谷类淀粉（如玉米），液化后需要加热处理以凝结蛋白质类物质，改进过滤性质。此法糖化效果较好，但操作繁琐，淀粉不是同时受热，液化不均匀，酶的利用也不完全，后加入的部分作用时间较短。

c. 喷射液化法　此法是淀粉调浆加酶后，通过蒸汽喷射器，使压力为 0.4～0.6MPa 的蒸汽直接喷射入淀粉乳薄层，蒸汽在高物料流速和局部强烈湍流作用下迅速凝结，释放出大量潜热，并在较高的传热速率下使淀粉快速、均匀受热，糊化、液化同时完成，黏度迅速降低，液化后的淀粉乳由喷射器的出口流出，引入到保温桶内，85～90℃ 保温 20～40min，达到液化完全。此法的优点是升温快，液化均匀彻底，蛋白质类的杂质凝结好，糖化液易过滤，设备小，适于连续操作。

③ 酶法液化的影响因素

a. 淀粉的种类与浓度　不同原料来源的淀粉颗粒结构不同，液化难易程度也不同，薯类淀粉易于谷类淀粉和豆类淀粉。薯类淀粉和谷类淀粉的蛋白质含量、不溶性淀粉颗粒含量、淀粉老化产生凝胶体强度和淀粉颗粒大小与紧密程度有明显差异。薯类淀粉蛋白质含量低，不溶性淀粉颗粒少，凝胶体强度弱，颗粒大而疏松。因此薯类淀粉容易液化，谷类淀粉则相反。

薯类淀粉液化容易，淀粉乳的浓度可采用 35％～40％；玉米淀粉液化较困难，淀粉乳的浓度可采用 30％～33％为宜，若浓度超过 33％，则需要提高用酶量。

b. 酶的种类　常用的 α-淀粉酶有常温 α-淀粉酶和高温 α-淀粉酶。常温 α-淀粉酶在 Ca^{2+} 及 30％～40％淀粉乳保护下温度可控制在 85～90℃；耐高温 α-淀粉酶在淀粉乳保护下，温度可控制在 97～100℃。在喷射液化法中一般采用高温 α-淀粉酶。

酶制剂有粉末固体酶和液体酶，液体酶制剂成本低，使用方便，比固体制剂应用更普遍。

c. pH 值和温度的影响　α-淀粉酶的液化能力除与淀粉结构有关外，与温度和 pH 值也有直接关系。每种酶都有最适的作用温度和 pH 值范围，且两者相互依赖。

工业生产中为了加速淀粉液化速度，充分发挥 α-淀粉酶的作用，减少不溶性微粒的产生，多采用高温液化。例如采用 95℃ 或者更高温度，以确保液化完全，提高酶反应速度，但需注意温度高于酶最适作用温度时，会加快酶活力的损失。

d. 酶的稳定性　某些金属离子，如 Ca^{2+} 有助于提高酶对热的稳定性。因此，在工业生产中常加 $CaCl_2$ 或 $CaSO_4$，调节 Ca^{2+} 浓度。Na^+ 对酶活力稳定性也有提高作用。

（2）淀粉的糖化

在液化工序中，淀粉经 α-淀粉酶水解成糊精和低聚糖这些小分子产物，糖化就是利用糖化酶进一步将这些产物水解成葡萄糖或麦芽糖等淀粉糖产品。

① 糖化机制

糖化是利用葡萄糖淀粉酶从淀粉的非还原性末端开始水解 α-1,4 和 α-1,6 糖苷键，使葡萄糖单位逐个分离出来，从而产生葡萄糖，键的断裂位置在 C_1—O 处。葡萄糖淀粉酶也能将淀粉的水解初始产物如糊精、麦芽糖和低聚糖等水解，产生 β-葡萄糖。当作用于淀粉糊时，反应液的碘液显色反应消失很慢，糊化液的黏度也下降较慢，但因酶解产物葡萄糖不断积累，淀粉糊的还原能力却上升很快，最后反应几乎将淀粉 100% 水解为葡萄糖。

采用糖化酶进行糖化，糖化液的质量比酸法糖化大大提高，但由于糖化酶对 α-1,6 糖苷键的水解速度慢，对葡萄糖的复合反应有催化作用，致使糖化生成的葡萄糖又经 α-1,6 糖苷键结合成为异麦芽糖等，影响葡萄糖的得率。因此，单独使用葡萄糖淀粉酶，糖化最终 DE 值很难达到 98%。在糖化过程中加入能水解 α-1,6 糖苷键的葡萄糖苷酶、异淀粉酶或普鲁兰酶与之合并使用，不仅能使淀粉水解率提高，而且所得糖化液含葡萄糖可达 99% 以上。

② 糖化方法

酶糖化操作比较简单，我国一般使用黑曲霉产生的糖化酶，具体操作为：液化结束后，将料液用酸调 pH 4.0～4.5，同时迅速将温度调至 60～62℃，然后加入糖化酶，用量 100～200U/g（以干淀粉计），保持 60℃，适当搅拌，避免发生局部温度不均匀现象，糖化时间 24～48h，用无水酒精检查无白色絮状沉淀存在时，糖化结束。将料液 pH 值调至 4.8～5.0，同时加热到 80℃，保温 20min 灭酶，然后降温至 60～70℃，输送至过滤等精制工序。所得糖化液 DE 值可达 96% 以上，如果加大糖化酶用量，或糖化中途追加糖化酶，可以缩短糖化时间。

③ 影响糖化效果的因素

a. 液化液 DE 值　液化液的 DE 值对糖品产率和质量有直接影响。生产葡萄糖时，液化 DE 值应在 15～20 之间，液化液 DE 值越低，糖化液最终 DE 值越高。淀粉分子切断得越均匀，4～8 葡萄糖聚合度的成分越高，越有利于糖化，而小于 3 或大于 12 聚合度的成分都不利于糖化酶的作用。

b. 糖化时间　糖化初期糖化液 DE 值上升很快，而后变得比较缓慢。例如，DE 值为 19 的淀粉糖化液，采用葡萄糖淀粉酶进行糖化，20h 后 DE 值可达到 90，之后的 20～40h 仅上升 6～8。达到 DE 值最高点后，应及时停止反应。否则，DE 值会因复合和分解反应的增强而下降。

c. 糖化酶种类　目前，工业化生产使用的糖化酶主要来自黑曲霉和根霉，两者特性不同。黑曲霉具有较高的糖化酶活力、酶活性温度，能在较高温度下糖化，糖化液色泽浅，被广泛使用。但缺点是产生的酶不纯，常含有葡萄糖苷转移酶，能使葡萄糖基转移，生成具有 α-1,6 糖苷键的异麦芽糖和潘糖，降低葡萄糖产率。根霉的糖化酶活力高，酶系较纯，不含葡萄糖苷转移酶，而且含 α-淀粉酶活力高于曲霉，有利于糖化。但根霉糖化酶的生产依赖成本高的固体培养，这极大限制了该酶在工业生产中的使用。

d. 加酶量　糖化酶制剂用量取决于酶活力高低，酶活力高，用量少，液化液浓度高，加酶量多。生产上采用 30% 淀粉乳时，用量约为 100U/g。提高加酶量，糖化速度快，但酶用量过大，复合反应增强，反而导致葡萄糖值降低。在实际生产中，可以通过延长糖化时间，减少糖化酶用量，从而获得糖化 DE 值最高、酶成本最低的综合效益，糖化液中酶蛋白含量也少。

8.1.2.1.3　酸酶结合法

酸酶结合法是先将淀粉用酸水解成糊精或低聚糖，再用淀粉酶将其继续水解为目标糖品的工艺。具体操作是先用酸法将淀粉液化到 DE 值 10～20，中和冷却，加入糖化酶，继续糖化至终点。酸酶结合法兼有酸法液化过滤性能好和酶法糖化程度高的优点，糖化程度可达到 DE 值 95 左右，缺点是仍需使用酸和高温，复合反应和分解反应相比酸法有所减少，但不可避免。糖化终点 DE 值不够高，液化结束后需要用碱中和，分离盐分的工序任务重。

8.1.2.1.4　糖化液的精制

① 中和

采用酸法糖化工艺，需要中和，酶法糖化不用中和。酸水解法糖化液的 pH 值一般为 1.7～1.9。中和工序的目的是用碱中和糖化液中的酸，使酸转变成盐以便去除，同时使蛋白质类物质凝结析出。使用盐酸作为催化剂时，用碳酸钠中和；使用硫酸作为催化剂时，用碳酸钙中和。值得注意的是，中和的终点 pH 值不是 7.0，而是中和到蛋白质的等电点 pH 4.5～5.2。糖化液中蛋白质类胶体物质在酸性条件下带正电荷，当糖化液被逐渐中和时，胶体物质的正电荷也逐渐消失，胶体凝结成絮状物。若在糖化液中加入一些带负电荷的胶性黏土如膨润土作为澄清剂，能更好地促进蛋白质类物质的凝结，降低糖化液中蛋白质类杂质的含量。

② 过滤

酸法中和后的糖化液和酶法糖化液中，都含有一些不溶性物质，这些悬浮固体物主要包括絮凝的蛋白质及其他不溶物。过滤就是除去糖化液中凝沉的蛋白质及其他不溶性杂质和加入的炭泥。工业上进行的过滤均是以滤布为过滤介质，糖化液通过滤布时将固体物截留在滤布上，然后去除。目前普遍使用板框过滤机，同时用硅藻土作为助滤剂，来提高过滤速度，延长过滤周期，提高滤液澄清度。

③ 脱色

糖化液色泽的深浅直接影响淀粉糖成品的色泽。脱色的目的就是除去糖化液中的有色物质和一些杂质，得到澄清透明的糖浆产品。工业上一般采用骨炭和活性炭脱色。活性炭又分颗粒炭和粉末炭两种。炭的脱色是物理吸附作用，炭表面具有无数微小的孔隙，将有色物质吸附在炭粒表面上，从糖化液中除掉。吸附作用有选择性，骨炭吸收无机灰分能力强，活性炭吸附 5-羟甲基糠醛的能力强。脱色炭的作用是可逆的，其吸附有色物质的量决定于色素的浓度。工业生产中用新炭先脱色颜色较浅的糖化液，再脱色颜色较深的糖化液，然后弃掉，使活性炭得到充分利用。活性炭除了具有脱色作用外，还有助滤作用。

骨炭是最早应用于糖化液脱色的，骨炭和颗粒炭均可再生重复使用，但因再生设备复杂，主要在大型工厂使用。一般中小型工厂使用粉末活性炭，重复使用三次后弃掉，成本较高，但设备简单，操作方便。

④ 离子交换树脂处理

糖化液经活性炭脱色处理后，仍有部分无机盐和有机杂质存在，工业上采用离子交换树脂处理糖化液，起到离子吸附和交换的作用。其中，阳离子树脂可以去除蛋白质和可溶性盐类的阳离子部分，如 Na^+、Fe^{2+}、Ca^{2+}、Mg^{2+}；阴离子树脂可以去除可溶性盐类的阴离子，如氯化物、硫酸盐和碳酸盐。经离子交换树脂处理的糖化液，灰分可降到原来的 1/10，有色物质及有机杂质可彻底清除。因而，不但产品澄清度好，而且久置也不会变色，有利于产品的保存。

⑤ 蒸发浓缩

经过净化精制的糖化液浓度比较低，不便于运输和贮存，必须将其中大部分水分去掉，即采用蒸发使糖化液浓缩，达到要求的浓度。淀粉糖浆为热敏性物料，受热易着色，一般蒸发温度不宜超过 68℃，因此在真空状态下进行蒸发，以降低液体的沸点。蒸发操作有间歇式、连续式和循环式三种。

8.1.2.2　淀粉糖的生产工艺

淀粉糖种类繁多，分类方法也各不相同。按成分组成大致分为液体葡萄糖、结晶葡萄糖、麦芽糖浆、麦芽糊精、麦芽低聚糖、果葡糖浆等。

（1）液体葡萄糖

液体葡萄糖是控制淀粉适度水解得到的以葡萄糖、麦芽糖、低聚麦芽糖以及糊精组成的淀粉糖浆，其主要成分为葡萄糖和麦芽糖，又称为葡麦糖浆。

① 工艺流程

淀粉乳→调浆→液化→糖化→脱色→离子交换→真空浓缩→成品。

② 操作要点

淀粉乳浓度控制在 30％左右，用 Na_2CO_3 调节 pH 至 6.2 左右，加适量的 $CaCl_2$，添加耐高温 α-淀粉酶（以干淀粉计），调浆均匀后进行喷射液化，温度一般控制在（110±5）℃，液化 DE 值控制在 15％～20％，以碘液显色反应为红棕色，糖化液中蛋白质凝聚好、分层明显、液化液过滤性能好为液化终点时的指标。糖化操作较为简单，将液化液冷却至 55～60℃后，调节 pH 为 4.5 左右，加入适量糖化酶，一般为 25～100U/g（以干淀粉计），然后进行保温糖化，到所需 DE 值时即可升温灭酶，进入后道净化工序。淀粉糖化液经过滤除去不溶性杂质，得到澄清糖化液，仍需再进行脱色和离子交换处理，以进一步除去糖化液中水溶性杂质。脱色一般采用粉末活性炭，控制糖化液温度 80℃左右，添加相当于糖化液固形物 1％的活性炭，搅拌 0.5h，用压滤机过滤，脱色后糖化液冷却至 40～50℃，进入离子交换柱，用阳、阴离子交换树脂进行精制，除去糖化液中各种残留的杂质离子、蛋白质、氨基酸等，使糖化液纯度进一步提高。精制的糖化液真空浓缩至固形物为 73％～80％，即可作为成品。

（2）葡萄糖

葡萄糖是淀粉经酸或酶完全水解的产物，由于生产工艺的不同，所得葡萄糖产品的纯度也不同，一般可分为结晶葡萄糖和全糖两类。下面主要介绍全糖的工艺过程。

① 工艺流程

淀粉乳→调浆→液化→糖化→精制→浓缩→喷雾干燥→全糖。

② 操作要点

将浓度 30%～35% 淀粉乳，调节 pH 至 6.2～6.5，添加 10U/g 耐高温 α-淀粉酶。采用喷射液化法：一级喷射液化，105℃，进入层流罐保温 30～60min；二级喷射液化，125～135℃，汽液分离，如碘色反应未达棕色，可补加少量中温 α-淀粉酶，进行二次液化。液化液冷却至 60℃，调节 pH 为 4～5，加入 50～100U/g 糖化酶进行糖化，保温，定时搅拌，一般为 24～48h，当 DE 值超过 97% 时即可结束糖化。如欲得到 DE 值更高的产品，可在糖化时加少量普鲁兰酶。升温灭酶，同时使糖化液中蛋白质凝结。过滤，如果过滤性能差，可加少量硅藻土助滤。加 1% 活性炭脱色，80℃ 搅拌保温 30min，过滤。采用阳、阴离子交换树脂进行离子交换，如最终产品要求不高，可省去此道工序。真空浓缩至固形物为 45%～65%，经喷雾干燥得到可在水中快速溶解的全糖粉。

（3）麦芽糖浆

麦芽糖浆是以淀粉为原料，经酶或酸-酶结合法水解制成的一种以麦芽糖为主（一般在 40%～90%）的糖浆，按制法和麦芽糖含量不同可分别称为饴糖、高麦芽糖浆和超高麦芽糖浆等，其糖分组成主要是麦芽糖、糊精和低聚糖。其中，高麦芽糖浆的应用范围最为广泛。

① 工艺流程

淀粉乳→调浆→液化→β-淀粉酶糖化→过滤→脱色→离子交换→真空浓缩→高麦芽糖浆。

② 操作要点

将浓度 30%～35% 淀粉乳，调节 pH 至 6.2～6.5，以 10U/g 添加量加入耐高温 α-淀粉酶，进行喷射液化，DE 值控制在 20% 左右。将液化液冷却至 55～60℃，根据不同种类 β-淀粉酶选择合适的 pH 值，一般为 5.0～5.5，糖化时间一般为 6～24h。糖化结束后，将糖化液升温过滤，调节 pH 为 4.0～4.5，加 1% 糖用活性炭，加热至 80℃，定时搅拌 30min，压滤。脱色后的糖化液冷却至 50℃，采用离子交换柱进行离子交换，以彻底除去糖化液中残留的蛋白质、氨基酸、色素和无机盐。精制后的糖化液真空浓缩至固形物达 75%～80%，即可放罐作成品包装。

（4）麦芽糊精

麦芽糊精是指以淀粉为原料，经酸法或酶法低程度水解，得到的 DE 值在 20% 以下的产品。其主要组成为聚合度在 10 以上的糊精和少量聚合度在 10 以下的低聚糖。

① 工艺流程

淀粉调浆→喷射液化→过滤→脱色→真空浓缩→喷雾干燥→成品。

② 操作要点

采用耐高温 α-淀粉酶进行喷射液化，用量为 10～20U/g（以干淀粉计），淀粉乳浓度为 30%～35%，pH 值为 6.2 左右。一次喷射入口温度控制在 105℃，于层流罐中保温 30min。二次喷射出口温度控制在 130～135℃，液化最终 DE 值为 10%～20%。麦芽糊精产品采用喷雾干燥的方式进行干燥，使产品具备较好的溶解性。

（5）麦芽低聚糖

麦芽低聚糖为包含至多 10 个脱水葡萄糖基的低聚糖。按其分子中糖苷键类型的不同，可分为以 α-1,4 键连接的直链低聚麦芽糖和分子含有 α-1,6 键的支链麦芽低聚糖两大类。

① 工艺流程

淀粉乳→液化→糖化→过滤→脱色→离子交换→真空浓缩→成品。

② 操作要点

以精制玉米淀粉为原料，调成淀粉乳，用盐酸调节 pH，然后加入专门的麦芽低聚糖生成酶和淀粉分支酶，保温 60～72h，进行糖化，然后用活性炭脱色、过滤、离子交换、真空浓缩，则可获得含固形物 74％以上的麦芽低聚糖。

（6）果葡糖浆

果葡糖浆是淀粉先经酶法水解为葡萄糖浆（DE 值≥94％），再经葡萄糖异构酶转化得到的一种果糖和葡萄糖的混合糖浆。

① 工艺流程

淀粉乳→调浆→液化→糖化→脱色→压滤→离子交换→真空浓缩→成品。

② 操作要点

淀粉用水调制成干物质含量 30％～35％的淀粉乳，用盐酸调整 pH 6.0～6.5，加入 α-淀粉酶，喷射液化升温至 105～110℃，液化至碘液显色反应合格。液化液调节 pH 4.0～4.5，加入葡萄糖淀粉酶 80～100U/g（以干淀粉计），控制温度 60℃，糖化 60～72h，DE 值达 96％～98％后时，加热至 90℃，时间 10min，破坏糖化酶，糖化反应终止。采用硅藻土过滤，清除糖化液中的杂质及絮状物，然后用活性炭脱色，离子交换除杂质，真空蒸发浓缩至固形物为 40％～45％。

8.1.3　玉米淀粉副产物综合利用

玉米淀粉生产的副产物主要有浸泡液、胚芽、玉米纤维、蛋白粉等，对这些副产物进行深加工可得到玉米浆、玉米胚芽油、麸质粉、玉米黄色素、玉米醇溶蛋白、食用纤维等系列产品，其中富含蛋白质、脂肪、纤维、糖等多种化学成分，具有很高的应用价值。玉米淀粉副产物的综合利用情况如图 8-1-2 所示。

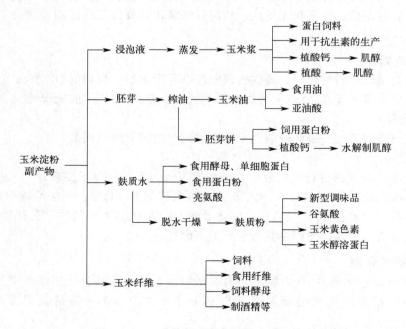

图 8-1-2　玉米淀粉副产物的综合利用情况

8.1.3.1　浸泡液的综合利用

玉米籽粒中的可溶性物质大部分转移到浸泡液中，静置浸泡法的浸泡液中含干物质 5%～6%，逆流浸泡法的浸泡液中含干物质 7%～9%，其中含多种可溶性成分，如可溶性糖、可溶性蛋白质、氨基酸、微量元素等。浸出液可提取植酸，浓缩生产玉米浆可做饲料和生产抗生素、味精、酵母及酶制剂等。

（1）玉米浆

饱和的浸泡液叫稀浸泡液，含干物质 5%～8%，蒸发后干物质大约为 50%，称为浓浸泡液，也称玉米浆，为棕褐色，黏稠状液体。加热蒸发浓缩是浸泡液生产玉米浆最常规的方法，该法可防止玉米浆中蛋白质变性和其他化学变化。但浸泡液加热蒸发浓缩所需能耗较高，相当于淀粉生产能耗的 1/3～1/2。同时，在蒸发浓缩时，会发生糖与氨基酸的美拉德反应，植酸与蛋白质、高价金属离子生成沉淀，降低了浸泡液中可溶物的利用价值。近年来科技人员研究了用膜分离技术浓缩玉米浆，既解决了上述缺点，又在完成浓缩的同时实现了大小分子成分分级。

用作饲料的玉米浆，可浓缩至干物质含量为 33%～40%，生产抗生素的玉米浆，应浓缩至干物质不低于 48%。浓缩玉米浆主要送至纤维干燥系统，与脱水后的纤维混合，生产高蛋白饲料，剩余部分可作为成品玉米浆直接装桶或进一步加工成干粉。玉米浆干粉的制取通过喷雾干燥完成，呈褐色至淡黄色，水溶性蛋白质保存完好，广泛应用于抗生素、维生素、氨基酸、酶制剂等工业，作为饲料添加剂原料在饲料工业中也广泛应用。

（2）浸泡液生产植酸钙、植酸制肌醇

植酸与钙、镁离子形成的复合盐称植酸钙镁，简称植酸钙，又称菲汀。菲汀水解可获得肌醇，酸解可获得植酸。生产中利用肌醇、植酸、菲汀间的化学转换关系来生产所需产品。植酸和肌醇在食品、医药、化工、稀土元素富集等方面有着广泛的应用。

从浸泡液提取植酸钙（菲汀）、植酸，工艺简单，投资少，经济效益高，无环境污染。其生产工艺有沉淀法、离子吸附法、电渗析法三种。其中，沉淀法是较实用的一种方法，设备投资少，易于操作。具体工艺如下：

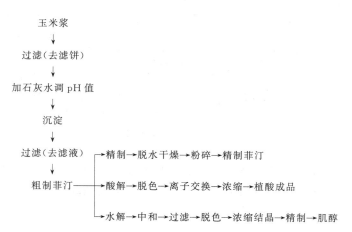

8.1.3.2　胚芽的综合利用

玉米淀粉生产中分离出的胚芽，含油量高达 50% 左右，从玉米胚芽中提取玉米油有压

213

榨法、溶剂浸出法、水酶法三种方法。目前我国大多数企业采用压榨法生产玉米胚芽油，产出率最高只能达到 65%，只有少数大型企业采用压榨法结合溶剂浸出法生产玉米胚芽油，可使产出率达到 97%。

（1）玉米胚芽榨油工艺流程

① 压榨法制油

玉米胚芽榨油工艺流程如下：

玉米胚芽→清理→软化→轧胚→蒸炒→压榨→毛油→水化脱胶→碱炼→水洗→脱水脱色→冬化→脱臭→精炼玉米油。

a. 清理　进入制油车间的玉米胚芽一般比较干净，不需要再筛理，但应进行磁选处理除去磁性金属碎屑，保护榨油设备。

b. 软化　对玉米胚进行适宜的温度和水分调节，使料胚的塑性发生变化，以便轧胚时能轧成不易碎的饼。

c. 轧胚　轧胚可以使玉米胚受到压应力以及由此产生的相互挤压和摩擦，使部分蛋白质进一步变性，部分细胞结构特别是细胞膜受破坏，利于油的流出；胚芽压扁后，表面积增加，出油油路缩短，有利于蒸炒时调节水分和吸收热量以及浸出时溶剂的渗透，也有利于细胞中胶体结构的最大破坏和油滴的聚集及流出。

d. 蒸炒　料胚通过蒸炒，细胞壁被破坏，使蛋白质充分变性和凝固，油的黏度降低，油滴凝集，以利于油脂从细胞中流出。

e. 压榨　最常用的是 95 型螺旋榨油机和 200 型螺旋榨油机。压榨机靠压力挤压出油，压榨后得到油和胚芽饼，未经精炼的油俗称"毛油"，酸价高，色泽深，味辛辣，需进一步精制，才能获得高品质精炼玉米油。

f. 水化　玉米油中的非甘油酯杂质以胶体形态存在，这些胶状物质加热后会产生泡沫而影响玉米油的精炼，因此在碱炼前先进行水化脱胶处理。将毛油加热到 71～80℃，与 1%～3% 的软水混合，搅拌水化，并加入适量的食盐，在水化过程中，胶体膨胀并溶入水中，然后将含有胶体的沉淀物和油离心分离，达到水化脱胶的目的。

g. 碱炼　碱炼是把油加热到 82℃用稀氢氧化钠处理，中和后形成游离脂肪酸的钠盐，然后用离心的方法分离出皂脚。用热水去除残留皂脚。

h. 脱色　碱炼后的玉米油用白土进行脱色，脱色工艺一般要求在 70～80℃加入白土然后升温到 110～120℃，脱色 10～20min。脱色过程也是微量水的脱除过程，因此脱色是在真空下进行的。脱色过程适当提高温度，能提高脱色效果，但过高的温度，会使油脂酸价上升。所以应按实际情况，选择最适的操作温度和脱色时间，取得最好的脱色效果。

i. 冬化　玉米油中含有痕量蜡质，在冷冻温度（≤4℃）产生浑浊现象，会影响透明度，为此在脱色以后，还需进行冬化。冬化是把油冷却到 4℃，保持几小时或几天，使蜡结晶析出，然后将沉淀物滤除。但不是所有的玉米油均必须进行冬化处理。

j. 脱臭　玉米油经过脱胶、碱炼、脱色以后，游离脂肪酸、磷脂、蛋白质、黏质液、色素等大部分均除去，外观黄色透明，但是还保留有萜烯、醛酮等玉米胚芽油特有的异味物质。因而玉米油不经脱臭处理，风味口感较差，即使营养价值较高，也不受消费者欢迎。为此，在玉米油的精炼中脱臭是必不可少的。

② 预榨浸出法制油

这是压榨提油和溶剂浸油方法的结合。此工艺适合于含油高的湿法提取的玉米胚芽制油，不仅预榨毛油质量好，而且残油率可降低到 1%～2%。

预榨浸出法制油工艺流程如下所示：

玉米胚芽→清理→软化→轧胚→蒸炒→压榨（分离毛油）→胚饼→浸出（分离料胚和溶剂）→毛油。

该工艺中压榨前的工序和全压榨工艺相同，经榨油机出来的胚饼可直接送入浸出车间浸出。预榨时，只将胚中 70% 左右的油脂榨出。因此，榨油机的温度和压力均可控制在较低水平，这样不仅可以提高设备生产能力，得到的毛油杂质少、色泽浅、质量高。同时胚芽颗粒密度增加，易于浸出，该法避免了完全压榨法胚饼蛋白质变性大、油色泽深等问题。

（2）玉米油和胚芽饼的利用

玉米油中不饱和脂肪酸的含量高达 90%，主要有油酸和亚油酸，特别是亚油酸占油脂总量的 50% 左右，是所有植物油中亚油酸含量最高的油，人体吸收率达 97% 以上。玉米油中含有植物固醇，具有抑制胆固醇增加的作用。玉米油还富含维生素 E，它是人体肌肉进行代谢、维持中枢神经系统和血管系统完整及许多其他功能的必需营养素，且还是一种强氧化剂，可以将人体内对细胞膜有害的过氧化物游离基控制在最低水平。所以玉米油是理想的食用油脂，特别对于老年人是一种保健油。

玉米胚芽饼是一种以蛋白质为主的营养物质，是较好的营养强化剂，但由于玉米胚芽饼中往往掺杂有玉米纤维，特别是胚芽饼有一种异味，所以一般均作为饲料处理。如果玉米淀粉企业胚芽分离效果好，胚芽纯度高，并且用溶剂浸出玉米油，所获得的玉米胚芽饼经脱溶剂、脱臭后，是一种良好的食品添加剂，可用于糕点、饼干、面包的生产。

8.1.3.3 麸质的综合利用

玉米麸质属玉米不溶性蛋白质，是淀粉生产过程最后分出的一种副产物。玉米麸质极富营养，在玉米籽粒中的含量仅次于纤维渣，约为玉米粒的 6%（以干基计），制成的成品称玉米蛋白粉。因其具有特殊的臭味和色泽，一般只作饲料使用，附加值低。玉米蛋白粉中的蛋白质主要为玉米醇溶蛋白（47%～60%）和谷蛋白（30%～39%），只有少量的白蛋白和球蛋白。醇溶蛋白具有独特的溶解性和成膜性，可用于食品的保鲜剂，在医药行业用于药片的包衣剂、湿法制粒的黏合剂和药物缓释剂。谷蛋白可作为食用蛋白，用作植物蛋白补充剂和火腿肠填充剂。玉米蛋白粉酯质部分含有玉米黄色素、叶黄素和胡萝卜素，是生产天然食用黄色素的优质原料。

（1）玉米蛋白粉生产玉米醇溶蛋白

玉米醇溶蛋白提取有两种方法：一种方法是先用烯烃除去玉米蛋白粉中所含的脂肪和部分色素，然后用醇类萃取、分离、精制；另一种方法是直接用异丙醇萃取，亦称一步法。

现将一步法制取醇溶蛋白的方法介绍如下：将玉米蛋白粉，用 4 倍体积的热异丙醇溶液（浓度 86%），混合搅拌以溶出蛋白质，离心分离，回收浸出液。以 50% 浓度的 NaOH，处理浸出液，调节 pH 值达 11.5，70℃ 保持 30min，防止凝胶。冷却后用盐酸调节 pH 值至5.6，过滤，用同体积的己烷与滤液混合，上层为己烷层，含有溶入的油脂、胡萝卜素等，下层为 50% 异丙醇层，含醇溶蛋白 25.0%，泵入迅速冷却的 10℃ 水中，醇溶蛋白沉淀，过滤，用冷水洗涤，经喷雾干燥得玉米醇溶蛋白。

（2）玉米蛋白粉制备氨基酸

玉米蛋白粉中含有较多的谷氨酸和亮氨酸，谷氨酸除用作味精原料外，在医药上也有很重要的用途。以下是用玉米蛋白粉制取 L-谷氨酸的工艺流程：

玉米蛋白粉→水解→脱色→收集 pH 4.5 以下洗脱液→精制→谷氨酸。

在阳离子交换柱洗脱液中 pH 5～8 部分，可分离提取亮氨酸。

（3）玉米蛋白粉提取黄色素

从玉米蛋白粉中分离出来的黄色素，是我国食品添加剂中常用的一种黄色素。黄色素还具有抗氧化、清除自由基、抗癌、减少心血管疾病发病率和视觉保护等很多生理功能。玉米蛋白粉中黄色素的含量较高，价格低廉，是开发黄色素很好的原料。黄色素的提取工艺一般是溶剂法，常用的溶剂有正己烷、乙酸乙酯、乙醇等，提取工艺流程如下：

玉米蛋白粉→抽提→萃取液→蒸馏→真空蒸发→玉米黄色素。

8.1.3.4　玉米纤维的综合利用

玉米纤维是玉米湿法加工的重要副产物，主要是以纤维素为主的多糖物质和微量分离时未被提取出来的淀粉。干的玉米纤维粉碎后，可按比例与胚芽饼、蛋白粉、浓缩玉米浆等其他副产物混合调配成饲料。若进一步精加工，加入适量豆饼，可成为优质配合饲料。

玉米纤维中糖类较多，因此可利用其水解物培养饲料酵母，得到高蛋白单细胞酵母。

将玉米纤维通过分离手段去除玉米皮中的淀粉、蛋白质、脂肪等物质后，可制成膳食纤维，用作高纤维食品的添加剂。

8.1.4　变性淀粉生产

变性淀粉是指在保持淀粉固有特性的基础上，利用物理、化学或酶的手段改变淀粉的分子结构和理化性质，改善其性能和扩大应用范围，从而出现特定的性能和用途的产品。变性淀粉按处理方式进行分类，主要有：

① 物理变性　用物理方法处理所得到的变性淀粉，如预糊化淀粉、高频辐射处理淀粉、机械研磨淀粉、热解糊精等。

② 化学变性　用各种化学试剂处理得到的变性淀粉，一类使淀粉分子量下降，如酸解淀粉、氧化淀粉；另一类是使淀粉分子量增加，如交联淀粉、酯化淀粉、乙酰化淀粉、醚化淀粉、接枝共聚淀粉等。

③ 酶法变性　用各种酶处理所得到的变性淀粉，如环糊精、麦芽糊精等。

④ 复合变性　采用两种或两种以上改性处理方法所得到的变性淀粉，如氧化交联淀粉、交联酯化淀粉等。采用复合改性得到的变性淀粉具有两种变性淀粉各自的优点。

8.1.4.1　变性淀粉的生产方法

变性淀粉的生产方法主要有湿法生产工艺和干法生产工艺。

（1）湿法生产工艺

湿法也称为浆法，是将淀粉分散在水或其他液体介质中，调成一定浓度的淀粉乳，在一定条件下与化学试剂进行氧化、酸化、酯化、醚化、交联等改性反应，生成变性淀粉。在此过程中，淀粉颗粒始终处于非糊化状态。如果采用的分散介质不是水，而是有机溶剂或含水的混合溶剂时，又称为溶剂法，其实质与湿法相同。由于有机溶剂的价格昂贵，多数又易燃易爆，不易回收，因此只有生产高取代度、高附加值产品时才使用。

湿法工艺中的化学反应是变性淀粉生产的最关键工序，影响因素十分复杂。原料、浓度、物料配比、反应温度、时间、pH 值都会影响反应的进行，进而影响最终产品的质量、稳定性及应用性能的重复性。湿法生产工艺流程图如下：

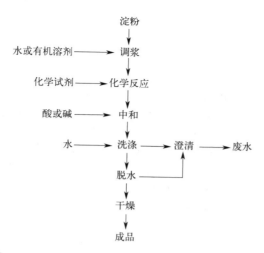

（2）干法生产工艺

干法是在"干"的状态下完成变性反应的，所以称为干法。所说的"干"的状态并不是没有水，因为如果没有水（或有机溶剂）存在，变性反应是无法进行的。在干法生产工艺中，原淀粉含水一般为 20％左右，整个反应过程几乎看不出有水分存在。该法的优点是节省了湿法必用的脱水与干燥过程，节约能源，降低生产成本且无污染。但也因为反应系统中含水量很少，生产中最大的困难是淀粉与化学试剂混合不均匀，反应不充分，所以采用干法只能生产少数几种变性淀粉产品，其中产量最大、应用最普遍的是白糊精、黄糊精及其酸降解淀粉和淀粉磷酸酯等。

混合是干法生产的关键工艺。干法生产工艺流程如下：

$$\begin{array}{c}\text{化学试剂}\qquad\qquad\qquad\qquad\quad\text{粉碎}\\[2pt]\downarrow\qquad\qquad\qquad\qquad\qquad\quad\uparrow\\[2pt]\text{原淀粉}\rightarrow\text{混合}\rightarrow\text{预干燥}\rightarrow\text{反应}\rightarrow\text{调湿}\rightarrow\text{筛分}\rightarrow\text{称重、包装}\rightarrow\text{成品}\end{array}$$

8.1.4.2　预糊化淀粉（α-结构淀粉）

预糊化淀粉是一种糊化的干燥淀粉产品，其能够在冷水中溶解，溶胀后形成具有一定黏度的淀粉糊。生产预糊化淀粉的原理就是在一定量水存在的条件下，将原淀粉加热至糊化温度以上时，使淀粉乳充分糊化后，迅速对其干燥、脱水形成 α-结构淀粉。常用的生产方法有滚筒干燥法、喷雾干燥法和挤压法。

① 滚筒干燥法　是将预热的精制淀粉乳喷洒在加热的滚筒表面，使淀粉乳充分糊化，然后快速干燥获得成品的一种方法，也是传统生产 α-结构淀粉的主要方法。

② 喷雾干燥法　是先加热淀粉乳使其糊化，然后用泵喷入喷雾干燥设备进行干燥，得成品。淀粉乳浓度一般为 6％～10％，浓度过高，糊黏度太高会引起泵输送和喷雾操作困难。生产时使用低浓度淀粉乳，水分蒸发量大，耗能高，生产成本增加，在应用上受到限制。

③ 挤压法　将调好的淀粉乳引入挤压机，通过挤压、摩擦产生热量使淀粉糊化。当淀粉由几毫米直径细孔压出时，压力急速降低，立即膨胀，水分蒸发干燥。该法的优点是进料含水量少，耗能低，但产品黏度较相应的滚筒干燥法产品低很多。

α-结构淀粉的基本特性是能够在冷水中溶解溶胀，形成具有一定黏度的糊液，黏结力强，黏韧性高，凝沉性比原淀粉小。利用 α-结构淀粉的性质，将其广泛用于食品、饲料、石油钻探、铸造、纺织、造纸、医药等行业，我国大量用于方便食品、特种水产饲料。

8.1.4.3　糊精

淀粉经不同方法降解的产物统称为糊精，但不包括单糖和低聚糖。所有糊精产物都是脱水葡萄糖聚合物，分子结构有直链状、支链状和环状，工业上生产的糊精产物有麦芽糊精、环糊精和热解糊精三大类。淀粉经酸、酶或酸与酶合并催化水解，DE 值在 20% 以下的产物称为麦芽糊精。淀粉经用嗜碱芽孢杆菌发酵发生葡萄糖基转移反应得到的环状分子，称为环糊精（或环状糊精），包括 α-环糊精、β-环糊精和 γ-环糊精，具有独特的包接功能。利用干热法使淀粉降解所得到的产物称为热解糊精，有白糊精、黄糊精和英国胶三种。白糊精和黄糊精是加酸于淀粉中加热制得，前者温度较低，颜色为白色，后者温度较高，颜色为黄色。英国胶是不加酸，加热到更高温度制得，颜色为棕色。热解糊精是最早生产的一种变性淀粉，产量较大，应用广。一般讲"糊精"就是指这一类糊精，其他类糊精需要加"麦芽"或"环（或环状）"进行区别。

生产糊精有两种方法：一种是焙烧法，即加热或焙烧淀粉转化成糊精；另一种是湿法，用酸或酶处理淀粉悬浮液而制成糊精。工业生产一般用焙烧法，生产工艺流程为：预处理→预干燥→热转化→冷却→热解糊精。

① 预处理　通常是将酸性催化剂、氧化性催化剂或碱性催化剂的稀溶液喷于含水 5% 以上的淀粉上，再过滤或脱水，保证催化剂均匀分布于淀粉中。

② 预干燥　用于转化的淀粉含水量为 1%～5%，淀粉水分过高会加剧淀粉水解，抑制缩合反应，不利于糊精的生产，最好将淀粉的水分控制在 3% 以下。

③ 热转化　热转化作用常在带有夹套的加热混合器中进行，要得到满足性能要求的糊精，必须受热均匀，防止局部过热，局部过热会引起淀粉焦化，甚至会引起粉尘爆炸。

④ 冷却　转化温度范围为 100～200℃，因此转化结束后应立即冷却，以快速终止反应，防止过度转化。

热解糊精被广泛用于医药、食品、造纸、铸造、壁纸、标签等行业。如医药行业糊精作为片剂用的黏合剂、赋形剂，铸造行业用作铸造型砂的黏合剂，纺织工业用于经纱（织布之前，把纺好的纱或线密密地绷起来，来回梳理，使之成为经纱或经线）上浆剂、印染黏合剂，食品行业中白糊精可用作面团改良剂，也有用于干果表面挂浆，作为调味剂和着色剂的载体使用等。

8.1.4.4　酸变性淀粉

酸变性淀粉是指用酸在糊化温度以下处理淀粉乳，改变其性质所得到的产品。在糊化温度以上的酸水解产品和更高温度酸热解糊精产品，都不属于酸变性淀粉。淀粉在酸催化水解过程中分子断链，分子量变小，聚合度下降，还原性增加，流度（黏度的倒数）增高。在淀粉颗粒中，含有 α-1,4 糖苷键的线型部分，包括靠氢键连接在一起的结晶部分，不易被酸水解，具有 α-1,6 糖苷键的无定形区域较易被酸渗入，发生水解。因此可以认为，淀粉的酸水解分两步进行，首先快速水解含有支链淀粉的无定形区域，接着缓慢水解结晶区域中的直链淀粉和支链淀粉。

通常生产酸变性淀粉的生产工艺流程如下：

```
        无机酸        碱
          ↓          ↓
淀粉乳→酸处理→反应→中和→洗涤→脱水→干燥→成品
```

食品工业中，酸变性淀粉是制糖果及果冻食品的一种重要凝胶剂，酸变性淀粉制作的糖果，质地紧凑，外形柔软，富有弹性和韧性，耐咀嚼，不粘纸，高温下不收缩，不起砂，提高了食品的稳定性。纺织工业中被广泛用于棉、人造棉、合成纤维或混纺制品的上浆和整理。造纸工业作为特种纸张表面施胶剂，改善纸张的耐磨性、耐油性，并可提高印刷质量。

8.1.4.5　氧化淀粉

淀粉经氧化剂处理后形成的变性淀粉称为氧化淀粉，具有低黏度、高固体分散性、极小的凝胶化作用等特点。因在淀粉分子链上引入了羰基和羧基，使直链淀粉的凝沉性趋向减小，大大提高了糊液的稳定性、成膜性、黏合性和透明度。制备氧化淀粉的氧化剂一般可分为以下三类。

① 酸性氧化剂　如硝酸、铬酸、高锰酸盐、过氧化氢、卤化物、卤氧酸（次氯酸、氯酸、高碘酸）、过氧化物（过硼酸钠、过硫酸铵、过氧乙酸、过氧脂肪酸）和臭氧等。

② 碱性氧化剂　碱性次卤酸盐、碱性亚氯酸盐、碱性高锰酸盐、碱性过氧化物、碱性过硫酸盐等。

③ 中性氧化剂　过氧化物、溴、碘等。

氧化淀粉可用于造纸、纺织、食品及建材工业。食品工业中，氧化淀粉能代替琼脂和阿拉伯胶制造果冻及软糖等，其贮存性较稳定，优于酸性淀粉。

8.1.4.6　交联淀粉

交联淀粉是淀粉分子中的醇羟基与具有二元或多元官能团的化学试剂反应使不同淀粉分子的羟基间联结起来，形成呈多维空间网状结构的淀粉衍生物。淀粉交联的形式有酰化交联、酯化交联和醚化交联等。凡具有两个或多个官能团，能与淀粉分子中两个或多个羟基起反应的化学试剂都能用作交联剂。工业生产中常用的交联剂有环氧氯丙烷、三氯氧化磷和三偏磷酸钠等。

淀粉分子之间形成交联键，增大分子，提高平均分子量，由于引入了新的化学键，分子间结合的程度加强，使淀粉颗粒更坚韧，结构更强，糊化温度升高，糊的稳定性加强。

交联淀粉的糊黏度对于热、酸和剪切力影响具有高稳定性，在食品工业中可用作增稠剂、稳定剂。交联淀粉还具有较高的冷冻稳定性和冻融稳定性，特别适于冷冻食品中应用，在低温下较长时间冷冻或重复冻融多次，食品仍能保持原来的组织结构，不发生变化。另外，交联淀粉还可用于医疗行业、化学工业、纺织工业等。

8.1.4.7　接枝共聚淀粉

淀粉经物理或化学方法引发，与丙烯腈、丙烯酰胺、丙烯酸、乙酸乙烯、甲基丙烯酸甲酯、丁二烯、苯乙烯和其他多种人工合成分子单体起接枝反应，生成淀粉接枝共聚物。目前工业生产应用的引发方式有铈离子氧化法、芬顿（Fenton）试剂法和辐射法。

水溶性接枝共聚物是淀粉和丙烯酰胺、丙烯酸和几种氨基取代的阳离子型单体的接枝共聚物产品，该产品具有热水分散性，可用作增稠剂、絮凝剂和吸收剂使用。淀粉和热塑性丙烯酸酯、甲基丙烯酸酯、苯乙烯接枝共聚制得的热塑性高分子接枝共聚物具有热塑性，能热压成塑料或薄膜，可制成农膜、包装袋、吸塑产品。这些产品具有优良的生物降解性，接枝共聚工艺简单。高吸水树脂一旦吸水，就溶胀成凝胶，即使加压、加水也无法除去，即具有一定的保水性，这个特点使其广泛用于农业和环境保护；遇碱后还可反应变成盐基，当和氨水相遇后可吸收氨转变成铵盐结构，这一特点可用来加工成纸尿布、卫生巾、医用垫子等。

8.2　大豆的加工

8.2.1　大豆蛋白质的特性

大豆蛋白质是存在于大豆种子中诸多蛋白质的总称，是一种优良的植物性蛋白质。其氨基酸组成与牛奶蛋白质相近，除蛋氨酸略低外，其余必需氨基酸含量较高，是植物性完全蛋白质，易被人体吸收，营养价值可与动物蛋白质等同，在基因结构上也最接近人体氨基酸。

大豆蛋白质的功能特性是指大豆蛋白质的溶解度、面团形成能力、持水性、脂肪结合性、乳化性、起泡性、被膜性、增稠性、稳定性、凝胶性、黏着性、结着性等物理化学特性，在食品配制、加工、储藏和制取过程中发挥特殊的作用，赋予食品良好的物理性状，给食品的组织状态和感官性状带来良好的影响。在不同食品的加工中可运用大豆蛋白质不同的功能特性，如制作肉糜利用其胶凝作用，制作咖啡乳脂利用其乳化作用，制作甜点利用其发泡性。除了以上理化性能外，大豆蛋白质还显示出生化特性，如脂肪氧化酶具有抗氧化性能，在加工食品中可增加脂质的稳定性。大豆蛋白质的功能特性很复杂，有些问题尚不清楚，下面简要从以下几个特性加以介绍。

8.2.1.1　水合性

大豆蛋白质的水合性包括吸水性、持水性和膨胀性三个方面。由于大豆蛋白质的肽链骨架中含有很多极性基团，因此其与水的作用和食品中蛋白质的分散性、结合性、黏度、凝胶化性和表面活性等重要性质密切相关。

（1）吸水性

大豆蛋白质的吸水性是指在一定湿度的环境中，蛋白质（干基）达到水分平衡时的水分含量。大豆蛋白质的吸水性与水分活度 a_w 有关，其吸水力随着 a_w 的增大而增强，当 a_w 达到 1.0 时吸水力最强。此外，pH 也影响大豆蛋白质的吸水性，吸水性随着 pH 的增加而增加。温度虽然对大豆蛋白质的吸水性有影响，但影响不大。

（2）持水性

大豆蛋白质的持水性可用离心分离后蛋白质制品中残留水分的含量来衡量。影响大豆蛋白质持水性的因素很多，除随蛋白质浓度的增加而增大外，主要还与食品体系的黏度、温度、pH、电离强度等因素有关。

（3）膨胀性

膨胀性是指蛋白质吸水后不溶解，在保持水分的同时赋予制品一定强度和黏度的一种性质。大豆蛋白质的膨胀性随 pH 升高而增大，当 pH 从 5 升高到 9 时，其膨胀性可增加 2 倍。温度对大豆分离蛋白的膨胀性也有影响。

8.2.1.2　黏度

大豆蛋白质分散液的黏度受蛋白质组分流体力学性质的影响，而这种性质又受温度、pH、离子强度及加工方法等的影响。随着温度上升，大豆蛋白质的黏度缓慢增加，但温度超过 90℃时，黏度反而降低。pH 为 6～8 时，蛋白质结构最稳定，黏度也最高。大豆分离蛋白经碱、酸或热处理后，其膨胀程度会增加，因而黏度增加。对比几种不同蛋白质制品的黏度，发现大豆分离蛋白的黏度大于浓缩蛋白，浓缩蛋白的黏度大于大豆粉的黏度，并且同一种类的大豆蛋白质制品，其固形物浓度越高黏度越大。

8.2.1.3　凝胶性

凝胶性是指蛋白质形成胶体网状立体结构的性能。大豆蛋白质分散于水中形成溶胶体，这种溶胶体在一定条件下可转变为凝胶。溶胶是大豆蛋白质分散在水中的分散体系，具有流动性。凝胶是水分散于蛋白质中的分散体系，具有较高的黏度、可塑性和弹性，具有固体的一些性质。蛋白质形成凝胶后，既是水的载体，也是风味剂、糖以及其他配合物的载体，因而有利于食品加工。

大豆蛋白质凝胶的形成受多种因素的影响，如蛋白质浓度、加热时间、冷却情况、pH值以及有无盐类和巯基化合物等。凝胶形成的决定性因素是大豆蛋白质浓度和组成，浓度为8%～16%的大豆蛋白质溶液，经加热冷却后即可形成凝胶，且浓度越高，形成的凝胶强度越大。在浓度低于8%时，仅用加热的方法不形成凝胶，若需使其形成凝胶，必须在加热后及时调节pH值或离子强度。而在相同浓度的情况下，大豆蛋白质的组成不同，其凝胶化性也不相同。大豆蛋白质中，只有7S和11S组分才有凝胶化性，而且11S组分凝胶的硬度、组织明显好于7S凝胶。

凝胶化性是大豆蛋白质的重要功能特性之一。传统的豆腐就是豆乳在加热条件下，利用钙盐形成凝胶的典型例子。香肠、午餐肉等碎肉制品也可利用这一特性，赋予其良好的凝胶组织结构，增加咀嚼感。

8.2.1.4　乳化性

乳化性是指两种以上的互不相溶的液体，例如油和水，经机械搅拌，形成乳浊液的性能。蛋白质具有乳化剂的特征结构，即两亲结构，在蛋白质分子中同时含有亲水基团和亲油基团。在油水混合液中，蛋白质分子有扩散到油-水界面的趋势，并使疏水性多肽部分展开朝向脂质，而极性部分朝向水相。大豆蛋白质用于食品加工时，聚集于油-水界面，使其表面张力降低，促进形成油-水乳化液。形成乳化液后，被乳化的油滴因蛋白质聚集在其表面，形成一种保护层，从而可以防止油滴的集结和乳化状态破坏，提高乳化稳定性。

实际应用中，不同的大豆蛋白质制品，其乳化性能也是不同的。大豆分离蛋白的乳化性明显好于大豆浓缩蛋白，特别是好于溶解度较低的浓缩蛋白。对于肉类制品加工而言，大豆浓缩蛋白的溶解度低，作为加工香肠乳化剂不理想。

8.2.1.5　吸油性

蛋白质的吸油性是指蛋白质具有吸收油脂的能力。在众多食品和生物体系中，蛋白质和脂类之间存在着相互作用，包括脂类的非极性基团（脂肪族链）和蛋白质的非极性区之间的疏水相互作用。影响蛋白质吸油性的主要因素包括蛋白质的种类、含量、粒度、pH值、温度及外力作用。

不溶性的和疏水性的蛋白质可结合较多数量的油脂；小颗粒的、低密度的蛋白质粉比高密度蛋白质粉能吸收或截留更多量的油脂。蛋白质的吸油能力随食品中蛋白质含量升高而增加，随pH值增大而减少，随温度的升高而降低。高压均质处理能增加两相之间的界面，增加蛋白质与脂类相互作用，提高吸油率。大豆蛋白质对肉类制品的吸油性，表现在促进脂肪吸收，促进脂肪结合，从而减少蒸煮时脂肪的损失。关于大豆蛋白质吸收脂肪或结合脂肪的机制尚不清楚。推测大豆蛋白质的吸油性，可能是大豆蛋白质乳化性与胶凝性的综合效应。正是由于乳化液和凝胶基质的形式，才阻止了脂肪的表面移动。

8.2.1.6　起泡性

大豆蛋白质分子中既有亲水基团，又有疏水基团，典型两亲结构使其在分散液中表现出较强的表面活性。它既能降低油-水界面的张力，呈现一定程度的乳化性，又能降低水-空气的界面张力，呈现一定程度的起泡性。大豆蛋白质分散于水中，形成具有一定黏度的溶胶体，当溶胶受到急速的机械搅拌时，会有大量的气体混入，形成相当量的水-空气界面，溶液中的大豆蛋白质分子吸附到这些界面上来，降低了界面张力，促进界面形成，同时由于大豆蛋白质的部分肽链在界面上伸展开来，通过肽链间（包括分子内和分子间）的相互作用，形成了一个二维保护网络，使界面膜被强化，从而促进了泡沫的形成与稳定。所谓"稳定"，是指泡沫形成以后能保持一定的时间，并具有一定的抗破坏能力，这是起泡性实际应用的先决条件。

8.2.1.7　调色性

大豆蛋白质制品在食品加工中的调色作用主要是漂白和增色作用。在面包加工过程中添加活性大豆粉能起漂白作用。这是因为大豆粉中的多种不饱和脂肪酸被脂肪氧化酶氧化，产生氧化脂质，而氧化脂质对小麦粉中的类胡萝卜素有漂白作用，使之由黄变白，结果形成内瓤很白的面包。另外，在加工面包时添加大豆粉，可以使面包皮颜色变深，增色作用是由于大豆蛋白质与面粉中的糖类发生美拉德反应的结果。

8.2.2　大豆蛋白质的生产

8.2.2.1　大豆浓缩蛋白的生产

大豆浓缩蛋白是以脱皮脱脂豆粕为原料，除去其中以可溶性糖、灰分及其他可溶性的微量成分为主的低分子可溶性非蛋白质成分，制得的蛋白质含量（以干基计）在 70% 以上的大豆蛋白质制品。目前工业化生产大豆浓缩蛋白的方法主要有稀酸浸提法、乙醇浸提法和湿热浸提法。

（1）稀酸浸提法

酸浸法制取大豆浓缩蛋白是基于大豆蛋白质在等电点（pH 4.5 左右）的酸性溶液中的溶出最少，而可溶性非蛋白质化合物大量溶出的特点设计的浸提方法。利用蛋白质等电点溶解度最低的特性，先将低变性脱脂豆粕水浸液用稀酸溶液调节 pH 值，然后将脱脂豆粕之间的低分子可溶性非蛋白质成分浸洗出来，使蛋白质沉淀，离心分离，分离出的沉析物中和、干燥，即可制得大豆浓缩蛋白。

（2）乙醇浸提法

乙醇浸提法是利用脱脂大豆中的蛋白质能溶于水，而难溶于酒精，酒精浓度越高，蛋白质溶解度越低这一性质设计的，当酒精体积分数为 60%～65% 时，可溶性蛋白质的溶解度最低。基于这一性质，用浓酒精对脱脂大豆进行洗涤，除去蔗糖、棉子糖、水苏糖等醇溶性糖类以及灰分、醇溶性蛋白质等，再经分离、干燥等工序得到大豆浓缩蛋白。

（3）湿热浸提法

湿热浸提法是利用大豆蛋白质对热敏感的特性，将豆粕用蒸汽或水加热，蛋白质因受热变性后水溶性降低，然后用水将脱脂大豆中所含的水溶性糖类浸洗出来，分离除去，从而得到大豆浓缩蛋白。

8.2.2.2 大豆分离蛋白的生产

大豆分离蛋白是将脱皮脱脂的大豆进一步去除所含非蛋白质成分后，所得到的一种精制大豆蛋白质产品。与大豆浓缩蛋白相比，生产大豆分离蛋白不仅要从低温豆粕中去除低分子可溶性非蛋白成分（即可溶性糖、灰分及其他各种微量组分），而且要去除不溶性高分子成分（如不溶性纤维及其他残渣物）。目前，国内外生产大豆分离蛋白仍以碱提酸沉法为主，而美国、日本等发达国家已开始使用超过滤法和离子交换法生产大豆分离蛋白。

（1）碱提酸沉法

稀碱溶液能溶解大部分低温脱脂豆粕中的蛋白质。用稀碱液将低温脱脂豆粕浸提后，采用离心分离法去除豆粕中以多糖和一些残留蛋白质为主的不溶性物质，然后用酸把浸出液的pH 值调至 4.5 左右时，使蛋白质处于等电点状态而凝集沉淀，经分离得到蛋白质沉淀物，再经洗涤、中和、干燥，即得大豆分离蛋白。

（2）超过滤法

应用膜过滤技术制取大豆蛋白质，是基于纤维质隔膜的不同大小孔径，以压差为动力使被分离物小于孔径者通过，大于孔径者滞留。制取大豆分离蛋白所采用的超滤分离技术是一种可达到浓缩、分离、净化目的，特别适用于大分子、热敏感物质分离的新方法。超滤膜的截留作用使得大分子经过超滤膜得到浓缩，而低分子可溶性物质则可随超滤液进一步被滤出。

（3）离子交换法

离子交换法生产大豆分离蛋白的原理与碱提酸沉法基本相同，区别在于离子交换法不是用碱溶解蛋白质，而是通过离子交换法来调节 pH 值，使蛋白质从饼粕中溶出及沉淀，从而得到大豆分离蛋白。

8.2.2.3 大豆组织蛋白的生产

大豆组织蛋白是以大豆浓缩蛋白、低温脱脂豆粕粉、大豆分离蛋白等为原料，加入一定的水及添加剂混合均匀，经加温、加压、成型等机械或化学的方法改变蛋白质组织结构，使蛋白质分子之间整齐排列且具有同方向的组织结构，同时膨化、凝固，形成纤维状蛋白，使之具有类似动物瘦肉组织形态和咀嚼感的仿肉制品。使大豆蛋白质组织化的方法有很多，但应用最广泛的是挤压膨化法。

（1）挤压膨化法

脱脂大豆蛋白粉或大豆浓缩蛋白加入一定量的水，在挤压膨化机里强行加温加压，在热和机械剪切力的联合作用下，蛋白质变性使大豆蛋白质分子定向排列并致密起来，在物料挤出瞬间，压力降为常压，水分子迅速蒸发逸出，使大豆组织蛋白呈现层状多孔而疏松结构，外观显示出肉丝状。

（2）纺丝黏结法

将高纯度的大豆分离蛋白溶解在碱溶液中，大豆蛋白质分子则发生变性，维持空间结构的次级键发生断裂，大部分已伸展的次级单位形成具有一定黏度的纺丝液。将纺丝液通过有数千个小孔的隔膜，挤入含有一定浓度食盐的醋酸溶液中，蛋白质凝固析出，在形成丝状、延伸的同时，蛋白质分子发生一定程度的定向排列，从而形成纤维。可以根据制造不同的食品调整纤维的粗细软硬，将蛋白纤维用黏合剂黏结压制，即得到类似肉丝状的大豆组织蛋白。

（3）水蒸气膨化法

水蒸气膨化法是采用高压蒸汽，将低温豆粕粉在 0.5s 时间内加热到 210～240℃，使蛋白质迅速变性组织化。本工艺的特点是用高压过热蒸汽加压加热，在较短的时间内促使蛋白质分子变性凝固化，能明显地除去原料中的豆腥味，以保证产品质量。同时，产品水分只有 7%～10%，节省了干燥工序，简化了工艺过程。除此以外，生产大豆组织蛋白的方法还有凝胶化法、海藻酸钠法、湿热法和冻结法等。

8.2.3　豆乳的生产

8.2.3.1　豆乳的分类

豆乳是以大豆或低变性大豆粉为原料，经加工制成的乳状饮品。豆乳的种类很多，根据我国的国家标准，大体上可分为纯豆乳、调制豆乳、豆乳饮料三大类。

① 纯豆乳　又称淡豆乳或豆乳。以纯大豆为原料，经加工制成的乳状饮品，也可添加营养强化剂。豆乳中大豆固形物含量≥8%，蛋白质含量≥3.2%。

② 调制豆乳　是以纯豆乳为主要原料，加入白砂糖、乳化稳定剂等调制而成的乳状饮料，也可添加精炼植物油、维生素、氨基酸、矿质营养素、果汁、蔬菜汁、咖啡、可可、蛋制品、乳制品、谷粉类等营养强化剂与风味料。豆乳中大豆固形物含量≥5%，蛋白质含量≥2%。

③ 豆乳饮料　以大豆及大豆制品为主要原料，添加其他食品辅料加工制成，大豆固形物含量≥2%，蛋白质含量≥1%。在生产实践中豆乳饮料又分为非果汁型豆乳饮料和果汁型豆乳饮料。

8.2.3.2　典型豆乳的生产

（1）生产工艺流程

豆乳的生产工艺流程如下：

大豆→选豆→浸泡→洗料→磨浆→分离→灭酶→过滤→冷却→均质→灭菌→冷却→包装→成品。

（2）操作要点

原料大豆经选豆除去豆中混杂的沙石、豆壳等杂质。将大豆浸泡于 10～15 倍水中，浸泡温度为 50～60℃，并加入浓度为 0.2% 的 $NaHCO_3$，调节 pH 值至 10～12，浸泡时间约为 2h。浸泡的目的是软化大豆组织结构、降低磨耗和磨损、提高胶体分散程度和悬浮性。将浸泡后的大豆进行水洗、沥干，除去大豆黏附的尘土等杂质。然后边加水边进行 1～3 次磨浆分离。分离除渣后的浆液加热煮沸 20～30min，以确保胰蛋白酶抑制素活性至少钝化 90% 以上。同时注意添加消泡剂，以消除煮沸产生的大量泡沫。煮过的浆液经进一步分离除渣，冷却至 60℃左右后，按产品配方要求加入相应的添加物，充分搅拌均匀。然后用均质机均质，以改善豆乳的口感和稳定性，如能进行两次均质，则效果更好。均质后的豆乳在 105～108℃下灭菌 4～5min，然后冷却至常温，存于贮罐即可进行包装。

8.3　小麦的加工

8.3.1　小麦的分类和结构特点

8.3.1.1　小麦的分类

小麦是全世界主要的粮食作物，也是世界上栽培最早的作物之一。小麦在我国的种植面积大，分布范围广。从长城以北到长江以南，东起黄海、渤海，西至六盘山、秦岭一带，都是小麦的主要播种区。小麦有下列不同的分类方法：

（1）按播种季节划分

依据播种季节可将我国小麦分为春小麦和冬小麦。春小麦在春季播种，夏末收获。如长城以北地区冬季寒冷，小麦难以越冬，故常在春季播种。春小麦籽粒腹沟深，出粉率不高。冬小麦在秋季播种，初夏成熟。如长城以南的小麦就是在秋季播种，越冬后春季返青，夏季收获。

（2）按籽粒皮色划分

按照皮色可将小麦分为白皮小麦和红皮小麦。白皮小麦籽粒外皮呈黄白色和乳白色，皮薄，胚乳含量多，出粉率高，多生长在南方麦区。红皮小麦籽粒外皮呈深红色或红褐色，皮层较厚，胚乳所占比例较少，出粉率较低，但蛋白质含量较高。

（3）按籽粒质地结构划分

根据籽粒质地状况，可将小麦分为硬质小麦和软质小麦。硬质小麦胚乳质地紧密，籽粒横截面的一半以上呈半透明状，称为角质。硬质小麦含角质粒 50% 以上。软质小麦的胚乳质地疏松，籽粒横断面的一半以上呈不透明的粉质状。软质小麦含粉质粒 50% 以上。一般硬质小麦的面筋含量高，筋力强；软质小麦的面筋含量低，筋力弱。

我国 2008 年制定的标准（GB 1351—2008）将全国小麦分为 5 类：

① 硬质白小麦　种皮为白色或黄白色的麦粒不低于 90%，硬度指数不低于 60 的小麦。

② 软质白小麦　种皮为白色或黄白色的麦粒不低于 90%，硬度指数不高于 45 的小麦。

③ 硬质红小麦　种皮为深红色或红褐色的麦粒不低于 90%，硬度指数不低于 60 的小麦。

④ 软质红小麦　种皮为深红色或红褐色的麦粒不低于 90%，硬度指数不高于 45 的小麦。

⑤ 混合小麦　不符合①～④规定的小麦。

8.3.1.2　小麦的籽粒结构

小麦籽粒在发育过程中，其果皮和种皮紧密相连，不易分开，故称颖果。在农业生产中称其为种子。麦粒平均长度为 8mm，重约 35mg。从外观来看，麦粒有沟的一面叫腹面，这条纵向的沟叫腹沟，腹沟的两侧叫果颊。与腹面相对的一面叫背面，背面基部有胚，顶端有短而坚硬的茸毛，叫果毛（冠毛）。图 8-3-1 是麦粒纵切面及横切面解剖示意图，图 8-3-2 展示了麦粒

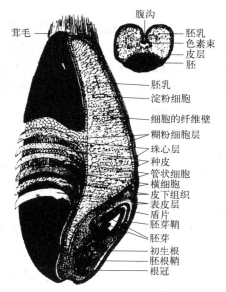

图 8-3-1　小麦籽粒的纵切面及横切面

结构的层次关系。

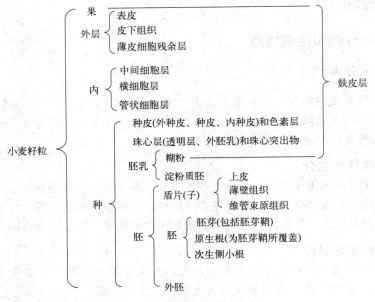

图 8-3-2　小麦籽粒的构成

（1）皮层

皮层包括表皮、果皮、种皮、珠心层等，这些皮层组织中主要含纤维素、半纤维素以及少量的植酸盐，这些物质均不能被人体消化吸收。果皮包裹着整个种子，有表皮层（外表皮和下表皮）、皮下组织、横细胞层等、管状细胞层等。果皮约占籽粒的 5%，含蛋白质约 6%，灰分 2.0%，纤维素 20%，脂肪 0.5%，还有一定量戊聚糖。果皮管状细胞的内侧就是种皮，种皮的内侧是珠心层。种皮包括较厚的外皮、色素层（决定小麦颜色）、较薄的内皮。种皮厚为 $5 \sim 8 \mu m$，珠心层厚约 $7 \mu m$。

（2）糊粉层

糊粉层在珠心层内侧，包围着淀粉胚乳和胚芽。糊粉细胞是厚壁细胞，呈立方形，无淀粉，平均厚度约 $50 \mu m$，细胞壁有大量纤维素。糊粉细胞中的糊粉粒结构和成分复杂。糊粉层含有很高的灰分、蛋白质、磷、脂肪、烟酸、硫胺素和核黄素，酶活性也高。胚部糊粉层薄，约为 $13 \mu m$。制粉时，糊粉层随珠心层、种皮和果皮一同去掉，形成麸皮。

（3）胚

胚位于麦粒背面基部，内侧紧贴胚乳，外侧被皮层包裹。胚由对盾片、胚芽鞘、胚芽、胚轴、初生根、胚根鞘、根冠等组成。胚含有很高的蛋白质（25%）、糖（18%）、油脂（6%～11%）、灰分（5%），还有 B 族维生素和多种酶，以及维生素 E。小麦胚中脂肪酶和蛋白酶含量高，活力强，新鲜麦胚一周后酸价会直线上升，以致不能食用。如将胚磨入面粉中，将会大大缩短面粉的储藏期限。同时，胚混入面粉中，对面制食品的食用品质会产生一定的负面影响，所以在制粉过程中应将胚除去。

（4）胚乳

糊粉层以内的部分为胚乳，占麦粒的绝大部分。胚乳由许多胚乳细胞组成，胚乳细胞充满了淀粉粒，淀粉粒之间充满有蛋白体，蛋白体的主要成分是面筋蛋白。根据胚乳中蛋白质含量的差异以及结构紧密程度的不同，可分为角质胚乳、半角质胚乳和粉质胚乳，角质程度是区分硬质麦和软质麦的依据。硬质麦蛋白质含量高，胚乳呈透明状（玻璃质状），结构紧密；软质麦蛋白质含量低，质软，白色不透明（粉质状），结构不致密。胚乳细胞内含物及其细胞壁是面粉的主要成分。

8.3.2　小麦制粉工艺

小麦制粉一般都需要通过清理和制粉两大流程。将各种清理设备（如初清、毛麦清理、润麦、净麦等）合理地组合在一起，构成清理流程，称为麦路。清理后的小麦通过研磨、筛理、清粉、打麸等工序，形成制粉工艺的全过程，称为粉路。

8.3.2.1　小麦加工前处理程序

小麦加工前处理工序——清理杂质、水分调节和搭配混合是在清理车间进行的。

（1）小麦搭配

小麦搭配就是将各种原料小麦按一定比例混合搭配，其目的在于：①保证原料工艺性质的稳定性；②保证产品质量符合国家标准；③合理使用原料，提高出粉率。原料搭配可避免优质小麦及劣质小麦单纯加工造成浪费以及与国家标准不符等问题。

（2）小麦清理流程

小麦清理流程简称麦路，是原粮小麦经除杂等一系列处理，达到入磨净麦要求的整个过程。小麦在生长、收割、储存、运输等过程中都会有杂质混入，因此，在制粉前必须将小麦进行清理，把小麦中的各种杂质彻底清除干净，这样才能保证面粉的质量。

小麦清理设备的基本原理是利用杂质不同的物理性能进行分离，去除杂质。分离的基本依据是磁性、在空气中的悬浮速度、密度、颗粒大小、形状、内部的强度和颜色等。小麦清理常用的方法有以下几种：

① 风选法

利用小麦与杂质的空气动力学性质的不同进行清理的方法称为风选法。空气动力学性质一般用悬浮速度表示。风选法需要空气介质的参与。常用的风选设备有垂直风道和吸风分离器。

② 筛选法

利用小麦与杂质粒度大小的不同进行清理的方法称为筛选法。粒度大小一般以小麦和杂质厚度、宽度不同为依据。筛选法需要配备有合适筛孔的运动筛面，通过筛面与小麦的相对运动，使小麦发生运动分层，粒度小、密度大的物质接触筛面成为筛下物。常用的筛选设备有振动筛、平面回转筛、初清筛等。

③ 密度分选法

利用杂质和小麦密度的不同进行分选的方法称为密度分选法。密度分选法需要介质的参与，介质可以是空气和水。利用空气作为介质的方法称为干法密度分选，利用水作为介质的方法称为湿法密度分选。干法密度分选常用的设备有密度去石机、重力分级机等，湿法密度分选常用的设备有去石洗麦机等。

④ 精选法

利用杂质与小麦的几何形状和长度不同进行清理的方法称为精选法。利用几何形状不同进行清理需要借助斜面和螺旋面，通过小麦和球形杂质发生的不同运动轨迹来进行分离。常用的设备有抛车（又称螺旋精选机）等，利用长度不同进行清理需要借助有袋孔的旋转表面，短粒嵌入袋孔被带走，长粒留于袋孔外不被带走，从而达到分离的目的。常用的设备有滚筒精选机、碟片精选机、碟片滚筒组合机等。

⑤ 撞击法

利用杂质与小麦强度的不同进行清理的方法称为撞击法。发芽、发霉、病虫害的小麦、土块及小麦表面黏附的灰尘，其结合强度低于小麦，可以通过高速旋转构件的撞击使其破碎、脱落，利用合适的筛孔使其分离，从而达到清理的目的。撞击法常用的设备有打麦机、撞击机和刷麦机等。

⑥ 磁选法

利用小麦和杂质铁磁性的不同进行清理的方法称为磁选法。小麦是非磁性物质，在磁场中不被磁化，因而不会被磁铁所吸附；而一些金属杂质（如铁钉、螺母、铁屑等）是磁性物质，在磁场中会被磁化而被磁铁所吸附，从而从小麦中被分离出去。磁选法常用的设备有永磁滚筒、磁钢、永磁箱等。

⑦ 碾削法

利用旋转的粗糙表面（如沙粒面）清理小麦表面灰尘或碾刮小麦麦皮的清理方法称为碾削法。碾削法常用于剥皮制粉。通过几道砂辊表面的碾削可以部分分离小麦的麦皮，从而可以缩短粉路，更便于制粉。碾削法常用的设备有剥皮机等。

⑧ 光电分离法

利用谷物及杂质对光的吸收和反射、介电常数的不同进行的分离方法称为光电分离法。色选法是一种根据颜色不同进行分离的光电分选法。色选法常用的设备为色选机。

（3）调质处理

小麦的调质处理包括小麦着水、润麦等处理方式。利用加水和经过一定的润麦时间使小麦的水分得到重新调整，改善其物理、生化和制粉工艺性能，以获得更好的制粉工艺效果。对小麦进行调质能有效地提高皮层的韧性，减少皮层与胚乳之间的结合力，降低胚乳的强度，使其处于最佳的制粉状态。

8.3.2.2 小麦制粉工艺

（1）制粉基本原理

小麦皮层组织、糊粉层、小麦胚含有人体不能消化吸收、影响面粉储藏期的物质，对面制品的品质有不良影响，在制粉过程中应除去。胚乳中主要含有淀粉和面筋蛋白，它们是组成具有特殊面筋网络结构面团的关键物质，使面筋能够制出品种繁多、造型优美、符合人们习惯的各种可口面制食品。因此，胚乳是制粉所要提取的部分。

小麦制粉是将净麦破碎，刮尽麸皮上的胚乳，将胚乳研磨成面粉，分离出混在面粉中的麸屑。小麦制粉流程简称粉路，包括研磨、筛理、清粉和刷麸等环节。

目前，国内外多采用破碎麦粒，逐渐研磨，多道筛理的方式来分离麸皮和胚乳（面粉）。小麦皮层组织结构紧密而坚韧，而胚乳组织疏散而松软，在相同的压力、剪切力和削力下，两者粉碎后产生的颗粒程度不同，可利用筛理的方式来分离，达到除去麸皮、保留面粉的目的。

（2）小麦制粉过程

① 研磨　研磨是整个小麦制粉过程的中心环节。小麦研磨就是利用研磨机械对小麦物料施以压力、剪切和剥刮作用，将清理和润麦后的净麦剥开，把其中的胚乳磨成面粉，并将黏结在表皮上的胚乳粒剥刮干净。研磨的基本方法有挤压、剪切、剥刮和撞击四种。

a. 挤压 是通过两个相对的工作面同时对小麦籽粒施加压力，使其破碎的研磨方法。挤压力通过外部的麦皮一直传到位于中心的胚乳，麦皮与胚乳的受力是相等的，但是通过润麦处理，小麦的皮层变韧，胚乳间的结合能力降低，强度下降。因而在受到挤压力之后，胚乳立即破碎而麦皮却仍然保持相对完整，因此挤压研磨的效果比较好。

b. 剪切 是通过两个相向运动的磨齿对小麦籽粒施加剪切力，使其断裂的研磨方法。磨辊表面通过拉丝形成一定的齿角，两辊相向运动时齿角和齿角交错形成剪切。比较而言，剪切比挤压更容易使小麦籽粒破碎，所以剪切研磨所消耗的能量较少。在研磨过程中，小麦籽粒最初受到剪切作用的是麦皮，随着麦皮的破裂，胚乳也逐渐暴露出来并受到剪切作用。因此，剪切作用能够同时将麦皮和胚乳破碎，从而使面粉中混入麸皮，降低了面粉的加工精度。

c. 剥刮 在挤压和剪切的综合作用下产生。小麦进入研磨区后，在两辊的夹持下快速向下运动。由于两辊的速度差较大，紧贴小麦一侧的快辊速度较高，使小麦加速，而紧贴小麦另一侧的慢辊则对小麦的加速起阻滞作用，这样在小麦和两个辊之间都产生了相对运动及摩擦力。两辊拉丝齿角相互交错，从而使麦皮和胚乳受剥刮分开。剥刮的作用能在最大限度地保持麸皮完整的情况下，尽可能多地刮下胚乳粒。

d. 撞击 通过高速旋转的柱销对物料的打击，或高速运动的物料对壁板的撞击，使物料在物料和柱销、物料和物料之间反复碰撞、摩擦，从而使物料破碎的研磨方法称为撞击。一般而言，撞击研磨法适用于研磨纯度较高的胚乳。同挤压、剪切和剥刮等研磨方式相比较，撞击研磨生产的面粉中破损淀粉含量减少。由于运转速度较高，撞击研磨的能耗较大。

研磨机械有盘式磨粉机、锥式磨粉机和辊式磨粉机，其中辊式磨粉机是目前制粉厂的主要研磨机械。辊式研磨机的主要构件是一对以不同速度相向旋转的磨辊，磨辊间的轧距为 0.07~1.2mm，磨辊表面拉有磨齿。由于工作要求不同，辊式研磨机可分成皮磨、渣磨、心磨不同类型，其差别主要是磨齿的多少，齿角的大小、排列，两磨辊的转速及转速差和磨辊间的轧距大小等。

② 筛理 筛理是用一定大小筛眼的筛子将经研磨后的混合货料中不同体积的货料分选出来的操作。经过筛理，将已研磨成的面粉筛出；将未磨制成面粉的在制品，根据颗粒大小分选出来，分别送入下一道磨继续进行剥刮和研轧。小麦自进入第一道皮磨开始，每经过一次磨研，货料体积即发生不同的变化，这就必须借筛理的作用把它们分开，才能分别继续进行处理。筛理工作是根据货料体积大小不同的基本原理加以分离的。

a. 皮磨系统货料 皮磨系统前路的货料是胚乳的比例大，麸皮的比例少，渣粒的含量高。这种货料的特点是容重大，颗粒体积大小悬殊，颗粒形状不同。货料中的粉、麸、渣相互粘连性较低。混合货料中的温度低、麸屑少，麸皮上含量多，麸皮较硬，麦渣颗粒大。由以上特性决定，皮磨前路的货料散落性大，粉、麸、渣较易通过筛理设备分离。皮磨系统后路的混合货料是粉少麸多，渣的含量少。这种货料的物理特性是容重低，颗粒体积大小差距小。混合货料中麸屑多，麸皮上含量少，麸皮较软，渣的颗粒小。货料中的粉、麸、渣互相粘连性较强。由于这些特点，皮磨后路货料散落性小，粉、麸、渣的筛分比较困难。

b. 心磨系统货料 心磨系统前路与后路货料的物理特性与皮磨系统前后路的混合货料的情况大体相同，也是前路的混合货料比后路的混合货料易于筛分。但心磨系统和皮磨系统的整个货料状况进行比较，可以看到，心磨系统货料中颗粒大小相差不大，胚乳含量高，含麸皮少，散落性小，对心磨系统的混合货料分离比较困难，特别是心磨系统的后路货料。

c. 渣磨货料 渣磨货料的物理特性介于皮磨和心磨之间，粒度较小，胚乳含量较高，细粉和麦皮数量较多，灰分含量的差距比较大，筛分时需分级与筛粉并重。由于渣磨道数少，所以渣磨的混合货料较易分离。

对物理特性不同的各种混合资料，要有针对性地选择不同类型的筛理设备。

筛理设备主要有平筛和圆筛。平筛是小麦粉厂最主要的筛理设备，具有以下优点：能充分利用厂房空间安装设备；在同样的负荷下，筛理效率较高；对研磨在制品的分级数目多，单位产量的动力消耗少；由于入筛物料能充分自动分级，可提高筛出物质量。圆筛多用于处理刷麸机（打鼓机）刷下的麸粉和吸风粉，有时亦可用于流量小的末道心磨系统筛尽小麦粉。

③ 清粉　在生产高等级面粉时，为了减少面粉中麸皮的含量，提高面粉质量，可在研磨和筛理过程中，安排清粉工序。清粉是在物料进入心磨磨制面粉前，将碎麸皮、连粉麸与纯洁的粉粒借吸风与筛理分开。这样，经清粉后进入心磨的粉粒，研磨成粉后的分色、粉质均较未清理的为佳。所以，清粉的目的是分离碎麸皮、连粉麸皮和纯洁粉粒，提高面粉质量，并可降低物料温度。清粉得到的纯洁粉粒，进入心磨制粉。

清粉是筛理和吸风作用共同进行的。清粉设备为清粉机，主要由筛格和吸风装置组成，筛格配以不同规格的筛绢。工作时，筛格振动，分离物料并抖松筛上物料，增加吸风清理效率。气流通过筛绢从下向上将物料中的细小麸皮及连粉麸吹起，并进入不同的收集器。

④ 刷麸或打麸　刷麸、打麸是利用旋转扫帚或打板，把黏附在麸皮上的粉粒分离下来，并使其穿过筛孔成为筛出物，而麸皮则留在筛内。刷麸、打麸工序设在皮磨系统尾部，是处理麸皮的最后一道工序。

刷麸机是一个立式的圆筒形筛面，圆筒里面装有快速旋转的刷帚，当物料自进口落在刷帚上盖上时，受离心力的作用，物料被抛向刷帚与筛筒的间隙中，在刷帚快速旋转的作用下，麸皮上的胚乳即被刷出孔外，落入粉槽，由附在筛筒下面的刮板到出口。刷后的麸皮留在筛筒内，由内部的出口输出。

打麸机是利用高速旋转打板的打击作用，分离并提取黏附在麸皮上的粉粒。对麸皮进行清理后，可有效地减轻后续皮磨的负担，因而对研磨设备有明显的辅助作用。打麸机分为立式和卧式两种，打麸机适宜小型制粉企业使用。

8.3.2.3　小麦制粉方法

制粉流程是将各制粉工序组合起来，对净麦按规定的产品等级标准进行加工的生产工艺流程。制粉流程简称粉路，包括研磨、筛理、清粉、打（刷）麸等工序。常用的制粉方法有前路出粉法、中路出粉法和剥皮制粉法等。

（1）前路出粉法

在系统的前路（一皮磨、二皮磨和一心磨）大量出粉（70%左右），整个粉路由3～4道皮磨、3～5道心磨系统组成。生产面粉等级较高时还可以增设1～2道渣磨。小麦经研磨筛理后，除大量提取面粉外，还分出部分的麸片（带胚乳的麦皮）和麦心，由皮磨和心磨系统分别进行研磨和筛理，胚乳磨细成粉，麸皮剥刮干净。前路出粉法在磨制标准粉时使用较广泛，目前已较少采用。

（2）中路出粉法

整个系统的中路（1～3道心磨）大量出粉（35%～40%），前路皮磨的任务不是大量出粉，而是给心磨和渣磨系统提供麦心和麦渣。整个粉路由4～5道皮磨、7～8道心磨、1～2道尾磨、2～3道渣磨和3～4道清粉等系统组成。小麦经研磨筛理后，除筛出部分面粉外，其余在制品按粒度和质量分成麸片、麦渣、麦心等物料，分别送往各系统处理。麸片送到后道皮磨继续剥刮，麦渣和麦心通过清粉系统分开后送往心磨和渣磨处理，尾磨系统专门处理心磨系统送来的小麸片。目前，大多数制粉厂采用的制粉方法为中路出粉法。

（3）剥皮制粉法

在小麦制粉前，采用剥皮机剥取 5%～8% 的麦皮，再进行制粉的方法。采用剥皮制粉法在中路出粉法的基础上，皮磨系统可缩短 1～2 道，心磨系统可缩短 3～4 道，但渣磨系统需增加 1～2 道。皮磨和心磨系统缩短是由于剥去部分皮层，中后路提供麦心数量减少，以及通过 2～3 次润麦，心磨物料强度降低所造成的。采用剥皮制粉法，可以大大简化工艺。目前，有部分制粉厂采用剥皮制粉法进行生产。

小麦粉的后处理是小麦粉加工的最后环节，这个环节包括：小麦粉的收集、杀虫与配制，小麦粉的修饰与营养强化，小麦粉的称量与包装。小麦粉后处理主要是以小麦粉的品质指标作为重点分析对象，根据各种基础小麦粉的品质特性按照一定比例进行合理搭配，保证产品质量符合食品加工所需食品专用小麦粉的要求。

8.3.3　面包的生产

面粉是面制食品的主要原料，面粉的性质是决定面制食品质量的最重要因素之一，因此从事面制食品的研究、开发和生产，必须对面粉的性质进行全面了解。

8.3.3.1　面粉的化学成分

（1）蛋白质

面粉中蛋白质的含量和质量不仅影响面粉的营养价值，而且与面制食品的加工工艺和成品质量有密切的关系。在各种谷物面粉中，只有小麦面粉的蛋白质吸水后能形成面筋网状结构，各种面制食品都是基于小麦粉的这种特性而生产出来的。

面粉中的蛋白质根据溶解性的不同可分为麦醇溶蛋白、麦谷蛋白、麦球蛋白、麦清蛋白等。其中最重要的是麦醇溶蛋白和麦谷蛋白，因为它们是面筋的主要成分，其他种类蛋白质含量很少。面粉中各类蛋白质的含量及特性如表 8-3-1。

表 8-3-1　面粉中各类蛋白质的含量及特性

种类	溶解性	占总蛋白质比例/%	分子量	功能	肽链组成
麦清蛋白	溶于水	9	12000～16000	参与代谢	未知
麦球蛋白	溶于稀盐液	5	20000～200000	参与代谢	未知
麦醇溶蛋白	溶于70%乙醇	40	65000～80000	决定面团延展性	一条多肽链
麦谷蛋白	溶于稀酸液	46	150000～3000000	决定面团弹性	17～20 条多肽链

麦醇溶蛋白由一条多肽链构成，仅有分子内二硫键和较紧密的三维结构，呈球形，多由非极性氨基酸组成，故水合时具有良好的黏性和延伸性，但缺乏弹性。麦谷蛋白是由 17～20 条多肽链构成的，呈纤维状，麦谷蛋白既具有分子内二硫键又具有分子间二硫键，富有弹性但缺乏延伸性。麦醇溶蛋白、麦谷蛋白和面筋模式结构如图 8-3-3 所示。

面粉加水和成面团时，在搅拌机或手工揉搓后，麦谷蛋白首先吸水润胀，在逐渐膨胀过程中吸收同时水化的麦醇溶蛋白、麦清蛋白、麦球质白。充分水化润胀的蛋白质分子在搅拌机的作用下相互接触时，不同蛋白质分子的巯基之间会相互交联，麦谷蛋白的分子内二硫键转变成分子间二硫键，形成巨大的立体网状结构，这种网状结构形成面团的骨架，其他成分，如淀粉、脂肪、低分子糖、无机盐和水填充在面筋网络结构中，形成具有良好黏弹性和延伸性的面团。

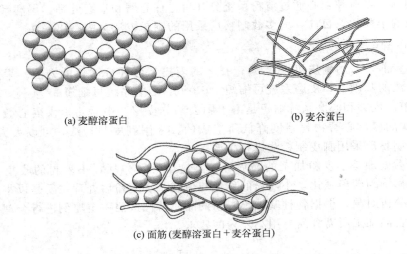

(a) 麦醇溶蛋白　　　　　　　　　　　(b) 麦谷蛋白

(c) 面筋(麦醇溶蛋白＋麦谷蛋白)

图 8-3-3　麦醇溶蛋白、麦谷蛋白和面筋模式结构图

（2）糖类

糖类是面粉中含量最多的化学成分，约占面粉的 75％。面粉中的糖类主要包括淀粉、低分子糖和少量的糊精。淀粉是以淀粉粒的形式存在的，淀粉粒由直链淀粉和支链淀粉构成，直链淀粉占 26％～28％，支链淀粉占 72％～74％。淀粉粒外被一层膜，能保护内部淀粉分子免受外界物质（酶、酸、水等）的侵蚀。面制食品的熟制过程也就是蛋白质变性和淀粉糊化的过程。糊化淀粉称为 α-淀粉，未糊化的淀粉称为 β-淀粉，不易被酶分解。经熟制的面食中的 α-淀粉在冷却或贮藏过程中，α-度会逐渐降低，即发生类 β 化，这就是淀粉的老化。淀粉的老化会使面包、馒头、方便面等面制食品的品质劣变。除了淀粉之外，面粉中的糖类还包括少量的游离糖、戊聚糖和纤维素。面粉中的游离糖（葡萄糖、果糖、蔗糖、蜜二糖、蜜三糖等），既是酵母的碳源，又是焙烤面食色、香、味形成的原始物质。另外，在面粉中还含有 2％～3％的戊聚糖，它是由戊糖、D-木糖和 L-阿拉伯糖组成的多糖。面粉中的戊聚糖有 20％～25％是水溶性的，如将 2％的水溶性戊聚糖添加到筋力较弱的面粉中，能使面包的体积增加 30％～45％，同时面包气泡的均匀性、面包瓤的弹性均得到改善。面粉中纤维素含量很少，仅有 0.1％～0.2％，面粉中含有一定数量的纤维素有利于胃肠的蠕动，能促进对其他营养成分的吸收，并将体内的有毒物质带出体外。

（3）脂质

面粉中脂肪的含量很少，为 1％～2％。最新研究表明，面粉中的类脂是构成面筋的重要部分，如卵磷脂是良好的乳化剂，使面包、馒头组织细腻，柔软，延缓淀粉老化。

（4）水分

我国的面粉质量标准规定特一粉和特二粉的水分含量为 13.5％（±0.5％）。标准粉和普通粉的水分含量为 13.0％（±0.5％）。面粉中的水绝大部分呈游离水状态，面粉水分的变化也主要是游离水的变化，它在面粉中的含量受环境温度、湿度的影响。结合水以氢键与蛋白质、淀粉等亲水性高分子物质相结合，在面粉中含量相对稳定。

（5）矿物质

面粉中的矿物质是用灰分来表示的。面粉的灰分含量越低，表明面粉的精度越高。灰分本身对面粉的焙烤蒸煮特性影响不大，且灰分中都是一些对人体有重要作用的矿质元素。

（6）维生素

面粉中主要含有 B 族维生素、烟酸、泛酸和维生素 E，维生素 A 含量很少，几乎不含维生素 C 和维生素 D。面粉本身含有的维生素较少，在焙烤蒸煮过程中又会损失一部分维生素，为了弥补面粉中维生素的不足，常在面粉中添加一定量的维生素，以强化面粉的营养。

（7）酶

面粉中重要的酶有淀粉酶、蛋白酶、脂肪酶、脂肪氧化酶、植酸酶、抗坏血酸氧化酶等。面粉中的淀粉酶主要是 α-淀粉酶和 β-淀粉酶。正常的面粉中含有足够的 β-淀粉酶，α-淀粉酶往往不足，需要在面粉中加入一定量的 α-淀粉酶来改善面制食品的质量，将真菌 α-淀粉酶添加到面包粉中来提高 α-淀粉酶的活性。

8.3.3.2 面包分类

目前，国际上尚无统一的面包分类标准，每个国家根据自己的历史文化传统形成各具特色的面包类型。常见的分类方法有以下几种：

（1）按面包的柔软度进行分类

硬式面包：如法国棒式面包、荷兰脆皮面包、维也纳的辫形面包、英国的茅屋面包、意大利橄榄形面包等。

软式面包：大部分亚洲和美洲国家生产的面包属于这一类，如小圆面包、热狗、汉堡包、三明治等。

（2）按质量档次分类

主食面包：成型简单，以面粉、水、酵母、盐为主料，其他辅料较少，如咸面包、快餐面包。

点心面包：成型操作复杂，配料品种较多，形状多种多样，配方中含有较多的油、糖、蛋、奶等辅助原料，如各种保健面包、水果面包、起酥面包。

8.3.3.3 面包的生产工艺流程

面包的制作，无论是手工操作，还是机械化生产，都包括三大基本工序，即面团搅拌、面团发酵和成品焙烤。在这三大基本工序的基础上，根据面包品种特点和发酵过程常将面包的生产工艺分为一次发酵法（直接法），二次发酵法（中种法）和快速发酵法。

（1）一次发酵法

面包的一次发酵生产工艺流程如下：

配料→搅拌→发酵→切块→搓团→整形→醒发→焙烤→冷却→成品

面包生产的工艺流程可分成三个基本工序：和面、发酵、烘烤。最简单的面包制作方法是一次发酵法。采用该方法时，将所有配料一次混合成成熟的面团，然后进行发酵。在发酵期间，将面团翻揉一次或数次，将气体揉出面团。发酵后，将面团分割成大小一致的块状，揉圆，成型，放入烤盘中，再进行一次发酵（醒发）以增大体积，最后置入烤炉中烘烤。一次发酵法所需的发酵时间变化较大，长者达 3h，短者基本上不需发酵。与其他工艺相比，用该工艺制成的面包具有良好的咀嚼感，有较粗糙的蜂窝状结构，风味较差。

（2）二次发酵法

二次发酵生产工艺流程如下：

233

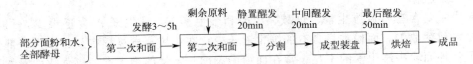

目前，世界上较流行的面包生产工艺是二次发酵法。先将部分面粉（约占配方用量的 1/3）、部分水和全部酵母混合至刚好形成疏松的面团（约 10min），发酵 3～5h，然后将剩下的原料加入，进行第二次混合，揉和成成熟面团。然后进行中间醒发（静置）20～30min，使面团松弛，再按一次发酵法那样分割、成型和醒发，最后烤制成成品。二次发酵法生产的面包柔软，具有细微的海绵状结构，风味较好，产品质量不易受时间和其他操作条件的影响。

（3）快速发酵法

快速发酵生产工艺流程如下：

配料→面团搅拌→静置→压片→卷起→切块→搓圆→成形→焙烤醒发→冷却→成品

快速发酵法是指发酵时间很短（20～30min）的一种面包加工方法。该工艺采用筛选的优良菌种，先用营养液培养液体酵母，利用与一次发酵法相似的调粉工艺，面团混合至成熟后，进行短期预发酵。其目的是使面团松弛，面筋获得正常的弹性、韧性和延伸性。预发酵 30～40min，接着分割、成型、醒发。醒发是此工艺中最关键的工序，其成败直接影响产品质量。整个生产周期只需 2～3h。其优点是生产周期短、生产效率高、投资少，可用于特殊情况或应急情况下的面包供应。缺点是成本高，风味相对较差，保质期较短。

8.3.3.4　面包生产工艺要点

（1）面团的搅拌

面团搅拌也称调粉或和面，它是指在机械力的作用下，各种原辅料充分混合，面筋蛋白和淀粉吸水润胀，最后得到一个具有良好黏弹性、延伸性、柔软、光滑面团的过程。面团搅拌是影响面包质量的决定因素之一。如果面团搅拌达到最佳程度，以后的工序易于进行，并能保证产品质量。

① 面团搅拌的投料顺序　调制面团时的投料次序因制作工艺的不同略有差异。一次发酵法的投料次序为：先将所有的干性原料（面粉、奶粉、砂糖、酵母等）放入搅拌机中，慢速搅拌 2min 左右，然后边搅拌边缓慢加入湿性原料（水、蛋、奶等），继续慢速搅拌 3～4min，最后在面团即将形成时，加入油脂和食盐，快速搅拌（4～5min），使面团最终形成。二次发酵法是将部分面粉和全部酵母、改良剂、适量水和少量糖先搅成面团，一次发酵后，再将其余原料全部放入和面机中，最后放入油脂和盐。由此可知，不论采用何种发酵工艺，油脂和食盐都是在面团基本形成后加入。

② 面团温度的控制　适宜的面团温度是面团发酵的必要条件。实际上，在面团搅拌的后期，发酵过程已经开始。为了防止面团过度发酵，以得到最好的面包品质，面团形成时温度应控制在 26～28℃。在生产实践中，由于室温和面粉温度比较稳定且不易调节，一般用水温来调节面团温度。所需水温可由公式计算得出。首先测出机器的摩擦升温，可通过试验测定并由下式计算：

$$机器摩擦升温＝（3×搅拌后面团温度）-（室温＋粉温＋水温）$$

然后由下式即可计算出应用多少摄氏度的水温才能达到面团搅拌后的理想温度。

$$所需水温＝（3×面团理想温度）－（室温＋粉温＋机器摩擦升温）$$

③ 面团搅拌时间的确定　面团最佳搅拌时间应根据搅拌机的类型和原辅料的性质来确定。如果搅拌机不能够变速，搅拌时间一般需 15～20min。如果使用变速搅拌机，只需 10～12min。变速搅拌机，一般慢速（15～30r/min）搅拌 5min，快速（60～80r/min）搅拌 5～7min。面团的最佳搅拌时间还应根据面粉筋力、面团温度、是否添加氧化剂等多种因素在实践中摸索。

（2）面团的发酵

① 酵母发酵过程　发酵是使面包获得气体、实现膨松、增大体积、改善风味的基本手段。酵母的发酵作用是指酵母利用糖（主要是葡萄糖）经过复杂的生物化学反应最终生成 CO_2 气体的过程。发酵过程包括有氧呼吸和无氧呼吸。

在面团的发酵初期，酵母的有氧呼吸占优势，并进行迅速繁殖，产生很多新芽孢。随着发酵的进行，无氧呼吸逐渐占优势。越到发酵后期，无氧呼吸进行得越旺盛。整个发酵过程中以无氧呼吸为主，对面包的生产和质量是有利的。因为无氧呼吸产生酒精，可使面包具有醇香味。另一方面有氧呼吸会产生大量的气体和热量，过快地产生气体不利于面团中气泡的均匀分散，大气泡较多，过多的热量使面团的温度不易控制，过高的面团温度会引起杂菌如乳酸菌、醋酸菌的大量繁殖，从而影响面包质量。采用二次发酵工艺制作的面包质量较好的原因在于第一次发酵使酵母繁殖，面团中含有足够的酵母数量增强发酵后劲，通过对一次发酵后面团的搅拌，一方面可使大气泡变成小气泡，另一方面可使面团中的热量散失并使可发酵糖再次和酵母接触，使酵母进行无氧呼吸。

② 面团的发酵工艺参数　发酵温度 28～30℃，相对湿度 80%～85%。发酵时间因使用的酵母（鲜酵母、干酵母）、酵母用量以及发酵方式的不同而差别较大。面团的发酵时间由实际生产中面团的发酵成熟度来确定。

（3）面包的整形与醒发

将发酵好的面团做成一定形状的面包坯称作整形。整形包括分块、称量、搓圆、中间醒发、压片、成型。在整形期间，面团仍进行着发酵过程，整形室所要求的条件是温度 26～28℃，相对湿度 85%。

分块应在尽量短的时间内完成，主食面包的分块最好在 15～20min 内完成，点心面包最好在 30～40min 内完成，否则因发酵过度影响面包质量。由于面包在烘烤中有 10%～12% 的质量损耗，故在称量时将这一质量损耗计算在内。

搓圆就是将不整齐的小面块搓成圆形，恢复在分割中被破坏的面筋网络结构。搓圆可用搓圆机进行。中间醒发也称静置。面团经分块、搓圆后，一部分气体被排除，内部处于紧张状态，面团缺乏柔软性，如立即进行压片或成型，面团的外皮易被撕裂，不易保持气体。进行一段时间的中间醒发，能够使成型后的面包坯松弛，酵母在较高的温度下快速呼吸，放出更多的气体，使面包坯迅速膨胀并充满容器（约为模具容积的七至八成）。醒发操作通常是在醒发室或醒发机中完成的。

压片的主要目的是将面团中原来不均匀的大气泡排除掉，使中间醒发产生的新气泡在面团中均匀分布。压片分手工压片和机械压片，机械压片效果好于手工压片。

成型后还需要一个醒发过程，也称为最后发酵，就是将成型后的面包坯经最后一次发酵使其达到应有的体积和形状。醒发的工艺条件为：温度 38～40℃，湿度 80%～90%，时间 55～65min。

（4）面包的焙烤与冷却

焙烤是指醒好的面包坯在烤炉中成熟的过程。面团在入炉后的最初几分钟内体积迅速膨胀，生面包坯变成熟面包，并产生面包特有的膨松组织、金黄色表皮和可口风味。面包坯在烘焙过程中会发生一系列的物理、化学及微生物学的变化。

面包需冷却后才能包装，由于刚出炉的面包表面温度高（一般大于 180℃），面包的表皮硬而脆，面包内部含水量高，瓤心很软，经不起外界压力，稍微受力就会使面包压扁，压扁的面包回弹性差，失去面包固有的形态和风味。出炉后经过冷却，面包内部的水分随热量的散发而蒸发，表皮冷却到一定程度就能承受压力，再进行挪动和包装。

8.3.4　蛋糕的生产

8.3.4.1　蛋糕的分类

蛋糕是以鸡蛋、面粉、砂糖为主要原料制成的具有浓郁蛋香味，质地松软或酥散的焙烤方便食品。一般将蛋糕分为两大类：一类是中式蛋糕，一类是西式蛋糕。中式蛋糕包括有烤蛋糕和蒸蛋糕，烤蛋糕又分为清蛋糕和油蛋糕；西式蛋糕包括面糊类蛋糕、乳沫蛋糕和戚风类蛋糕，面糊类蛋糕常见的有黄蛋糕、白蛋糕和布丁蛋糕等等，乳沫蛋糕包括蛋清类如天使蛋糕，全蛋液类如海绵蛋糕，戚风类蛋糕常见的是戚风蛋糕。

蛋糕的生产工艺包括配料、调糊、刷油、浇模、烘烤、冷却、检验、装箱、入库等环节。

8.3.4.2　各类蛋糕的配方与制作

（1）面糊调制

① 乳沫类蛋糕

乳沫类蛋糕的主要原料为鸡蛋，它充分利用鸡蛋中蛋白质的特性，在面糊搅拌和焙烤过程中使蛋糕体积膨大。根据使用鸡蛋的成分不同又可分为两类：一是蛋清类，这类蛋糕（如天使蛋糕）全部靠蛋清来形成蛋糕的基本组织和膨大体积；二是海绵类，这类蛋糕使用全蛋或蛋黄与全蛋混合，来形成蛋糕的基本组织和膨大体积（如海绵蛋糕等）。

乳沫类蛋糕与面糊类蛋糕最大的区别是它不使用任何固体油脂，但为了使蛋糕松软，降低蛋糕的韧性，在海绵蛋糕中可酌量添加流质的油脂。

a. 天使蛋糕　天使蛋糕的面糊主要是利用蛋清的搅打充气特性来调制的。天使蛋糕品质好坏，受搅拌影响很大，面糊调制时主要有三个步骤：将蛋清放入搅拌机中，中速（120r/min）搅打至湿性发泡阶段；加入 2/3 的糖、盐、酒石酸氢钾、果汁等继续用中速搅打至湿性发泡阶段；面粉与剩余的糖一起过筛，用慢速搅拌加入，拌匀即可。

b. 海绵蛋糕　海绵蛋糕是人们制作最早的一种蛋糕，其制作原理主要是利用鸡蛋融和空气的膨大作用。制作海绵蛋糕的基本原料有四种：面粉、蛋、糖、盐。其中糖为柔性原料，其他三种为韧性原料。生产出的海绵蛋糕一般软而韧性大。一般添加油、发粉（即复合膨松剂，又称为泡打粉和发酵粉）等柔性原料，来调节海绵蛋糕过大的韧性。传统的海绵蛋糕的基本配方为：面粉 100%，糖 166%，蛋 166%，盐 3%。通过调整蛋的比例可以调节蛋糕的组织结构和口味；也可使用 40% 的油来提高海绵蛋糕的品质。

c. 面糊调制　从以上叙述可见，乳沫类蛋糕面糊的调制采用蛋糖调制法，蛋糖调制法是指在面糊调制过程中，首先搅打蛋和糖，然后加入其他原料的方法。

调制原理：乳沫类蛋糕组织疏松柔软，富有弹性，这是因为其中含有大量的鸡蛋。鸡蛋中的蛋清是一种黏稠性胶体，含有大量蛋白质。蛋白质本身具有起泡性，在打蛋机的高速旋转作用下，大量空气均匀地混入蛋液中。随着空气量增多，蛋液中气压增大，促进蛋白膜逐渐膨胀扩展，空气被包围在蛋白膜内，最后形成了许多蛋白气泡。面糊入炉烘烤后，随着炉温升高，气泡内的空气及水蒸气受热膨胀，使蛋白膜继续膨胀扩展。待温度达到 80℃ 以上时，蛋白质变性凝固，淀粉完全糊化，蛋糕也就定形了。

② 面糊类蛋糕

面糊类又叫白脱类蛋糕、重油蛋糕。其主料有面粉、脂肪、糖和鸡蛋，辅料有精盐、发酵粉、牛奶（或用 1kg 奶粉加 9kg 水调配）等。其中，面粉、奶粉属干性原料，鸡蛋、牛奶属湿性原料；面粉、鸡蛋、精盐属韧性原料，脂肪、糖粉、发酵粉属柔性原料。在设计新配方时，要考虑各种属性原料的合理配合、相互平衡，方能制出理想质量的蛋糕。调制面糊一般采用以下方法：

a. 糖油调制法　糖油调制法是指在面糊调制过程中，首先搅打糖和油，然后加入其他原料，特点是产品体积大，组织松软。配方如表 8-3-2 所示。

表 8-3-2　奶油蛋糕配方

调制步骤	材料	比例/%
1	细砂糖	50
	奶油	12
2	黄油	12
	乳化剂	3
	蛋	26
	低筋面粉	100
3	发酵粉	5
4	奶粉	5
	水	45

b. 粉油调制法　粉油调制法是指在面糊调制过程中，首先搅打面粉和油脂然后加入其他原料的方法。其特点是产品体积小，但组织非常细密、柔软。使用粉油调制法时，配方中的油脂含量应在 60% 以上，太少时应用此方法易形成面筋，得不到理想效果。

c. 两步搅打法　此法类似于海绵蛋糕面糊调制的"戚风型"操作方法。将配方中的原料分成两部分分别搅打发松后，再一起混合均匀。用本法制作的油脂蛋糕品质极佳，不但体积大，而且组织松软，孔洞细致均匀，但操作较麻烦。

d. 直接搅打法　亦称一步搅打法，将所有原料全部投入搅拌缸一起搅打。本方法操作最简单，但必须选用性能优良的蛋糕专用油脂，才能制得品质满意的制品。

e. 充气加压调制法　此法操作更为简便、迅速。制成的蛋糕品质，无论是海绵蛋糕或是油脂蛋糕均比前述方法生产的要好。其操作方法是将配方中的各种原料（颗粒果料除外），置于耐压密封搅拌缸内，用气泵压入空气使之处于高压，在高压状态下高速搅打，可使空气更易搅入面糊中，故在较短的时间内即可完成调制面糊的操作。调制完成后，面糊由排料口排出。在排料口处高压突然释放，可使面糊空前膨胀，形成很疏松的海绵状结构。

调制面糊所用设备一般有立式搅拌机、间歇式充气加压搅拌机、连续式充气加压搅拌机等。

③ 戚风蛋糕

戚风蛋糕的面糊是综合面糊类蛋糕和乳沫类蛋糕的面糊，两者各用原来的方法调制，再混合在一起。这类蛋糕的最大特点是组织松软，口味清淡，水分含量足，久存而不易干燥，适合制作鲜奶油蛋糕或冰激凌蛋糕（因为戚风蛋糕水分含量高，组织较弱，在低温下不会失去原有的品质）。

（2）蛋糕浇模

调制好的面糊，需立即浇模成型。一般要求 15～20min 完成。海绵蛋糕比较稀薄，注入小型烤模后稍加振动，面糊表面即可变平整；注入大型烤模后，可用刮片轻轻刮平。黄油类一般使用长方形烤模，注入面糊后刮干。

蛋糕制品的质量和形状由蛋糕模子的容积和形状决定。形状有许多：小的有菊花形、杯形、梅花形等，大的有圆形、方形等。烤模高度以低于 5cm 为宜。材料一般用厚 1.5mm 的不锈钢板或铁板，为了防止烤后蛋糕粘住烤模，通常在面糊入模前，模子内先均匀地涂一层油脂或衬一张硫酸纸。

机械化生产常用的设备有插板式浇模机、活塞式浇模机和齿轮式浇模机。

（3）蛋糕烘烤

蛋糕面糊浇注入烤模送入烤炉中烘烤。烤室中热的作用改变了蛋糕面糊的理化性质，使原来呈可流动面糊的黏稠体转变成具有固定组织结构的凝胶体，蛋糕内部组织形成多孔洞的糕瓤状结构，使蛋糕松软而有一定弹性。面糊外表皮层在烘烤高温下，糖类发生棕黄色和焦糖化反应，颜色逐渐加深，形成悦目的棕黄褐色泽。同时，鸡蛋的蛋白质受热凝固，将糊化的淀粉黏合一起，形成柔软濡湿的口感和令人愉快的蛋糕香味。

蛋糕在烘烤过程可以看到体积胀发，由定型、脱水（以气体向外释放的形式出泡）和上色三个阶段组成。烘烤蛋糕温度的高低与时间的长短，对蛋糕品质有重要影响。总的原则是，在尽可能的高温下，用最短的时间进行烘烤。这样，当蛋糕完全熟透（中心部位已形成结构）的同时，外表皮层色泽呈最佳状态。此时蛋糕体积最大，内部组织细致松软，有弹性，濡湿可口。若烘烤温度过高，则外表层水分急剧蒸发，内部面糊膨胀过快，会导致上表层产生裂纹或裂缝，甚至在表层中央处出现向上凸起裂开、四边向内收缩（烤模边上没有黏附残余面屑）的现象，影响蛋糕外观形态。另外，因外表层"上色"加快，在蛋糕完全熟透时，表层色泽已过深，形成棕黑色，伴有焦苦味。若烘烤温度过低，外表层上色缓慢，势必延长烘烤时间，导致蛋糕水分损失太多，上表层中央处会下凹，四边向内收缩（烤模边上有黏附残余面屑），蛋糕体积缩小，内部组织松散粗糙，口感不够柔软，干燥乏味。

（4）蛋糕冷却

海绵蛋糕类在出炉后，应趁热从烤模（盘）中取出，平放在铺有一层布的木台上自然冷却。对于大圆蛋糕，应立即翻倒，底面向上冷却，可防止蛋糕顶面遇冷收缩。油脂蛋糕类出炉后，应继续留置在烤模（盘）内，待温度降低至烤模（盘）不烫手时，将蛋糕取出进一步冷却。在冷却过程中蛋糕应尽量避免重压，以减少破损和变形。

8.3.5　饼干的生产

8.3.5.1　饼干的分类

饼干其词源是"烤过两次的面包"，来自法语的 bis（再来一次）和 cuit（烤）。饼干类包含饼干（biscuit）、曲奇（cookies）和苏打饼干（cracker）等。饼干还可制作成大大小小各种各样的形状，经过焙烤出来后还可以挂巧克力衣，各种原料混合在一起还可添加乳酪，并添加香料、色素等多种多样的种类。

按原料配比可将饼干分为以下几类：

① 粗饼干　粗饼干几乎不用油，仅用少量糖，油糖总量仅占面粉量的 20％ 左右。

② 韧性饼干　这类饼干的油、糖比为 1：2.5，油、糖总量占面粉量的 40％ 左右。

③ 酥性饼干　这类饼干的油、糖比为 1：2，油、糖总量占面粉量的 50％ 左右。

④ 甜酥性饼干　这类饼干的油、糖比为 1：3.5，油、糖总量占面粉量的 75％ 左右，高档酥饼类甜饼干如桃酥、奶油酥便属这一类。

⑤ 发酵饼干类　这类饼干的油、糖用量都很少，油、糖总量占面粉量的 20％ 左右，苏打饼干便属这一类。

根据口味不同，发酵饼干又有咸苏打饼干和甜发酵饼干两种。甜发酵饼干的原料配比可近似于韧性饼干的配方。

8.3.5.2　常见饼干生产工艺

（1）韧性饼干、发酵饼干成型工艺

典型的韧性饼干、发酵饼干成型工艺如下：

三辊轧面机（第一次）→三辊轧面机（第二次）→叠层机→二辊轧面机（第一次）→二辊轧面机（第二次）→二辊轧面机（第三次）→辊切成型机→过渡机→边料分离机→喷蛋机→撒粉机→烤炉

该工艺适合于韧性饼干、奶油薄脆饼干、苏打饼干、夹层饼、双色饼等各种低糖饼干的生产。三辊轧面机与叠层机可组合或分开使用。组合使用时可生产夹层饼或三色饼，单独使用叠层机可生产各种韧性饼干和发酵饼干。喷蛋机和撒粉机是增加饼干品种、改善饼干口感和颜色的设备，可选择使用，不需使用时不会影响饼干的正常生产，此方案适合于二楼调粉的厂房结构。

（2）酥性、甜酥饼干成型工艺

典型的酥性、甜酥饼干成型工艺如下：

喂料斗→辊印成型机→过渡机→喷蛋机→撒粉机→入炉机（带盐糖回收）→烤炉

本工艺属于经济型的酥性饼干成型方案，投资少，占地面积小。同样，喷蛋机和撒粉机是增加饼干品种、改善饼干口感和颜色的设备，可选择使用。

8.3.5.3　饼干生产过程

（1）饼干面团调制

面团调制是将生产饼干的各种原辅料混合成具有某种特性面团的过程。饼干生产中，面团调制是最关键的一道工序，必须严格控制面团质量。饼干面团调制过程中，面筋蛋白并没有完全形成面筋，不同的饼干品种，面筋形成量是不同的，而且阻止面筋形成的措施也不一样。

① 酥性面团的调制　酥性面团是用来生产酥性和甜酥性饼干的面团，要求有较大的可塑性和有限的黏弹性，面团不粘辊筒和模型槽，饼干坯有较好的花纹且放置时不收缩变形，烘焙过程中又具有一定程度的胀发率。故调制面团时，应严格控制面筋的形成量，从而降低面团的黏弹性，使其具有良好的可塑性。为此，在面团调制过程中，必须注意以下几个方面。

a. 原辅料投料次序　欲控制面筋的形成，则应限制面筋蛋白质分子与水分子接触。因此，应先将水、糖、油一起混合，乳化均匀后，再将面粉加入，此时水分子与蛋白质分子接触机会大大下降，面筋则在糖与油脂存在下胀润，形成的面团可塑性增加，面团弹性减小。

b. 调制面团的时间和静置时间　调制面团时间是控制面筋形成程度和限制面团弹性的

最为直接的因素。调制时间短，面粉中蛋白质与淀粉吸水不充分，面团黏性大，易粘辊及粘模型，难以操作且不易脱模；调制时间长，面筋形成很强的黏弹性，面团可缩性下降，容易收缩，花纹不清，饼干坯表面不光，饼干不酥松。

将调制好的面团静置的目的是使面筋与淀粉的水化作用继续进行，以降低面团黏性，适当增加面团的弹性，使调制面团时的不足在此得到补偿。

c. 配方　对于面筋含量高或强筋力面粉，常加入淀粉稀释面筋浓度和降低面筋强度。也可利用生产过程中剩余的面头或饼干屑来控制面筋形成浓度和弹性。对于面头来说，若是刚刚和好的面团并成型后产生的，实际上已具备了很好的面筋黏弹性，用量不可太大，否则饼干将无酥松感。饼干屑同淀粉功能相近，可根据需要添加。

d. 面团温度　蛋白质和淀粉的吸水量与温度有很大的关系。温度低，蛋白质吸水少，形成面筋强度低，面团黏性大，操作困难；温度过高，则蛋白质吸水量大，形成面筋强度大，面团弹性增加，不利于饼干成型，成品饼干酥松感差。对于酥性饼干一般面团温度在 22～28℃ 之间，甜酥性饼干面团温度在 20～25℃ 之间。

② 韧性面团的调制　韧性面团一般是被用来生产韧性饼干的面团，要求面团具有较强的延伸性、适度的弹性，面团柔软光滑且有一定的可塑性，以保证面团能顺利压成面皮，再冲印成饼干坯，同时，烘焙后，饼干坯胀发率大、体积质量小、口感松脆。

与酥性面团不同，韧性面团用油量一般较少，水量较大（20％左右，包括面粉水分），可将面粉及原辅料一同加入混合机内进行搅拌，直接形成面团。根据韧性面团特点，面团调制时应注意以下几个方面。

a. 淀粉用量　韧性面团要求面团柔软，因此水量大，但因油脂用量少，面粉中蛋白质易吸水形成面筋，使面团弹性过大，因此常加入淀粉作面筋稀释剂，既可有助于缩短调粉时间，又可使面团光滑，降低面团弹性，增加可塑性。

b. 面团温度　面团温度直接影响面团的流变学性质，韧性面团温度一般在 30～40℃。因此，冬天生产饼干时，常将面粉预热或将 80℃ 左右的糖水直接加入面粉中，使少量面筋蛋白质变性凝固，来控制面团的各种物理状态。

c. 调制面团时间和面团静置时间　调制冲印成型面团时，不但要使面粉与各种辅料充分混匀，面筋蛋白质适当吸水膨胀，降低面团黏性，增加面团延伸性和可塑性，还要有充分的搅拌时间，通过剪切力的作用适度降低面团的黏弹性。

③ 苏打饼干面团的调制和发酵　不同于酥性面团和韧性面团的调制，生产苏打饼干的面团需进行发酵。为使面团发酵均匀，易于控制，发酵常分两步进行。第一步，使用总面粉量的 45％ 左右的面粉，将用量为 0.5％～0.7％ 的新酵母全部用温水溶化，用水量占此部分面粉的 42％ 左右，一起混合搅拌 4min 左右，在 28℃ 左右发酵 8h 左右。第一步发酵的主要目的是使酵母在面团内充分繁殖积累，为第二步发酵作准备。第二步，将剩余部分的面粉和其他辅料加入第一步发酵好的酵头中，根据第一步面团发酵程度决定是否再加水。搅拌 5～8min，在 30℃ 左右发酵 3h 左右即可。第二步发酵则在第一步发酵的基础上，利用第一步发酵产生的大量酵母繁殖，进一步降低面筋的弹性，并尽可能地使面团结构疏松。

（2）饼干成型

对于不同类型的饼干，成型方式是有差别的，成型前的面团处理也不相同。如生产韧性饼干和苏打饼干一般需辊轧或压片，生产酥性饼干和甜酥饼干一般直接成型，而生产威化饼干则需挤浆成型。

① 面团的辊轧

辊轧是将面团经轧辊的挤压作用，压制成一定厚薄的面片，一方面便于饼干冲印成型或辊切成型，另一方面面团受机械辊轧作用后，面带表面光滑、质地细腻，且使面团在横向和纵向的张力分布均匀，这样，饼干成熟后，形状完美，口感酥脆。

韧性饼干面团一般采用包含 9～13 道辊的连续辊轧方式进行压片，在整个辊轧过程中，应有 2～4 次面带转向（90°）过程，以保证面带在横向与纵向受力均匀。

对苏打饼干面团多采用往返式压片机，这样便于在面带中加入油酥，反复压延。苏打饼干面团的每次辊轧的压延比不宜过大，一般控制在 1∶（2～2.5），否则，表面易被压破，油酥外露，饼干膨发率差，颜色变劣。

② 成型

饼干成型方式有冲印成型、辊印成型、辊切成型、挤浆成型等多种成型方式。对于不同类型的饼干，由于它们的配方不同，所调制的面团特性不同，这样就使成型方法也各不相同。

辊切成型是综合冲印成型及辊印成型两者的优点，克服其缺点设计出来的新的饼干成型工艺。这种成型方法由于它是先压成面片而后辊切成型，所以具有广泛的适应性，能生产韧性、酥性、甜酥性、苏打等多种类型的饼干，是目前较为理想的一种饼干成型工艺。

③ 饼干烘焙与冷却包装

将刚成型的温度 30～40℃的饼干坯放入 200℃以上的烤炉后，饼干坯随之升温，起酥油首先熔化，使整个饼干坯流动性增加，随后膨松剂碳酸氢铵和碳酸氢钠先后分解，产生大量的二氧化碳（对于苏打饼干，则由酵母发酵产生二氧化碳），形成膨胀力，使饼干坯体积急剧增加。随着温度的进一步升高，饼干坯的面筋发生变性凝固，使已膨胀的饼干坯定型。大量水分散发后，饼干坯表面温度很高，使定型后的饼干坯表面发生焦糖化作用和美拉德反应，形成诱人的棕黄色和特有的风味。

刚出炉的饼干一般温度都在 160℃上下，中心温度也达 110℃左右，必须冷却后才能包装。刚出炉的饼干水分含量较高，分布也不均匀，冷却能使水分进一步散发，分布均匀，饼干口感酥脆。一般冷却有自然冷却和强制通风冷却两种。自然冷却较慢，所需运输带较长；而强制通风冷却冷风流通量大，冷却快，生产能力大。冷却后的饼即可进行包装，出厂销售。

8.3.6 挂面的生产

挂面俗称卷面、筒子面，是以小麦粉为原料，添加适量的盐和碱，经加水和面、熟化、压片、切条、悬挂脱水等工序加工而成的截面为长方形或圆形的干面条制品。挂面可根据其添加原料的不同分为普通挂面和花色挂面，普通挂面就是以小麦粉为主要原料，添加食盐、食用碱或者品质改良剂为辅料制成的挂面；花色挂面是在小麦粉的基础上添加一定量的新资源食品，使其富含特定人群所需的营养元素，具有一定的保健功能。

挂面制作的基本原理是先将各种原辅料加入和面机中充分搅拌，静置熟化后将成熟面团通过两个大直径的辊筒压成约 10mm 厚的面片，再经压薄辊连续压延面片 6～8 道，使之达到所要求的厚度（1～2mm），之后通过切割狭槽进行切条成型，干燥切齐后即为成品。

8.3.6.1 工艺流程

和面与熟化→压片与切条→干燥→切断、包装与面头处理

8.3.6.2 生产原理

（1）和面与熟化

和面又称合面、揉面、打粉、搅拌。通过和面机的搅拌、揉和，将各种原辅料均匀混合，最后形成的面团坯料干湿合适、色泽均匀、不含小团块颗粒，手握成团，轻搓后仍可分散为松散的颗粒状结构。

和面基本原理是在和面机中加入适量的水和添加剂，通过和面机一定时间的适当强度的搅拌，小麦面粉中的麦胶蛋白和麦谷蛋白逐渐吸水膨胀，相互黏结，形成一个连续的膜状基质。这些膜状基质相互交叉结合，形成立体状并具有一定弹性、延伸性、黏性和可塑性的面筋网络结构。与此同时，小麦面粉中常温下不溶于水的淀粉颗粒也吸水膨胀，并被湿面筋网络所包围，从而使没有可塑性的、松散的小麦面粉变成具有可塑性、延伸性和黏弹性的湿面团，为复合压延、切条成型提供了条件，为保证产品具有良好的复水性和口感打下基础。

熟化是和面过程的延续，是指将和好的面团静置或低速搅拌一段时间，以使和好的面团消除内应力，使水分、蛋白质和淀粉之间均匀分布，促使面筋结构进一步形成，面团结构进一步稳定，从而改善面团的加工性能。熟化的实质是依靠时间的延长使面团内部组织自动调节，从而使各组分更加均匀分布。

影响和面和熟化效果的主要因素有加水量、水温、食盐和食用碱、和面时间、熟化时间与温度等。

① 加水量　加水量是直接影响面筋形成的因素。加水量少，面团吸水不足，不能形成良好的面筋网络组织；加水量过多，面团过于湿软，之后形成的面片组织不紧密，干燥时容易断条，而且增加能耗。面团的含水量掌握在30%为宜。

② 水温　水温直接影响面筋出率及面团的工艺性能。研究表明，在温度30～35℃条件下，面筋出率最高。加水的温度要根据季节、和面方式以及加水量的多少来决定。一般生产中掌握在30℃左右。夏季气温较高，可用自来水；其他季节根据情况最好用20～30℃的温水和面。

③ 食盐和食用碱　和面时适当加入溶解的食盐，能起到强化面筋、改良面团加工性能的作用。因为食盐溶于水离解为钠离子和氯离子，该水溶液加入面粉后，能使面粉吸水速度加快，水容易分布均匀，同时，钠离子和氯离子分布在蛋白质周围，能起固定水分的作用，有利于蛋白质吸水形成面筋。水分子、钠离子、氯离子双重媒介作用，使蛋白质快速吸水膨胀并相互连接得更加紧密，从而使面筋的弹性和延伸性增强。和面时加入适量的食用碱，能起到增强面筋的作用，同时还可中和面粉中的游离脂肪酸，但也不宜加入太多，否则会使面条发黄，硬度增加，甚至损坏面筋网络结构，降低面团的加工性能。

④ 和面时间　确定和面时间必须综合考虑面筋的形成、和面机容量、加水量及搅拌方式（如和面机转速、打粉的数量、打击力的大小）等因素。如果和面时间太短，加入的水分难以与面粉搅拌均匀，蛋白质吸水不充分，造成面筋形成不好。如果和面时间太长，使面团温度升高，影响面筋的形成。实践证明，和面时间最好在15～20min。

⑤ 熟化时间与温度　熟化是为了让水分充足而均匀地渗透到面粉粒子内部，让蛋白质能比较充分地吸水膨胀，形成较好的面筋网络组织，提高面团的工艺性能。熟化时间一般要求15min，最少10min，一般和面与熟化总时间30min。

（2）压片与切条

压片与切条是通过轧面机将松散的面团反复揉压形成面片再制成湿面条的过程，该过程对面条产品的内在品质、外观质量及后续的烘干操作均有显著影响。

压片是通过多道轧辊对面团的挤压作用，使面团中松散的面筋成为细密的沿压延方向排列的束状结构，并将淀粉包络在面筋网络中，提高面团的黏弹性和延伸性。压片工艺有两种，一种是复合压延，就是把经过和面、熟化后的物料轧成二块或三块面带，再通过一组轧辊将其合压成一块面带，这样连续通过几种轧辊，逐步压薄到所需厚度后切条；另一种是直接轧片，即把料流直接压成一块面带，并连续经过几组轧辊逐步压薄到所需厚度后再进行切条。压片的影响因素有压延比和压延速率。

① 压延比　是指轧延前后面片厚度之差与轧延前面片厚度的百分比。

要获得具有理想内部结构的面片，需经过多次压延成型。如果对面片做急剧的过度压延，会破坏面筋的网络结构，通过控制压延比可调节压延程度。较理想的压延比依次为 50％、40％、30％、25％、15％ 和 10％，面片厚度由 4～5mm 逐渐减薄到 1mm。

② 压延速率　面团压延过程中，面带的线速度称为压延速率。轧辊的转速过高，面片被拉伸速度过快，易破坏已形成的面筋网络，且光洁度差。转速低，面片紧密光滑，但影响产量。一般面片的线速度在 20～35m/min。

现代机械制面的切条方法是用两根具有多条凹凸槽的圆辊，相互齿合，当面带从旋转的圆辊通过时，由于凹凸槽两个侧面的剪切力作用，面带就被剪切成面条。圆辊下方装有两片对称的钢梳，可以铲下被剪切下来的面条，不让它黏附在辊上，使切条能连续不断地进行下去。

（3）干燥

干燥过程是面条生产中最重要和关键的环节。干燥过程可分为预干燥、主干燥和终干燥三个阶段。高温高湿干燥工艺大约 3.5h，低温慢速干燥则需 7～8h。

① 预干燥　预干燥的主要任务是将面条表面的自由水除去，使面条由塑性体向弹性到塑性体转变，初步定型，增加强度。如果用升温方法除去水分，湿面条中的面筋强度会因温度的升高而减弱，这样反而增加了断条的可能性。因此，在实际生产中可采用加强空气流动的办法以大量干燥空气促进面条去湿。干燥室的温度控制在 20～30℃ 之内，将面条水分由 33％～35％ 降至 27％～28％。此阶段也称为"冷风定条"阶段。干燥时间占总干燥时间的 15％。

② 主干燥　主干燥又分为前后两个阶段，前阶段是内蒸发阶段，俗称"保湿发汗"，后阶段是全蒸发阶段，俗称"升温降湿"。在内蒸发阶段，一方面使面条表面水分汽化，另一方面使面条内部水分顺利向外扩散。要保持外部汽化和内部扩散的平衡，关键在于保持干燥房内较高的相对湿度以控制表面水分蒸发速度。该阶段干燥温度 35～45℃，相对湿度 80％～85％，干燥时间为总干燥时间的 25％，面条水分降至 25％ 以下。经过内蒸发阶段后，面条内部水分转移速度与表面水分汽化速度基本平衡，进入全蒸发阶段。在这一阶段，常通过升高干燥介质温度，降低其湿度的办法来加速表面水分的去除。此间介质的温度为 45～50℃，相对湿度为 55％～60％，面条水分由 25％ 降至 16％～17％，干燥时间为总干燥时间的 30％。

③ 终干燥　在这一阶段，主要靠流动空气的风力作用，借助主干燥的余温，除去部分水分，使产品的含水量降至 13％～14％。此阶段降温速度不能太快，否则会因面条被急剧冷却而产生新的内应力，从而出现酥面。比较理想的降温速度为 0.5℃/min。终干燥时间占总干燥时间的 30％。

（4）切断、包装与面头处理

干燥好的面条被切断成一定长度，20cm 或 24cm，然后称量、包装得成品。常用的切断设备有圆盘锯齿式切割机和往复切刀式切割机。

在挂面生产中，压片过程或烘房入口处常出现一些湿面头，这些面头可返回和面机中和面。对于半干或干面头，经粉碎过筛后也可返回和面机，由于干面头面筋网络已受到一定程度的破坏，为了保证挂面质量，干面头回机率不得超过15%。

8.3.6.3　酥面产生的原因及预防措施

（1）酥面产生的原因

酥面是挂面出现的明显断裂和龟裂裂纹。一般酥面脆而易断，弹性差，外观毛糙呈灰白色，折断时断面为锯齿形，水煮时即断成小块。一般分为两种：干酥面，水分在 10%～11% 或更低时，产生酥条现象；潮酥面，即挂面外干内湿。

① 面粉质量"先天不足"，面筋质含量过低或使用虫蚀、霉变、冻伤的小麦粉或未后熟的面粉，这类原料容易产生酥面。

② 和面、熟化和压片时未按工艺要求，急于求成，未做到"四定"，即定量、定水、定时、定温，使面团吃水不足，面片厚薄不匀，水分渗透不匀，熟化程度不够，都容易产生酥面。

③ 在烘房升温阶段，挂面内部水分向表面扩散转移和表面水分的蒸发是同时进行的，但两者速率不同。表层水分首先汽化并收缩，收缩程度以长度方向最大，宽度方向其次，厚度方向最小。因内外及各个方向上的收缩不同，将会产生一种应力，使挂面组织的机械强度减小。这种收缩会使挂面中的毛细管直径变小，特别是当升温过快，表层水分下降较多时，毛细管收缩较快。毛细管直径变小，阻碍了内部水分的外移和蒸发，这样使内外扩散的水分呈不平衡状态，从而产生不均匀的收缩，导致挂面产生裂纹和酥条现象。

（2）预防产生酥面的措施

① 合理安排和掌握烘房各区段的温度、相对湿度、干燥介质流动的方向、速度和排湿量，使挂面内部水分的外移速率和表层水分的蒸发速率趋于一致。

② 采用间歇烘干的方法，即在烘干过程中，适当安排一个或两个不失水的缓苏段。挂面缓苏段的水分基本不蒸发，而内部水分却在湿度梯度的作用下，向外扩散转移，水分重新分配，既能防止挂面表面硬结，又有利于阶段干燥，可有效地防止酥面产生。

③ 加入某些添加剂，改善挂面的烘干特性，加速挂面内部水分的外移或减慢表面水分的蒸发，减少或防止酥面的产生。例如，在复合压延时，在两面带之间均匀加入少量淀粉，可提高挂面内部水分外移速率；在和面时加入适量食盐，以增强挂面强度，改变吸湿特性，能使挂面表面边界内的水分蒸气压下降，从而降低表面水分的蒸发速率。

④ 挂面的冷却速度不宜太快，刚出炉的挂面温度不能太高，一般以接近室温为宜，避免热面遇冷风而造成酥面。因此，在冷却前采用一段时间的缓和适当延长低温冷却时间是防止产生酥面的有效措施之一。

8.4　稻谷的加工

8.4.1　稻谷的籽粒特征

稻谷籽粒由颖和颖果两部分组成，其中颖即为稻谷籽粒的外壳，在制米加工中，经砻谷机脱去稻壳成为颖果，因此颖果在工艺上称为糙米。稻谷按照粒形和粒质分为粳稻、籼稻和糯稻。粳稻籽粒短，呈卵圆形或椭圆形，黏性较大，用粳稻做成的米饭胀性较小。籼稻籽粒细长，呈细长形或长椭圆形，黏性较小，籼稻做成的米饭胀性较大。糯稻根据粒形和粒质不同可以再细分为粳糯稻和籼糯稻。粳糯稻籽粒呈椭圆形，米粒呈现白色不透明，少数呈半透明状，黏性大。籼糯稻籽粒呈细长形或长椭圆形，米粒呈乳白色不透明，也有呈半透明状，黏性大。

8.4.2　稻谷制米工艺

8.4.2.1　清理

稻谷中的杂质，不仅能够影响稻谷的安全储藏，还可以给稻谷加工带来很大的危害。稻谷中如含有石块、金属等坚硬杂质，在加工过程中易损坏机器，影响设备安全及正常的工作。有些坚硬杂质与设备表面撞击摩擦产生火花能够引起火灾或粉尘爆炸。稻谷中如含有体积大、质轻而柔软的杂质如包装物的绳头、秸秆、杂草、纸屑、布片等，进入机器会阻塞喂料机，降低进料速度，不仅降低设备工艺效果，还会影响设备效率。稻谷中如含有泥沙、尘土等细小杂质，带入车间后造成粉尘飞扬污染环境，影响工人身体健康。稻谷中杂质混入成品中，则会降低产品的纯度，影响成品的质量。因此加工的首要任务是清理除杂。

清理杂质的方法有很多，通常选择风选法、筛选法、密度分选法、精选法和磁选法等。风选法是根据谷粒与杂质在悬浮速度等空气动力学性质方面的差异，利用气流使杂质与谷粒分离的方法。按气流的运动方向不同，有垂直气流风选法、倾斜气流风选法和水气流风选法等。按气流运动方式不同又分为吸式风选法、吹式风选法及循环式风选法等。物料在受到垂直上升的气流作用时，其运动状态由本身大小、密度和空气速度决定：①空气作用力和浮力之和大于其重力时，物料上升。②空气作用力和浮力之和小于其重力时，物料下降。③空气作用力和浮力之和等于其重力时，物料则处于悬浮状态。

筛选法是根据谷粒与杂质在粒度大小、形状等方面存在的差异，选择合适的筛孔尺寸，使杂质与谷粒在通过筛面时，根据大小分成筛上物与筛下物，从而达到稻谷和杂质分离的目的。

密度分选法是根据谷粒与杂质密度的不同，利用运动过程中产生自动分级的原理，采用适当的分级面使之分离。密度分选法有干法、湿法之分，一般干法使用较普遍。干法密度去石机是典型设备之一，它有吸式和吹式两种类型。干法密度去石机的工作原理实际综合考虑了稻谷和杂质在密度、容重、摩擦系数、悬浮速度等物理性质上的差异。

精选法是根据谷粒与杂质长度的不同，利用具有一定形状和大小的袋孔的工作面进行分离的方法。精选法中分离工作面形式有滚筒和碟片两种形式。

磁选法是指利用磁力清除谷粒中磁性杂质的方法。当物料通过磁场时，粮粒为非磁性质，自由通过磁场，而磁性金属杂质在磁场中被磁化而与磁场相互吸引，从而清除磁性属杂质。通常使用永久磁铁作磁场，常见磁选器有栅式、栏式和滚筒式设备。

8.4.2.2　砻谷及砻下物分离

砻谷是指稻谷加工中脱去稻壳的工艺过程。若用稻谷直接碾米，不仅能源消耗高、产量低、碎米多、出米率低，而且成品色泽差，纯度和质量低，混杂度高。因此，现代化碾米工厂中，清理后获得的净稻均需进入砻谷机去除颖壳制得纯净糙米后，方才进行碾米。稻谷砻谷后的混合物称为砻下物，主要有糙米、未脱壳的稻谷、稻壳及毛糠、碎糙米和未成熟粒等。

砻谷是根据稻谷结构的特点，由砻谷机施加一定的机械力而实现的。根据脱壳时的受力和脱壳方式，稻谷脱壳可分为挤压搓撕脱壳、端压搓撕脱壳和撞击脱壳三种。

谷壳分离是指从砻下物中将稻壳分离出来的过程。谷壳分离主要利用稻壳与谷糙在物理性质上的差异使之相互分离。由于稻壳与谷糙在悬浮速度上存在较大的差异，风选法是谷壳分离的首选方法。一般砻谷机的下部均带有谷壳分离器，即砻下物流经分级板产生自动分级，稻壳浮于砻下物上层，由气流穿过砻下物时带起，从而使稻壳从砻下物中分离出来。

由于砻谷机不可能一次全部脱去稻谷颖壳，砻谷后的糙米中仍有一小部分稻谷未脱壳，为保证净糙入机碾米，故需进行谷糙分离。谷糙分离是对分离稻壳后的砻下物进行分选，使米与未脱壳稻谷分开。谷糙分离有两种方式：一是利用稻谷和糙米粒度的差异，谷糙混合物充分自动分级后，稻谷上浮，糙米下沉，使用合适的筛面，使糙米充分接触分级面而得以分离，这种分离方式以筛选原理为基础；二是以谷物和糙米在密度、弹性和表面性质方面的差异为基础进行分离。

8.4.2.3　碾米

碾米的基本方法分为化学碾米和机械碾米。化学碾米是先用溶剂对糙米皮层进行处理，然后对米进行轻碾。碾米后可同时获得白米和米糠。化学碾米过程中碎米少、出米率高、米质好，但投资大、成本高，溶剂来源、损耗、残留等问题不易解决，因而一直未推广。还有利用纤维素酶分解糙米皮层，不经碾制即可使糙米皮层脱落而制得白米的方法。目前普通使用的碾米方法是机械碾米。机械碾米又称作常规碾米，即运用机械设备产生的作用力对糙米进行碾白的方法。

碾米的目的是碾除糙米的皮层。糙米皮层虽含有较多的营养素如脂肪、蛋白质等，但粗纤维含量高，吸水性、膨胀性差。食用品质低且不耐储藏。糙米去皮的程度是衡量大米加工精度的依据。碾米过程中，在保证成品大米符合规定的质量标准的前提下，应尽量保持米粒完整，减少碎米，提高出米率和大米纯度，降低动力消耗。

8.4.2.4　成品整理

糙米碾成白米后，表面往往黏附一些糠粉，且米温较高，并混有一定数量的碎米。为了提高成品大米的质量，利于安全储藏，在成品大米包装前应进行擦米除糠、晾米降温、分级除碎及成品整理等步骤。

（1）擦米

擦米的主要作用是擦除黏附在白米表面的糠粉，使白米表面光洁，提高成品的外观色泽，有利于大米储藏及米糠回收利用。国内外常用的擦米机均用棕毛、皮革或橡胶等柔软材料制成擦米辊。擦米辊四周围有花铁筛或不锈钢金属筛布，米粒在两者之间运动而被擦刷。也有使用铁辊擦米机将碾米和擦米组合起来的。

（2）晾米

晾米的目的是降低米温，以利于储藏。尤其在加工高精度大米时，米温比室温高，如不经冷却立即打包进仓，易使成品发热霉变，晾米一般都在擦米的同时进行，通常使用气流与米粒进行逆向热交换，将晾米与吸糠有机地结合起来。也可以使用喷风米机碾米和白米气力输送使成品冷却。

（3）色选

由于储藏条件不利、霉菌侵染和成熟度不同等原因，大米中会出现各种异色粒，清除异色粒主要采用色选机。大米色选机是利用光电原理，通过计算机分析物体外表颜色，区分物品优劣的机械，设备采用国际高新技术和高性能元器件，使用高灵敏性的双面光电感应器和高速的线扫描 CCD 数字摄像技术，结合高速计算机处理系统和高性能的空气喷射器，能确保精确分选出各种不良杂质。

（4）白米分级

白米分级的目的是根据成品质量要求分离出超过标准的碎米。我国大米质量国家标准中有关碎米的规定是：留存在直径 2mm 的圆孔筛上，不足正常整米的 2/3 的米粒为大碎米；通过直径 2mm 圆孔筛，留存直径 1mm 圆孔筛上的碎粒为小碎米。各种等级的早籼米、籼糯米的含碎总量不超过 35％，其中小碎米为 2.5％；各种等级的晚籼米、早粳米的含碎总量不能超过 30％，其中小碎米为 2.5％；各种等级的晚粳米、粳糯米的含碎总量不能超过 15％，其中小碎米为 1.5％。白米分级通常采用筛选设备进行。

8.4.3　特种米生产

8.4.3.1　免淘洗米生产工艺

免淘洗米，又称为清洁米或不淘洗米，是一种炊煮前不需要淘洗的大米。米粒在水中淘洗时，随水流失米糠及淀粉约 2％，营养损失较大。免淘洗米可以避免在淘洗过程中干物质和营养成分流失，简化做饭工序、节省做饭时间，还可以减少淘米用水，防止淘米水污染环境。免淘洗米必须无杂质、无毒、无霉，同时还应尽可能地减少不完善粒、心白粒、腹白粒及全粉质粒的含量，减少异种粮粒含量，提高成品整齐度、透明度和光泽。生产免淘洗米原料可以是普通大米或稻谷。国内生产免淘洗米大都是在原有加工普通大米的基础上，增加部分设备进行的。

（1）免淘洗米生产工艺

免淘洗米生产工艺：原料米→精选机（杂质、碎米）→精碾机（残余糠粉）→上光机（添加上光剂）→保险筛（残留碎米或杂质）→成品米。

（2）免淘洗米生产工艺要点

除杂：为了保证免淘洗米的品质，需要在加工前进行杂质清除，通常选用设备为平面回转筛、比重去石机等。

碾白：碾白的目的是进一步去除米粒表面的皮层，使之精度达到特等米的要求，常用砂辊喷风碾米机、铁辊喷风碾米机等。

抛光：抛光是生产免淘洗米的关键工序，它能使米粒表面形成一层极薄的凝胶膜，产生珍珠光泽，外观晶莹如玉，煮食爽口细腻，在抛光过程中可通过加水或含有葡萄糖的上光剂，以溶液状态滴加于上光机内。抛光的设备是大米抛光机。

分级：成品分级主要是对抛光后的大米进行筛选，除去其中少量碎米，按成品等级要求分出全整米和一般的不淘洗米，主要设备为平面回转筛、振动筛等。

8.4.3.2　营养强化米生产工艺

稻谷籽粒中营养素的分布情况不平衡，在加工过程中不可避免地损失营养素，长期食用高精度大米就会引起某些营养素的缺乏症。目前，大米加工向高精度发展，为了保证营养素的摄取，需要生产人工添加所需营养素的营养强化米。

（1）浸吸法生产营养强化米生产工艺

浸吸法营养强化米生产工艺：大米→浸吸→初步干燥→喷涂→干燥→二次浸吸→汽蒸糊化→喷涂酸液→干燥→强化米。

生产工艺要点：浸吸与喷涂，先将维生素称量后溶于 2％复合磷酸盐中性溶液中，再将大米与上述溶液一同置于带有水蒸气保温夹层的滚筒中。浸吸时间为 2～4h，溶液温度为 30～40℃，大米吸附的溶液量为大米质量的 10％，浸吸后，鼓入 40℃热空气，启动滚筒，使米粒稍稍干燥，再将未吸尽的溶液由喷雾器喷洒在米粒上，使之全部吸收。最后鼓入热空气，使米粒干燥至正常水分。

二次浸吸，将维生素和各种氨基酸称量后，溶于复合磷酸盐中性溶液中，再置于上述滚筒中与米粒混合进行二次浸吸。溶液与米粒之间比例及操作与一次浸吸相同，但最后不进行干燥。

汽蒸糊化，取出二次浸吸后较为潮湿的米粒，置于连续式蒸煮器中进行汽蒸。在 100℃蒸汽下汽蒸 20min，使米粒表面糊化，这对防止米粒破碎及水洗时营养素的损失均有好处。

喷涂酸液及干燥，将汽蒸后的米粒仍置于滚筒中，边转动边喷入一定量的 5％醋酸液，然后鼓入 40℃的低温热空气进行干燥，使米粒水分降至 13％，最终得到营养强化米。

（2）涂膜法生产营养强化米生产工艺

涂膜法营养强化米生产工艺：米粒→干燥→真空浸吸→冷却→汽蒸糊化→冷却→分粒→干燥→一次涂膜→汽蒸→冷却→通风干燥→二次涂膜→汽蒸→冷却→分粒→干燥→三次涂膜→干燥→营养强化米。

生产工艺要点：真空浸吸，先将需强化的维生素、矿物盐、氨基酸等按配方称量，溶于 40kg，20℃的温水中。大米预先干燥至水分为 7％，取 100kg 干燥后的大米置于真空罐中，同时注入强化剂溶液，米粒中的空气被抽出后，各种营养素即被吸入内部。

汽蒸糊化与干燥，自真空罐中取出上述米粒，冷却后置于连续式蒸煮器中汽蒸 7min，再用冷空气冷却。使用分粒机使黏结在一起的米粒分散，然后送入热风干燥机中，将米粒干燥至水分 15％。

一次涂膜，将干燥后的米粒置于分粒机中，与一次涂膜溶液共同搅拌混合，使溶液覆在米粒表面。一次涂膜后将米粒自分粒机中取出，送入连续式蒸煮器中汽蒸 3min，通风冷却。接着在热风干燥机内进行干燥，先以 80℃热空气干燥 30min，然后降温 60℃连续干燥 45min。

二次涂膜，将一次涂膜并干燥后的米粒，再次置于分粒机中进行二次涂膜。二次涂膜的方法，先用 1％阿拉伯胶溶液将米粒湿润，再与含有 1.5kg 马铃薯淀粉及 1kg 蔗糖酯的溶液混合浸吸，然后与一次涂膜工序相同，进行汽蒸、冷却、分粒、干燥。

三次涂膜，二次涂膜并干燥后，接着便进行三次涂膜。将米粒置于干燥器中，喷入火棉乙醚溶液 10kg，干燥后即得营养强化米。

8.4.3.3　发芽糙米生产工艺

发芽糙米是将糙米在一定温度、湿度条件下，发芽至一定芽长后所得的由幼芽和带糠层胚乳组成的糙米制品。糙米发芽后，内部变化致使部分已有营养成分含量显著提高，同时糙米食用过程中不易蒸煮、口感粗糙、不易消化吸收等问题得到有效的改善，发芽糙米市场推广具有良好的发展前景。

发芽糙米生产工艺流程：稻谷→砻谷→消毒→清洗→浸泡→热处理→冷却（常温）→常温干燥→发芽糙米。

8.4.3.4　水磨米加工

水磨米是我国一种传统的精洁米产品，又称水晶米，是我国大米出口的主要产品。水磨米产品具有含糠粉少、米质纯净、米色洁白、光泽度好等优点，因此可作为不淘洗米食用。

（1）水磨米生产工艺

水磨米的生产工艺为：糙米→砂辊碾米→铁辊擦米（渗水）→冷却流化槽（吸风）→分级筛（糠粉细粒）→水磨米。

水磨米生产工艺关键在于将碾米机碾制后的白米继续渗水碾磨。

（2）水磨米生产工艺要点

① 渗水碾磨　渗水碾磨不同于碾米机对米粒的碾白作用，它只对米粒表面进行磨光，因此米粒在机内所受的作用力极其缓和。碾磨中渗水的主要目的是利用水分子在米粒与碾磨室工作构件之间、米粒与米粒之间形成一层水膜，有利于碾磨光滑细腻。同时渗水可以借助水的作用对米粒表面进行水洗，使黏附在米粒表面上的糠粉去净。为了提高渗水碾磨的工艺效果，最好渗入热水碾磨。热水能够加速水分子运动，加速水分子渗透到米粒与碾磨室工作构件、米粒与米粒之间，更好地起到水磨作用。热水有利于水分的蒸发，使渗水碾磨时分布在米粒表面上的水分在完成磨光任务后能迅速蒸发，不使水分向米粒内部渗透，保证大米不因渗水碾磨而增加水分。

② 冷却　水磨米需要进入流化槽进行冷却，以降低渗水碾磨后的米温。

③ 分级　渗水碾磨后的水磨米中常夹有糠块粉团，应在冷却后进行筛理，常用溜筛和振动筛筛去大于米粒的糠块粉团和小于米粒的细糠粉。

8.5　植物油脂的生产

8.5.1　油脂原料的预处理

植物油料预处理即在油料制油前对油料进行清理、剥壳、破碎、软化、轧坯、膨化、蒸炒、干燥等一系列的处理。植物油料预处理的目的是除去杂质并使其具有一定的结构性，使油料具有最佳制油性能，以满足不同制油工艺的要求。

8.5.1.1　油料清理

（1）油料清理的目的和方法

① 油料清理的目的　油料在收获和贮运过程中会混入一些杂质，杂质按照性质可分为有机杂质、无机杂质和含油杂质三类。其中有机杂质主要有油料的茎叶、皮壳、粮粒、杂草等；无机杂质主要有泥沙、石头、灰尘、金属等；含油杂质主要有病虫害油料籽粒、不完善粒、异种油料籽粒等。

油料清理是指利用各种清理设备去除油料中所含杂质的工序的总称。混入油料中绝大多数杂质本身不含油，且在制油过程中，杂质会吸附一定数量的油脂，使饼粕出油率降低，增加油脂损失。油料中含有的泥土、皮壳等杂质，会增加制取油脂的色泽，产生异味，降低原油质量。同时混入油料的石头、铁杂等杂质，能够随着制油过程进入生产设备和输送设备。这些硬杂质会磨损或损坏设备的工作部件，降低设备工作效率，缩短设备使用寿命，产生环境粉尘，污染生产环境。

因此，在油脂制取之前，采用各种清理设备从油料中将这些杂质清除，能够减少油脂损失，提高出油率，提高油脂及饼粕的质量，提高设备处理能力，延长设备使用寿命，保证生产质量安全，减少生产车间尘土飞扬，保证生产环境卫生。

② 油料清理的方法　由于油料中杂质种类较多，因此油料清理方法主要根据油料籽粒与杂质物理学性质上的差异，而选择不同的清理方法和相应设备除去杂质。通常选择的物理学性质有油料籽粒的粒度、形状、密度、硬度、表面特性、硬度和磁性等。油料通常采用筛选、风选、磁选、比重去石等清理方法。

选择清理设备应根据油料原料所含杂质情况，要求尽量除净杂质，同时油料清理要求工艺流程简短、设备简单、除杂效率高。要求清理后的油料不得含有石块、铁杂、蒿草、麻绳等杂质，且总杂质含量及杂质中含油料量应符合规定。

（2）筛选

筛选法是根据油料与杂质在粒度大小、形状等方面存在差别，选择合适筛孔尺寸的筛面组合，借助含杂油料与筛面相对运动，使油料和杂质再通过筛面时，分为筛上物和筛下物，从而达到油料和杂质分离的目的。

① 筛选法基本条件　选择筛选法除去油料中杂质必须具有3个基本条件：油料与杂质必须与筛面接触；根据油料与杂质粒度，选择合适的筛孔大小和形状；含杂油料与筛面应该具有相对运动。

② 筛面的选择　常用的筛面形式有冲孔筛和编织筛两种。冲孔筛用薄钢板冲制而成，坚固耐用，开孔率低，质量大，刚度好，因此在使用过程中不容易变形。冲孔筛常用来清理花生、大豆等大颗粒油料。编织筛是用金属丝编织而成的，与冲孔筛相比，开孔率高，质量小，因承载能力弱，筛孔容易变形，因此编织筛常用来清理油菜籽、芝麻等小颗粒油料。

筛孔的大小根据油料和杂质的粒度和形状来选择。通常油脂加工厂多采用圆形或长圆形筛孔，有时也选择六角形筛孔。

③ 筛选效果的影响因素　筛选效果的影响因素主要有油料的性质、筛面的选择、筛选设备操作等方面。其中油料的性质包括油料本身水分含量，油料杂质含量，油料和杂质的粒度、形状差别等。油料水分含量越大，含杂率越高，油料与杂质粒度和形状越接近，对筛选效果的影响就越大，反之则越小。筛面的选择也是筛选效果的影响因素之一，筛孔大小和形状应该根据油料与杂质粒度和形状，选择合理且合适的筛孔，筛孔排列形式，在满足筛面强度要求的基础上，尽量采用交错排列。筛选设备要保证进料口和出料口通畅，防止麻绳杂草等大杂影响设备正常运行。要达到良好的筛选效果，首先必须保证筛选设备的单位负荷量和均匀性。单位负荷量是指每小时单位筛宽上物料的流量，单位为 kg/(h·cm)。筛面单位负荷量过大或过小均不好，过大则筛面上料层加厚，自动分级困难，影响筛选效率；过小则筛面上料层过薄，筛体振幅加大，物料会在筛面上跳动，降低筛选效果。为达到较好的筛选效果，料层厚度控制在10~15mm。

（3）风选

风选法是根据油料与杂质的空气动力学性质不同，利用气流使杂质与油料分离的方法。按照气流运动方向，可分为垂直气流风选法、水平气流风选法、倾斜气流风选法等；按照气流运动方式，可分为吹式风选法、吸式风选法和循环式风选法等。

① 风选原理 物料处于气流中，受到气流的作用力，作用力的大小与物料本身的形状、体积、气流的速度、空气密度等有关。风选过程中，处于气流中的物料受到重力、气流作用力和空气浮力三个力的作用。物料在垂直向上的气流中，存在三种状态：a. 若物料本身的重力小于空气作用力和浮力之和，则物料上升。b. 若物料重力等于空气作用力和浮力之和，则物料处于悬浮状态。物料处于悬浮状态时的风速称为物料的悬浮速度。c. 若物料重力大于空气作用力和浮力之和，则物料下降。物料在水平或倾斜气流（通常是侧向上方）中，受到重力、浮力和空气作用力联合作用，运动轨迹呈现抛物线状，物料在水平方向的运动距离由物料的大小、密度和空气速度决定。

② 风选设备 油脂加工厂常用的风选设备有风力分选器、皮仁风选器、吸风平筛等。其中风力分选器是能够清除棉籽中重杂质的风选设备，皮仁风选器能够用于大豆仁和皮层分离，吸风平筛是将风选设备与筛选设备联合使用，除了能够利用振动筛进行筛分外，还能够利用风力清除棉籽中碎屑、棉绒、茎叶、皮壳等轻杂质和部分重杂质。

③ 风选效果的影响因素 风选效果的影响因素主要有风速、设备和管道的密封程度、物料的流速等。需要根据油料和杂质空气动力学性质选择合适的风速，同时带杂油料经过风选设备时料层要薄，受风均匀，最后保证风选设备和管道的密封，能够避免因风量减少而降低风选效果。

（4）比重去石

比重去石法是根据油料与杂质（主要为并肩石等）的相对密度和悬浮速度的不同，借助机械风力和具有一定轨迹做往复运动的倾斜筛面联合作用将杂质从油料中分离出来的方法。通常油料在经过风选和筛选之后，大部分的轻杂、小杂和大杂都已经去除，还存在一些与油料大小相近的并肩石，常采用比重去石法除去杂质。

① 比重去石设备 目前油脂加工厂常用比重分级去石机，根据气流运动方式，比重去石机分为吸式、吹式和循环风式等。吸式比重分级去石机还分为双层筛面的吸式比重分级去石机、带复选去石筛面的吸式复选比重去石机、带除碎筛面的双筛面吸式比重去石机。与筛选结合的有吸式和吹式筛选去石组合机。循环风式比重去石机有单层筛面、双层筛面，还有循环分组合清理机等。

② 去石效果的影响因素 去石效果的影响因素主要有油料的含杂情况、风速、流量、设备和管道的密封等。在使用比重去石机之前，应该将油料中的大、中、小杂质先去除掉，大杂质能够堵塞进料口和出石口，小杂质容易堵塞筛孔，影响去石效果。

风速是决定去石效果的关键因素，风速过大，会破坏油料自动分级，石子与油料一起悬浮，去石工作无法正常进行。风速过小，油料不能悬浮，油料与石子沿筛面上行，会使油料中石子增多。去石机的流量大小应符合设备要求，流量过大，油料层过厚，油料无法形成悬浮状态，影响去石效果。流量过小，油料层过薄，石子也会被气流吹起，降低去石效果。为保证去石机工作时对风量的要求，设备进料口、出料口、出石口等要进行闭风，防止由于漏风而降低去石效果。

（5）磁选

磁选法是根据油料与杂质磁性不同，利用磁力清除油料中磁性杂质的方法。金属杂质在油料中含量不高，危害甚大，容易造成设备损坏，严重的会导致设备事故或生产安全事故，因此必须清除干净金属杂质。当油料通过磁场时，油料为非磁性物质，能够自由通过磁场，而磁性金属杂质会在磁场中被磁化，与磁场相互吸引，从而达到清除磁性金属杂质的目的。

通常使用永久磁铁作为磁场，一般采用高碳铬钢或铬钴钢制成。常见磁选器有栅式、栏式和滚筒式设备。

（6）除尘

油料中含有灰尘，这些灰尘在油料清理、输送、加工过程中飞扬，污染空气，影响工厂和车间环境卫生，同时灰尘还会影响仪器设备使用寿命，降低油脂产品质量。因此必须对油料中灰尘加以清除。粮食加工行业的通风除尘系统一般由吸尘罩、通风管道、风机和除尘器四部分组成。

① 吸尘罩　吸尘罩靠近尘源安装，是通风除尘系统含尘空气的捕集装置。在油料生产加工过程中，产生粉尘或者有害气体的区间尽可能密闭起来，使空气经吸尘罩罩口进入吸风罩时，把产生的粉尘或有害气体带入输送管道中。吸尘罩能够阻止粉尘飞扬到污染源周围的空气中，使油料运输、加工过程中产生的粉尘得到有效控制。性能良好的吸尘罩可以在排风量最小、能耗最低的情况下，仍然能够有效地控制粉尘的飞扬。

② 通风管道　通风管道是通风除尘系统中空气流动的通道。通风管道的作用是将吸尘罩收集的含尘空气安全地输送到净化设备中，同时把净化后的符合国家排放标准的干净空气通过通风管道排放到大气中。通风管道通常由直管和局部构件组成。弯头、阀门、三通和变形管等属于通风管道的局部构件。通风管道有圆形管道和矩形管道两种。空气流动速度是通风管道的重要参数。通常油厂中通风除尘管道的风速为 $10\sim15\text{m/s}$，风速大小随管道直径或含尘量进行调整，如果通风管道有较长的水平管，选取较大的风速；通风管道直径大或含尘量大，选择较大的风速；通风管道直径小或含尘量少，选取较小的风速。

③ 风机　风机是通风除尘系统的重要组成部分，是除尘网管中气流的动力源。风机是对气体输送和气体压缩机器的简称。油厂通常采用中压和低压离心通风机。当风机运行时，含尘空气经吸尘罩进入通风管道，进入通风管道内的含尘空气被输送到净化装置除尘器中进行净化，通过净化装置的分离和收集，净化后的空气通过排气管道排放到大气中，风机提供整个除尘网路中气流的动力。

④ 除尘器　除尘器是净化设备，可以将通风管道送来的污染空气进行分离和回收，使排放的空气含尘浓度符合环保要求。根据我国《工业"三废"排放标准》规定，生产性含尘空气经净化后排入大气的含尘浓度不能超过 150mg/m^3，按照标准要求除尘器具有较高的除尘效率。除尘器分为干式和湿式两大类。干式除尘器有离心式除尘器、布袋除尘器、电除尘器和重力沉降室等，湿式除尘器有喷淋除尘器、水浴除尘器、水膜除尘器等。油厂常用离心式除尘器和布袋除尘器。有时候为了达到排放标准，一个除尘系统中，可以采用两台或者多台除尘器串联进行粉尘分离。

8.5.1.2　油料水分调节

油料中水分的存在对油料贮藏和加工存在不同程度影响。油料水分影响油料弹性、塑性、导热性、机械强度和组织结构等物理性质，这些物理性质直接影响油料的加工效果。同时油料中水分能够影响油料中酶的活性，酶的作用会改变油料组分，影响油料产品的品质和得率。油料水分调节和油料贮藏、剥壳、破碎、去皮、轧坯、挤压膨化、蒸炒、压榨、浸榨等工艺有密切关系，因此为了保证油料安全贮藏，提高油料生产工艺和产品质量，需要对油料进行水分调节。

（1）油料水分调节机理

① 水分存在形式　根据水分与油料结合强度不同，水分在油料中存在形式可以分为机

械结合水分、物理结合水分和化学结合水分三类。其中机械结合水分主要是指油料表面湿润水分和毛细管水分。表面湿润水分是指油料和水直接接触时，黏附在油料上的水分。毛细管水分是指多孔性油料孔隙中所含的水分。机械结合水基本保持水分原有性质，能够比较容易用蒸发法或机械法除去。物理结合水分主要有吸附水分和渗透水分。吸附水分是指湿物料粗糙表面和毛细管壁内表面附着的水分。渗透水分存在于具有细胞结构的油料中，油料细胞内外存在浓度差，水分会在渗透压作用下进入到细胞中，这部分通过渗透作用进入的水分，称为渗透水分。与机械结合水比，物理结合水比较难去除。化学结合水分是指结合时产生化学反应，形成新物质的水。结合后水分子成为新物质组成成分，这种水分结合非常牢固，通常蒸发不能够去除。

② 油料水分调节机理　由于油料中水分结合状态不同，油料吸湿和解吸过程也不同。当油料与气体介质接触，水分转移方向和程度由油料含水量和介质相对湿度等因素决定。油料的干燥过程存在两种现象：一种是油料表面水分汽化并被介质带走；另一种是油料内部发生传热过程引起水分向外扩散。表面水分汽化和内部水分向外扩散是同时进行的，速率不一样。当表面水分汽化速率小于内部水分扩散速率时，油料的干燥过程主要取决于表面汽化速率；反之，当油料内部扩散速率低于表面汽化速率时，由于油料内部水分不能及时传到表面，使干燥过程复杂化。

（2）油料水分调节方法和设备

① 油料水分调节方法　干燥是传统的单元操作，也是现代应用技术之一。油料干燥的目的是减轻油料的质量，降低油料含水量，有利于长期储藏，使油料在加工中取得较好的工艺效果。油料干燥的主要方法是热力干燥。按照热能传给湿油料方式不同，干燥方法分为热风干燥、传导干燥、辐射干燥、介电干燥等。油脂加工厂普遍采用热风干燥和传导干燥。热源可以是水蒸气、热水、热空气等。

② 油料干燥设备　油脂加工厂常用的干燥设备有塔式热风干燥机、振动流化床干燥机、回转式干燥机、平板干燥机、干燥输送机等。其中塔式热风干燥机具有占地面积小、处理量大、操作简便等优点，应用广泛。振动流化床干燥机采用振动电机驱动，运转平稳、维修方便，流态化均匀，油料表面损伤小，可用于易碎物料的干燥。回转式干燥机结构简单、油料加热均匀，占地面积较大，与塔式干燥机相比，干燥强度小。

③ 影响油料干燥的主要因素　影响油料干燥的因素有很多，主要因素有油料自身因素、干燥介质因素、干燥介质与油料接触的情况、料层厚度等。油料自身的化学成分、组织结构、吸湿性能、水分与物料的结合形式、形状大小以及干燥前后的水分含量等，都能不同程度影响干燥过程。干燥介质能够影响油料干燥，干燥介质的温度越高，湿度越低，越能够加快油料表面水分汽化，同时增加干燥介质的流速也能够强化干燥。干燥介质与油料的接触方式主要有三种：介质穿过油料层，油料悬浮于介质流中，介质掠过油料表面。当介质与油料均匀混合接触，并且介质能够很好地环绕油料流动时，可以加快干燥速率。油料料层的厚度也能够影响干燥。随着油料料层厚度的增加，所需干燥的时间也逐渐延长。

（3）油料的剥壳及脱皮

① 油料剥壳　油料剥壳可以提高出油率以及原油、饼粕的质量，减少对设备的磨损，增加设备生产量，有利于进行后续轧坯等工序。油料的皮壳主要是由纤维素和半纤维素组成的，含油量较少。如果带皮壳制油，皮壳不出油，还会吸附油脂，降低出油率，同时皮壳中存在的色素等杂质，还会增加原油色泽，降低原油质量。油料带皮壳制油，影响轧坯效果及料坯质量，油料剥壳后制油，可以提高油脂生产工艺效果，而且有利于皮壳综合利用。油料

剥壳要求剥壳率高，漏籽少、粉末度小，利于剥壳后仁壳分离。常用剥壳方法有：利用粗糙面碾搓作用进行剥壳，利用打板撞击作用进行剥壳，利用轧辊挤压作用进行剥壳，利用锐利面剪切作用进行剥壳。

② 剥壳设备　油脂加工厂常用的剥壳设备有圆盘剥壳机、刀板剥壳机、齿辊剥壳机、离心剥壳机、锤击式剥壳机等。圆盘剥壳机具有结构简单、一次剥壳效率高等优点，但剥壳后仁壳混合物不易分离。圆盘剥壳机通常用于棉籽的剥壳，也可用于花生果、油菜籽的剥壳。刀板剥壳机专门用于棉籽剥壳，特点是剥壳后整仁率高，粉末度小，仁壳容易分离，缺点是剥壳率较低。齿辊剥壳机也是棉籽剥壳设备，可兼做大豆、花生等大颗粒油料破碎。齿辊剥壳机主要是通过两个有速差的齿辊对油料的剪切和挤压作用，实现对棉籽的剥壳和油料的破碎。离心剥壳机分为卧式和立式两种，主要用于葵花籽剥壳，也可以用于油茶籽、油桐籽及核桃等油料的剥壳。锤击式剥壳机主要用于花生果的剥壳。锤击式剥壳机结构简单，使用方便，剥壳及仁壳分离效率高。

③ 仁壳分离　油料剥壳后，成为含有整仁、壳、碎仁、碎壳及未剥壳整籽粒的混合物。需要将混合物有效分为仁和碎仁、壳和碎壳及整籽粒三部分。仁和碎仁进入制油工序，壳和碎壳进入壳库打包，整籽粒返回剥壳设备重新剥壳。仁壳分离直接关系到出油率高低。生产上根据仁、壳、籽粒等组分物理性质差别，通常采用筛选和风选的方法将其分离。

④ 油料脱皮　油料脱皮的目的是提高饼粕的蛋白质含量和利用价值，减少油料中皮层含量。脱皮能够降低原油色泽，减少原油含蜡量，提高原油质量。油脂加工厂主要是针对大豆进行脱皮，大豆脱皮技术目前比较成熟。油料加工生产中通常先调节油料的水分，然后利用搓碾、挤压、剪切和撞击的方法，破碎油料的同时，种皮也破碎脱落，然后选择风选或者筛选的方法分离仁皮。

油料脱皮方法如下。

a. 大豆脱皮

大豆脱皮常分为冷脱皮工艺和热脱皮工艺两类。大豆冷脱皮工艺是将清理过的大豆，热风加热干燥至含水量 10%，然后储仓中停留 24～72h，在环境温度下进入齿辊破碎机破碎成 4～6 瓣。冷脱皮工艺特点，经干燥和冷却的大豆豆皮较松脆，大豆破碎后豆皮容易脱落分离，但破碎豆的粉末度大，碎豆皮与碎豆仁不易分离完善，料仓容积配备较大，能耗高。油脂加工厂目前采用较多的工艺是大豆热脱皮工艺。热脱皮工艺中采用了热空气循环系统，使大豆干燥、干燥后的破碎、脱皮及皮仁分离过程都维持在一定的温度下进行。

大豆脱皮设备主要有干燥调质塔、流化床快速干燥机、齿辊破碎机、皮仁振动分离筛、皮仁风选器等。干燥调质塔采用加热蒸汽传导干燥和热风对流干燥相结合的方式对大豆进行干燥，同时通过对大豆水分和温度的调节进行大豆软化，干燥调质塔是油脂企业大豆脱皮工艺中的关键设备。干燥调质塔优点是在大豆干燥过程中有缓苏作用，因此兼有大豆软化调质效果，有利于后续脱皮。

影响大豆脱皮效果的主要因素有大豆水分含量、加热干燥温度、皮仁风选器吸风量、破碎辊的对辊间隙、豆皮筛筛网规格、料层高度、循环风湿度、加热干燥时间等。大豆水分含量的高低影响大豆去皮工艺，水分含量较高时，种皮韧性较大较难分离；水分含量较低时，破碎物粉末度增大，碎皮不易除去。大豆加热干燥温度也会影响大豆脱皮，一般情况，大豆出料温度控制在 75～85℃，如果温度过低，豆皮与仁附着力增强，破碎时皮仁不易分离；温度过高，在热风循环情况下，皮屑、仁屑有自燃危险。皮仁风选器吸风量也会影响大豆脱皮效果，风量过大，除了大豆皮之外，部分碎豆也被吸出，影响豆皮筛选；风量过小，较大的豆皮不能被吸出，会残留在豆粕中影响质量。破碎辊间隙会影响大豆脱皮，间隙调节过小，会加重电机负荷，豆粒易碎，碎豆仁会进入豆皮系统；辊间隙调节过大，豆粒不能有效劈开，去皮效果差。豆皮筛筛网规格能够影响大豆脱皮效果，一般皮、仁分离筛的上筛网为6～10目，下层筛网为10～16目。

b. 芝麻脱皮

通常芝麻在油脂生产中不需要脱皮。但芝麻种皮中含有纤维和草酸盐，种皮存在会增加油和饼粕的色泽，饼粕呈现苦味，这样饼粕只能作为动物的饲料或肥料，不能作为人类蛋白质资源。芝麻饼粕作为人类蛋白质资源利用时，需要脱皮。芝麻脱皮通常选择把种子浸泡在水中，种皮吸水涨破后利用浮力分选法，将种皮与籽粒分离。种皮与籽粒分离时，可以选择盐水调节密度，促进种皮和籽粒分离。研究表明，热的稀碱溶液，如氢氧化钠、硼酸铵、次氯酸钠溶液可以用来疏松或破裂种皮。芝麻脱皮还可以选择将浸泡膨胀破皮的芝麻在木板或石板上碾搓摩擦去皮。

c. 菜籽脱皮

菜籽中含有14%～20%的种皮，菜籽种皮中含有芥籽碱、单宁、植酸、色素等，种皮含有30%以上的粗纤维。因此菜籽种皮的存在会影响菜籽饼粕蛋白质。菜籽脱皮可以有效去除抗营养因子，提高饼粕质量。在通常菜籽油脂生产中不进行脱皮，在高品质冷榨菜籽油和高蛋白菜籽粕生产中进行菜籽脱皮。菜籽脱皮通常采用破碎辊进行菜籽粕破碎，然后采用筛选和电磁场作用分离皮仁。菜籽脱皮后，菜籽油的品质、风味、色泽都有明显改善，脱皮后饼粕的利用价值提高。

（4）油料生坯的制备

油料在制油前需要把油料制成适合取油的料坯，油料在轧坯前需要对油料进行破碎和软化。

① 油料破碎　油料破碎是指在机械力作用下将油料粒度变小的工序。油料在轧坯之前，需要对大颗粒油料如花生仁、大豆进行破碎，破碎后粒度有利于轧坯操作。油料破碎的目的是使油料具有一定的粒度；轧坯时，碎粒与轧辊的摩擦力比整粒与轧辊的摩擦力大；油料破碎后表面积增大，有利于提高软化效果；较大颗粒的饼块，也必须破碎成为较小的饼块，才更有利于浸出取油。

要求油料破碎后粒度均匀，不出油，不成团，粉末少，粒度符合要求。大豆要求破碎粒度为4～6瓣，破碎大豆的粉末度要求控制在通过20目筛不超过10%。花生仁破碎粒度要求为6～8瓣，粉末度要求控制在通过20目筛不超过5%。预榨饼要求最大对角线长度为6～10mm。为了使油料或预榨饼达到破碎的要求，需要控制破碎时油料水分的含量。水分含量过低，破碎物的粉末度增大，粉末多容易结团；水分含量过高，油料不容易破碎，容易出油。

油料破碎方法有挤压、剪切、撞击及碾磨等几种形式。油脂加工厂常用破碎设备种类较多，常用的有齿辊破碎机、锤片式破碎机、圆盘剥壳机等。辊式破碎机借助一对拉丝辊相向差速运动产生剪切挤压作用使油料破碎。齿辊破碎机是目前油脂加工厂预处理首选破碎设备，可用于大豆、花生等大颗粒油料破碎，也可以用于棉籽剥壳和大豆脱皮。齿辊破碎机具有处理量大、破碎率高、粉末度小等优点，为保证油料破碎效果，需要控制油料水分、温度、流量和含杂量。锤片式破碎机是利用安装于高速旋转的转子上的锤片打击作用，使油料破碎，由筛网控制破碎粒度。

② 油料软化　油料软化是通过调节油料的水分和温度，使油料可塑性增加，减少在轧坯时粘辊现象，保证油料坯片的质量。对于水分含量低、含油低的油料，软化操作必不可少，对于含油率高、含水量高的油料，可以不需要软化。对油料软化，要求软化后料粒内外均匀一致，有适宜的弹塑性，能够满足轧坯的工艺要求。根据油料种类和含水量的不同，进

行软化，油料含水量少的，软化时可多加水，对于油料含水量高的，软化时可以少加水。软化温度与原料含水量也相互配合，油料含水量高时，软化温度低一些，反之，软化温度就高一些。同时保证足够的软化时间，使油料吃透水汽，温度均匀一致。

油料中棉籽仁含有皮壳，需要先软化再进行轧坯，棉仁的软化温度为 $60\sim65℃$，水分为 $9.5\%\sim11.5\%$。大豆在轧坯前需要进行软化，软化温度依据大豆含水量、软化设备类型进行。大豆常用的软化设备有层式软化锅和滚筒软化锅。使用滚筒软化锅，软化时间一般 25min，大豆软化温度为 $62\sim65℃$，选择层式软化锅软化大豆，软化时间为 $15\sim30min$，软化温度为 $70\sim80℃$。菜籽含油较高，但菜籽表皮坚硬，颗粒小，根据菜籽含水量不同选择是否软化。陈年菜籽含水量低，8% 以下的油菜籽，应当进行软化，新收获的菜籽含水量较高，一般含水量在 $10\%\sim15\%$，因此一般不进行软化。菜籽软化温度为 $60\sim70℃$。对于其他高油分油料，例如花生仁、蓖麻子仁等，一般不进行软化直接轧坯，防止软化后轧坯出现粘辊等不良现象。

（5）油料的轧坯

轧坯是指利用机械挤压力的作用，将颗粒状油料轧成片状料坯的过程。轧坯后得到的片状料坯称为生坯。轧坯是油料预处理工艺最关键步骤，直接关系到取油效果和生产成本。

① 轧坯目的　轧坯的目的在于通过轧辊的碾压和油料细胞之间相互作用，使油料细胞壁破坏，使油料成为片状，增加油料表面积，缩短油脂流出的流程，有利于提高出油率和出油速度。油料轧成薄的坯片后，蒸炒过程中有利于料坯的水热传递，提高蒸炒效果。

② 轧坯要求　轧坯要求油料生坯薄厚均匀、大小适度、不露油、粉末度低，并且具有一定的机械强度。无论浸出法取油还是压榨法取油，料坯厚度对出油率都有很大影响。料坯越薄，出油率越高。料坯厚度对浸出取油的影响比压榨取油的影响更显著。生坯厚度要求大豆为 0.3mm 以下，棉仁 0.4mm 以下，花生仁 0.5mm 以下，菜籽 0.35mm 以下，粉末度要求控制在过 20 目筛的物质不超过 3%。

③ 轧坯设备　轧坯设备又称为轧坯机。轧坯机由两个或多个相对旋转的轧辊组成，按照轧辊排方式可分为平列式和直列式。油厂使用的轧坯设备分为平列式轧坯机和直列式轧坯机两类。直列式轧坯机有三辊和五辊两种，因生产能力较小，适用于小厂。平列式轧坯机分为单对辊轧坯机和双对辊轧坯机两种，目前油厂使用较多的是平列式单对辊轧坯机。轧坯机主要由喂料装置、轧辊、轧辊调节装置、刮刀、机架及轴承、挡板、传动装置等机构组成。

④ 影响轧坯效果因素　影响油料轧坯效果的因素有很多，主要有油料的性质、轧坯设备、轧坯操作等。其中油料性质对轧坯效果影响较大，油料性质主要包括油料含水量、含油量、含壳量、含杂量、温度、粒度、可塑性等。油料含水量影响轧坯效果，油料含水量高时，在轧辊的作用下会使部分油脂分离出来黏结坯片，如果油料含水量很高，在轧辊作用下会出油，减小油料与轧辊之间的摩擦力，甚至使轧坯操作停止。油料的含油量对轧坯质量产生很大影响，轧坯时油料受到轧辊作用，油脂被挤压出来。当油料含油量很高时，会挤压出大量油脂润滑辊面，使轧坯机产量降低，影响轧坯机工作。若油料中含有较多的外壳，会在轧坯时因较高的外力作用，使辊间缝隙增大，造成轧坯质量降低和质量不稳定。

（6）油料的挤压膨化

油料生坯的挤压膨化是利用挤压膨化设备对生坯施以高温、高压然后减压，将生坯制成膨化颗粒物料的过程。生坯经挤压膨化后可直接进行浸出取油。油料的生坯膨化浸出是一种先进的油脂制取工艺，油料膨化浸出在我国 20 世纪 80 年代开始试用，90 年代后期得到了较大发展。目前油料生坯膨化浸出工艺主要应用于大豆生坯，菜籽生坯、米糠以及棉籽生坯也得到了应用。油料生坯挤压膨化浸出工艺具有取代预榨浸出和直接浸出制油工艺的趋势。

① 油料挤压膨化目的 油料经挤压膨化后，油料生坯容重增大，多孔性增加。挤压膨化能够破坏油料细胞组织，钝化油料细胞酶类。挤压膨化后的物料浸出时，料层的渗透性和排泄性大为改善，浸出溶剂比减小，浸出速率提高，混合油浓度增大。浸出设备和湿粕脱溶设备的产量增加，浸出毛油品质提高，能够明显降低浸出生产的溶剂损耗。

② 油料挤压膨化原理 油料生坯经喂料机进入挤压膨化机内，料坯被螺旋轴向前推进同时受到强烈的挤压作用。油料密度不断增大，油料与螺旋轴和机器内壁摩擦发热，油料受到剪切、高温、混合、高压联合作用，油料细胞组织被破坏，蛋白质变性，酶类钝化，容重增大，游离油脂聚集在膨化料粒内外表面。油料被挤出膨化机模孔时，压力骤然降低，水分在油料组织结构中迅速汽化，油料受到强烈膨胀作用，形成内部多孔、组织疏松的膨化料。油料从膨化机末端的模孔中挤出，并立即被切割成颗粒物料。

③ 油料挤压膨化设备 油料挤压膨化设备一般分为三种：用于整粒油籽或破碎油籽的膨化机，用于高含油料生坯的膨化机，用于低含油料生坯的膨化机。根据挤压膨化设备内是否加入水和水蒸气分为干式挤压膨化机和湿式挤压膨化机。

a. 整粒油籽或破碎油籽的膨化机 可作为干式膨化机应用于大豆机榨前的处理。经挤压机处理的物料不需干燥和冷却即可送入螺旋榨油机进行压榨取油。整粒油籽或破碎油籽膨化机也可以作为湿式膨化机使用，以膨化机代替蒸炒锅。

b. 高含油料生坯膨化机 当采用闭壁式挤压膨化机对高含油料生坯进行挤压膨化时，挤压膨化过程释放出来的油将积聚在机腔内影响料坯的膨化效果和设备运行的稳定性。采用开槽壁挤压膨化机对高含油料生坯进行膨化。

c. 低含油料生坯膨化机 低含油料生坯膨化机可采用锥形塞出料装置。

（7）油料蒸炒

油料生坯蒸炒后制成的料坯称为熟坯。油料生坯经过湿润、蒸坯、加热、炒坯等处理转变成熟坯的过程，称为油料的蒸炒。蒸炒分为干蒸炒和润湿蒸炒两种，油脂生产厂普遍采用湿润蒸炒方法。

为提高油料出油率，调整油料料坯的组织结构，通过控制温度和水分，使油脂凝聚，提高料坯的可塑性和弹性。蒸炒能够破坏油料细胞，蛋白质凝固变性，油脂黏度表面张力降低，蒸炒的温度还可以钝化酶类。蒸炒还可以改善油脂的品质，料坯中磷脂吸水膨胀，部分磷脂和棉酚与蛋白质结合，有利于提高油脂质量。蒸炒过程中，料坯中糖类、蛋白质、磷脂等会跟油脂发生结合或络合反应，产生褐色或黑色物质，增加油脂色泽。

（8）蒸炒要求及工艺技术

① 蒸炒要求 要求蒸炒后的熟坯生熟均匀，内外一致，蒸炒后熟坯水分、温度以及熟坯结构性均满足于熟坯制油要求。干蒸炒是只对油料或料坯进行加热或干燥，不进行润湿。干蒸炒方法适用于特种油料的蒸炒。湿润蒸炒要求蒸炒采用高水分蒸炒、低水分压榨、高温入榨，保证足够多的蒸炒时间，湿润蒸炒是油脂生产企业普遍采用的一种蒸炒方式。

② 蒸炒工艺技术

油脂生产厂普遍采用湿润蒸炒方法，因此主要介绍湿润蒸炒工艺技术。

a. 湿润 油料湿润阶段应尽量使水分在料坯内部和料坯之间分布均匀。湿润的方法有加热水、直接喷蒸汽、水和直接蒸汽混合喷入等。采用直接蒸汽对料坯进行湿润，湿润速度快且均匀。料坯的润湿水分一般为 $13\%\sim15\%$。

b. 蒸坯 料坯润湿之后，应在密闭条件下继续加热，蒸坯时要求坯料蒸透蒸匀。蒸坯层的装料量控制在 80%～90%，以延长蒸坯时间。需要关闭排气孔，保持蒸炒锅密闭，增大蒸锅空间湿度，经过蒸坯，料坯温度应提高至 95～100℃，湿润和蒸坯时间需要 50～60min。

c. 炒坯　炒坯的主要作用是加热去水，通过炒坯，使料坯达到最适宜压榨的低水分含量。炒坯时需要打开排气孔，加速蒸锅中水蒸气的排出，通过炒坯尽快排出油料料坯中的水分。锅中存料量一般控制在 40% 左右，经过炒坯，出料温度达到 105～110℃，水分含量在 5%～8%，炒坯时间约 20min。

d. 均匀蒸炒　蒸炒对熟坯性质的要求是熟坯具有合适的塑性和弹性，同时要求熟坯具有很好的一致性。熟坯的一致性包括总体一致性和内外部一致性。熟坯总体一致性是指所有熟坯粒子大小和性质一致，内外部一致性指每一个料坯粒子表里各层性质一致。为了保证料坯蒸炒过程一致性，生产上需要采取措施保证料坯均匀蒸炒，保证进入蒸炒锅生坯质量稳定合格，生坯均匀进料，要求料坯湿润度均匀一致，防止结团。

③ 蒸炒设备　润湿蒸炒设备也叫蒸炒锅，分为层式和卧式两种类型。生产中通常先采用层式蒸炒锅进行湿润蒸坯，然后再用榨机调整炒锅进行炒坯。也有一些油脂加工厂采用层式蒸炒锅进行湿润蒸坯，再利用榨机炒锅和平板干燥机进行炒坯干燥。

a. 层式蒸炒锅　国内油脂加工厂通常用层式蒸炒锅作为蒸炒设备，由数层蒸锅单体重叠装置而成。层式蒸炒锅结构紧凑，蒸炒过程中油料层自蒸作用好，每层蒸锅单体侧壁均有排气管，共同接到总排气管，方便排出蒸炒过程中蒸发的水蒸气。层式蒸炒锅的蒸炒时间可以通过各层地板上料门机构进行调节，但蒸炒过程中料坯受热不太均匀，动力消耗较大。

b. 卧式蒸炒锅　国外生产大型螺旋榨油机常配置卧式蒸炒锅，卧式蒸炒锅由若干个重叠安放的圆筒体组成，每个圆筒体外壳都有夹套，可以通过向夹套中通入加热蒸汽以对筒内料坯进行加热。卧式蒸炒锅的优点是升温快，受热均匀，动力消耗小。

c. 卧式圆筒炒锅　圆筒炒锅主要用于浓香花生油以及机榨芝麻香油生产工艺中对芝麻和花生仁的炒籽。经过圆筒炒锅烘炒的油籽色泽均匀，温度高，入榨水分低，表面疏松，压榨油的香味浓郁。圆筒炒锅的热源采用直接火和高温烟道气两种。选择直接火作为热源的圆筒炒锅没有夹层，整个炒籽锅砌在炉膛中，直接火炒籽时间一般为 40～60min。高温烟道气圆筒炒籽锅的筒体采用夹层，夹层中通入高温烟道气对筒体中的油料进行焙炒，为了避免烟道气外逸，烟道气的流动采用吸风方式，引风机在炒籽机后面。高温烟道气炒籽时间约为 15min，出锅时油料温度达到 200～220℃。

8.5.2　油脂的提取

8.5.2.1　机械压榨法制油

（1）压榨法制油基本原理

压榨法取油是一种古老的机械提取油脂的方法。在压榨取油过程中，料坯受到强大压力作用，料坯中油脂的液体部分和非脂物质的凝胶部分分别发生两个不同变化。在压榨取油过程中，料坯主要发生物理变化和生物化学变化。物理变化包括物料变形、摩擦发热、水分蒸发、油脂分离等。生物化学变化包括蛋白质变性、酶的钝化、物质结合等。压榨取油分为油脂从榨料空隙中被挤压出来和榨料粒子经弹性变形形成坚硬油饼两部分。

压力、黏度和油饼成型是压榨过程三要素。压力和黏度决定榨料排油的主要动力和可能条件，油饼成型决定榨料排油的必要条件。压榨过程中，动力、黏度表现为温度的函数。压榨取油时，榨料中残留的油量可反映排油深度。排油的必要条件是油饼的成型。油饼能否成型，与油料含水量有关，需要油料含水量适当、温度适当，其次与排渣排油量有关。

（2）影响压榨制油的因素

压榨取油效果决定因素有很多，主要包括榨料结构和压榨条件两方面。对于榨料结构性质，主要取决于油料本身的成分和预处理效果。在榨料结构方面，要求榨料颗粒大小适当一致，榨料内外结构一致，榨料中完整细胞数量越少越好，榨料中油脂黏度与表面张力尽量要低，榨料粒子具有足够的可塑性，榨料容重在不影响内外结构的前提下越大越好。榨料的机械性质特别是可塑性对压榨取油效果影响最大。榨料在含油、含壳及其他条件大致相同情况下，其可塑性主要受水分、温度以及蛋白质变性的影响。榨料水分含量增加，可塑性也逐渐增加。压榨出油最佳情况时对应的水分含量称为"临界水分"或"最优水分"。一般情况，榨料加热可塑性提高，榨料冷却或榨料蛋白质变性过度都会使榨料可塑性降低。蛋白质变性程度适当才能保证好的压榨取油效果。

除榨料自身结构条件以外，压榨条件如压力、温度、时间、料层厚度、排油阻力等也是提高出油效果的决定性因素。压榨法取油本质是对榨料施加压力取出油脂。压力大小、施压速度、榨料受压状态等均会对压榨效果产生影响。压榨过程中榨料的压缩，主要是由于榨料受压后固体内外表面的挤紧和油脂被榨出造成的。压榨时所施加压力越高，粒子塑性变形程度越大，油脂榨出越完全。在一定压力条件下，榨料的压缩会有一个限度，达到这个限度，即使增加压力到极大值，压缩也微乎其微，此时称为不可压缩体，不可压缩开始点压力称为极限压力或临界压力。压榨时间是影响榨油机生产能力和排油深度的重要因素。通常认为压榨时间长，出油率高，这对静态压榨比较明显，对于动态压榨也适用，可以缩短相对时间。在满足出油效率的前提下，尽可能缩短压榨时间。压榨过程中温度变化可直接影响榨料的可塑性及油脂黏度，进而影响压榨取油效率，关系到榨出油脂和饼粕的质量。不同压榨方式及不同油料有不同的温度要求。对于动态压榨，本身产生热量高于需要量，采取冷却或保温为主。对于静态压榨，由于本身产生的热量小，而压榨时间长，多数考虑采用加热保温措施。

榨油设备的类型和结构在一定程度上影响工艺条件确定。要求压榨设备在结构设计上应尽可能满足多方面要求，如生产能力大、操作维护方便、出油效率高和动力消耗小等。

（3）压榨取油的必要条件

为了榨出油脂，压榨过程需要满足下列条件：①榨料通道中油脂液压越大越好；②流油毛细管的长度越短越好；③榨料中流油毛细管的直径越大越好，数量越多越好；④压榨时间在一定限度内尽量延长一些；⑤受压油脂的黏度越低越好。

8.5.2.2　浸出法制油

浸出是植物油厂对用溶剂提取油料中油脂的俗称，浸出法制油又称为萃取法制油，属固液萃取原理。浸出法制油是目前世界上普遍采用的一种油脂提取方法，也是植物油脂提取率最高的一种方法。与传统的制油方法相比，浸出法制油具有明显优势，因此发展速度很快。与压榨法相比，浸出法具有以下特点：出油率高，采用浸出法制油，粕中残油可以控制在1%以下，出油率明显提高；粕的质量好，溶剂对油脂具有很强的浸出能力，浸出法制油可以不进行高温加工取得油脂，饼粕可以用来制取植物蛋白；加工成本低，浸出法制油容易实现增大生产规模从而降低加工成本；自动化控制程度高、劳动强度低，浸出法制油容易实现压力、温度、真空、液位、料位、流量等工艺的自动控制，生产过程自动化程度高。

（1）浸出法制油原理

油料中油脂浸出过程是从固相转移到液相的传质过程。这个过程是借助分子扩散和对流扩散两种方式完成的。其中分子扩散是以单个分子的形式进行的物质转移，是由分子无规则的热运动引起的。分子扩散过程中，扩散物通过扩散面进行扩散，扩散数量与扩散面积大小成正比，与扩散时间成正比，与扩散物分子浓度梯度成正比，与分子扩散系数成正比。分子扩散系数取决于扩散物分子大小、介质黏度和温度。提高温度，可加速分子的热运动并降低液体的黏度，分子扩散系数增大，分子扩散速度提高。对流扩散是指物质溶液以较小体积的形式进行的转移。与分子扩散一样，扩散物数量与扩散面积、扩散时间、浓度差和扩散系数有关。在对流扩散过程中，对流的体积越大，单位时间内通过单位面积的这种体积越多。对流扩散系数越大，物质转移的数量越多。

（2）浸出溶剂选择

选择浸出法制油，在制油过程中溶剂存在于整个油脂浸出工艺中，溶剂的成分和性质对油脂浸出工艺的生产技术指标、产品质量、经济效益和安全生产都产生不同程度的影响。浸出法制油采用的溶剂应该在技术和工艺上满足浸出工艺各项要求。采用的溶剂应保证油料中有效营养成分不被破坏，保持油脂中脂溶性成分不被破坏，保持脱脂后粕中蛋白质不变性，有利于后续油料蛋白质开发。浸出法制油过程中所采用的溶剂应保证浸出油脂安全生产和除去油料粕中的有毒物质。

浸出油脂的溶剂选择应符合以下几项要求：①能够溶解油脂，要求浸出油脂的溶剂能够以任何比例与油脂相互溶解，对于其他成分，溶解能力尽量小甚至不溶解。这样溶剂可以把油料中的油脂尽可能多地提取出来，另一方面混合油中少溶或者不溶解其他杂质，提高毛油质量。②容易汽化且容易冷凝回收，为了容易脱除混合油和湿粕中的溶剂，要求溶剂容易汽化，溶剂的沸点要低，脱除混合油和湿粕溶剂产生溶剂蒸汽容易冷凝回收，要求沸点不能太低，溶剂沸点在 65～70℃ 范围内比较合适。③化学性质稳定，溶剂在浸出油脂过程中循环使用，溶剂反复不断地被加热、冷却。要求溶剂本身物理、化学性质稳定，要求溶剂不与油脂和粕中其他成分起化学变化，要求溶剂对设备不产生腐蚀作用。④安全性能好，油脂在生产过程中有操作人员参与，因此要求溶剂液体、气体或者含有溶剂气体的水蒸气混合气体等，对操作人员健康无害。溶剂和油料接触后不会产生不良气味和味道，不会产生对人体有危害的物质。采用的溶剂不易燃烧，不易爆炸，安全稳定性好。⑤溶剂来源丰富，油脂浸出溶剂要满足工业规模生产需求，溶剂价格便宜，来源充足。

综上所述，完全满足上述要求的溶剂可以称为理想溶剂。目前国内外工业生产中，选择的溶剂仅能满足上述列举的某些方面。因此，在选择工业溶剂时，与理想溶剂进行比较，选择优点较多的溶剂。

（3）浸出法制油工艺

浸出法制油工艺，一般包括预处理、油脂浸出、湿粕脱溶、混合油蒸发和汽提、溶剂回收等工序。

① 油脂浸出，在植物油料浸出的工艺中，最重要工艺过程是油料的浸出工序。无论是直接浸出、预榨浸出还是膨化浸出，浸出机理相同，浸出深度和速度上存在差别。油料坯经过预处理后，送入浸出设备完成油脂萃取分离的任务。经油脂浸出工序获得混合油和湿粕。

② 湿粕脱溶，从浸出设备排出的湿粕，通常含有 25%～35% 溶剂和一定量水分，粕中溶剂含量称为粕中含溶，含有溶剂和水分的粕统称为湿粕。将溶剂从湿粕中去除的过程，称为湿粕脱溶。湿粕脱溶通常采用加热解吸的方法，使溶剂受热汽化与粕分离，称为湿粕蒸烘。用于

湿粕脱溶的设备，兼有溶剂蒸脱和水分烘干的双重作用，称为蒸脱机。湿粕脱溶工艺，根据成品粕用途不同而异，通常供饲料用的粕，为破坏其中动物抗营养素，采用湿热条件下脱溶工艺，即常规脱溶工艺。提取食用蛋白质制品原料的粕，为防止其中蛋白质变性，可采用较低温度下脱溶工艺。

③ 混合油蒸发和混合油汽提，从浸出设备排出的混合油是由溶剂、油脂、非油物质等组成的。混合油经蒸发、汽提，混合油分离出溶剂获得浸出毛油。混合油蒸发是利用油脂和溶剂沸点不同，将混合油加热至沸点温度，使溶剂汽化与油脂分离。混合油蒸发一般采用二次蒸发法，第一次蒸发使混合油浓度由 $20\%\sim25\%$ 提高到 $60\%\sim70\%$，第二次蒸发浓度达到 $90\%\sim95\%$。混合油汽提是指混合油水蒸气蒸馏。混合油汽提能使高浓度混合油的沸点降低，从而使残留的少量溶剂在较低温度下尽可能完全从混合油中脱除。混合油汽提在负压条件下进行油脂脱溶，毛油品质更为有利。为了保证混合油气提效果，用于汽提水蒸气必须是干蒸汽。

④ 溶剂回收，在油脂浸出生产中，溶剂是循环使用的，因此溶剂回收是浸出生产中的一个重要工序，关系到生产成本和经济效益、浸出毛油和粕的重量、生产安全、废水废气对环境污染以及车间工作条件等。生产中应对溶剂进行有效回收，并进行循环使用。

8.5.2.3　超临界流体萃取法制油

（1）超临界流体萃取法制油原理

超临界流体萃取技术是用超临界状态下流体作为溶剂对油料中油脂进行萃取分离的技术。超临界流体具有介于液体和气体之间的理化性质，扩散系数介于液体和气体之间，具有液体较高的溶解度性质，也具有气体较高流动性能，因此对所需萃取的物质具有较好的渗透性。这些性质使临界流体具有较高的传质速率，有利于从物质中萃取某些易溶解成分，超临界流体的高流动性和扩散能力，有助于加速溶解平衡，提高萃取效率。油脂工业开发应用超临界 CO_2 作为萃取剂。CO_2 对人体无毒性，容易除去，不会造成污染，食用安全性高。CO_2 超临界流体具有良好的渗透性和溶解性。超临界 CO_2 提取技术的发展为油脂加工提供了新的有前途的工艺。

（2）超临界流体萃取工艺

超临界流体萃取工艺是以超临界流体为溶剂，萃取所需成分，然后采用升温、降压或吸附等手段将溶剂与所萃取的组分分离。超临界流体萃取工艺可以分为三种加工工艺形式：

① 恒压萃取法　是从萃取器出来的萃取相在等压条件下，加热升温，进入分离器后溶质分离。溶剂经冷却后回到萃取器循环使用。

② 恒温萃取法　从萃取器中出来的萃取相在等温条件下减压、膨胀，进入分离器溶质分离，溶剂经调压装置加压后再回到萃取器中。

③ 吸附萃取法　从萃取器中出来的萃取相在等温等压条件下进入分离器，萃取相中的溶质由分离器中吸附剂吸附，溶剂再回到萃取器中循环使用。

8.5.2.4　水溶剂法制油

水溶剂法制油是以水为溶剂，根据油料特性、水、油物理化学性质的差异，采取一些加工技术将油脂提取出来的制油方法。根据加工工艺和制油原理，可以把水溶剂法制油分为水代法制油和水溶剂法制油两种。

（1）水代法制油

水代法制油是利用油料中非油成分对水和油亲和力不同，油水之间密度差，经过一系列工艺过程，将油脂和糖类、亲水蛋白质分开。水代法制油主要运用于传统小磨麻油的生产。芝麻水代法制油工艺流程包括筛选、漂洗、炒籽、扬烟吹净、磨酱、兑浆搅、振荡分油和撇油。

（2）水溶剂法制油

水溶剂法制油是利用油料蛋白质溶于稀盐水溶液或稀碱水溶液的特性，借助水的作用，把油、糖类和蛋白质分开。用水作为溶剂，食品安全性好。能够在制取高品质油脂同时，获得淀粉渣以及变性程度较小的蛋白粉。用水溶剂法提取的油脂颜色浅、品质好、酸价低，无需精炼即可作为食用油。水溶剂法制油主要用于花生制油，同时提取花生蛋白粉。花生水溶剂法制油工艺包括花生仁清理和脱皮、碾磨、浸取、分离、破乳、蛋白浆的浓缩干燥和淀粉残渣处理等。

8.5.3　油脂的精炼和深加工

8.5.3.1　原油组分及性质

（1）悬浮杂质

原油中悬浮杂质是指储运或制油过程中混入原油中的一些泥沙、饼渣、料坯粉末、草屑等其他杂质，这些杂质的存在容易引起油脂酸败，需要去除。悬浮杂质不溶于油脂，可以用过滤、沉降等方法分离除去。

（2）水分

原油中水分，一般是储运或生产过程中直接带入或者伴随其他亲水物质混入的。原油中水分存在，影响油脂的透明度，不利于油脂安全储存。因为常压加热脱水容易增高油脂过氧化值，因此工业上常采用常压或减压加热法除去水分。

（3）胶溶性杂质

胶溶性杂质是指那些以溶胶状态分散在油中的粒子，其存在状态受水分、电解质、温度的影响而改变。胶溶性杂质分为磷脂、蛋白质、糖类、黏液质等。磷脂是一类结构和理化性质与油脂相似的类脂物。油料种子中呈游离态的磷脂较少，大部分与糖类、蛋白质等组成复合物，呈胶体状态存在于植物油料籽内。原油中蛋白质大多是简单蛋白质和糖类、色素、磷酸和脂肪酸结合成糖蛋白、磷色蛋白、脂蛋白以及蛋白质的降解产物，含量取决于油料蛋白质的生物合成及水解程度。糖类包括多缩戊糖、硫代葡萄糖、戊糖胶以及糖基甘油酯等。游离态较少，多数与蛋白质、磷脂、甾醇等组成复合物分散于油脂中。黏液质是单糖和半乳糖酸复杂化合物，还可能结合有机无机元素，黏液质主要存在于亚麻籽和白芥籽中。

（4）脂溶性杂质

脂溶性杂质主要包括游离脂肪酸、甾醇类、生育酚、色素、烃类、脂肪醇、蜡和其他杂质等。油料中游离脂肪酸是指存在于油脂中呈游离状态的脂肪酸，其含量与油料品种、储藏条件而异。油脂中游离脂肪酸含量过高，会使油脂带有刺激性气味而影响风味和食用价值。甾醇类是环戊氢化菲的烃基、羟基衍生物。油脂中甾醇含量视油品而异，其中玉米胚油中含量较高，椰子油、棕榈油中含量较低。生育酚属于稠杂环体系，是氢化苯并吡喃的衍生物。维生素 E 是生育酚混合物。一般植物油含量较多，玉米胚油、豆油、棉籽油、麦胚油和米糠油中含量较多。原油中的色素有两个来源：天然和外来的。天然色素是油料自身特有的色素，包括类胡萝卜素和叶绿素两类。色素在碱性条件下比较稳定，通过光照、热分解、氧化、加氢或吸附可以除去色素。油脂中烃类大多为带支链的不饱和高碳烃类，碳原子数从13～30 不等。通常认为油脂的气味和滋味与烃类有关，因此需要除去烃类。烃类在一定温度和压力下，饱和蒸气压较油脂高，可以应用减压水蒸气蒸馏将其脱除。植物油中脂肪醇很少呈游离态，多数以高级脂肪酸酯的形式存在。米糠油、芝麻油、大豆油、棉籽油、葵花籽油和玉米胚油中均有较多含量。脂肪醇不皂化、蜡难皂化，一般精炼方法难去除，需要采用低温结晶或液-液萃取法能除尽。混入原油的其他杂质，油脂氧化分解产物，还有微量元素等，这些杂质存在，影响油脂品质和稳定性。金属离子不仅影响油脂氧化酸败还影响油脂脱臭工艺，因此必须脱除。

8.5.3.2　油脂脱胶

脱胶是指脱除油中胶体杂质的工艺过程。粗油中胶体杂质以磷脂为主，所以油厂常将脱胶称为脱磷。脱胶方法有水化法、加热法、加酸法以及吸附法等。

（1）水化脱胶

水化脱胶是利用磷脂等类脂物分子中含有的亲水基团，将一定量的热水或稀酸、稀碱、食盐、磷酸等电解质水溶液加到油脂中，使其中胶溶性杂质吸水膨胀并凝聚，从油中沉降析出而与油脂分离的一种精炼方法，沉淀出来的胶质称为油脚。

（2）水化脱胶工艺

水化脱胶工艺分为间歇式和连续式两种。间歇式水化脱胶工艺包括：过滤原油、预热、水化、静置沉降、分离、含水脱胶油、干燥（脱溶）、脱胶油。其中静置沉降得到富油油脚，通过油脚处理之后得到回收油可以返还，称为过滤原油。连续式水化脱胶工艺包括：原油、预热、离心混合器、水化反应器、碟式离心机、加热器、真空干燥器。

（3）水化脱胶设备

水化脱胶主要设备按照工艺作用分为水化器、分离器及干燥器等，按照生产的连贯性又分为间歇式和连续式。

8.5.3.3　油脂脱酸

未经精炼的原油中含有一定数量的游离脂肪酸，脱除游离脂肪酸的过程称为油脂脱酸。脂肪酸呈游离状态存在于原油中，这种脂肪酸称为游离脂肪酸。原油中游离脂肪酸一是来源于油籽内部，二是甘油三酯在制油过程中受热或解脂酶的作用下分解游离出来的。脱酸的方法有蒸馏、碱炼、溶剂萃取及酯化等方法，其中应用最广泛的为蒸馏法和碱炼法。

（1）碱炼法脱酸

碱炼法是通过加碱中和油脂中的游离脂肪酸，生成脂肪酸盐（肥皂）和水，肥皂吸附部分杂质而从油中沉降分离的精炼方法。形成的沉淀物称为皂脚。用于中和游离脂肪酸的碱有氢氧化钠、氢氧化钙、碳酸钠等。油脂工业生产普遍采用氢氧化钠、碳酸钠，或者先用碳酸钠后用氢氧化钠。

碱炼脱酸工艺分为间歇式和连续式。间歇式碱炼脱酸适宜于生产规模小或油脂品种更换频繁的企业，连续式碱炼脱酸适合大规模生产的企业。间歇式碱炼脱酸工艺流程包括：过滤毛油、前处理、中和（加碱液）、静置沉降、含皂脱酸油、水洗、静置沉降、含皂脱酸油、干燥（脱溶）、过滤、脱酸油。间歇式碱炼脱酸按照用碱浓度和操作温度，还可以分为高温淡碱工艺和低温浓碱工艺。连续式碱炼脱酸工艺流程包括：毛油、加热器、混合器、滞留混合器、分离机。连续式碱炼脱酸工艺过程中，某些设备可以自动调节，操作简便，精炼效率高、精炼费用低，环境卫生好，精炼油质量稳定。

碱炼脱酸主要设备，按照工艺作用可分为精炼罐、比配装置、超速离心机、混合器、洗涤罐、脱水机、皂脚调和罐以及干燥器等。按照生产的连贯性又可分为间歇式设备和连续式设备。

（2）蒸馏法脱酸

蒸馏脱酸法不用碱液中和，而是借用甘油三酸酯和游离脂肪酸相对挥发温度不同，在高真空、高温条件下进行水蒸气蒸馏，使游离脂肪酸与低分子物质随着蒸汽一起排出，这种方法又称为物理精炼，适合高酸价油脂。

蒸馏脱酸优点：蒸馏脱酸不用碱液中和，中性油损失少，辅助材料消耗少，能够降低废水对环境的污染，蒸馏脱酸工艺简单，设备少，精炼率高，具有脱臭作用，成品油风味好。由于高温蒸馏难以去除胶质与机械杂质，因此蒸馏脱酸前必须先进行过滤、脱胶程序。蒸馏法脱酸对于棕榈油、椰子油、动物脂等低胶质油脂精炼比较理想。对于高酸价毛油，可采用蒸馏法和碱炼法相结合方法。

8.5.3.4　油脂脱色

纯净的甘油三酯液态时无色，固态时白色。生活中常见的各种油脂都带有不同的颜色，这是因为油脂中含有数量和品种各不相同的色素，有些是天然色素，例如类胡萝卜素、叶绿素、黄酮色素等，有些是油料在储藏加工过程中糖类、蛋白质降解产物等。油脂脱色方法有很多，工业上应用最广泛的是吸附脱色法，此外还有热能脱色、光能脱色、空气脱色法、试剂脱色等。

（1）吸附脱色

油脂的吸附脱色，是利用某些表面活性物质较强的吸附能力，将活性物质加入油中，在一定的工艺条件下吸附油脂中色素及其他杂质，经过滤除去杂质及吸附剂，从而达到油脂脱色的目的。经过吸附剂处理后的油脂，可以改善油脂色泽，脱除油脂胶质，有效地去除油脂中一些微量金属离子和一些能引起氢化催化剂中毒的物质，为油脂精炼加工提供条件。

① 吸附剂种类　a. 天然漂土，是一种膨润土，主要成分是"蒙脱土"，又称为酸性白土。b. 活性炭，是由树枝、木屑、谷壳等炭化后，经化学或物理活化处理而成，一般与活性白土混合使用。c. 活性白土，是以膨润土为原料经加工而成的活性较高的吸附剂，活性白土对色素吸附能力较强，在油脂工业被广泛应用。

② 吸附原理　吸附剂的吸附原理分为物理吸附、化学吸附和吸附剂表面活性。物理吸附依靠分子间范德瓦耳斯力进行吸附，化学吸附是吸附剂表面和被吸附物之间发生某些化学反应，利用化学结构改变进行吸附。吸附剂表面活性，是因为吸附剂颗粒比较小，具有很大的表面活性，能够产生吸附作用。

③ 影响脱色因素　整体可以分为两类，一类是工艺参数方面，另一类是原料油的质量。工艺参数方面影响脱色因素包括脱色温度、脱色时间、搅拌速度、吸附剂用量、脱色压力等，原料油质量影响脱色因素包括原料油色度、原料油中水分、残皂、胶杂、金属离子等。

（2）热能脱色

热能脱色法是利用某些色素具有热敏性，通过加热使色素变性，进而达到脱色目的的一种脱色方法。油脂中某些蛋白质、磷脂及胶质等物质，在热能作用下脱水变性，可以吸附其他色素沉降，其他热敏物质受热分解，这就构成热能脱色机制。热能脱色仅用于一些含热敏性色素的低碘值油脂（椰子油、棕榈油等）辅助脱色，不列为油脂精制的正规工艺。

（3）光能脱色

光能脱色法是利用色素光敏性，通过光能对发色基团作用达到脱色的目的的一种脱色方法。油脂中的天然色素结构中烃链高度不饱和，能够吸收可见光或近紫外线，使双键氧化，从而发色基团结构破坏而褪色。光能脱色方法设备简单，利用日光或特定波长的光源辐射脱色。

（4）空气脱色

空气脱色法是利用发色基团对氧气的不稳定性，通过空气氧化色素从而达到脱色目的的一种脱色方法。油脂中的类胡萝卜素、叶绿素等结构不稳定，容易在氧的作用下褪色。空气脱色方法设备简单，一般采用敞口精炼罐，在加热和通入压缩空气条件下完成脱色。

（5）试剂脱色

试剂脱色法是利用化学试剂对色素发色基团的氧化作用而进行脱色的一种方法。常用的氧化剂有过氧化物、臭氧和重铬酸钠等。用氧化剂脱色油脂，脱色操作温度一般控制在40~70℃，脱色反应后需要洗涤干燥得到脱色油品。

8.5.3.5 油脂脱臭

纯净的甘油三酯没有气味，但通过不同方法制取的天然油脂具有不同程度的气味，有些味道人们喜爱，例如芝麻油香味、花生油香味等，有些味道不受人们欢迎，如菜油味、糠油异味等。这些气味一般是由挥发性物质所组成的，主要包括某种微量的非甘油酯成分，如酮类、烃类、醛类等氧化物，油料中不纯物，油中含有的不饱和脂肪酸甘油酯所分解的氧化物等。另外，制油工艺中也会产生新的气味，例如浸出油脂中的溶剂味，碱炼油脂中肥皂味和脱色油脂中泥土味等。这些气味人们不喜欢，统称为"臭味"。因此，脱臭的目的主要是除去油脂中引起臭味的物质。除去不良气味的工序称除臭。

脱臭的方法有真空蒸汽脱臭法、加氢法、气体吹入法、聚合法和化学药品脱臭法等几种。真空蒸汽脱臭法是目前国内外应用广泛、效果较好的一种脱臭方法。这种方法利用油脂内臭味物质和甘油三酸酯挥发度的差异，在真空高温条件下，借助水蒸气蒸馏原理，使油脂中引起臭味的挥发性物质在脱臭器中与水蒸气一起逸出而达到脱臭目的。气体吹入法是将油脂放置在直立的圆筒罐内，先加热到一定温度，然后吹入与油脂不起反应的惰性气体，如二氧化碳、氮气等，油脂中含挥发性物质随气体挥发而除去。

脱臭的影响因素及工艺设备如下。

（1）影响脱臭的因素

影响脱臭效果的因素有很多，包括温度、操作压力、通汽速率与时间、脱臭设备结构、微量金属、原油品质、原油前处理方法、其他因素等。汽提脱臭时操作温度的高低，直接影响到蒸汽的消耗量和脱臭时间的长短，真空度一定的情况下，温度增高，油中游离脂肪酸及臭味组分蒸汽压力也随温度增高而增高。操作压力的改变，会改变脂肪酸沸点。脂肪酸沸点随操作压力降低而降低。脱臭过程中，通汽速率更大，则汽化速率也增大。脱臭设备结构设计关系到汽提过程汽液相平衡状态。油脂中微量金属离子是加速油脂氧化的催化剂，因此脱臭前需尽可能脱除油脂内的磷、铜、铁、锰、钙和镁等金属离子。原油品质也能够影响脱臭成品油稳定性，品质好的原油能够加工成高稳定性的成品油。原油在脱臭前预处理包括：脱胶、脱色、脱酸、去除微量金属离子和热敏物质。脱臭前脱胶和脱酸工艺同样能够影响脱臭成品油品质。

（2）脱臭工艺

油脂脱臭工艺包括间歇式脱臭工艺、半连续式脱臭工艺、连续式脱臭工艺和填料薄膜工艺。间歇式脱臭工艺适合产量低或加工小批量、多品种油脂的工厂。间歇式脱臭工艺主要缺点是汽提水蒸气消耗高、热量不能有效回收利用，因此间歇式脱臭工艺水蒸气和冷却水用量增加。半连续式脱臭工艺主要应用于对混合很敏感的油脂作频繁更换的工厂。连续式脱臭工艺比间歇式和半连续式需要的能量少，设备价格一般较低，因此连续式脱臭工艺通常应用于不经常改变油脂品种的加工厂。填料薄膜工艺是将油在填料塔中呈垂直方向流动，形成薄膜，从而实现与水蒸气高效率接触。与传统的塔盘式脱臭塔相比较，在真空压力下，损失变得极小，从而可在较低温度下，使用较少的蒸汽，将游离脂肪酸和"臭味"物质同时有效地除去。

（3）脱臭设备

油脂脱臭设备包括脱臭器以及辅助设备。辅助完成油脂脱臭的设备有油脂析气器、换热器、脂肪酸捕集器和屏蔽泵等。

8.5.3.6 油脂脱蜡

动植物蜡主要成分是高级一元羧酸和高级一元醇形成的酯，通常称为蜡酯，其组成比较复杂，油脂中的蜂蜡、糠蜡、巴西蜡、棕榈蜡及虫蜡等均为此类物质。植物油中大多含有微量蜡，在加工过程中除去油脂中蜡质的工艺过程称为脱蜡。

油脂中含有少量蜡质，使油品的透明度和消化吸收率降低，并使气味、滋味和口感变差，从而降低了食用油的营养价值及工业使用价值。

脱蜡方法有很多，如常规法、表面活性剂法、碱炼法、凝聚剂法、脲包合法、静电法及综合法等。虽然各种方法采用的辅助脱蜡手段不同，但其基本原理均属常规法冷冻结晶及分离的范畴。即根据蜡与油脂的熔点差异及蜡在油脂中的溶解度随温度降低而变小的物理性质，通过冷却析出晶体蜡，经过滤或离心分离而达到蜡油分离的目的。

影响脱蜡的因素如下：

影响脱蜡因素有很多，包括温度和冷却速率、结晶时间、助晶剂、搅拌速度、输送及分离方式、油脂品质等。蜡熔点较高，在常温下就可自然结晶析出，自然结晶的晶粒很小，而且大小不一，使油和蜡的分离难以进行。为了保持适宜的冷却速率，要求冷却剂和油脂的温度差不能太大。为了得到易于分离的晶体，冷却必须缓慢进行。冷却结晶过程中需要适当的搅拌，若不搅拌，已经析出的蜡晶与将要析出的蜡分子之间的碰撞只能靠对流来实现。使用助晶剂能够增强结晶脱蜡的效果。不同脱蜡方法采用的助晶剂不同，常用的助晶剂多属于表面活性剂。蜡的晶粒机械强度较低，受压后容易变形，因此用过滤方法进行油、蜡分离时，过滤压力要适中。油脂品质也是影响油脂脱蜡因素之一，油脂中胶性杂质会增大油脂的黏度，影响蜡晶的形成，降低蜡晶的硬度，给油、蜡分离造成困难。同时，胶粒杂质的存在还降低了分离出来的蜡质的质量，因此，一般油脂在脱蜡之前应当先脱胶。蜡质对碱炼、脱色、脱臭都有不利影响，原油脱胶后先经脱蜡，然后再进行碱炼、脱色、脱臭是比较合理的。

8.5.4 主要油脂产品生产

8.5.4.1 调和油

调和油是按照科学比例，将两种或两种以上高级食用油脂调配而成的高级食用油。调和油的品种很多，根据不同的食用习惯和市场需求，可以分为风味调和油、营养调和油和煎炸调和油。其中风味调和油是根据群众对花生油、芝麻油的喜爱，可以把米糠油、棉油、菜油等经全精炼，然后与香味浓郁的花生油、芝麻油按照一定比例调和，制成"轻味花生油"和"轻味芝麻油"供消费者选择。营养调和油，利用玉米胚芽油、米糠油、葵花籽油、大豆油、红花籽油调和配制而成，这种调和油亚油酸和维生素 E 含量高，是比例均衡的健康营养油，对冠心病、高血压患者以及必需脂肪酸缺乏症患者有益处的食用调和油。利用氢化油和经全精炼的棉籽油、菜籽油、猪油或其他油脂调配成起酥性能好、烟点高的煎炸调和油。

调和油加工比较简便，不需要特殊设备，一般的全精炼油车间均可调制，调制风味调和油时，先计量全精炼的油脂，将其在搅拌情况下升温到 35～40℃，按比例加入浓香味的油脂或者其他油脂，继续搅拌，即可储藏或包装。如果需要调制高亚油酸调和油，需要在常温下进行调制，并加入一定量的维生素 E。如果调制煎炸油，调和温度可以高一些，一般为 50～60℃，调制时可以加入一定量的抗氧化剂。调和油添加的抗氧化剂或者其他添加剂，按照《食品安全国家标准　食品添加剂使用标准》（GB 2760）要求的用量进行添加。

8.5.4.2　人造奶油

（1）定义

人造奶油是指以精制食用油为主料，添加水等其他辅料，经乳化、急冷捏合成为具有天然奶油特色的可塑性油脂制品。人造奶油的油脂含量一般在 80% 左右，这是人造奶油主要成分，也是传统的配方。目前人造奶油大部分应用于家庭，部分应用于行业。人造奶油国际标准定义为：人造奶油是具有可塑性的液体乳化状食品，主要是油包水型 W/O 产品。原则上人造奶油应由食用油脂加工而成，这种食用油脂主要不是从乳中提取的。人造奶油具有 3 个特征：可塑性、液态、为 W/O 型乳液状。

（2）分类

人造奶油可分为家庭用人造奶油和食品工业用人造奶油两大类。其中家庭用人造奶油需要具备延展性、口溶性、保形性、风味和营养价值等性质。家庭用人造奶油需要在室温状态下，不熔化，方便做成各种花样。在低温状态下，方便涂抹到面包上，入口迅速溶化。

食品工业用人造奶油是以乳化液型出现，食品工业用人造奶油除具备起酥油的加工性能之外，还能够利用水溶性的食盐、乳制品和其他水溶性增香剂改善食品的风味。食品工业用人造奶油细分为通用型、专用型、双重乳化型和逆相人造奶油。通用型人造奶油属于万能型，具有可塑性和酪化性，熔点一般较低。专用型主要指面包专用、起层专用、油酥专用等人造奶油。双重乳化型人造奶油是 O/W/O 型乳化物，同时具备 W/O 型和 O/W 型的优点，易于保存，清淡可口，无油腻味。逆相人造奶油是指水包油 O/W 型乳状物，水相在外侧，延伸性好，适用于糕点加工。

（3）工艺流程

人造奶油工艺流程主要包括原辅料调和、乳化、急冷捏合、包装、熟成五个阶段。

8.5.4.3　起酥油

（1）定义

起酥油是 19 世纪末在美国出现的，1910 年，美国从欧洲引入氢化油技术，通过氢化油技术把植物油和海产动物油加工成硬脂肪。用氢化油制备的起酥油，在加工糕点、面包方面性能比猪油更好。起酥油因酪化性好、稠度稍硬等特性，逐渐取代猪油。我国起酥油工业生产起始于 20 世纪 80 年代初。传统的起酥油是具有可塑性的固体脂肪，起酥油与人造奶油的区别在于，起酥油没有水相。新开发的起酥油有流动状、粉末状产品，均具有可塑性产品相同的用途和性能。起酥油一般不宜直接食用，通常用来加工糕点、面包或煎炸食品，必须具有良好的加工性能。

（2）分类

①按照性能分类，起酥油分为通用型起酥油和乳化性起酥油，通用型起酥油应用比较广

泛,主要用于面包、饼干加工。②按照原料分类,起酥油可以分为植物性、动物性、动植物混合型起酥油。③按照性状分类,起酥油分为可塑性起酥油、液体起酥油、粉末起酥油等。④按照制造方法分类,起酥油分为全氢化型起酥油、混合型起酥油、酯交换型起酥油。⑤按照使用添加剂分类,起酥油分为乳化性起酥油和非乳化性起酥油。

（3）起酥油的生产工艺

起酥油作为食品加工原料油脂,具有很多功能特性,主要包括可塑性、起酥性、乳化性、酪化性、吸水性、氧化稳定性和油炸性。不同起酥油类型,加工工艺也不同。

① 可塑性起酥油生产工艺:原辅料的调和——急冷捏合——包装——熟成四个阶段。

② 液体起酥油的生产工艺:原辅料混合——急冷——贮存16h——搅拌;或者将硬脂或乳化剂磨碎成细微粉末,添加到作为基料的油脂中,用搅拌机搅拌均匀。

③ 粉末起酥油的生产工艺:粉末起酥油通常采用喷雾干燥法生产,将油脂、被覆物质、乳化剂和水一起乳化,然后喷雾干燥成粉末。

8.5.4.4　蛋黄酱

（1）定义

蛋黄酱是用食用植物油、蛋黄或全蛋、柠檬或醋为主要原料,辅料为食盐、糖及香辛料,经调制、乳化混合制成的一种黏稠的半固体食品。蛋黄酱是不加任何合成着色剂、乳化剂、防腐剂的高营养半固体调味品,蛋黄酱天然风味浓郁。

（2）制作原理

蛋黄酱制造的关键是乳化。油与水互不相溶,使油和水形成稳定、混合液的过程叫乳化。蛋黄酱是一种水中油型近于半固体状的乳化液。蛋黄中含有 $30\% \sim 33\%$ 脂肪,其中磷脂占 32.8%,磷脂的 73% 为卵磷脂。蛋黄酱正是利用卵磷脂的乳化性能制成的。蛋黄中其他蛋白质、磷脂、固醇等也具有一定乳化作用。

（3）生产工艺

蛋黄酱的生产工艺包括消毒杀菌、搅拌混合、乳化、装罐密封、杀菌、成品。制作蛋黄酱选择新鲜蛋,用 1% 高锰酸钾溶液清洗蛋壳,打蛋后分离出蛋黄。蛋黄经巴氏灭菌,加辅料和调味料,经搅拌乳化,装罐密封后杀菌,成为成品。

✎ 思考题

1. 简述湿法生产玉米淀粉的工艺流程。
2. 简述淀粉糖的生产方法及生产原理。
3. 简述大豆蛋白的功能特性及生产方法。
4. 小麦制粉的原理是什么?制粉过程中各系统及其作用是什么?
5. 小麦清粉的目的、工作原理、影响因素是什么?
6. 生产面包、饼干的工艺要点、注意事项有哪些?
7. 请简述起酥油定义及工艺流程。
8. 请简述免淘洗米定义及工艺流程。
9. 请简述油料轧坯的目的。

第 3 篇

典型产品生产实例

第9章

典型果蔬产品加工实例

学习目标：掌握典型果蔬产品的工艺流程和加工要点。

9.1 果蔬罐头加工实例

9.1.1 水果罐头

9.1.1.1 山楂罐头

（1）工艺流程

原料选择→清洗→去除果柄、果萼、果核→烫漂→分选与修整→装罐、加糖液→排气→封罐→杀菌→冷却→成品

（2）加工要点

① 原料选择　选择果实呈红色或柴红色，直径在 2cm 以上，成熟度为 8~9 成的品种为原料。

② 清洗　去除杂质，将果实清洗干净。

③ 去除果柄、果萼、果核　用打孔器或去核机一次除果柄、果萼、果核，将果实立即置 1%~2% 盐水中护色。

④ 烫漂　取出果实，用清水冲洗几次，放入 65~70℃ 热水中，烫漂 2~3min。取出果实用冷水冷却。

⑤ 分选与修整　剔除腐烂、缺损的果实，按大小分开装罐。

⑥ 装罐、加糖液　按要求定量装入果实（固形物不低于净重的 40%），并注入配好的糖液（糖液浓度 20%~40%，温度 85℃ 以上）。保留顶隙 4~8mm。

$$Y = \frac{W_3 Z - W_1 X}{W_2} \tag{9-1-1}$$

式中　W_1——每罐装入果肉量，g；
　　　W_2——每罐装入糖液量，g；
　　　W_3——罐净重，g；
　　　X——装罐前果肉可溶性固形物含量，%；
　　　Y——配制的糖液浓度，%；

　　　　Z——每开罐时的糖液浓度,%。

　　⑦ 排气　将罐头(不加盖)放入锅中,进行蒸汽排气,至罐中心温度达到 75~80℃ 为止。

　　⑧ 封罐　罐头排气后,要立即封罐。封罐时的罐中心温度应在 75℃ 以上,以使罐内保持一定的真空度。

　　⑨ 杀菌　罐头密封后,立即进行杀菌。杀菌公式:$(10'\text{-}30'\text{-}10')/(100℃)$。

　　⑩ 冷却　采用冷水分段冷却,80℃~60℃~40℃,至 38℃ 左右。

(3)产品要求

　　果实呈红黄色或红色,色泽较一致,糖水较透明,允许有少量不引起浑浊的果肉碎屑;具有本品种山楂罐头应有的甜酸味,无异味;果实去核、柄、蒂,果形完整,大小均匀,软硬适度,允许有自然斑点;无杂质;果肉不低于净重的 40%;开罐时糖水浓度按折光计为 16%~18%。

9.1.1.2　黄桃罐头

(1)工艺流程

　　原料选择→清洗、去皮→切半挖核→热汤冷却→分选与修整→装罐、加糖液→排气→封罐→杀菌→冷却→成品

(2)加工要点

　　① 原料选择　选择黄肉、不溶质、不粘核的黄桃品种。成熟度 8.5 成、新鲜饱满、无病虫害、无机械损伤、直径在 5cm 以上的优质黄桃。要求果香味浓、肉质稍脆、组织致密、糖酸含量高、香味浓、不易变色、肉质丰富的品种,如大久保、玉露、黄露等。

　　② 清洗、去皮　采用碱液去皮,淋碱法比浸碱法好,因为能达到快速去皮的目的。将桃子放入 90~95℃ 浓度为 3%~5% 的氢氧化钠溶液中处理 30~60s 后,迅速捞出放入流动水中冷却,并手搓使表皮脱落。10min 后用清水冲洗干净。

　　③ 切半挖核　用切核刀沿桃子合缝线切成两半,不要切偏。切半后立即浸入清水或 1%~2% 的盐水中护色,并挖去桃核及近核处的红色果肉(要挖得光滑而呈椭圆形,但果肉不能挖得太多或挖碎,可稍留红色果肉)。

　　④ 热汤冷却　将桃片放入含 0.1% 的柠檬酸热溶液中,95~100℃ 热水中烫 4~8min,以煮透而不烂为度,迅速捞出用冷水冷透,以停止热作用,保持果肉脆度,且原料在加工过程中受热,这时温度的提高和时间的延长会加深桃中所含几种成分的变色程度,因而控制加热温度和时间非常重要。

　　⑤ 分选与修整　用锋利的刀削去毛边和残留桃皮,挖去斑点和变色部分,使切口无毛边,核洼光滑,果块呈半圆形,并用水冲洗,沥水后选择果形完整的桃块,即可装罐。

　　⑥ 装罐、加糖液　采用人工装罐,将修整好的桃块按不同的色泽、大小分开装罐,注意排放整齐,装罐量不低于净重的 55%。装罐后立即注入糖液。以 500g 玻璃罐为例,果肉装罐量为 310g,注入 85℃ 以上 25%~30% 的热糖液 170g(糖液中加 0.2%~0.3% 的柠檬酸)。

　　⑦ 排气封罐　采用排气箱加热排气法排气,即将罐头送入排气箱后,在预定的排气温度下,经过一段时间的加热,使罐头中心温度达到 85℃,排气 10min,使食品内部的温度充分外逸。罐头排气后,要立即封罐。封罐时的罐中心温度应在 75℃ 以上,以使罐内保持一定的真空度。

　　⑧ 杀菌　密封后及时杀菌(杀菌方法为常压沸水杀菌)。先在锅中注入适量水,然后再

通蒸汽加热，待锅内水沸腾时，将装满罐头的杀菌篮放入锅内，罐头应全部浸没在水中，宜先将罐头预热到 60℃ 再放入杀菌锅内。当锅内水温再次沸腾时，开始计算杀菌时间，并保持水的沸腾直到杀菌结束，在沸水浴中煮 20min。

⑨ 冷却　杀菌后立即用温水喷淋分段冷却（温水的温度可分段设置为 65℃、43.5℃、30℃ 或 75℃、55℃、35℃）至 35～40℃，罐头冷却的最终温度一般掌握在用手取罐不觉烫手，罐内压力已降至常压为宜。

（3）产品要求

容器密封良好，无泄漏、胖听现象（指铁皮罐有膨水现象）存在；具有该品种罐头应有的色泽、滋味和气味、组织形态；不允许外夹杂质存在；产品的净含量允许公差 ±3%；符合罐头商业无菌的要求。

9.1.1.3　苹果罐头

（1）工艺流程

原料选择→清洗→去除果皮、护色→切分去心→（抽空）预煮→装罐→排气→封罐→杀菌→冷却→成品

（2）加工要点

① 原料选择　选择色香味良好，耐煮性强，成熟度为 8～9 成的品种为原料。

② 护色　将去皮的苹果浸于 1%～2% 盐水中，切分去果心后也要浸入盐水中，但抽空或预煮前要把表面盐水冲洗干净。

③ 抽空　抽空液 18%～35% 糖液浸没果块，温度 4℃ 左右，罐内真空度 90.5kPa 以上，时间 25～30min，抽空果肉透明度达 3/4（抽空液使用两次后要更换）。

④ 预煮　水温 95～100℃，浓度为 25%～35% 的糖液中预煮 6～8min（预煮的糖水中加入 0.1% 的柠檬酸，果肉软而不烂，透明度达到 2/3 时取出）。

⑤ 装罐　固形物不低于净重的 55%，糖液浓度 20%～40%，温度 85℃ 以上，并含 0.15% 的柠檬酸。保留顶隙 4～8mm。经预处理的果肉尽快装罐，不应堆积过久，装罐时保持罐口清洁。

⑥ 排气　将罐头（不加盖）放入锅中，进行蒸汽排气，至罐中心温度达到 75～80℃ 为止。

⑦ 封罐　罐头排气后，要立即封罐。封罐时的罐中心温度应在 75℃ 以上，以使罐内保持一定的真空度。

⑧ 杀菌　罐头密封后，立即进行杀菌。杀菌公式：$(10'\text{-}30'\text{-}10')/(100℃)$。

⑨ 冷却　采用冷水分段冷却，80℃～60℃～40℃，至 38℃ 左右。

（3）产品要求

果实呈黄色，色泽较一致，糖水较透明，允许有少量不引起浑浊的果肉碎屑；具有本品种罐头应有的甜酸味，无异味；果实去核、柄、蒂，果形完整，大小均匀，软硬适度，允许有自然斑点；无杂质；果肉不低于净重的 55%；开罐时糖水浓度按折光计为 14%～18%。

9.1.1.4　梨罐头

（1）工艺流程

原料选择→清洗→摘把、去皮→切半去籽巢→修整→抽空处理→热烫→冷却→装罐→排气→封罐→杀菌→冷却→成品

（2）加工要点

① 原料选择　作为罐头加工用的梨必须果形正、果芯小、石细胞少、香味浓郁、单宁含量低且耐贮藏。

② 去皮　梨的去皮以机械去皮为多，目前也有用水果剂去皮的。去皮后的梨块不能直接暴露在空气中，应浸入护色液（1%～2%盐水）中。

③ 切半去籽巢　去皮后的梨切半，挖去籽巢和蒂把，要使巢窝光滑又去尽籽巢。巴梨不经抽空和热烫，直接装罐。

④ 抽空　梨一般采用湿抽法。根据原料梨的性质和加工要求确定选用哪一种抽空液。莱阳梨等单宁含量低，加工过程中不易变色的梨可以用盐水抽空，操作简单，抽空速度快；加工过程中容易变色的梨，如长把梨则以药液作抽空液为好，药液的配比为：盐 2%，柠檬酸 0.2%，焦亚硫酸钠 0.02%～0.06%。药液的温度以 20～30℃为宜，若温度过高会加速酶的生化作用，促使水果变色，同时也会使药液分解产生 SO_2 而腐蚀抽空设备。

⑤ 热烫　凡用盐水或药液抽空的果肉，抽空后必须经清水热烫。热烫时应沸水下锅，迅速升温。热烫时间视果肉块的大小及果的成熟度而定。含酸量低的如莱阳梨可在热烫水中添加适量的柠檬酸（0.15%）。热烫后急速冷却。

⑥ 调酸　糖水梨罐头的酸度一般要求在0.1%以上，如果低于这个标准会引起罐头的败坏和风味的不足。例如，莱阳梨含酸量低，若加工过程中不添加一定量的酸调整酸度，十几天后成品就会出现细菌性的浑油，汤汁呈乳白色的胶状液，继续恶化的结果会使果肉变色和萎缩。因此，生产梨罐头时先要测定原料的含酸量，再根据原料的酸含量及成品的酸度要求确定添加酸的量。

添加的酸也不能过量，过量不仅会造成果肉变软风味过酸，而且会因 pH 降低，促使果肉中的单宁在酸性条件下氧化缩合成"红粉"而使果肉变红。一般当原料梨酸度在 0.3%～0.4%范围内时，不必再外加酸，但要调节糖酸比，以增进成品风味。

⑦ 装罐与加糖液　装罐时，按成品标准要求再次剔除变色、过于软烂、有斑点和病虫害等不合格的果块，并按大小、成熟度分开装罐，使每罐中的果块大小、色泽、形态大致均匀，块数符合要求。每罐装入的水果块质量根据开罐固形物要求，结合原料品种、成熟度等实际情况通过试装确定。一般要求果块质量不低于净重的 55%（生装梨为53%，碎块梨为65%）。每罐加入糖水量一般控制在比规定净重稍高，防止果块露出液面而色泽变差。

⑧ 排气及密封　加热排气，排气温度95℃以上，罐中心温度75～80℃。真空密封排气，真空度53～67.1kPa。巴梨用真空排气，真空度46.6～53.3kPa。

⑨ 杀菌　罐头密封后，立即进行杀菌。杀菌公式：（10'-30'-10'）/（100℃）。

⑩ 冷却　采用冷水分段冷却，80℃～60℃～40℃，至 38℃左右。

（3）产品要求

果实呈黄色，色泽较一致，糖水较透明，允许有少量不引起浑浊的果肉碎屑；具有本品种罐头应有的甜酸味，无异味；果实去核、柄、蒂，果形完整，大小均匀，软硬适度，允许有自然斑点；无杂质；果肉不低于净重的 55%；开罐时糖水浓度按折光计为 14%～18%。

9.1.2　蔬菜罐头

9.1.2.1　番茄酱

（1）工艺流程

原料选择→清洗→挑选→破碎→预热→打浆→浓缩→加热→装罐→封罐→杀菌→冷却→

成品

（2）加工要点

① 原料选择　生产番茄酱应选用皮薄、肉厚、籽少、番茄红素含量高、色泽大红、固形物含量高、风味好、无霉烂的新鲜番茄。

② 清洗、挑选　原料番茄必须充分洗净，洗净后的番茄剔除霉烂、病虫害以及未熟的青绿色的番茄，修除成熟度稍低的番茄蒂把部位的绿色部分。

③ 破碎与预热　洗净并经挑选的番茄均匀地送入破碎机进行破碎，破碎后的果肉浆汁立即进行预热处理，果肉浆汁一般须在 90～95℃下加热 8～10min，加热后的浆温控制在 80～85℃。

④ 打浆　将预热后的果肉浆汁迅速送入打浆机中，打成均匀的番茄浆。

⑤ 浓缩　打浆机打的浆体一般含水量很高，可溶性固形物含量较低，还必须进行浓缩，以蒸发一部分水分，使制成品达到规定的浓度。

⑥ 加热与装罐　真空浓缩好的浆液送入加热器中加热至 92～95℃后立即装罐密封。密封时酱体的温度不能低于 85℃，以保证产品的真空度。

⑦ 杀菌与冷却　番茄酱杀菌、冷却杀菌温度和时间按包装容器的传热性、装量和酱体的浓度流变性而定。杀菌后马口铁罐和塑料袋直接用水冷却，而玻璃瓶（罐）应逐渐降温分段冷却，以防容器破裂。

（3）产品要求

酱体呈黑红色或红色，同一罐或同一桶中色泽应一致，允许酱体表面有轻微褐色；具有番茄酱应有的滋味及气味，无异味；酱体均匀细腻，黏稠适度。

9.1.2.2　酸黄瓜罐头

（1）工艺流程

原料选择与处理→配料→配汤→装罐→排气→封罐→杀菌→冷却→成品

（2）加工要点

① 原料选择与处理　选择无刺或少刺，瓜条幼嫩，直径在 3～4cm，粗细均匀、无病虫、无腐烂以及色泽均一的黄瓜。选好后用清水洗净，放入 0.5%氯化钙溶液中浸泡 6～8h，再按罐头的高度切段，各段要顺直，切段后仔细洗净。

② 预煮　将处理好的黄瓜放入 90℃热水中，预煮 1～2min。取出果实用冷水冷却。

③ 配料　500g 罐头的配料量为鲜茴香 5g、芹菜叶 3g、辣根 3g（或 2 片叶）、荷兰芹叶 1.5g（2 片）、薄荷叶 0.25g（2 片）、月桂叶 1 片、红辣椒 0.5g、大蒜 0.5g（1 片）。

④ 配汤　汤汁配比为 30%白砂糖、2.3%醋酸、0.15%柠檬酸。

⑤ 装罐　装罐时，先装入配料，再装入黄瓜，最后装汤汁。净重 510g 酸黄瓜罐头，可装黄瓜块 310g，汤汁 200g，加汤汁温度不低于 85℃。

⑥ 排气与封罐　排气温度 95～100℃，10～20min，以罐中心温度大于 75℃为宜，排气后迅速密封。

⑦ 杀菌与冷却　罐头密封后，立即进行杀菌。杀菌公式：(5'-15')/(100℃)。杀菌后迅速冷却，分段冷却至 37℃左右。

（3）产品要求

黄瓜块呈白色至淡黄色，汤汁较透明，允许有少量不引起浑浊的碎屑存在；具有酸黄瓜罐头应有的滋味及气味，酸甜适口，无异味；黄瓜块软硬适度，呈条状，形态完整，同一罐内大小大致均匀；不允许有外来杂质。

9.1.2.3　整番茄罐头

（1）工艺流程
原料选择→清洗→去皮→硬化处理→配汤装罐→排气→封罐→杀菌→冷却→成品

（2）加工要点
① 原料选择　番茄应新鲜饱满、色红、果形正、风味好、组织较硬，果实最大直径小于 50mm。适用的品种有穗圆、罗城一号、奇果、扬州红等。

② 清洗、去皮　清水洗净，挖除蒂柄后去皮。用沸水热烫（95～100℃，10～30s），然后立即用冷水浸冷或喷淋冷却使之去皮。

③ 硬化处理　用 0.5％氯化钙溶液浸泡 10min，使组织适度硬化，再以流动水洗果。

④ 配汤　汤汁配比为 2％盐、3％白砂糖、0.02％氯化钙，煮沸过滤备用，加酸调 pH 值到 3.6～4.3。

⑤ 装罐排气　整番茄冷装罐，加汤汁温度不低于 90℃。排气温度 95～100℃，10～20min，以罐中心温度大于 75℃为宜，排气后迅速密封。

⑥ 杀菌与冷却　封罐合格的罐头在 100℃温度下杀菌，时间 40～45min，杀菌后迅速冷却，分段冷却温差小于 25℃。

（3）产品要求
番茄茄红素含量大于 6.0mg/100g，色泽艳红；汤汁透明，允许少量不起浑浊的果肉碎屑存在；具有整番茄罐头应有的风味，无异味；无致病菌及因微生物引起的腐败迹象。

9.2　果蔬汁饮料加工实例

9.2.1　果汁饮料

9.2.1.1　澄清苹果汁

（1）工艺流程
原料选择→清洗→破碎压榨→过滤→预杀菌→澄清→过滤→调和→杀菌→无菌灌装→成品

（2）加工要点
① 原料选择与清洗　选择可溶性固形物含量高、甜酸适度、香气浓郁、充分成熟的果实。剔除腐烂、病虫害、严重伤和次果。将选好的原料用清水充分洗净。

② 破碎压榨　用破碎机将苹果破碎成碎块，及时把碎块的苹果送入榨汁机榨出苹果汁。榨汁用螺旋压榨机把破碎后的苹果榨出苹果汁。将榨出的苹果汁进行粗滤得到苹果原汁。

③ 预杀菌　榨出的苹果汁不宜存放，立即用夹层锅或管式消毒器加热灭酶，温度 85℃，然后冷却到 65℃。

④ 澄清过滤　向苹果汁中加入 0.15％果胶酶，设置温度 50℃，酶法澄清 3h。澄清后的苹果汁用过滤机进行过滤，要求滤出的苹果汁要澄清透明。

⑤ 调配　根据原料的糖酸度调整到成品糖度为 12%，酸度为 0.4% 左右。

⑥ 杀菌与冷却　果汁进行调和后进行瞬时杀菌，温度为 90～95℃，时间 30～60s。杀菌后迅速冷却至常温。

⑦ 无菌罐装　利用无菌灌装工艺进行灌装。

（3）产品要求

果汁呈琥珀色，澄清透明，无沉淀；具有苹果特有的滋味和香气，酸甜适口，无异味；不允许有外来杂质；可溶性固形物以折光计法测定 ≥10.0%。

9.2.1.2　橙汁

（1）工艺流程

原料选择→清洗→提取果汁→过滤→调和→脱气→杀菌→无菌灌装→成品

（2）加工要点

① 原料选择与清洗　选择充分成熟的果实。剔除腐烂、病虫害、严重伤和次果。将选好的原料用清水充分洗净。

② 提取果汁　采取逐个锥汁法提取果汁。

③ 过滤　采用压力过滤或真空过滤的方式进行过滤得到澄清汁。

④ 调配　在果汁中加入适量的白砂糖和可食用酸调整果汁的糖酸比，成品果汁的糖酸比为 13∶1～15∶1 为宜。

⑤ 脱气　采用真空脱气法进行脱气，脱气时将果汁引入真空锅内，然后被喷成雾状或分散成液膜，使果汁中的气体迅速逸出，真空锅内温度一般控制在 40～50℃，真空度为 0.09MPa，可脱除果蔬汁中 90% 的空气。

⑥ 杀菌与冷却　果汁脱气后进行瞬时杀菌，温度为 90～95℃，时间 30～60s。杀菌后迅速冷却至常温。

⑦ 无菌罐装　利用无菌灌装工艺进行灌装。

（3）产品要求

果汁呈均匀液状，允许有果肉或囊胞沉淀；具有橙汁应有的色泽，允许有轻微褐变；具有橙汁应有的滋味和香气，无异味；不允许有外来杂质；可溶性固形物以折光计法测定 ≥10.0%。

9.2.1.3　葡萄汁

（1）工艺流程

原料选择→清洗→破碎、除梗→加热→压榨→杀菌→澄清过滤→调配→过滤→灌装→杀菌冷却→成品

（2）加工要点

① 原料选择与清洗　果汁加工用葡萄要求八成熟左右。剔除烂果、不成熟果等。葡萄清洗一般先采用 0.03% 的高锰酸钾溶液，然后再用清水冲洗干净。

② 破碎、除梗　葡萄清洗之后立即进行破碎与除梗，便于榨汁，减少果梗带来的异味。

③ 加热　将破碎后的葡萄浆加热至 60℃ 左右，时间 1h，软化果肉，有利于果皮与果肉中色素的溶出和榨汁。

④ 压榨、杀菌　热处理后的果浆应尽快榨汁，压榨后的果渣加入适量水进行第二次榨

汁，两次汁液混合后立即进行巴氏杀菌（80℃，15min），避免在后续加工过程中果汁发酵，杀菌后将果汁冷却至40℃进行酶处理。

⑤ 澄清过滤 在果汁中加入果胶酶进行脱胶处理，果胶酶使用浓度为0.01%～0.05%，处理2h，以提高果汁的澄清度，脱胶之后杀酶进行硅藻土过滤。

⑥ 化糖 将净化水定量加入化糖罐中加热至90～100℃，加入称好的白砂糖和柠檬酸，化糖温度在80～90℃，糖化后过滤备用。

⑦ 调配 将果汁、糖液、香精及色素（先用少量果汁稀释）加入调配罐中混合，边混合边搅拌。一般香精用量为0.1%，色素用量为0.1%。

⑧ 罐装、密封 罐装时饮料温度应控制在60℃左右，以保证罐内有一定的真空度，并及时密封。

⑨ 杀菌与冷却 密封之后马上进行杀菌。杀菌温度为95～100℃，时间10min。杀菌结束后尽快冷却至35～40℃，玻璃瓶应采用分段冷却方式。

（3）产品要求

应具有浓郁的葡萄汁香味；汁液清亮透明，允许有微量沉淀；无异味、无杂质；可溶性固形物＞12%，总酸＞0.30%，pH＜4.0。

9.2.2 蔬菜汁饮料

南瓜-胡萝卜-西红柿复合蔬菜汁加工如下。

（1）工艺流程

```
南瓜  → 清洗 → 去皮、去芯 → 切块 → 打浆 → 榨汁 → 南瓜汁 ┐
西红柿 → 清洗 → 热烫 → 去皮 → 切块 → 打浆 → 榨汁 → 西红柿汁 ├→ 调配 → 澄清过滤 → 灌装 → 杀菌 → 成品
胡萝卜 → 清洗 → 去皮 → 切块 → 热烫 → 打浆 → 榨汁 → 胡萝卜汁 ┘
```

（2）加工要点

① 南瓜汁制作 取成熟、无腐烂、无虫害的南瓜，洗净，去皮，切块，按料液1∶1打浆，用100目尼龙滤袋过滤两次，备用。

② 西红柿汁制作 取成熟、无腐烂、无虫害的西红柿，洗净，95℃热烫2min，冷水去皮，切块，按料液1∶1打浆，用100目尼龙滤袋过滤两次，备用。

③ 胡萝卜汁制作 取成熟、无腐烂、无虫害的胡萝卜，洗净，去皮（采用3%的NaOH溶液，90℃处理3min，流水清洗至不滑手），切块，90～95℃ 0.5%柠檬酸溶液烫漂10min，捞出，迅速冷却，洗净，按料液1∶1打浆，用100目尼龙滤袋过滤两次，备用。

④ 调配 分别添加南瓜汁240g/L、胡萝卜汁140g/L、西红柿汁100g/L，混匀，补加蔗糖80g/L、柠檬酸2.0g/L。

⑤ 澄清过滤 澄清条件为果胶酶0.8g/L、蛋白酶0.6g/L，调节pH 4.0，45℃保温1h，添加羧甲基纤维素钠0.5g/L、海藻酸钠0.6g/L、魔芋胶0.5g/L，室温静置7天，过滤得到澄清汁。

⑥ 杀菌与冷却 密封之后马上进行杀菌。杀菌温度为90℃，时间10min。杀菌结束后尽快冷却至35～40℃，玻璃瓶应采用分段冷却方式。

（3）产品要求

果汁呈橙黄色，澄清透明，无沉淀；南瓜香味浓郁，香气协调，无异味；不允许有外来杂质。

9.3　果蔬速冻产品加工实例

9.3.1　速冻果品

9.3.1.1　速冻桃

（1）工艺流程

原料选择→开瓣、去核→去皮→修整切块→漂烫、冷却→速冻→包装→低温冻藏

（2）加工要点

① 原料选择　选择成熟度适宜（7～8 成熟）、色泽鲜艳、风味浓郁，并易去核去皮的桃。

② 开瓣、去核　用专用刀沿桃体曲线对半铡开，要求一刀到底，分瓣均匀，切面平整，再用专用挖核刀将桃核挖出。

③ 去皮　机械去皮，去皮后的桃瓣要迅速放入水中进行护色。

④ 修整切块　将桃瓣进行修整，然后立即切成要求的规格。

⑤ 漂烫、冷却　将修整切块后的果块在沸水中烫漂 2～5min 或在蒸汽中烫漂 7～8min。烫漂后马上放入冷水中冷却，并迅速冷却至 15℃ 以下。

⑥ 速冻　将冷却至 15℃ 以下的果块尽快送入 −30℃、空气流速为 4～5m/s 的速冻机中冻结，出料时产品的中心温度应达到 −18℃。

⑦ 包装　冻结后的桃尽快在低温状态下包装。

⑧ 低温冻藏　在温度为 −18℃ 的冻藏库贮藏。

（3）产品要求

具有该产品应有的滋味、气味，无异味；具有产品应有的色泽，无变色或杂色；无皮、核及任何其他杂质。

9.3.1.2　速冻草莓

（1）工艺流程

原料选择→清洗、消毒→漂洗、分级→护色→速冻→包装→低温冻藏

（2）加工要点

① 原料选择　果实成熟适宜，果面红色占整果面积的 2/3，大小均匀坚实，无机械伤、病虫害。

② 清洗、消毒　将果实浸在 5% 的食盐水中消毒 10～15s。

③ 漂洗、分级　按照果实的色泽和大小分级挑选，原料分级后，去果蒂，清水冲洗干净。

④ 护色　加入白砂糖和维生素 C 进行护色处理。草莓与白砂糖的质量比为 7:3，白砂糖与维生素 C 的质量比为 1000:0.2。

⑤ 速冻　将浸泡过糖液的草莓迅速冷却至 15℃ 以下，尽快送入温度为 −35～−32℃、空气流速为 4～5m/s 的速冻机中冻结，草莓层厚度 80～120mm，速冻时间 9～23min。

⑥ 包装　冻结后的草莓尽快在低温状态下（−5℃）包装，以防止表面融化而影响产品质量。包装材料采用塑料袋或纸盒。

⑦ 低温冻藏　在温度为－18℃的冻藏库贮藏。

（3）产品要求

无外在的感官缺陷，以至于影响口味，降低食用价值；具有该产品的自然风味，无异味，糖度 7～11°Bx；产品红润且均匀统一，无变色或杂色；无叶、蒂、枝及任何其他杂质，果实饱满，无残缺。

9.3.2　速冻蔬菜

9.3.2.1　速冻蘑菇

（1）工艺流程

原料选择→挑选、分级→清洗→漂烫→冷却→速冻→包装→低温冻藏

（2）加工要点

① 原料选择　选择菌盖完整，色泽洁白，有弹性，菌柄长度不超过 15mm，菌盖直径不超过 30mm 的不开伞的蘑菇。

② 挑选与分级　按蘑菇菌盖大小分成 3 级，分别为 40mm 以上、30～40mm、30mm 以下。

③ 清洗　用清水清洗 2～3 次，以洗去泥沙污物。

④ 漂烫　在 100℃沸水中漂烫 3～5min。

⑤ 冷却　迅速将蘑菇投入冷水中，冷却至 10℃以下。

⑥ 速冻　将不同规格的蘑菇分别速冻。采用－35℃的单体快速冻结为宜。为保持蘑菇颜色洁白，切片蘑菇要求在 3～5min 内使其中心温度达到－23℃以下；整蘑菇要求在 20min 内中心温度达到－23℃以下。

⑦ 包装　采用蒸煮袋真空包装。

⑧ 冻藏　一般在－18℃以下的温度贮藏，最后在－23℃温度下贮藏。

（3）产品要求

呈本品特有的色泽；呈本品特有的形态，规格一致，完全冻结无结块、风干；具有该产品的气味，无异味；无任何其他杂质。

9.3.2.2　速冻玉米

（1）工艺流程

原料选择→去苞叶、花丝→修整→漂洗→脱粒→清洗→漂烫→冷却→挑选→冰水预冷→沥干→速冻→筛选→包装→冷藏

（2）加工要点

① 原料选择　选择籽粒饱满，颜色为黄色或淡黄色，色泽均匀，无杂色粒，籽粒大小及籽粒排列均匀整齐，秃尖、缺粒、虫蛀现象不严重的甜玉米。

② 去苞叶、花丝　甜玉米采摘后应立即剥皮加工，去除玉米须。

③ 修整、挑选、分级　剔除过老、过嫩、过度虫蛀、籽粒极度不整齐的甜玉米。把有少许虫蛀、杂色粒的甜玉米用刀挖去虫蛀粒和杂色粒。然后按玉米的直径分级，可根据不同玉米品种制定 2～3 个等级，等级间的直径差定在 5mm 左右。

④ 漂洗　用流动水清洗干净。

⑤ 脱粒　脱粒在专用的玉米脱粒机上进行，脱粒机刀深距离按等级来调整，避免玉米籽粒切得过深或过浅。

⑥ 漂烫　使用沸水或蒸汽，温度为 93～100℃，根据水温控制漂烫的时间，一般为 3～8min。

⑦ 冷却　漂烫的玉米粒应立即冷却，可以采用分段冷却的方法。首先使用喷淋的方法，将 90℃ 左右的玉米粒的温度降到 25～30℃；然后在 0～5℃ 的冰水中浸泡冷却，使玉米粒中心的温度降到 5℃ 以下。

⑧ 挑选　挑拣出穗轴屑、花丝、变色粒和其他外来杂质。

⑨ 速冻　将玉米粒迅速放到速冻机中，使玉米粒中心的温度达到 -18℃ 即可。速冻完的玉米粒应互不粘连，表面无霜。

⑩ 筛选　将冻结的玉米粒进一步挑选，剔除有缺陷粒和碎粒，必要时可过筛筛选。

⑪ 包装　速冻玉米粒应在 -6℃ 的条件下进行包装。一般用塑料袋包装，包装后封口，同时在封口上打上生产日期，装箱后立即送往冷藏库冷藏。

⑫ 冷藏　一般在 -18℃ 以下的温度贮藏。

（3）产品要求

产品呈浅黄色或金黄色；应具有该甜玉米品种的甜味和香味，香脆爽口；玉米粒大小均匀，无破碎粒，玉米粒的切口整齐；不得有玉米花丝、苞叶及其他杂质，包装袋内无返霜现象。

9.4　果蔬干制产品加工实例

9.4.1　果干制品

9.4.1.1　苹果干

（1）工艺流程

原料选择→清洗→脱皮、去核、切片→护色→烘制→回软→包装

（2）加工要点

① 原料选择　选择的果实要求新鲜饱满，品质良好，八成熟以上，种子呈褐色，组织不萎缩，无霉烂、畸形、冻伤、病虫害及严重机械损伤。

② 脱皮、去核、切片　原料经机械或人工去皮，再经打核机沿果核中心打成圆形孔去核，然后用切片机沿果实横向切成 8～10mm 厚的环形片。

③ 护色　将果片浸入含有 0.06%～0.12% 柠檬酸和 1%～1.4% 亚硫酸钠溶液中浸泡 30～40min。浸泡时液面要高于果片面 15～20cm，为防止果片漂浮在液面上面，应在果片上面用盖帘加重物压住，以确保果片完全浸泡在溶液中。

④ 烘制　设置干燥室温度，60～80℃；干燥时间，5～10h。在干燥过程中，要始终进行排湿，并且要防止温度不稳定忽高忽低。果片水分控制在 6%～12%，同时将不干燥片、糊片剔除。

⑤ 回软　经修整、挑选合格的脱水果片再进行雾状喷水回软 10h 以上，回软后水分不得超过 18%。

⑥ 包装　采用塑料袋密封包装。

（3）产品要求

产品呈淡黄色、黄白色或青白色，色泽较一致，不允许有氧化变色片；具有脱水苹果干应有的风味及气味，甜酸适口，无异味；果片呈环状片，不带机械伤、病虫害、斑点，不允许有焦片、水片；不完整片不超过 10%；碎末小块不超过 2%（均以质量计）；水分含量不超过 18%。

9.4.1.2 无花果干

（1）工艺流程

原料选择→脱皮→护色→烘制→回软→包装

（2）加工要点

① 原料选择　选择个大、肉厚、刚熟而不过熟的无花果。

② 脱皮　用碱液脱皮，把无花果没入加热到 90℃ 的 4% 的氢氧化钠溶液中，并在 90℃ 下保持 1min，捞起后放入大量清水中并使其不断揉搓滚动，并加入稀酸中和。

③ 护色　脱皮后无花果用 0.1% 亚硫酸氢钠溶液浸泡 6～8h。

④ 烘制　将处理好的无花果放入烘箱中，先在 75～80℃ 下干燥 10～12h，然后在 60～65℃ 下干燥 4～6h，烘制到合适的含水量 14%～15%。

⑤ 回软　在室温下用塑料薄膜覆盖回软 1～2 天。

⑥ 包装　采用塑料袋密封包装。

（3）产品要求

产品外观完整，无破损，无虫蛀，无霉变；表面呈不均匀的乳黄色，果肉呈浅绿色，果籽棕色；具有本品固有的甜香味，无异味；皮质致密，肉体柔软适中；无肉眼可见杂质。

9.4.2 脱水蔬菜制品

9.4.2.1 胡萝卜干

（1）工艺流程

原料选择→清洗→去皮、切分→烫漂→烘制→包装

（2）加工要点

① 原料选择　挑选新鲜、色泽橙红、中等大小、表皮光滑、根须少、钝头、无病虫、无机械损伤的胡萝卜为原料。

② 清洗　用刀除去叶簇和根须，放在流水中洗净泥沙等杂质。

③ 去皮、切分　人工或机器去皮，然后按需要切分成条状、片状或方形等。

④ 烫漂　将胡萝卜倒入沸水中或蒸汽中烫漂 5～8min，待胡萝卜发软后，捞出沥干。必要时可进行一次硫处理，即喷洒 0.2%～1% 的亚硫酸盐溶液。

⑤ 烘制　在 65～75℃ 下干燥 6～7h，即可烘干。

⑥ 包装　将干燥后的胡萝卜立即装入塑料袋密封包装。

（3）产品要求

产品呈原品种固有色泽；具有胡萝卜应有的风味及气味，口感好，无异味；无任何外来杂质；水分含量不超过 10%。

9.4.2.2 黄花菜干

（1）工艺流程

原料选择→清洗→蒸制→烘制→包装

（2）加工要点

① 原料选择　选择花蕾在裂嘴前 1～2h 采摘，这时的黄花菜产量高，质量好。

② 蒸制　蒸制是黄花菜加工中的一道重要工序，采收的花蕾应及时进行蒸制，蒸制时间为 8min 左右，即达到五成熟为准，颜色由黄转绿，花柄开始发软，手搓花蕾有轻微的�声即可。

③ 烘制　将蒸制后的花蕾均匀地摊在烘盘上或烘网上进行烘干，烘干温度为 50～70℃，最终水分为 14% 即可。

④ 包装　采用塑料袋密封包装。

（3）产品要求

产品色泽金黄，色条均匀，有光泽，无青条菜；具有黄花菜的香味，无异味；条形均匀，开花菜和油条菜的根数不超过 1%，无虫蛀、霉变；质地脆，肉质肥厚；无任何外来杂质；水分含量不超过 15%。

9.5　果蔬糖制品加工实例

9.5.1　果脯蜜饯类制品

9.5.1.1　杏脯

（1）工艺流程

分选→清洗→切半→熏硫→糖煮与浸渍→干燥→整形包装→成品

（2）加工要点

① 分选　选择八成熟的果实，果实个头大，果肉厚实，无虫害。

② 切半　将选好的原料清洗干净，用机械或手工把杏沿缝线对半分开，剔除杏核。

③ 熏硫　将处理好的杏平铺在笼屉上，送入熏房进行 2～4h 的熏硫，每千克杏坯需用 2～3g 硫黄熏蒸。

④ 糖煮与浸渍　杏肉的煮制与浸渍需分 3 次完成，这样糖液能够充分进入果肉，且果肉不会被煮烂。第一次煮制用 35%～40% 的糖液。先将糖液煮沸 2～3min，放入"杏碗"，轻轻翻动以受热均匀，到开锅时，将杏碗和糖液一起放入大缸内，浸渍 12～24h。第二次煮制用 50%～60% 的糖液，先把 50% 的糖液煮沸，捞出第一次浸渍的果肉，滤去糖液，倒入锅内，2～4min 后，将糖液浓度调整到 60%，然后将杏肉与糖液一起放入大缸内，浸泡 24h。第三次煮制用 60%～70% 的糖液，先把 60% 的糖液煮沸，捞出第二次浸渍的果肉，滤去糖液，倒入锅内煮 3～5min，同时加糖，使糖液浓度达到 70%。将糖液和杏碗放入大缸内，再浸泡 12～24h。处理好的杏肉不烂、不生，块整而透明。

⑤ 干燥　杏肉浸渍结束 8h 后，将糖液沥干，杏肉平铺在笼屉上，放进烤房进行烘烤，每小时翻一次面，保证杏肉受热均匀，各部位干燥程度一致，烤房温度不超过 70℃，干燥至达到含水标准取出。

⑥ 包装　按成品质量包装，有 250g、500g 等多种规格。包装时要注意包装袋的杀菌，不要造成食品污染。

（3）产品要求

① 感官指标 外观呈橘黄色、果肉饱满、形状完整且扁圆、呈半透明状、味甜略酸、果脯具有原果风味。

② 理化指标 总糖含量高于 68％，还原糖含量为 60％，水分含量低于 18％，硫不超过 0.2％。

9.5.1.2 糖渍青梅

（1）工艺流程

分选→清洗→预处理→盐渍→脱盐→糖渍→干燥→包装→成品

（2）加工要点

① 选料、清洗 选取新鲜的果实，果肉肥硕饱满，色泽青绿，用清水将青梅表面的灰尘、杂物等清洗干净，洗净后将果实表面水分沥干。

② 预处理 将新鲜青梅用预处理液浸渍 1～3 天，将预处理液洗净后沥干。

③ 盐渍 调整酸度后，采用梯度浸渍法进行盐腌浸渍，浸渍时液面须超过果实表面 10cm 以上，进行腌渍所用梯度选择时应保证在该梯度下青梅不会出现干瘪皱缩等现象，盐渍后梅果的盐度需达到 22％～25％。

④ 脱盐 盐渍结束后取出青梅进行干燥处理，干燥结束后采用超声辅助脱盐，使梅果的盐度降低到 4％～8％。

⑤ 糖渍 将青梅进行预煮，采用真空梯度渗糖的方法对梅果进行糖渍处理，进行糖渍所用梯度选择时应保证在该梯度下青梅不会出现干瘪皱缩等现象，糖渍后梅果的总糖需达到 60％～70％。

⑥ 配料 选用一定配比的复方配料组分，用蒸馏水充分溶解，使各组分混合均匀，将糖渍好的青梅浸泡在配料液中，置于一定温度下深层发酵 24～48h。

⑦ 干燥 将浸泡在配料液中的青梅捞出、沥干，放入烘箱进行烘干，温度为 50～60℃，干燥至成品水分含量达到 30％～35％。

⑧ 包装 一般采用充氮包装的方法将青梅进行独立包装，每个包装内为 1～2 粒青梅。

（3）产品要求

翠绿色或浅绿色，色泽基本一致；果形饱满，大小均匀，表皮皱缩不超过 5％，无杂质；甜酸适口，爽脆，有青梅味，无异味。总糖（以转化糖计）≥45％；总酸（以柠檬酸计）≤1.0％。

9.5.1.3 话梅

（1）工艺流程

分选→腌渍→烘干→漂洗→日晒→配料→配汁→干燥→包装→成品

（2）加工要点

① 原料选择 选用成熟度在八至九成的新鲜梅果作为原料。

② 腌渍 每 100kg 鲜果加食盐 12～15kg，明矾 200g，一层梅果、一层盐矾间隔放入腌渍所用的缸内，进行 7～10 天的腌渍，每隔两天翻动一次，使盐分渗透均匀。

③ 烘干　待梅果腌透后，捞出沥干，放入烘箱烘干制成梅坯。

④ 漂洗　用清水将烘干后的梅坯漂洗干净，洗去多余的盐分。

⑤ 日晒　漂洗完成后将梅坯捞出，放在平台上日晒，将晒干的梅坯放入缸内备用。

⑥ 配料及配汁　100kg 梅坯需砂糖 35kg，糖精 45g，甘草 3kg，香草香精 75g 及少量食用色素。将甘草加水煮成 60kg 甘草液，再加入其他辅料，搅拌均匀，投入梅坯浸泡。

⑦ 干燥　将吸足汁液的梅坯起出，晒干。

⑧ 包装　用薄膜食品袋包装封口，再用编织袋套在外面，放置在通风干燥处进行保存。一般 20～30kg 为一袋。

（3）产品要求

外表呈"霜粉状"，质地干燥，果肉干皱成纹，不粘手，味香略有咸味，甜酸适口。

9.5.2　果酱类制品

9.5.2.1　苹果酱

（1）工艺流程

分选→清洗→预处理→软化→打浆→浓缩→包装→灭菌冷却→成品

（2）加工要点

① 原料选择　选择成熟度适宜的苹果作为原料，成熟度过低和腐烂的果实会影响产品品质，应将其剔除，苹果表皮的一般缺陷，如虫蛀、结痂、运输途中的机械伤等不会对果酱品质造成影响。

② 清洗　将苹果外皮结痂和虫蛀部分削去，倒入水槽内，用流动的清水将苹果清洗干净，清洗时间不宜过长，否则会导致可溶性果糖果酸溶出，因此清洗时间应尽量缩短，随放随洗，清洗干净后立即将苹果捞出。

③ 预处理　将洗净的苹果去皮，去除核仁部分，去掉果柄，切块。

④ 软化　采用加热的方法将果实软化，可倒入沸水锅中煮制，也可进行蒸气加热，加热时间为 15～20min，使苹果充分软化。

⑤ 打浆　把软化后的果实用打浆机打浆，打浆机筛板孔径选择 0.7～1.0mm。

⑥ 浓缩　将滤好的糖液倒入果浆中，边倒边搅拌，使其混合均匀，将其加热浓缩，浓缩至固形物含量达 65％时即为完成。出锅前加入柠檬酸（用少量水化成溶液）搅拌均匀。

⑦ 包装　一般采用玻璃瓶进行包装，包装所用的玻璃瓶及瓶盖应进行杀菌，防止污染果酱。果酱浓缩后进行冷却，当果酱温度下降至 85℃时，即可进行包装，灌装后应立即拧紧瓶盖。

⑧ 灭菌　果酱装好瓶后应立即在沸水中进行灭菌，灭菌时间大约为 20min，然后在 65℃和 45℃水中逐步冷却，最后将瓶子取出并擦干，贴好标签。

（3）产品要求

果酱成品呈红褐色或琥珀色，质地均匀，倒出时缓慢均匀流散，无汁液析出，无结晶现象，无杂质。具有苹果酱罐头应有的风味，无焦煳味和其他异味。块状酱体保持部分果块，酱体呈软胶凝状，泥状酱体均匀细腻。总糖（以还原糖计）≥60％，可溶性固形物含量≥68％。

9.5.2.2 山楂糕

（1）工艺流程

分选→清洗→软化→打浆→过筛→配料→浓缩→入盘→冷却→成品

（2）加工要点

① 原料选择　选新鲜、含果胶和有机酸丰富的品种，在成熟期采收，除去腐烂病虫害果。

② 清洗　除去果柄，用清水洗净污物和杂质。

③ 软化　把山楂果实放入沸水中 10min。

④ 打浆　用打浆机打浆同时压滤除去皮渣和种子，或打浆后先以粗筛去皮去籽，再以细孔滤出果泥。

⑤ 配料　以山楂果泥质量为基数，砂糖为果泥重的 60％～80％,，明矾为 1％加适量水溶化。

⑥ 浓缩　将配料按照比例放入夹层锅中，加热浓缩，持续搅拌，防止烧焦。水分蒸发一部分后少量多次加入糖，继续搅拌，可溶性固形物含量达到 65％以上时即为完成。

⑦ 入盘　将浓缩完的果浆趁热倒入托盘中，自然冷却，形成固体，即得成品。

（3）产品要求

成品呈红褐色，有弹性，有光泽，质地紧实且均匀；酸甜可口，无其他异味；糕体呈固态，切割时无糖液析出，总糖含量不低于 57％（以转化糖计），可溶性固形物含量不低于 65％。

9.5.2.3 果丹皮

（1）工艺流程

分选→清洗→预处理→打浆→调配→浓缩→刮片→烘干→切割包装→成品

（2）加工要点

① 原料选择　应选取含糖量、含酸量以及果胶含量较多的水果作为原料。多选用新鲜成熟、皮薄、肉厚、汁液少的山楂作为原料。

② 预处理　将有病虫害、腐烂的果实剔除，山楂去核，切成小块。

③ 打浆　把预处理后的原料加入打浆机中进行打浆。

④ 调配、浓缩　加入白砂糖和少量柠檬酸，白砂糖的加入量一般为果浆质量的 10％～30％，柠檬酸加入量取决于原料的含酸量，一般为果浆质量的 0.3％～0.5％，边搅拌边浓缩，至果酱呈浓厚的膏状时出锅。

⑤ 刮片、烘干　平摊在烤盘上，烤盘上放置网格粗布，防止烘干后拿取不便，将烤盘放入烘干机中在 60℃下烘制 3h，揭下果丹皮再烘制 30min。

⑥ 切割包装　将果丹皮平均切成小块，用透明塑料薄膜包装即为成品。

（3）产品要求

呈红黑色，有一定的硬度和韧性，不粘手。

9.6　蔬菜腌制品加工实例

9.6.1　咸菜类制品

9.6.1.1　榨菜

（1）工艺流程

分选→划块串菜→晾菜→下架→头道盐腌→二道盐腌

检验入库←扎口←拌料装坛←压榨←淘洗←修剪整形

封口出厂→成品

（2）加工要点

① 分类　由于品种复杂、栽培方式不同、生长时所处自然条件有差异，所以青菜的个体形态、单个质量、菜叶厚度、筋数、含水量差异较大，若混合加工，进行风干脱水处理时会存在一定困难，还会造成盐水渗透不均匀，因此必须进行分类处理（表 9-6-1）。

表 9-6-1　原料分类及相应加工方法

个体重/g	加工方法
350～500	齐心对破加工
150～350	整个加工
＞500	划成大小基本一致的 3～4 块，竖划老嫩兼顾，青白均匀
60～150 及斑点、空心、硬头、箭杆、羊角、老菜	列为级外菜
＜60	不能作为榨菜，只能合在菜尖一起处理

② 串菜　过去习惯用篾丝从蔬菜中部进行串菜，这种串菜方法会使菜身留下黑洞，容易使污染物进入菜身。因此，切菜的时候可以留一寸根茎穿篾，以免对菜身造成损伤。穿蔬菜的时候要将不同大小的菜分别穿串，绿色的一面与白色的一面相对，留有一定间隙通风。

③ 晾菜　每 50kg 蔬菜应设置 6～7 个的叉架，大的蔬菜挂在顶部，小的蔬菜晾在底层，架脚不得摊晾菜串，以达到均匀脱水。在 2～3 级风的条件下，通常需要晾晒 7 天，平均减湿率为：前期蔬菜为 42%，中期蔬菜为 40%，后期蔬菜为 38%。

④ 下架　坚持先晾先下，完成晾晒的蔬菜要符合菜体柔软、无硬心的要求，严格掌握干湿程度，适时下架。

⑤ 头道盐腌　蔬菜完成晾晒后，必须当天放入池中进行盐腌，否则容易出现堆积发热。头腌每 100kg 蔬菜用盐 4kg，混合均匀，放入池中，逐层压紧排气，早晚追压。池中不应放满蔬菜，以免发热变质。头腌约需 72h，除去苦水。

⑥ 二道盐腌　分层起池，调整各边的位置。二道盐腌用盐量为菜体质量的 7%～8%，加盐后不断搅拌揉搓，使其均匀分布，腌制时间不低于 7 天，保证盐分进入菜中，防止菜变酸。

⑦ 修剪　挑出老筋和硬筋，剪去品质不好的菜叶，去掉黑点、烂点和缝隙杂质，防止损伤青皮和白肉。修整成形后，再次将次级菜去除。

⑧ 淘洗　将修剪完的菜用盐水淘洗三遍，必须当天完成淘洗。

⑨ 压榨　榨菜压榨的传统工艺是采用木榨压水，该方法工作效率低，劳动强度大，所

以后来改进为"囤围",即利用高位自重压水的方法,但底层压力大,容易将底层菜体压成扁块状,且上下干湿程度差异大,容易造成上层菜体受潮变酸。受潮的菜体色泽不鲜、口感差、质地不脆、不耐贮藏,对菜体的形状和风味均有不良影响。目前逐渐采用机械压制,可使菜体受力均匀。压制出的菜头含水量控制在72%～74%。

⑩ 拌料 压榨完后将菜头的明水晾干,防止造成佐料受潮。每100kg榨菜用辣椒面1.1～1.25kg、混合香料粉0.12～0.2kg、花椒0.3～0.5kg、食盐4.5～5.5kg。

⑪ 装坛 每坛分成五次装,将每一层压实,均匀用力,防止蔬菜块被捣碎,直到卤水被压出。装坛时严防泥沙异物混入。"五次装入"是指第一层10kg,第二层12.5kg,第三层7.5kg,第四层5kg,第五层1～1.5kg,并用手摆成向外的环形,填满孔隙,压实。

⑫ 扎口 一般选用长梗菜叶或玉米皮作为封口叶,所选封口叶应色素含量少且纤维含量多,封口叶需提前用盐腌制,并与香辛料混合密封。封口叶不少于1kg,保证坛口清香,防止发霉变质。

⑬ 检验入库 按质量指标检验合格后,在坛身标注产品相关信息,放入仓库中保存,定期进行清口检查,追压卤水。

⑭ 封口出厂 产品出厂前,必须重新进行质量检查、测重、压紧排卤,并在封水泥罩前更换口叶,加好口印,标明等级、质量、出厂日期。

(3)产品要求

① 感官指标 干湿程度始终,咸味适口,色泽鲜艳,修剪平整,清洗干净,气味清洗,口感爽脆,大小均匀。

② 理化指标 含水量72%～74%,含盐量12%～14%,总酸0.6%～0.7%。

9.6.1.2 糖醋蒜

(1)工艺流程
预处理→盐腌→晾晒→配制糖醋液→腌制→包装→成品

(2)加工要点

① 预处理 选择整齐、饱满、表皮白净、新鲜的大蒜,去除须根和老皮,洗净沥干。

② 盐腌 每100kg鲜蒜和10kg盐在坛子里逐层装好,装至坛子容积一半即可。另准备一个同样大小的坛子,每天早晚各换一次坛子,腌制15天,得到咸蒜。

③ 晾晒 取出大蒜,放在晒席上进行晾晒,每天翻动一次,干燥至原质量的70%即可。如果发现松皮需要去皮。

④ 配制糖醋液 将食醋加热至80℃,将适量红糖溶解在食醋中,最后加入少量五香粉。

⑤ 腌制 把腌好的大蒜装坛,轻轻压实,待装到坛容量的3/4时,倒入配制好的糖醋液。为防止大蒜上浮,需在坛口横放几根竹片。最后用塑料薄膜将坛口扎紧,用水泥封好,2个月后将获得成品。

(3)产品要求

① 感官指标 成熟的蒜头呈乳白色或红黄色,甜酸可口,肉质嫩脆。无浓厚的生蒜味,大小均匀,无杂质。

② 理化指标 水分不得超过60.00g/100g,全糖(以葡萄糖计)不得低于30.00g/100g,食盐(以氯化钠计)不得超过4.00g/100g,总酸(以乳酸计)不得超过1.00g/100g,

砷（以砷计）不得超过 0.5mg/kg，铅（以铅计）不得超过 1.0mg/kg，添加剂按添加剂标准执行。

9.6.1.3　酱黄瓜

（1）工艺流程

原料选择→盐腌→脱盐→酱渍→成品

（2）加工要点

① 原料选择　选用瓜条顺直、顶花带刺、新鲜无籽的 10cm 左右小黄瓜为原料，也可采用秋季拉秧的小黄瓜为原料进行酱制。

② 盐腌　黄瓜和盐按照配料的比例放入缸内进行腌制。装缸时应分层压实，顶层应覆盖盐，用重物压紧。

③ 脱盐　当黄瓜变软时，即可将其从缸中拉出，用清水将黄瓜表面的盐分洗去，沥干水分备用，可用细纱布将黄瓜包起来把水分拧干。

④ 酱渍　酱渍所用的缸清洗干净并干燥后，将沥干水分的黄瓜条倒入其中，按配料比例加入酱料，搅拌均匀，盖上缸盖，酱制 10～15 天。也可以采用装袋酱渍的方法，将黄瓜条装入酱袋内，将酱袋密封，放入酱缸中，每天翻动 2～3 次，每 5 天从酱缸中取出酱袋，解开袋口，将黄瓜倒入容器中翻动。同时将酱袋清洗干净，然后将黄瓜和酱料放入袋中，重新放入酱缸继续酱渍 20 天左右。

（3）产品要求

成品外部为暗绿色，瓜肉呈棕红色，口感脆嫩，具有独特且浓厚的酱味并带有清香味。

9.6.2　酸泡菜产品

9.6.2.1　韩式泡菜

（1）工艺流程

分选→清洗→预处理→盐渍→清洗→脱水→抹料→发酵→成品

（2）加工要点

① 原料处理　选用无腐烂、无虫蛀的大白菜作为原料，均匀分成四份，在干净无油的容器中倒入 80g 粗盐，用冷开水溶解，将 70g 粗盐均匀涂抹在叶片根部，将涂抹完粗盐的大白菜浸泡在盐水中。为防止白菜浮起来，需用石块等重物压在上面。大约 6h 后，将腌过的白菜从盐水中取出，用水快速清洗，沥干水分。

② 配料制作　将无腐烂、无虫蛀的坚实的萝卜清洗后沥干水分，切成丝。葱、生姜、大蒜去皮，清洗后沥干，放入研钵中捣碎。将辣椒面、糖、盐混合后加入萝卜丝，搅拌均匀。

③ 抹料　用清水冲洗腌制好的白菜，然后拧干多余的水分。将每片叶子打开，把辣椒糊均匀地涂抹在每一层叶片上。涂抹完将白菜从根部开始卷起来，形成一个紧实的球体。

④ 发酵　将白菜用外叶包好，放入坛中，密封，发酵 3～5 天得到成品。

（3）产品要求

① 感官要求　具有泡菜特有的色、香、味，无杂质，无其他不良异味，有一定脆度。

② 理化要求　食品添加剂按 GB 2760 规定，亚硝酸盐按 GB 2762 规定。

9.6.2.2　东北酸菜

（1）工艺流程

原料选择→晾晒→清理→热烫→冷却→入缸→密封→发酵→成品

（2）加工要点

① 原料选择　选择七八成熟的白菜为宜。

② 晾晒　白菜外表晒到不脆，开始打蔫即可。

③ 热烫　将老叶和菜根除去，体积大的可将其分割成 2～3 份，清洗干净后用沸水烫 1～2min，热烫时应先烫叶帮，然后将整棵白菜放入沸水中。

④ 入缸　将白菜一棵棵一层层转圈摆好摆实，菜与菜之间不留空隙，然后在最上层的白菜上压一块大石头。根据温度情况，第二、三天加水，水位一定要高于白菜。另外，腌制酸菜千万不能用塑料容器，最好是瓷缸。

⑤ 发酵　将缸密封后自然发酵 1～2 个月即可。

（3）产品要求

成品菜帮呈乳白色，叶肉为黄色，可在阴凉处保存半年左右。

9.7　果酒果醋产品加工实例

9.7.1　果酒产品

9.7.1.1　红葡萄酒

（1）工艺流程

原料选择→分级→破碎→除梗→加 SO_2→主发酵

调配←陈酿←换桶←后发酵←调整成分←压榨

澄清→装瓶→成品

（2）加工要点

① 原料选择与分级　酿造红葡萄酒时需选取红色品种（红皮白肉）或染色品种（红皮红肉），如赤霞珠、黑皮诺、品丽珠等，剔除腐烂、虫蛀、有机械伤的果实，防止对葡萄酒品质造成不良影响。在采收和运输过程中，应避免葡萄的挤压、破损，防止对原料造成污染。选好符合要求的原料后，对原料进行分选处理，按大小、品质等将原料分级。

② 破碎与除梗　将原料压破，使果汁流出，破碎时应尽量避免破坏种子和果梗，防止种子中的油脂、糖苷和果梗中的一些物质溶出，导致果酒出现苦味，影响产品品质。破碎有利于果汁的流出和发酵过程中"皮渣帽"的形成，色素、单宁等物质可以更好地溶解到果汁中；果皮上和加工设备上的酵母菌可混合进果浆中；使空气更好地进入到发酵基质中，有利于酵母菌的活动；使葡萄的蜡质层发酵，促进物质进入发酵基质，有利于乙醇发酵的进行。

破碎后得到的果浆应及时进行除梗处理。除梗有利于减少发酵体积，降低生产成本；防止苦味物质溶出，改善果酒口感；果梗会吸收乙醇和色素，除梗后果酒的酒度和色泽都有所改善。

③ SO$_2$ 处理　SO$_2$ 在果酒中具有多种作用，包括杀菌、澄清、抗氧化、酸化、溶解色素和单宁、还原、改善酒香。用量要适当，过多则会对人体造成伤害，还会影响果酒品质，破碎除梗后，一般根据工艺要求和卫生情况加入 50～100mg/L。

④ 主发酵　主发酵即为酒精发酵。生产红葡萄酒时，应在经 SO$_2$ 处理 24h 后加入酵母，选择的酵母菌株应具有较强的发酵能力、稳定的发酵特性、良好的 SO$_2$ 耐受力。发酵情况受温度和发酵醪浓度的影响，随着发酵时间增加，液面逐渐出现小气泡，时间越长气泡越多，皮渣随之浮出，需人工将皮渣压入葡萄醪内部，使其颜色加深。随着发酵的进行，温度会升高，超过 30℃时需采取冷却措施，一般工厂采取喷淋的方法进行冷却。发酵过程中要进行倒罐，即将发酵罐底部的汁液泵送至顶部，使固液混合均匀，一般一天倒罐一次。

⑤ 压榨　进行完主发酵后，分离出自流酒，对皮渣进行压榨，得到压榨汁。压榨汁可直接与自流酒混合进行后发酵，也可经过净化处理后与自流酒混合，还可单独进行其他处理，如蒸馏。

⑥ 后发酵　即苹果酸-乳酸发酵。乳酸菌将苹果酸分解为乳酸和 CO$_2$，改善了葡萄酒口感，使其口感绵软，具有浓郁果香，同时使其稳定性增加，有利于防止微生物污染。后发酵的影响因素有温度、pH、SO$_2$ 含量等，后发酵温度一般为 18～20℃，pH 为 3.2～3.4，温度过高则不利于后发酵进行。

⑦ 换桶　后发酵结束后 8～10 天需要进行换桶，第一次换桶时应使酒与空气充分接触，除去其中的 CO$_2$ 和挥发性有害物质，同时酒脚则留在后发酵桶的底部，可用刮板除去。后发酵温度越高，换桶时间越早。

⑧ 陈酿　葡萄酒刚结束发酵时，口感生涩，为优化其口感，需进行一段时间的贮藏陈酿，陈酿器具有多种，其中橡木桶为最佳选择，将葡萄酒用橡木桶贮藏陈酿后，可使酒有橡木香和醇厚浓郁的风味，但由于橡木桶成本较高，目前国际上流行用橡木片浸泡红酒，即将橡木片按一定比例加入贮藏葡萄酒的大容器中，不仅方便，还大大降低了生产成本。

⑨ 澄清　常用的澄清方法有下胶、过滤、离心。下胶就是往葡萄酒中加入亲水胶体，使之与葡萄酒中的胶体物质和以分子团聚的丹宁、色素、蛋白质、金属复合物等发生絮凝反应，将其除去，使葡萄酒澄清稳定。过滤常用设备有硅藻土过滤机、板框过滤机、膜式过滤机等。离心处理可以除去葡萄酒中悬浮微粒，从而达到葡萄酒澄清的目的。

⑩ 装瓶　葡萄酒经理化检验、感官品尝、微生物检验合格后，方可装瓶，为延长其稳定期，防止棕色破败病，红葡萄酒装瓶前需加入 30～50mg/L 的维生素 C。装酒的玻璃瓶需经过清洗、杀菌，防止污染。

9.7.1.2　白葡萄酒

白葡萄酒与红葡萄酒工艺流程大致相同，现就二者加工工艺的区别加以说明。

① 原料选择　白葡萄酒应选取白色品种（白皮白肉）或红色品种（红皮白肉）作为原料，且为成熟度好的芳香性品种，如霞多丽、雷司令、长相思、灰皮诺、白皮诺等。

② 皮汁分离　与红葡萄酒的带皮发酵不同，白葡萄酒发酵前需要进行皮汁分离，用果汁进行单独发酵，以免出现浸渍作用、氧化现象和发酵触发。

③ SO$_2$ 处理　红、白葡萄酒常用 SO$_2$ 浓度有一定区别，如表 9-7-1 所示。

表 9-7-1　红、白葡萄酒 SO_2 浓度对比

原料状况	红葡萄酒/(mg/L)	白葡萄酒/(mg/L)
无破损霉变,含酸量高	30～50	40～60
无破损霉变,含酸量低	50～80	60～80
破损霉变	80～100	80～100

④ 发酵　白葡萄酒的发酵温度更为严格,一般采用冷却的方法将葡萄汁的温度维持着20℃左右。为保持白葡萄酒清爽的口感,一般不进行乳酸发酵,乳酸发酵会导致酸度降低。

⑤ 澄清　红、白葡萄酒下胶材料及用量有所区别,如表 9-7-2 所示。

表 9-7-2　红、白葡萄酒下胶材料及用量对比

葡萄酒类型	下胶材料	用量/(mg/L)
红葡萄酒	明胶	60～150
	蛋白质	60～100
	膨润土	250～400
白葡萄酒	鱼胶	10～25
	酪蛋白	100～1000
	膨润土	250～500 或更多

9.7.2　果醋产品

苹果醋加工如下。

（1）工艺流程

原料选择→清洗→破碎→榨汁→果胶酶处理→加热→澄清→酒精发酵→醋酸发酵→过滤→杀菌→成品

（2）加工要点

① 选择与清洗　选择成熟度适宜的苹果作为原料,剔除腐烂果,将选好的苹果放入清洗池内,用清水清洗干净。

② 破碎与榨汁　将苹果进行破碎处理,大小应在 1～2cm,用螺旋榨汁机进行榨汁,苹果汁很容易氧化褐变,可在其中加入维生素 C 进行预防。

③ 果胶酶处理与加热　加入果胶酶可破坏其细胞壁,有利于出汁。将果汁加热至 70℃左右,维持 20min,进行杀菌。

④ 酒精发酵　果汁杀菌结束后,加入 3%～5% 的酵母液进行酒精发酵,将发酵温度维持在 30℃左右,发酵时间为 5～7 天,每天搅拌 2～4 次。

⑤ 醋酸发酵　将酒精发酵的发酵液酒度调整为 7%～8%（体积分数）,盛放在搪瓷器中或木制容器中,接种 5% 左右的醋酸菌液,进行醋酸发酵。为防止昆虫、灰尘污染果醋,需用纱布将容器口盖上。发酵液位于容器高度的 1/2 处,为防止菌膜下沉,需在液面放置格子板。发酵温度应维持在 30～35℃,发酵时间约为 10 天,每天需进行 1～2 次搅拌。发酵完毕的果醋进行过滤、杀菌即可得到成品,剩余的少量醋液及醋坯可加入果酒继续醋化。

第 10 章

典型畜产食品加工实例

学习目标： 掌握典型畜产食品加工的基本工艺。

10.1 乳制品加工实例

10.1.1 凝固型酸乳产品

凝固型酸乳产品是以鲜奶为原料，经杀菌、接种发酵剂、恒温发酵、冷却、后熟等工艺，加工制作出凝块均匀细腻、色泽均匀一致、营养丰富、风味独特、呈酸味的发酵乳制品。

10.1.1.1 产品配方

鲜奶 500g，糖 5%，乳酸发酵剂 5%，明胶 0.1%。

10.1.1.2 工艺流程及操作要点

（1）工艺流程

鲜牛奶→过滤→调配（加糖、加稳定剂）→均质→杀菌→冷却→接种→装瓶封口→恒温发酵→冷却→贮藏（后熟）→产品

（2）操作要点

① 用 4 层厚的纱布过滤鲜奶，去除其中的杂质。

② 以 1∶5 的比例将糖与稳定剂明胶干混，混合均匀后加入适量水，在 80～90℃的水浴中，溶解备用。原料乳加热到 50～60℃时，加入稳定剂和糖，搅拌均匀。

③ 乳温保持在 60℃，在压力 14～21MPa 条件下进行均质。

④ 均质后的牛乳进行 90℃，10min 的热杀菌处理。

⑤ 杀菌后的牛乳冷却到 40～45℃，加入 5%的发酵剂，搅拌均匀后分装于灭菌的酸奶瓶中，放入 43℃左右的恒温培养箱中，发酵 3～4h。

⑥ 待乳凝固后，将酸奶瓶置于 4～5℃的冰箱中，放置 24h，完成产品的后熟。

10.1.1.3 注意事项

① 制备发酵剂时应严格执行无菌操作，防止杂菌污染影响发酵剂质量。

② 发酵结束后应迅速降低发酵乳的温度，防止过度产酸，影响产品口感。

10.1.2　乳酸菌饮料制品

乳酸菌饮料是以鲜奶为原料，经发酵、搅拌、调配、混合、均质、杀菌、灌装、冷却等工艺，加工制作出风味独特的酸奶饮料制品。

10.1.2.1　产品配方

酸乳 30%，蔗糖 10%～12%，柠檬酸 0.15%，稳定剂（耐酸 CMC）0.3%，香精适量，水。

10.1.2.2　工艺流程及操作要点

（1）工艺流程

（2）操作要点

① 用 4 层厚的纱布过滤鲜奶，去除其中的杂质。

② 牛乳进行 90℃，10min 的热杀菌处理，之后立即冷却到 40～45℃。

③ 冷却后的牛乳中加入 5% 的发酵剂，搅拌均匀后分装于灭菌的酸奶瓶中，放入 43℃左右的恒温培养箱中，发酵 3～4h。待乳凝固后，将酸奶瓶置于 4～5℃ 的冰箱中，放置 24h，完成产品的后熟。

④ 取出发酵乳，当乳温达到 10℃ 时，慢速搅拌，打碎凝块。

⑤ 以 1∶5 的比例将糖与稳定剂干混，混匀后加入适量水，在 80～90℃ 的水浴中，溶解备用。

⑥ 将糖溶解，煮沸杀菌后，冷却备用。将柠檬酸溶解于 30 倍以上质量的水里，煮沸杀菌后，冷却备用。

⑦ 将糖、稳定剂、水杀菌后冷却到 20℃ 后，加入酸乳中混合均匀。

⑧ 将冷却到室温的酸液，慢慢加入酸奶中，其间不断搅拌。同时加入适量香精。

⑨ 将配好料的酸奶预热到 60℃，并于 20MPa 下进行均质。均质后将酸奶饮料灌装于包装容器内，并于 85～90℃ 下杀菌 20～30min，冷却后即得酸奶饮料产品。

10.1.2.3　注意事项

① 酸液要稀释后慢速加入，防止局部酸度过高造成蛋白质变性。

② 均质前需要将产品预热，保证均质效果。

10.2　肉制品生产实例

10.2.1　香肠与灌肠制品

香肠及灌肠制品是以猪肉为主要原料，通过原料肉修整、腌制、拌陷、灌制、漂洗、烘烤或日晒、晾挂成熟等加工工艺，制作出色泽红白分明、鲜明光亮、味美适口、易于保存携带的肠制品。

10.2.1.1　产品配方

瘦猪肉 1kg、白膘 400g、60°大曲酒 45g、硝酸钠 0.7g、白酱油 70g、精盐 30g、白砂糖 100g。

10.2.1.2　工艺流程及操作要点

（1）工艺流程

原料选择与整理→腌制→拌馅→灌制→漂洗→烘烤或日晒→晾挂成熟→成品

（2）操作要点

① 肠衣的制备　取清除内容物的新鲜猪或羊小肠，剪成 1m 左右的小段，翻出内层洗净，置于平木板上，用有棱角的竹刀均匀用力刮去浆膜层、肌肉层和黏膜层后，剩下的色白而坚韧的薄膜（黏膜下层）即为肠衣。刮好、洗净后泡于水中备用。若选用盐渍肠衣或干肠衣，用温水浸泡、清洗、沥干水后，在肠衣一端打一死结待用。

② 原料肉预处理　以新鲜猪后腿瘦肉为主，夹心肉次之（冷冻肉不用），肉膘以背膘为主，腿膘次之。瘦肉绞成 0.5～1.0cm³ 的肉丁，肥肉用切丁机或手工切成 1cm³ 肉丁后，用 35～40℃ 热水漂洗去浮油，沥干水备用。

③ 拌料　按瘦、肥 7：3 比例的肉丁放入容器中，另将其余配料用少量温开水（50℃左右）溶化，加入肉馅中充分搅拌均匀，使肥、瘦肉丁均匀分开，不出现黏结现象，静置片刻即可用以灌肠。

④ 灌制　将上面配制好的肉馅用灌肠机灌入肠内（用手工灌肠时可用绞肉机取下筛板和搅刀，安上漏斗代替灌肠机），每灌到 12～15cm 时，即可用麻绳结扎。

⑤ 漂洗　灌好结扎后的湿肠，放入温水中漂洗几次，洗去肠衣表面附着的浮油盐汁等污物。然后用细针戳洞，以便于日晒、烘烤时水分和空气外泄。

⑥ 日晒、烘烤　水洗后的香肠分别挂在竹竿上，放到日光下晒 3～4 天至肠衣干缩并紧贴肉馅时即可。若遇阴天，可直接进行烘烤，烘烤温度为 50～60℃，每烘烤 6h 左右，应上下进行调头换尾，以使烘烤均匀。烘烤 48h 后，香肠色泽红白分明，鲜明光亮，没有发白现象，烘制完成。

⑦ 成熟　日晒或烘烤后的香肠，放到通风良好的场所晾挂成熟。

10.2.1.3　注意事项

① 肠衣要富有弹性，灌馅后，要在肠衣上扎眼，否则烘烤时易出现肠衣破裂。

② 烘烤时注意翻动，否则易出现烘烤不均匀。

10.2.2　培根制品

培根制品是以猪肉为主要原料，通过腌熏加工出风味独特的猪胸肉。

10.2.2.1　产品配方

猪胸腹肉 1kg，盐 100g，NaNO₃ 1g。

10.2.2.2 工艺流程及操作要点

（1）工艺流程

选料→初步整形→腌制→浸泡→清洗→修刮、再整形→烟熏

（2）操作要点

① 选料　选取不太肥的猪胸腹部为原料肉。去掉肋骨，切去腹膜和乳头，去掉碎肉，修整肉的边缘，使之成为长方形。培根的剔骨要求很高，只允许用刀尖划破骨表的骨膜，然后用手将骨轻轻扳出。刀尖不得刺破肌肉，否则生水侵入而不耐保藏。厚度最薄的边缘不少于 2cm，厚处不多于 4cm，肥膘厚度不少于 1cm。切块，使每块质量不少于 1kg。

② 初步整形　使四边基本成直线，整齐划一。

③ 腌制　采用干腌法，每块肉坯用盐约 100g（加入 1‰ NaNO$_3$），然后摊在不透水浅盘内，放置在 4～5℃ 的冰箱中腌制 24h。

④ 浸泡、清洗　将腌制好的肉坯用 25℃ 左右清水浸泡 30～60min，其目的是：使肉坯温度升高，肉质还软，表面油污溶解，便于清洗和修刮；熏干后表面无"盐花"，提高产品的美观性；软化后便于剔骨和整形。

⑤ 修刮、再整形　修刮是刮尽残毛和皮上的油污。因腌制、堆压使肉坯形状改变，故要再次整形，使肉的四边成直线。至此，便可穿绳、吊挂、沥水，6～8h 后即可进行烟熏。

⑥ 烟熏　烟熏室温一般保持在 60～70℃，烟熏时间 8h 左右，出品率约 83%。

10.2.2.3 注意事项

① 用干腌法腌制时，要揉搓均匀；

② 剔骨时注意刀尖不要刺破肌肉。

10.2.3 熏制品生产实例

10.2.3.1 熏制品概述

熏制品是以烟熏为主要加工工艺生产的肉制品。熏制是利用燃料没有完全燃烧的烟气对肉品进行烟熏，温度一般控制在 30～60℃，以熏烟来改变产品口味和提高品质的一种加工方法。

10.2.3.2 熏制品加工

（1）熏鸡的加工工艺

① 工艺流程

原料、辅料准备→屠宰→浸泡→紧缩→煮熟→冷风干燥→熏制→包装→成品

② 工艺要点

a. 原料　要求选择肥嫩的母鸡，健康无病，清洗时应尽量把残留在体内的残血清理干净，鸡的鼻腔黏液挤出，食道拔除。

b. 辅料　配制老汤的标准是：清水 100kg，精盐 8kg，酱油（原汁）3kg，味精 50g，花椒 400g、大料 400g、桂皮 200g（这三种调料共同装入一个白布口袋，每煮 10 次更换 1 次），鲜姜（切丝）250g、大葱（切段）150g、大蒜（去皮）150g（这三种调料也合装入一个白布口袋，鲜姜每煮 5 次更换一次，葱、蒜每煮 1 次更换一次）。

老汤配好后，放入锅里加热。

c. 屠宰　鸡宰杀后，彻底除掉羽毛和鸡内脏，之后将鸡爪弯曲装入鸡腹内，将鸡头夹在鸡膀下。

d. 浸泡　把宰后的鸡放在凉水中泡 1～2h 取出，排尽水分。

e. 紧缩　将鸡投入滚开的老汤内紧缩 10～15min。取出后把鸡体的血液全部倒出，再把浮在汤上的泡沫捞出弃去。

f. 煮熟　把紧缩后的鸡重新放入老汤内煮制，汤的温度要保持在 90℃ 左右，经 3～4h 后，煮熟捞出。

g. 冷风干燥　煮熟沥干水分后，将鸡挂在风干机中进行风干。吊挂时鸡与鸡之间要留有一定的空隙，便于空气流通。

h. 熏制　将冷风干燥的鸡单行摆入熏屉内，装入熏锅或熏炉。烟源的调制：用白糖 1.5kg（红糖、糖稀、土塘均可）、锯末 0.5kg，拌匀后放在熏锅内用火烧锅底，使锯末和糖的混合物生烟，熏在煮好的鸡上，使产品外层干燥变色。熏制 20min 取出，即为成品。

i. 包装　将熏好的鸡迅速放入 18℃ 冷库，5min 内温度降至 4～5℃，包装入袋，并且冷库贮藏。

（2）牛肉干的加工工艺

① 工艺流程

原料肉的选择→预处理→初煮→切块→（配料）复煮→脱水→冷却→包装→成品

② 工艺要点

a. 原料肉的选择　牛肉原料需要选择经过卫生检验合格的瘦肉，且以前后腿的瘦肉为最佳，此部位蛋白质含量高，脂肪含量少，肉质更加好。这部分的肉，表面为红棕色，内部结构硬且更加富有弹性。

b. 预处理　对选择好的牛肉进行处理，剔除皮、骨、脂肪、筋腱、淋巴、血管等多个不宜加工的部位，然后顺着肌纤维的方向将牛肉切成 0.5kg 左右的肉块，在清水中浸泡 1h，以去除血水和脏物，冲洗干净后进行沥干备用。

c. 初煮　将预处理后的牛肉块放在沸水中煮制，煮制时加水量要以水面没过肉面为原则。初煮时一般不加任何辅料，但有时候会加入 1%～2% 的鲜姜，以去除异味。在初煮过程中应该保持水温在 90℃ 以上，并随时撇去汤里的浮油沫以及污物。初煮时间因肉的嫩度和肉块的大小不同而有所差异，煮至肉块内部的切面呈现粉红色、无血水为止，初煮时间通常为 1h，将肉块捞出后，对汤汁进行过滤保存备用。

d. 切块　初煮后的肉块经过自然冷却后，根据加工需要顺着肉纤维的方向切成块状，并保证肉块大致相同。

e. 配料　制备不同风味的牛肉干，配料选择有所不同。按照味道分类，主要有以下 4 种口味：

ⅰ. 五香牛肉干　以江苏靖江牛肉干为例，每 100kg 牛肉所用辅料（kg）：

食盐 2.00，白糖 8.25，酱油 2.00，味精 0.18，生姜 0.30，白酒 0.625，五香粉 0.20。

ⅱ. 咖喱牛肉干　以上海产咖喱牛肉干为例，每 100kg 鲜牛肉所用辅料（kg）：

精盐 3.00，酱油 3.10，白糖 12.00，白酒 2.00，咖喱粉 0.50，味精 0.50，葱 1.00，姜 1.00。

ⅲ. 麻辣牛肉干　以四川生产的麻辣牛肉干为例，每 100kg 鲜肉所用辅料（kg）：

精盐 3.50，酱油 4.00，老姜 0.50，混合香料 0.20，白糖 2.00，酒 0.50，胡椒粉 0.20，味精 0.10，海椒粉 1.50，花椒粉 0.80，菜油 5.00。

ⅳ. 果汁牛肉干　以江苏靖江生产的果汁牛肉干为例，每 100kg 鲜肉所用辅料（kg）：

食盐 2.50，酱油 0.37，白糖 10.00，姜 0.25，大茴香 0.19，果汁露 0.20，味精 0.30，鸡蛋 10 枚，辣酱 0.38，葡萄糖 1.00。

f. 复煮　复煮是将初煮后切块成型的牛肉放在调味汤中进行煮制。取过滤后的初煮汤汁，其质量为肉胚质量 20%～40%，先将配料中的不溶解成分装入纱布袋中入锅，用大火将汤汁煮开后，再将其余配料和肉胚放入。用大火煮制 30min 左右，随着汤料的逐渐减少，香味不断散发，改用小火进行收汤，防止出现焦锅，一般用小火煨 1～2h，待汤汁基本收干后即可起锅。煮制时需要用锅铲轻轻翻动，以使肉块受热均匀；汤汁将要熬干时，勤翻牛肉块，防止其焦锅，影响质量。

g. 脱水　在肉干的制备过程中，有多种脱水方法，常规的脱水方法主要有烘烤法、炒干法和油炸法三种。

h. 冷却、包装　冷却以在清洁室内摊晾自然冷却较为常用。必要时可用机械排风，但不宜在冷库中冷却，否则牛肉干宜吸水返潮。未经冷却直接进行包装，在包装容器的内面易产生蒸汽的冷凝水，使肉片表面湿度增加，从而不利保藏。包装可以选择阻气、阻湿性能较好的复合膜，这种复合膜的包装效果最好。将包装后的牛肉干置于常温常湿下或者 0～5℃的库内保存，应避免阳光直接照射，一般情况下可以储存 2～3 个月。也可以将牛肉干装入玻璃瓶或马口铁缸中，可以储存 3～5 个月。还可以先用纸袋对牛肉干进行包装，然后与纸袋一起再进行烘烤 1.0h，可以防止牛肉干霉变，并延长其储存期。

10.2.4　蛋制品生产实例

10.2.4.1　咸蛋制品

（1）原料蛋及辅料的选择

① 原料蛋的选择　鸭蛋蛋黄中的脂肪含量较多，产品质量风味较好，所以加工咸蛋的原料主要为鸭蛋，亦可用鸡蛋或鹅蛋加工。加工前必须对其进行感官鉴别、照验、敲检和分级。加工用的原料蛋必须新鲜，蛋壳上的泥污和粪污必须洗净。必须经过光照检验后，剔除次、劣蛋，保证原料蛋新鲜、完整、无公害、无污染。

② 辅料的选择

a. 食盐　食盐是加工咸蛋最主要的辅助材料。其感官指标要求是色白、味咸、氯化钠含量在 96% 以上、无苦涩味、无杂质的干燥产品。在大批量生产时，应测定食盐中氯化钠的含量和含水量，以便在加工中能正确掌握食盐的用量。

b. 草灰　咸蛋加工一般用稻草灰，使用时应选择干燥、无霉变、无杂质、无异味、质地均匀细腻的产品。它的作用是草灰和食盐调成料泥后，使食盐能长期、均匀地向蛋内渗透，阻止微生物向蛋内侵入，防止外界环境温度变化引起蛋内容物的不良变化，也可减少蛋的破损，便于储藏。

c. 黄土　在咸蛋加工的用料上，也可以采用黄土加工，甚至可将草灰与黄土混合使用。黄土的作用与草灰相同。选用的黄土应是深层的、经干燥的、无杂质、无异味。含腐殖质较多的泥土不能使用，以免使禽蛋变质。

d. 水　加工咸蛋一般直接使用清洁的自来水，但使用冷开水对于提高产品的质量较为有利。

（2）咸蛋的加工

① 浸泡法　浸泡法是直接将鸭蛋浸泡在盐水、泥浆水、灰浆水中，让其成熟为成

品，它的特点是加工方法简单、成熟快、城乡居民和厂矿企业的食堂都可加工。

a. 盐水浸泡　配制盐水的浓度为 20% 左右，即 50kg 开水中加入 10kg 左右的食盐（0.5kg 盐水能泡蛋 0.5kg 左右），充分搅拌均匀，使盐水完全冷却后备用。取检验合格的鲜鸭蛋，用冷开水洗涤干净，准备浸泡装蛋的缸、罐，用开水洗涤干净，抹干，再把蛋装入缸、罐内，装至距缸口 5～6cm 时将蛋摆平，盖上稀眼竹盖，再加 3～5 根粗竹片压住，防止加料后咸蛋上浮。灌入盐溶液，灌料后 12d 左右检查进盐情况，一般 15d 就可食用。鲜蛋个头大的可多泡 3～5d，喜食咸味重的咸蛋可在 20d 左右开缸。盐水浸泡蛋不适于炎夏季节，更不宜长期贮存，因为盐水咸蛋存放过久，蛋壳会出现黑斑，蛋清变浑，蛋黄发黑，严重的会腐败发臭，不能食用。

b. 泥浆、灰浆浸泡　泥浆、灰浆浸泡和盐水浸泡咸蛋相比存放时间较长，蛋壳不会出现黑斑，风味也有一定的差别。它的加工方法是在 20% 的盐水中，加入 5% 的干黄泥细粉，或 5% 的干稻草灰，经搅拌均匀成稀浆状，再行泡蛋，其他工艺与盐水浸泡相同。

② 提浆裹灰法　提浆裹灰法是我国出口咸蛋较多采用的方法。

a. 操作流程　挑选原料蛋→配料→打浆→验料→提浆→裹灰→捏灰→装缸包装→腌制→成品

b. 操作步骤　按要求挑选好原料蛋并按配方准确称取各配料，如无配方，可按草木灰：水：食盐＝5：4：1 的比例称取各配料。将食盐溶于水中。草木灰分几次加入打浆机内，先加 3/4 或 2/3，在打浆机内搅拌均匀，再逐渐加入剩余的部分直至全部搅拌均匀为止。使灰浆搅成不流、不起水、不成块、不成团下坠、放入盘内不起泡的不稀不稠状态，而后进行验料。其要求是：将手放入灰浆中，取出后皮肤呈黑色、发亮、灰浆不流、不起水、不成块、不成团下坠；灰浆放入盆内不起泡。灰浆达到标准后，放置一夜到次日即可使用。如无打浆机，可用人工代替，方法是先将盐水倒入缸内，加入 2/3 的草木灰，搅拌均匀，然后人工穿上长筒套鞋，进入缸内反复踩动，边踩边加剩余的草木灰，直至灰浆达到上述要求即可。

验料结束进行提浆，即将挑选好的原料蛋，在经过静置搅熟的灰浆内翻转一下，使蛋壳表面均匀地粘上一层 2mm 厚灰浆。将提浆后的蛋尽快在干燥草灰内滚动，使其粘上 2mm 厚的干灰。如过薄则蛋外灰料发湿，易导致蛋与蛋的粘连；如过厚则会降低蛋壳外灰料中的水分，影响成熟时间。裹灰后还要捏灰，即用手将灰料紧压在蛋上，捏灰要松紧适宜，滚搓光滑，无厚薄不均匀或凸凹不平现象。捏灰后的蛋即可点数入缸或装篓。出口咸蛋一般使用尼龙袋或纸箱包装。此法腌制的咸蛋，夏季腌制 20～30d，春秋季腌制 40～50d。最后根据有关标准进行成品检验。

③ 盐泥涂布法　盐泥涂布法是用食盐和黄土加水调成泥浆，然后涂布、包裹原料蛋来腌制咸蛋。

a. 操作流程　挑选原料蛋→食盐溶解→调泥→涂布→装缸包装→腌制→成品

b. 操作步骤　按要求挑选好原料蛋并将食盐放在容器内，加水使其完全溶解。向容器内加入搅碎的干黄土，待黄土充分吸水后调成糊状泥料。原料蛋放入成熟泥料时，呈半沉半浮状态。然后将挑选好的鸭蛋放于调好的泥浆中，使蛋壳周围全部粘满盐泥。为使泥浆咸蛋不粘连，外形美观，可在泥浆外再滚上一层草木灰、稻壳或锯末，即成为泥浆滚灰咸蛋，然后进行点数入缸或装箱。此法在夏季腌制 25～30d，在春秋季腌制 30～40d。最后根据有关标准进行成品检验。

10.2.4.2　糟蛋制品

（1）平湖糟蛋

平湖糟蛋加工的季节性较强，是在 3 月至端午节间，端午后天气渐热，不宜加工。加工过程要掌握好酿酒制糟、击蛋破壳、装坛糟制三个关键环节。

① 配料标准　按鲜鸭蛋 120 枚计算，需用优质糖米 50kg（熟糯米 75kg），食盐 2kg，甜酒药 200g，白酒药 100g。

② 工艺流程

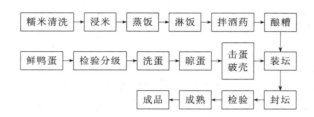

③ 操作要点

a. 酿酒制糟　主要包括糯米的选择、浸洗、蒸饭、淋饭、制糟等多道工序。

ⅰ. 糯米浸洗　将选好的糯米先进行淘洗，然后放入缸中加冷水浸泡。浸泡时间要根据气温高低而有所不同。一般气温在 20℃ 以上浸泡 20h，10～20℃ 浸泡 24h，10℃ 以下浸泡 28h。

ⅱ. 蒸饭　捞出浸好的糯米，用清水冲洗 2～3 次后倒入蒸笼内蒸煮。蒸煮时先不加盖，待蒸汽上到饭面后加盖。蒸 10min 后揭开盖，向饭面均匀地洒一点热水，以使米饭均匀熟透。再盖上盖蒸 10～15min，饭即蒸好，出饭率 150% 左右。

ⅲ. 淋饭　蒸好的饭倒入沥箕中，稍加拨散后，用冷水冲淋 2～3min，使饭温降至 30℃ 左右，以适应酒药生长要求。

ⅳ. 拌酒药及酿糟　淋水后的饭，沥去水分，倒入缸中，撒上预先研成细末的酒药。酒药的用量以 50kg 米出饭 75kg 计算，应根据气温的高低而增减用药量。加酒药后，将饭和酒药搅拌均匀，面上拍平、拍紧，表面再撒上一层酒药，中间挖一个直径 3cm 的塘，上大下小。塘穴深入缸底，塘底不要留饭。缸体周围包上草席，缸口用干净草盖盖好，以便保温。经 20～30h，温度达 35℃ 时就可出酒酿。当塘内酒酿有 3～4cm 深时，应将草盖用竹棒撑起 12cm 高，以降低温度，防酒糟热伤、发红、产生苦味。待满塘时，每隔 6h，将塘之酒酿用勺浇泼在面上，使糟充分酿制。经 7 天后，把酒糟拌和灌入坛内，静置 14 天待变化完成、性质稳定时方可供制糟蛋用。品质优良的酒糟色白、味香、略甜，乙醇含量为 15% 左右。

b. 击蛋破壳

ⅰ. 选蛋　采用感官鉴定和灯光透视方法对原料蛋进行严格挑选，剔除次、劣蛋。

ⅱ. 洗蛋　逐个用板刷将蛋壳上的污物洗净，洗净的蛋应放在通风处晾干。

ⅲ. 击蛋破壳　为使糟渍过程中酒糟中的醇、酸、糖、酯等成分易于渗入蛋内，须将晾干后的蛋进行击蛋破壳。击蛋时，将鸭蛋放于左手掌心中，右手用小竹片（长 13cm、宽 3cm、厚 0.7cm）对准蛋的纵侧轻轻一击，然后转半周再在蛋的另一纵侧轻轻一击。使两者在纵向产生的裂纹连成一线，同时勿使蛋壳内膜和蛋白膜破裂。

c. 蒸坛　糟蛋坛是糟制糟蛋的重要容器，鲜蛋从入糟坛到出坛大约需经 5 个月的时间。因此，要求坛子必须坚实、耐用、无裂缝，无其他脏物污染。糟蛋坛在使用前需进行清洗和蒸汽消毒，即为蒸坛。先将所用的坛检查一下，看是否有破漏，用清水洗净后进行蒸汽消毒。消毒时，将坛底朝上，涂上石灰水，然后倒置在带孔眼的木盖上，再放在锅上，加热锅里的水至沸，使蒸汽通过盖孔而冲入坛内加热杀菌。如发现坛底或坛壁有气泡或蒸汽透出，即是漏坛，不能使用，待坛底石灰水蒸干时，消毒即完毕。然后把坛口朝上，使蒸汽外溢，冷却后叠起，坛与坛之间用三丁纸 2 张衬垫，最上面的坛，在三丁纸上用方砖压上，备用。

d. 装坛（又称落坛）　取经过消毒的糟蛋坛，用酿制成熟的酒糟 4kg（底糟）铺于坛底，摊平后，将击破蛋壳的蛋放入，每枚蛋的大头朝上，直插入糟内，蛋与蛋依次平放，相互间的间隙不宜太大，但也不要挤得过紧，以蛋四周均有糟且能旋转自如为宜。第 1 层蛋排放后再入腰糟 4kg，同样将蛋放上，即为第 2 层蛋。一般第 1 层放蛋 50 多枚，第 2 层放 60 多枚，每坛放 2 层共 120 枚。第 2 层排满后，再用面糟摊平盖面，然后均匀地撒上 1.6～1.8kg 食盐。

e. 封坛糟制　目的是防止乙醇、乙酸挥发和细菌的侵入。蛋入糟后，坛口用牛皮纸 2 张，刷上猪血，将坛口密封，外再包牛皮纸，用草绳沿坛口扎紧。封好的坛，每 4 坛一叠，坛与坛间用三丁纸垫上（纸有吸湿能力），排坛要稳，防止摇动而使食盐下沉，每叠最上层坛口用方砖压实。每坛上面标明日期、蛋数、级别，以便检验。

f. 成熟　糟蛋的成熟期为 5～6 个月，应逐月抽样检查，以便控制糟蛋的质量。根据成熟的变化情况，来判别糟蛋的品质。

第 1 个月，蛋壳带蟹青色，击破裂缝已较明显，但蛋内容物与鲜蛋相仿。

第 2 个月，蛋壳裂缝扩大，蛋壳与壳内膜逐渐分离，蛋黄开始凝结，蛋清仍为液体状态。

第 3 个月，蛋壳与壳内膜完全分离，蛋黄全部凝结，蛋清开始凝结。

第 4 个月，蛋壳与壳内膜脱开 1/3，蛋黄微红色，蛋清乳白状。

第 5 个月，蛋壳大部分脱落，或虽有小部分附着，只要轻轻一剥即脱落。蛋清成乳白胶冻状，蛋黄呈橘红色的半凝固状，此时蛋已糟渍成熟，可以投放市场销售。

（2）叙府糟蛋

原产于四川省宜宾市，已有 120 年的历史。叙府糟蛋工艺精湛、蛋质软嫩、蛋膜不破、气味芳香、色泽红黄、爽口助食。其加工用的原辅料、用具和制糟与平湖糟蛋大致相同，但其加工方法与平湖糟蛋不同。

① 原料配方　甜酒糟 7kg，68°白酒 5kg，红砂糖 1kg，陈皮 25g，食盐 1.5kg，花椒 25g，鸭蛋 150 枚。

② 加工方法

a. 选蛋、洗蛋和击破蛋壳　同平湖糟蛋加工。

b. 装坛　以上配料混合均匀后（除陈皮、花椒外），将全量的 1/4 铺于坛底（坛要事先清洗、消毒），将击破壳的鸭蛋 40 枚大头向上竖立在糟里，再加入甜酒糟约 1/4，铺平后再以上述方式放入鸭蛋 70 枚左右，再加甜酒糟 1/4，放入其余的鸭蛋 40 枚；一坛共 150 枚，最后加入剩下的甜酒糟，铺平，用塑料布密封坛口，使之不漏气，在室温下存放。

c. 翻坛去壳　上述加工的糟蛋，在室温下糟渍 3 个月左右，将蛋翻出，逐个剥去蛋壳，成为软壳蛋。切勿将蛋壳膜剥破。

d. 白酒浸泡　将剥去蛋壳的蛋逐枚放入缸内，倒入高度白酒（每 150 枚蛋需 4kg 左右），浸泡 1～2d。这时蛋清与蛋黄全部凝固，不再流动，蛋壳膜稍微膨胀而不破裂者为合格。如有破裂者，应作次品处理。

e. 加料装坛　将用白酒浸泡过的蛋逐枚取出，装入能容下 150 枚蛋的坛内。装坛时，用原有的酒糟和配料再加入红砂糖 1kg、食盐 0.5kg、陈皮 25g、花椒 25g、熬糖 2kg（红砂糖 2kg 加入适量的水，煎成拉丝状，待冷后加入坛内），充分搅拌均匀，按以上装坛方法，层糟层蛋，最后加盖密封，保存于干燥而阴凉的仓库内。

f. 再翻坛　贮存了 4 个月后，必须再次翻坛，即将上层的蛋翻到下层，下层的蛋翻到上层，使整坛的糟蛋达到均匀糟渍。同时，做一次质量检查，剔出次劣糟蛋。翻坛后的糟蛋，仍应浸渍在糟料内，加盖密封，贮于库内。从加工开始直至糟蛋成熟，需要 10～12 个月时间，此时的糟蛋蛋质软嫩，蛋膜不破，色泽红黄，气味芳香，即可销售，也可继续存放 2～3 年。

（3）鸡蛋糟蛋

陕州糟蛋是用鸡蛋和黄酒酒糟加工酿制而成的。它用料严格，工艺讲究，成品蛋蛋心呈红黄色细腻糊状，无硬心，有蛋香、脂香、酒香等主种香味、味悠长可口，风味独特。成品蛋宜存放于清凉处，随吃随捞，食时去壳加香油少许，是豫西有名的风味食品。

① 原料配方　鸡蛋 100 枚，黄酒酒糟 23kg，食盐 1.8kg，黄酒 4.5kg（酒精浓度 13°～15°），菜油 50mL。

② 加工方法　将生糟放在缸内，用手压平，松紧适宜，然后用油纸封好，在油纸上铺约 5cm 厚的砻糠，然后盖上稻草保温，使酒糟发酵 20～30d，至糟松软，再将糟分批翻入另一缸内，边翻边加入食盐。用酒拌匀捣烂，即可用来糟制。鸡蛋经挑选后，洗净晾干。一层糟一层蛋，蛋与蛋的间隔以 3cm 左右为度，蛋面盖糟，撒食盐 100g 左右，再滴上 50mL 菜油，封口，贮放 5～6 个月，至蛋摇动时不发出响声则为成熟。这种糟蛋加工期及贮存期较平湖软壳糟蛋长。

（4）硬壳糟蛋

① 原料配方　鸭蛋 100 枚，绍兴酒酒糟 25kg，食盐 1.8kg，黄酒 4.5kg（酒精浓度 13°～15°），菜油 50mL。

② 加工方法　将生糟放在缸内，用手压平，使糟不过松也不过紧实。然后用油纸封好，油纸上铺约 5cm 厚的砻糠，再盖上稻草保温，使酒糟发酵 20～30d，至糟松软，再将糟分批翻入另一缸内，边翻边加入食盐。酒糟拌匀捣烂，即可用来糟渍鸭蛋。加工所用鸭蛋经挑选后，洗净晾干，加发酵成熟的酒糟落坛糟渍，放一层糟放一层蛋，蛋与蛋的间隔以 3cm 左右为度，不可挤紧，蛋面盖糟，撒食盐 100g 左右，再滴上 50mL 菜油。坛口用牛皮纸封好，包上竹箬，贮放 5～6 个月，蛋摇动时不发出响声则为成熟。这种糟蛋加工期比平湖软壳糟蛋要长，而贮存期也较平湖软壳糟蛋长。

（5）熟制糟蛋

① 原料配方　鸭蛋 100 枚，绍兴酒酒糟 10kg，食盐 3kg，醋 0.2kg。

② 加工方法　将酒糟放缸中，加食盐和醋，充分搅拌，使混合均匀，以备糟蛋之用。将蛋放于凉水锅中，煮沸 5min，捞出后放在凉水中冷却，然后剥去蛋壳，留下壳下膜，层糟层蛋进行糟制，坛密封好，40d 即可糟透食用。

（6）成品保管、分装与运输

① 成品保管　经过检验合格的糟蛋，仍应带糟贮存于原糟坛内，坛仍要密封起来，堆存在易于通风、室温较低的仓库里，以待销售，一般可以保存半年以上。

② 成品分装与运输　为了便于糟蛋的销售，可用小坛或玻璃瓶分装，每个容器内装入糟蛋 4～5 枚。容器内除装入糟蛋外，同时也要将酒糟装进去，使糟蛋埋在酒糟里，而保持

糟蛋的质量，防止糟蛋干硬失去香味。分装糟蛋时，对容器及取蛋的夹子等，要严格清洗和消毒，以防止杂菌的污染，造成糟蛋变质。糟蛋分装后，严密封好，贴上商标和说明。

糟蛋销售出厂运输时，在装卸过程中必须轻拿轻放，防止容器碰碎。容器装箱或装篓时，要加填充物，以防破损。

10.3 鸡蛋饮料

10.3.1 蛋清发酵饮料

鸡蛋蛋清是一种容易消化而且氨基酸比例平衡的蛋清质胶体溶液，含有具抗菌作用的成分，所以其是生产饮料和医药的一种很好的原料。但蛋清的蛋清质加热后容易变性凝固，加之溶菌酶的杀菌抑菌作用，给生产饮料带来很大困难；用作医药原料其抗生素含量又较低，提取也很困难，因此蛋清利用受到很大限制。随着科学技术的进步，对于解决上述各种问题取得了很大的进展，蛋清发酵饮料的制造就是一种。

在鸡蛋蛋清中加入 0.5%～10% 的蛋黄，或用皂土吸附法和其他抽提法除去蛋清中的溶菌酶，可以防止蛋清在杀菌过程中的热变性凝固，还可大大降低溶菌酶对乳酸菌的抑制作用。蛋黄用量不低于 0.5%，否则处理效果不好；蛋黄用量大于 10% 时，由于蛋黄用量较大，比例增大，不仅会失去蛋清的特性，还会冲淡蛋清的作用。经上述处理的蛋清，可直接使用或加糖（蔗糖、葡萄糖或乳糖等）使用，加糖量不得超过 10%。然后蛋清液于 50～60℃ 加热 20～30min。为了彻底杀菌，可采用间隔杀菌法。蛋清灭菌后，接种乳酸菌进行乳酸发酵。接种之前需用盐酸或有机酸等调节 pH 值，使其达到乳酸发酵最适宜的 pH 值。生产实例如下：蛋清液中按表 10-3-1 的比例加入蛋黄，搅拌混合均匀后，分装在 30 个 100mL 容量的无菌瓶中，每瓶装 50mL，于 52～55℃ 水浴灭菌 30min 后，置于室温下，第 2 天再同样进行加热灭菌，并用盐酸调 pH 值为 6.8～7.0。然后接种乳酸菌，在最适温度下培养 18h，即制成味道芳香、酸味柔和的蛋清液饮料。

表 10-3-1 蛋清和蛋黄配比

蛋成分	1	2	3	4	5
蛋清/%	99	98	97	95	90
蛋黄/%	1	2	3	5	10

10.3.2 蛋乳发酵饮料

蛋的营养成分非常平衡，是理想的食物。但其主要成分蛋白质在加热时易变性，因此蛋在饮料方面的应用受到一定的限制。但如果加入 50% 以下牛乳，于一定温度下灭菌一次或几次，再用乳酸菌进行发酵，就可制成无损于营养平衡又没有其他异味的蛋乳发酵饮料。

（1）原辅料

蛋液可以是全蛋液，也可以是蛋黄液、蛋清液等。可以是鲜生蛋液，也可以用冻结蛋液、浓缩蛋液、蛋粉等，可以直接使用，也可以适当稀释后再使用。为了促进乳酸菌发酵可适当加些乳、糖等。乳可以是脱脂乳、奶粉、炼乳，添加量要在 50% 以下；糖可以是蔗糖、乳糖、葡萄糖、果糖，添加量在 10% 以下。

（2）工艺步骤

① 搅拌 将蛋液或加乳、糖后的混合液搅拌。

② 加热杀菌　仅用蛋液则加热温度 50～60℃，蛋、乳、糖混合液可加热到 80℃。加热时间 2～40min，可进行一次或数次。高温短时加热可防止蛋白质凝固；温度低，加热时间须延长才能达到杀菌效果。新鲜优质蛋液加热一次即可，不鲜的蛋液需进行 2～3 次间歇加热。

③ 冷却、调整 pH　将灭菌后蛋液冷却至发酵剂菌种适宜生长温度，然后用食用酸调 pH 值至中性。这一步不是必需的，如蛋液本身就接近中性则不必调整 pH。

④ 发酵　选择链球菌属或乳酸杆菌属中的一种或两种按常法发酵。链球菌属的细菌有粪链球菌、嗜热链球菌、稀奶油链球菌、乳酸链球菌、丁二酮链球菌、干酪链球菌等。添加量为蛋液的 1%～5%。发酵条件依菌种而异，一般发酵温度为 30～40℃，时间 6～24h。

在发酵蛋液中可加入其他冰激凌或冰果的原料，如牛奶、脱脂奶、浓缩乳、脱脂奶粉、全脂奶粉、奶油等乳制品，蔗糖、葡萄糖等甜味剂，明胶、海藻酸钠、蔗糖酯、甘油硬脂酸酯等稳定剂，以及其他香精色素等。再经过杀菌、均质、硬化等工序制造冰果类。

可将发酵蛋液和其他原料混合杀菌，也可将其他原料预先混合后再加入发酵蛋液泥合。

（3）加工实例

将鸡蛋全蛋液 10kg，搅拌均匀，在 60℃，30min 条件下杀菌后，搅拌、冷却，加盐酸将 pH 调整到 6.9，添加嗜酸乳杆菌发酵剂 300g，在 36～40℃条件下培养 16h，制成发酵蛋液。将发酵蛋液按如下比例制成冰激凌混合液：发酵蛋液 18%、牛奶 35%、奶油 32%、白糖 14.5%、粉末明胶 0.5%。将混合液经均质机均质，70℃加热 30min，然后冷却、凝冻、硬化。

10.3.3　蜂蜜鸡蛋饮料

① 酸性糖液制备　将 CMC（羧甲基纤维素钠）与配方中白砂糖的 1/2 充分混匀，边搅拌边加入 80℃热水中溶解，然后加稀释过的酸溶液及果汁溶液。

② 蛋液制备　将鸡蛋经清洗消毒后，用打蛋机打蛋，取出蛋液，再与配方中剩余的 1/2 白砂糖的溶液混合均匀。

③ 混合液制备　这是最关键的一步。将蛋液经过物料混合泵打入酸性糖液中，加料过程中应充分搅拌。使用物料泵的目的在于加强蛋液的乳化作用。

④ 均质与杀菌　采用二次均质，以达到最佳稳定状态。一次均质压力为 19.6MPa，二次均质压力为 39.2MPa。杀菌采用多段式板式杀菌器，杀菌条件是 90℃，15s，出料温度为 65℃。

⑤ 调香　调配缸中加入所需香料。

⑥ 灌装　全自动塑料瓶灌装机灌装，容量为 100mL，铝箔封口。

⑦ 二次杀菌　采用常压式热水杀菌，要求在 85～90℃之间保持 30min。温度过低，杀菌效果不好；而温度过高，容易开口。当包装材料的材质不同时，可结合杀菌效果和密封性对温度和时间进行调整。

10.3.4　醋蛋功能饮料

醋蛋功能饮料就是以醋蛋液为原料，添加适量蜂蜜、果汁、糖、稳定剂等配料，加工成的一种营养丰富、风味较佳且有一定医疗保健作用的功能饮料。

① 醋蛋原液的制备　通过检验剔除各种次劣蛋，对合格的原料蛋用浓度为 50mg/kg 的

氯水浸泡几分钟，以杀死蛋壳表面的沙门菌等有害菌，然后按每 100mL/g 米醋加入一枚鸡蛋（50g 左右），盖严浸泡 7d 后，将软化的蛋壳挑破弃去，并加入溶解的 β-环糊精搅拌匀浆过滤备用。

②　蜂蜜澄清　将优质蜂蜜用温水稀释到 40°Be′❶，加入 0.5% 的碳酸钠和 0.05% 的单宁，混合后静置，待沉淀完全后，用虹吸法结合过滤得澄清蜂蜜。

③　糖液制备　将白砂糖、稳定剂、缓冲剂等辅料按配方充分混匀，边搅拌边加到 80℃ 热水中溶解，然后过滤备用。

④　调配定容　将澄清蜂蜜、橘子汁、醋蛋原液依次加入糖液中，然后用饮用水定容。调配过程中应边加物料边搅拌，转速需大于 120r/min。

⑤　均质　生产中应采用三次均质，以达到最佳稳定状态，首先采用 19.6MPa 的压力，再采用 39.2MPa 的压力。

⑥　杀菌　采用无菌灌装后，再在恒温水浴锅中杀菌。杀菌条件是 63～65℃，30min，间歇三次。杀菌后迅速冷却至常温，以减少营养、风味的损失。

⑦　检验　严格按功能饮料质量标准进行理化和微生物检验，合格品即可销售。

---

❶　用波美计浸入溶液中所测得的度数来表示的溶液浓度称为波美浓度，以°Be′表示，波美计有重表和轻表两种，液体比重大于 1 的用重表，小于 1 的用轻表，刻度的基准是以 4℃ 水的比重 1.000 为 0°Be′。

第 11 章

典型粮油产品加工实例

学习目标：掌握典型粮油产品生产工艺流程和操作要点。

11.1 淀粉产品

11.1.1 玉米淀粉提取

本书第 8 章介绍了淀粉生产工艺各工序的工艺流程，在实际生产中，由于原料、生产规模、成品质量的要求等多方面因素，常采用不同的工艺流程。下面选择一个比较典型的玉米淀粉生产工艺加以介绍，工艺流程如图 11-1-1 所示。

净化玉米送至浸泡罐，玉米在罐中用 50～60℃ 热水浸泡 30～50h，其目的是软化玉米粒和抽提大部分可溶性糖类、矿物质和蛋白质，所用水含有少量 SO_2 以防止发酵。浸泡过程用水由研磨过程逆流循环而来，此浸泡水经蒸发浓缩，作为玉米浆直接销售，用于发酵培养基或某些饲料副产品的添加剂，以提高蛋白质含量。

浸泡循环完成后，软化玉米经脱水曲筛分离出去输送水后，进入破碎与胚芽分离工序。此工序设两道破碎磨，两道胚芽分离器，每道胚芽分离又分两级。一级破碎后的玉米进入第一道第一级旋液分离器分离出纯净的胚芽。二级旋液分离器收集一级遗漏的胚芽并回流。二道磨用来破碎一道遗漏或未充分破碎的玉米，以游离出玉米粒中残留的胚芽，磨前用压力曲筛分出大部分淀粉乳，磨后用第二道胚芽分离期（两级）收集胚芽并回流到第一道胚芽分离器。从一道一级旋液分离器获得的胚芽，通过三道重力曲筛筛分和洗涤除去残留在胚芽中的淀粉、蛋白质或纤维。洗净的胚芽送往压榨脱水工序。

分离出胚芽的剩余部分是淀粉、麸质、纤维和皮渣的混合物，经压力曲筛分离出淀粉乳后送入精磨与纤维分离工序。精磨间隙很小，能将混合物磨细，使淀粉、麸质从纤维和皮渣中游离出来。精磨后的物料通过六道曲筛-洗涤槽系统逆流洗涤，洗净纤维，回收淀粉。洗涤的纤维送往脱水干燥工序，回收的淀粉乳与精磨前筛出的淀粉乳合并送到麸质分离与淀粉洗涤工序。

粗淀粉乳经过除砂后进入主分离机，分离出的麸质水（溢流）经麸质浓缩离心机分离出工艺水，再经真空转鼓过滤机脱水后获得麸质饼。主离心机底流经气浮槽漂出少量的麸质（含淀粉多，回流到主离心机），再进入最后一道工序——淀粉洗涤。

淀粉乳经 9～12 级旋流器逆流洗涤，第 1 级旋流器溢流为洗涤出来的可溶性物质、残留

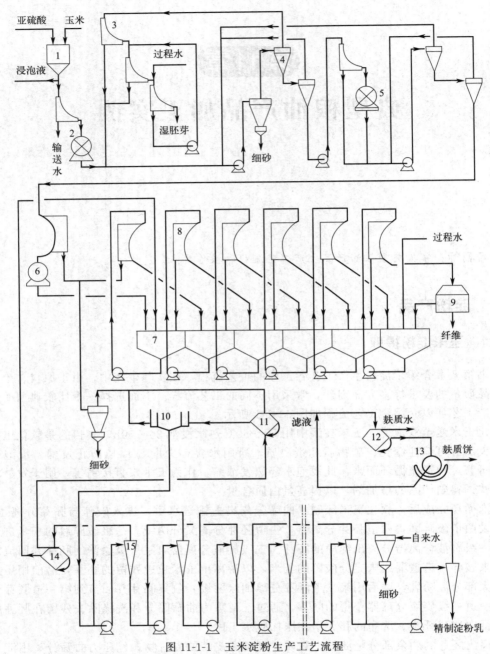

图 11-1-1　玉米淀粉生产工艺流程

1—浸泡罐；2—一次破碎机；3—重力曲筛；4—旋液分离器；5—二次破碎机；6—细磨；
7—纤维洗涤槽；8—压力曲筛；9—离心脱水筛；10—气浮槽；11—蛋白质分离机；
12—麸质浓缩机；13—真空转鼓过滤机；14—中间分离机；15—旋流器

麸质、细纤维和受损伤的淀粉颗粒，但是夹杂了大量的完好淀粉颗粒，此物料经过一台澄清离心机分离出麸质后回流到纤维洗涤工序，再次经过分离系统回收淀粉。最后一级（第 n 级）旋流器底流获得精制淀粉乳，送往脱水干燥工序制取淀粉成品。

11.1.2　甘薯淀粉提取

甘薯淀粉的生产是在水的参与下，借助淀粉粒不溶于冷水及相对密度比其他成分大的性质，使淀粉、薯渣及可溶性物质相互分离，从而获得较纯的成品淀粉。生产甘薯淀粉的原料可以是鲜甘薯和甘薯干，鲜甘薯由于不便运输和贮存，需收获后立即加工，季节性很强，无法满足工厂常年生产需要，因此鲜甘薯淀粉生产多属小型工厂或农村传统手工生产。工业化生产以甘薯干为原料，技术先进，产量高，淀粉得率可达 80％以上。

11.1.2.1　以鲜甘薯为原料的淀粉生产工艺

（1）工艺流程

鲜甘薯→输送→清洗→破碎→纤维分离和洗涤→粗淀粉乳净化→蛋白质分离→脱水→干燥→成品包装

（2）操作要点

① 原料　要求甘薯块根淀粉含量高，薯肉白色或淡黄色，肉质为粉质淀粉含量高，所含可溶性糖、蛋白质、纤维和多酚类物质量少。收购时应选择土块、杂质含量少，薯皮光洁完整、无损伤、无虫蛀、无病斑，没有受过涝害和冻害的薯块，横切面冒水少，乳汁流出较多，肉质坚实的薯块为最好。

② 原料输送　原料从贮仓或堆场送到清洗工段。

③ 清洗　将鲜薯输送至清洗机喷淋洗涤或输送至带叶桨转动主轴的洗涤槽中，槽截面呈 U 形，注满水，薯块被叶桨翻动前进，搓洗，用水浸渍效果较好。

④ 粗破碎　目的在于破坏鲜薯块根组织，破坏细胞壁，使细胞液中淀粉颗粒游离出来。

⑤ 细破碎　细破碎是为了进一步提高淀粉游离率，可先提浆再细破碎或粥浆渣直接细破碎。粗破碎淀粉游离率可达 80％左右，细破碎后淀粉游离率可达 90％以上。

⑥ 纤维分离与洗涤　磨浆后淀粉、蛋白质、纤维等混合在一起，须先分离去除纤维渣。对料液进行筛分处理，筛上物为纤维渣，筛下物为粗淀粉浆。纤维洗涤采用逆流工艺，既省水又能提高工艺浓度，纤维渣洗涤后游离淀粉含量不超过 5％（以干基计）。

⑦ 粗淀粉乳净化　粗淀粉乳中含有蛋白质、可溶性糖、色素、果胶、细渣、泥沙等。粗淀粉乳浓度低，极易净化处理。一般采用高目数筛去除部分细渣、色素、粗砂等，采用砂石捕集器去除粗砂、铁石，采用除砂旋流器去除细小泥砂。

⑧ 蛋白质分离　粗淀粉乳中所含的蛋白质、细纤维、可溶性糖及色素物质必须清除以纯化淀粉。目前工业上多用较为先进的碟片型分离机、卧式螺旋沉降离心机和旋液分离器。

⑨ 脱水干燥　精淀粉乳为浓度≥30％悬浮液时，需用脱水机甩干。目前多采用卧式刮刀离心机，脱水后湿淀粉含水 35％～40％。干燥多为一级负压脉冲干燥。烘干后淀粉含水 14％～16％。

11.1.2.2　以甘薯干为原料的淀粉生产工艺

（1）工艺流程

甘薯干→预处理→浸泡→磨碎→筛分→分离→酸、碱处理→清洗→碱处理→清洗→离心脱水→干燥→成品淀粉

（2）操作要点

① 原料的预处理　薯干在加工和运输过程中会混入各种杂质，清理方法有干法和湿法

两种，干法是采用筛选、风选及磁选等设备，湿法是用洗涤机或洗涤槽清除杂质。

②浸泡　为提高淀粉出率，要用石灰水浸泡甘薯干。在浸泡水中加入饱和石灰乳，使浸泡液 pH 值为 10～11，浸泡时间约 12h，温度控制在 35～40℃。浸泡后甘薯片的含水量约为 60%。然后用水淋洗，洗去色素和尘土。

③磨碎　磨碎是薯干淀粉生产的主要工序，其好坏直接影响产品的质量和淀粉的回收率。浸泡后的甘薯片随水进入锤式粉碎机进行破碎，一般破碎两次。甘薯片经第一次破碎后，过筛分离出淀粉，再将筛上薯渣进行第二次破碎，破碎细度要细于第一次，再进行过筛。破碎过程中根据两次破碎粒度的不同调整料液浓度，以降低瞬时温升。

④筛分　经过破碎得到的甘薯糊进行筛分，分离出粉渣。筛分一般分粗筛和细筛两次处理。使用平振筛时，甘薯糊进入筛面要求均匀过筛并不断淋水，淀粉随水通过筛孔进入存浆池，而薯渣留存在筛面上从筛尾排出。筛孔大小应根据甘薯糊内的物料粒度和工艺来决定。在筛分过程中，由于料液中所含有的果胶等胶体物质容易滞留在筛面上，影响筛的分离效果，因此应经常清洗筛面，保持筛面畅通。

⑤分离　经筛分所得的粗淀粉乳，还需进一步除去其中的蛋白质、可溶性糖类、色素等杂质，一般采用流槽沉淀。粗淀粉乳流经流槽，相对密度大的淀粉沉于槽底，蛋白质等胶体物质汁水流出至黄粉池，沉淀的淀粉用水冲洗入漂洗池。

⑥碱、酸处理和清洗　对淀粉进行清洗，以进一步提高淀粉乳的纯度。清洗过程中，还要进行碱、酸处理，碱处理的目的是除去淀粉中的碱溶性蛋白质和果胶杂质，将稀碱溶液缓慢加入淀粉乳中，使其 pH 值为 12。同时以 60r/min 的转速搅拌 30min，混合均匀后，停止搅拌。待淀粉完全沉淀后，将上层废液排放掉，注入清水清洗两次，使淀粉乳接近中性即可。酸处理的目的主要是溶解碱洗过程中增加的钙、镁等金属盐类。用无机酸溶解后再用水洗涤除去，便可得到灰分含量低的淀粉。酸处理时，将工业盐酸缓慢倒入，充分搅拌，防止局部酸性过强，造成淀粉损失。控制淀粉乳的 pH 为 3 左右，搅拌 30min，待淀粉完全沉淀后，排出上层废液，加水清洗，直至淀粉呈微酸性（pH 为 6 左右），以利于淀粉的贮存和运输。

⑦离心脱水　清洗后得到的湿淀粉的水分含量达 50%～60%，用离心机脱水，使湿淀粉含水量降到 38%左右。

⑧干燥　湿淀粉经烘房或气流干燥系统干燥至水分含量为 12%～13%，即得成品淀粉。

11.2　蛋白质制品

11.2.1　大豆蛋白质的提取

11.2.1.1　大豆浓缩蛋白的生产

（1）稀酸浸提法生产工艺

低温豆粕→酸浸→离心分离→磨浆→中和→杀菌→干燥→成品

①粉碎　原料豆粕在浸提前应粉碎到 0.15～0.30mm。

②酸浸　在脱脂豆粉中加 10 倍水，缓慢加入浓度为 37%的盐酸，不断搅拌，调 pH 值至 4.5～4.6，浸提时间为 40～60min。

③分离　用离心机将酸浸后的可溶物与不溶物分离。

④磨浆　纤维和蛋白质的固体部分经砂轮磨浆机磨浆，再用胶体磨破坏纤维的结构。

产品研磨细度越高,其应用范围越广。

⑤ 中和杀菌　在磨浆后的蛋白质中加入碱,调至 pH 值 7.0 左右,然后 140～160℃高温瞬时杀菌。

⑥ 干燥　可采用真空干燥和喷雾干燥。采用喷雾干燥时,在洗涤后再加水调浆,使其浓度在 18%～20%,然后干燥。采用真空干燥时,干燥温度最好控制在 60～70℃。

（2）乙醇浸提法生产工艺

先将低温脱溶豆粕粉碎,过 100 目筛,然后送入浸洗器中,从浸洗器顶部连续喷入 60%～65%酒精溶液,在温度50℃左右,按1∶7质量比进行洗涤,浸提约1h,经过浸洗的浆状物送入离心机,分离,除去酒精溶液后,泵入真空干燥器中进行干燥,制得大豆浓缩蛋白。

（3）湿热浸提法生产工艺

豆粕→粉碎→热处理→水洗→分离→干燥→成品

① 粉碎　将原料豆粕粉碎到 0.15～0.30mm。

② 热处理　将粉碎后的豆粕粉用 120℃左右的蒸汽处理 30min,或将脱脂豆粉与 2～3 倍的水混合,边搅拌边加热,然后冻结,于−2～−1℃下冷藏。

③ 水洗　将湿热处理后的豆粕粉加 10 倍 50～60℃的温水,洗涤两次,每次洗涤 10～15min。

④ 分离　过滤或离心分离。

⑤ 干燥　可采用真空干燥和喷雾干燥。采用真空干燥时,干燥温度最好控制在 60～70℃。采用喷雾干燥时,在两次洗涤后再加水调浆,使其浓度在 18%～20%,然后干燥。

11.2.1.2　大豆分离蛋白的生产

（1）碱提酸沉法生产工艺

原料豆粕→粉碎→一次浸提→粗滤→二次浸提→一次分离→酸沉→二次分离→打浆→回调→改性→干燥→成品

① 原料选择　原料豆粕应无霉变,含壳量低,杂质量少,蛋白质含量高（≥45%）,蛋白质分散指数（PDI）应高于 80%。生产大豆分离蛋白的原料一般为蛋白质分散指数较高的低温脱溶脱脂豆粕和豆粕粉。

② 粉碎与一次浸提　将低温脱脂豆粕粉碎后,加原料量 12～20 倍的水,溶解温度控制在 30～70℃,溶解时间控制在 120min 以内,加 NaOH 溶液,调 pH 值至 7～9,抽提过程需搅拌,结束提取前 30min 停止搅拌,提取液经滤筒放出,剩余残渣进行二次浸提。

③ 粗滤、二次浸提与一次分离　粗滤与一次分离的目的是除去不溶性残渣,将二次浸提液从滤筒放出,完成粗滤。合并两次浸提液,经离心分离除去浸提液中的细豆渣。

④ 酸沉　将二次浸提液输入酸沉罐中,在搅拌的同时缓慢加入 10%～35%的酸溶液,调节 pH 值至 4.4～4.6,使蛋白质在等电点状态下沉淀。

⑤ 二次分离与洗涤　离心,将酸沉下来的沉淀物脱水,弃去上清液。用 50～60℃温水冲洗沉淀 2 次。

⑥ 打浆、回调及改性　由分离机排出的蛋白质沉淀物呈凝乳状,且有较多的团块,需加适量的水并搅打（研磨）成均匀的浆液。将洗涤后的蛋白质浆状物离心除去多余的废液,固体部分流入分散罐,可加入适量 5% NaOH 溶液进行中和回调,调节 pH 值至 6.5～7.0,将大豆分离蛋白浆液在 90℃加热 10min 或 80℃加热 15min,这样不仅可以杀菌,而且可以

明显提高产品的凝胶性。

⑦ 干燥　大豆分离蛋白的干燥普遍采用喷雾干燥法。

（2）超过滤法

① 工艺流程　超过滤法生产大豆分离蛋白的工艺流程如右所示。

② 操作要点　该工艺包括两次微碱性溶液浸泡浸出、离心分离、水稀释、超滤、反渗透以及干燥工序。其特点是不需要经过酸沉及中和工序，由于此技术可以除去或降低脂肪氧化酶在蛋白质中的含量，并可以分离出植酸等微量成分，因而使得产品中含植酸量少、消化率高、色泽浅而无咸味、质量较高。同时，应用超滤和反渗透技术回收浸出液中的低分子产物，能够使废水得到循环使用。

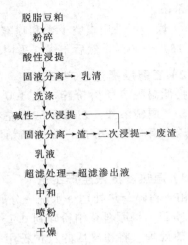

（3）离子交换法

① 工艺流程　离子交换法生产大豆分离蛋白的工艺流程如下。

```
                                          渣
                                          ↑
原料豆粕→ 粉碎 → 阴离子交换树脂浸提 →固液分离→ 阳离子交换树脂浸提 → 酸沉
                                                                        ↓
成品 ← 喷粉 ← 回调 ← 打浆 ← 分离
                                                                        ↓
                                                                       乳清
```

② 操作要点　水抽提罐中放入粉碎的脱脂豆粕，以1∶（8～10）比例加水调匀，送入阴离子交换树脂罐中，抽提罐与阴离子交换树脂罐之间的提取液循环交换，直至 pH 值达到 9 以上，即停止交换。提取一定时间后，需进行除渣，再将浸出液送入阳离子交换罐中进行交换处理，方法与阴离子交换浸提相似，待 pH 值降至 6.5～7.0 时，即停止交换处理，余下工序与碱提酸沉法相同。

11.2.1.3　大豆组织蛋白的生产

（1）挤压膨化法

① 工艺流程　一次挤压膨化法生产大豆组织蛋白的工艺流程如下。

② 操作要点

a. 原料与粉碎　低温脱脂豆粕、高温脱脂豆粕、冷榨豆粕、脱皮大豆粉、大豆浓缩蛋白、大豆分离蛋白等均可用于大豆组织蛋白的生产。国外主要以低温脱脂豆粕和低变性大豆浓缩蛋白为主，国内低温脱溶豆粕与冷榨豆粕的用量较大。无论什么原料，进行调粉前，都应将原料粒度调整到40～100目。

```
                          辅料
                           ↓
原料 → 粉碎 → 调和 →挤压膨化→ 干燥 → 成品
```

b. 调和　加水是调和工序的关键，水加得适量，挤压膨化时进料顺利，则产量高，组织化效果好；反之，不但进料慢，而且产品质量不好。高变性原料一般加水量要多于低变性原料，低温季节的加水量要比高温季节稍多一些。

碱是挤压膨化生产大豆组织蛋白常用的组织改良剂，其中使用最多的是碳酸氢钠和碳酸钠，添加量一般在 $1.0\% \sim 2.5\%$。调和工序加一些色素、漂白剂、香料调味料及营养强化剂（维生素 C、B 族维生素、氨基酸）等，可提高产品的营养价值和风味，对生产仿肉制品尤为重要。

c. 挤压膨化　挤压膨化是生产的关键。要想生产出色泽均一、无硬芯、质量好、富有弹性、复水性好、组织性强的大豆组织蛋白，除要选好机型，调好水分、原料外，必须控制好挤压工序的加热温度和进料量。

大豆组织蛋白的质量也受挤出工序进料量及均匀度的影响，进料量要与轴转速相配合，尤其注意不能空料，否则不但产品不均一，而且易喷爆、焦煳。

d. 干燥　可采用普通鼓风干燥、真空干燥、流化床干燥等方法。干燥工序的主要参数是温度，生产中一般应控制在 70℃ 以下。

（2）纺丝黏结法

① 工艺流程　纺丝黏结法生产大豆组织蛋白的工艺流程如下。

```
                        辅料 → 调糊
                               ↓
                                       ┌→ 干燥 → 成品
大豆分离蛋白→ 调浆 →挤压喷丝→凝固拉伸→ 黏结 → 压制 ┤
                                       └→ 冷藏 → 成品
```

② 操作要点　将大豆分离蛋白用稀碱液调和成蛋白质含量为 $10\% \sim 30\%$、pH 值为 $9 \sim 13.5$ 的纺丝液。调浆时的主要技术指标是纺丝液黏度，生产不同的产品，选用不同的喷丝头（孔），所要求的纺丝液黏度也不同。老化后的喷丝液，经喷丝机的喷头被挤压到盛有食盐和醋酸溶液的凝聚池中，蛋白质凝固的同时进行适当拉伸，制得蛋白纤维。单一或复合的蛋白纤维需经黏结和压制等工序的加工才能成为各种仿肉制品。蛋清蛋白质和其他具有热凝固性的蛋白质是常用的黏合剂，还有淀粉、糊精、海藻胶、羧甲基纤维素钠等，也可以利用蛋白纤维碱处理后表面自身黏度黏合。在调质黏结剂时可加入风味剂、着色剂及品质改良剂增强仿肉制品的口感和风味。将调好的黏结剂混合，进行整形后加热，切成适当的形状，干燥或冷藏即得成品。

11.2.2　豆乳类产品

11.2.2.1　无腥豆乳粉制作工艺

（1）工艺流程
原料选择及预处理→粉碎→润料→磨浆→过滤→浓缩→均质→干燥→出粉包装→成品

（2）操作要点
① 原料选择及预处理　选择无霉变、无虫蛀、颗粒饱满的大豆，筛选，去除各种杂质及次豆、碎豆等。用清水清洗干净，晾干水。

② 粉碎　将预处理干净的大豆用粉碎机粉碎成 80 目的豆粉。粉碎时注意料温不得高于 40℃。

③ 润料 即在豆粉中添加约 2.5 倍的水进行浸泡，要求温度保持在 60℃，浸泡时间约 30min。

④ 磨浆 将充分吸水膨润的豆粉带水在磨浆机上磨制，磨浆时料温不得超过 60℃，以防止蛋白质过度变性。

⑤ 过滤 将磨浆获得的浆料用 100 目涤纶滤网过滤，头道滤液固形物含量可达 13%。在头道滤渣中加 2 倍水，再进行浸泡过滤，得二道滤液，将其与头道滤液混合，混合后滤液的固形物含量要达到 10%。在二道滤渣中再加 2 倍水进行浸泡过滤，获得的滤液可作为润料用水使用。

⑥ 浓缩 将混合滤液加热到 90℃，保持 2min，以钝化其中的酶，并清除豆腥味，然后用夹层锅在 60℃的条件下水汽加热。浓缩使固形物含量达到 13%～14%，浓缩不宜过度，否则不利于干燥。

⑦ 均质 为了改善产品的组织结构及溶解性，将浓缩物通过胶体磨均质，一般磨 2～3 次，且每次磨前都需调整胶体磨的细度，使其越来越细。

⑧ 干燥 将均质后的豆乳送入烘房，65～70℃下干燥处理 3～5h。注意送入烘房的豆乳厚度应小于 0.5cm。烘干后，应立即进行粉碎。

⑨ 出粉包装 粉碎过的豆粉要及时过筛冷却，以防结块，冷却后的粉温应低于 40℃。

11.2.2.2 速溶豆乳粉制作工艺

（1）工艺流程
原料选择及预处理→浸泡→磨浆、过滤→调 pH→煮浆→浓缩、均质→干燥→成品

（2）操作要点
① 原料选择及预处理 选择无霉变、无虫蛀、颗粒饱满的大豆，对其进行筛选，去除各种杂质及次豆、碎豆等。用清水清洗干净。

② 浸泡 浸泡料水比采用 1∶3，水温 20℃为宜，浸泡 7～8h，浸泡后大豆质量应为浸泡前的 2～2.5 倍。

③ 磨浆、过滤 用大豆干重 10 倍的水磨浆，所得浆料用 100 目涤纶滤网过滤，获头道滤液。在头道滤渣中加 2 倍水，再进行浸泡过滤，得二道滤液，将其与头道滤液混合，得总豆浆。

④ 调 pH 煮浆前，为了改善豆浆的色泽、风味及溶解性，可用 5%氢氧化钠溶液将pH 调整至 6.5～6.6。调整时需控制好氢氧化钠用量，不可过量，否则会导致色泽发黄、风味不佳，过少则溶解性不良。

⑤ 煮浆 采用水浴加热，以免大豆蛋白粘在锅壁上；加热时要不断搅拌，以使加热均匀；当豆浆温度升至 50℃左右时，开始出现大豆臭味，此时加入 0.05%～0.4%的抗坏血酸或其钠盐作为抑制剂，消除大豆臭味。继续升温速度要快，当温度达到 90～93℃时，停止加热。

⑥ 浓缩、均质 将加热到 90～93℃的豆浆打入真空浓缩罐中进行浓缩。为了防止大豆蛋白质粘管壁和防止蛋白质变性，应在浓缩罐的加热管中通入 80℃左右的热水循环加热。浓缩至固形物达 13%～14%即可。浓缩后的豆乳再经胶体磨磨 2～3 次进行均质，可使脂肪球通过微细阀腔破碎后均匀分布在豆乳中。均质后的豆乳更为油润，稠度更为均匀，脂肪球微小易被消化。

⑦ 干燥 速溶豆乳粉干燥是决定产品的最后关键工艺。将浓缩后的豆浆装入托盘送入

烘房在 60～70℃下进行烘干，然后立即进行粉碎，收集。最后将所收集的豆奶粉及时在相对湿度为 50%～60% 的环境下过筛、冷却至室温，以防结块。

11.3　面包产品加工

11.3.1　全麦面包

小麦包括三部分，胚芽、胚乳和麸皮。全麦面包是指用没有去掉外面麸皮和胚芽的全麦面粉制作的面包，有别于用精白面粉（即麦粒去掉麸皮胚芽）制作的一般面包。胚芽富含多不饱和脂肪酸，易氧化变质，因此厂商大多会将胚芽去除来延长面粉保质期；麸皮部分富含 B 族维生素、蛋白质和膳食纤维，但质地粗糙，口感不佳，厂商也会尽量去除；胚乳的主要成分是淀粉，营养价值较低，但口感细腻、颜色雪白，它是普通面粉的唯一成分。换言之，只有含胚芽、胚乳和麸皮三部分的面粉才是真正的全麦粉，其色黑、质粗，肉眼可见麸皮，使用时要与一定比例的精白面粉混合，保质期较短。全麦面包使用的全麦面粉因为经过较少的加工程序，所以保留了大部分的营养元素。它含有丰富的粗纤维、维生素 E 和 B 族维生素，锌、钾等矿物质含量也很丰富，比普通面包更易发霉变质，购买后一定要妥善保存，最好即买即食。

11.3.1.1　工艺流程

采用当前国内外广泛使用的快速发酵法，其生产工艺流程如下：

原辅料→调粉揉面→静置→切块→整形→装盘→发酵→烘焙→冷却→包装→检验→成品

11.3.1.2　操作要点

① 调制　在干酵母中加少量温水，在 35℃下活化 15～20min，白砂糖打成粉或先用热水溶解。拌料时应先拌固态物料，然后加入液体物料，最后才拌入起酥油。揉面 15～20min。

② 静置　面团放入醒发箱，在 35℃下静置 30min。

③ 整形　把面团切成 10g 重面坯，揉成面包形状。

④ 发酵　把面坯放入烘箱，保持温度 32～38℃，并在箱内放置热水，以提高相对湿度，通常发酵时间为 2h。

⑤ 烘烤　烘烤要注意上下火的温度，开始的时候上火要低，下火高，这样有利于面包的膨胀。整个过程如下：开始时上火 120℃、下火 190℃，时间 6min，然后将上火加到 200℃，上色后烘烤 1～2min。

11.3.2　葡萄干面包

葡萄干面包，顾名思义就是面包成品中含有葡萄干，这样面包成品香甜可口，具有葡萄干的特殊风味。

在制造过程中，果料一般是在第二次面团调制的后期加入，这样可以避免面包成品出现褐色的斑点。另外，用化学药品处理过的果料，在面团发酵过程中容易影响酵母的正常生长，所以应避免使用。

11. 3. 2. 1　工艺流程

第一次发酵→第二次发酵→整形→成型→烘烤→冷却→包装

11. 3. 2. 2　操作要点

（1）第一次发酵

葡萄干面包的持水量比较低，调制面团时的加水量为面粉的 48% 左右。第一次调制面团时投入的面粉数量一般为全部面粉的 50%。

先将 0.5kg 的酵母用温水调制均匀，加入 0.1kg 的糖，将此酵母液在室温下放置 15～30min，使其活化后待用。

将 14kg 的水（包括酵母液用水）和全部的酵母液放进调粉机内，搅拌均匀后再加入 25kg 的面粉，继续搅拌，在 28℃ 条件下发酵 3～4h，待发酵成熟后，再进行第二次发酵。

（2）第二次发酵

在发酵前，先将葡萄干用温水洗净待用。将第一次发酵成熟的面团放入调粉机内，然后除留下 1.5kg 植物油和葡萄干外，将其余的全部辅料都放进调粉机内，加入 10kg 的水，开动调粉机搅拌。除留下 1.5kg 的面粉作撒粉外，将剩余的全部面粉加入调粉机内，待搅拌至没有干面粉时再加入葡萄干，继续搅拌均匀。在调粉结束前，将剩余的 1.5kg 植物油放进调粉机内搅拌至成熟。在室温 29℃ 条件下，发酵 2～3h，待面团发酵成熟后，就可以进行整形和成型。

（3）整形和成型

制作 0.1kg 面粉质量的面包，每个面包坯应为 0.165kg。如果生产圆形面包，搓成圆形面包坯后，即可进入成型工序。如果做听型面包，可将面块搓圆后，再做成鸭蛋圆形，然后压成片状，叠成三折后压结实，结口向下放在听子内（听子要预先擦好油），即可进行成型。

成型一般在成型室内进行。在 30℃ 温度下发酵约 1h，待成型完毕后，即可进入烘烤工序。

（4）烘烤、冷却、包装

葡萄干面包因含糖量较多，要求烘烤时的炉温较低，一般在 200℃ 左右，入炉 15～20min 后检查是否成熟，并根据火色调整位置。烘烤约 20min 即可成熟。出炉后的面包应立即出听，待冷却后进行包装。

11. 4　蛋糕产品加工

11. 4. 1　海绵蛋糕

海绵蛋糕是用鲜鸡蛋与小麦粉及配料调制成面糊经烘烤制成的一类膨松点心，因为其结构类似于多孔的海绵而得名，是蛋糕系列产品中制作最广泛、市场份额最大、消费者最喜爱的产品。

11. 4. 1. 1　工艺流程

面糊调制→注模→烘烤→冷却

11.4.1.2　操作要点

（1）面糊调制

海绵蛋糕面糊调制采用蛋糖调制法或乳化法。

蛋糖调制法是指在面糊调制过程中，首先搅打蛋和糖，然后再加入其他原料的方法。蛋糖调制法的投料顺序：

① 首先将全蛋或蛋清、糖加入打蛋机内充分搅打 20min，使蛋、糖互溶，均匀乳化，充入空气，形成大量乳白色泡沫。这个过程称为"打蛋"。打蛋结束后蛋液体积比原来增加 1.5～2 倍。

② 加入水、香精和疏松剂（如果使用发酵粉则应与面粉混合均匀后再加入）和其他辅料，搅拌均匀即可，搅拌 0.5～1min。

③ 最后加入面粉，搅拌约 1min。

面糊调制完成后要立即使用，不宜放得过久。否则，面糊中的淀粉及糖易下沉，使烤制出的蛋糕组织不均匀。

（2）注模

调制好的面糊，需立即浇模成型。一般要求 15～20min 完成。海绵蛋糕比较稀薄，注入小型烤模后稍加振动，面糊表面即可变平整；注入大型烤模后，可用刮片轻轻刮平。蛋糕制品的质量和形状由蛋糕模子的容积和形状决定。形状有许多：小的有菊花形、杯形、梅花形等，大的有圆形、方形等。烤模高度以低于 5cm 为宜。材料一般用厚 1.5mm 的不锈钢板或铁板，为了防止烤后蛋糕粘住烤模，通常在面糊入模前，模子内先均匀地涂一层油脂或衬一张硫酸纸，以方便蛋糕出炉后取出。

（3）烘烤

海绵蛋糕的烘烤温度为 180～230℃，上火小，下火大，焙烤约 25min。蛋糕面糊浇注入烤模送入烤炉中烘烤。烤室中热的作用改变了蛋糕面糊的理化性质，使原来呈可流动面糊的黏稠体转变成具有固定组织结构的凝胶体，蛋糕内部组织形成多孔洞的糕瓤状结构，使蛋糕松软而有一定弹性。面糊外表皮层在烘烤高温下，糖类发生棕黄色和焦糖化反应，颜色逐渐加深，形成悦目的棕黄褐色泽。同时，鸡蛋的蛋白质受热凝固，将糊化的淀粉黏合一起，形成柔软濡湿的口感和令人愉快的蛋糕香味。

（4）冷却

海绵蛋糕类在出炉后，应趁热从烤模（盘）中取出，将海绵蛋糕立即翻过来，放在蛋糕架上，使正面朝下，自然冷却，然后包装。为了保持制品的新鲜度，可将蛋糕放在 2～10℃ 的冰箱里冷藏。

11.4.2　奶油蛋糕

奶油蛋糕又叫面糊蛋糕或重油蛋糕。其主料有面粉、奶粉、脂肪、糖粉和鸡蛋，辅料有精盐、发酵粉、牛奶（或用 1kg 奶油加 9kg 水调配）等。其中面粉、奶粉属干性原料，鸡蛋、牛奶属湿性原料；面粉、鸡蛋、精盐属韧性原料，脂肪、糖粉、发酵粉属柔性原料。在设计新配方时，要考虑各种属性原料的合理配合，相互平衡，方能制出理想质量的蛋糕。

11.4.2.1　工艺流程

面糊调制→注模→烘烤→冷却

11.4.2.2　操作要点

（1）面糊调制

奶油蛋糕面糊的调制方法是糖油法。糖油法是指在面糊调制过程中，首先搅打糖和油、然后加入其他原料的方法。特点是产品体积大、组织松软。

首先用打蛋机将油脂（奶油、人造奶油等）搅打开，加入过筛的砂糖充分搅打至呈淡黄色、蓬松而细腻的膏状，再将全蛋液呈缓慢细流状分 2 次或多次加入上述油脂和糖的混合物中，每次加蛋时应停机，把缸底未拌匀原料刮起并充分搅拌均匀，蛋加入后应充分与糖油混合物乳化均匀细腻，糖要充分溶化，不可有颗粒存在。然后加入筛过的面粉（如果需要使用奶粉、发酵粉，需预先过筛混入面粉中），轻轻混入浆料中，注意不能有团块，不要过分搅拌以尽量减少面筋生成。最后，加入水、牛奶（香精、色素若为水溶性可在此加入，若为油溶性在刚开始加入），如果有果干、果仁等可在此加入，混匀即成糖油法油脂面糊。另外，除上述全蛋搅打的糖油法外，蛋清和蛋黄还可以分开搅打，即先将蛋清搅打发泡至一定程度，加入 1/3 的砂糖，充分搅打成厚而光滑的糖蛋白膏，再将奶油与剩余的糖（2/3）一起搅打成蓬松的膏状，加入蛋黄搅打均匀，然后加入糖蛋白膏拌匀，最后加入过筛的面粉。

（2）注模

调制好的面糊，需立即浇模成型，烤盘装至八分满。海绵蛋糕比较稀薄，注入小型烤模后稍加振动，面糊表面即可变平整；注入大型烤模后，可用刮片轻轻刮平。蛋糕制品的质量和形状由蛋糕模子的容积和形状决定。形状有许多：小的有菊花形、杯形、梅花形等，大的有圆形、方形等。材料一般用厚 1.5mm 的不锈钢板或铁板，为了防止烤后蛋糕粘住烤模，通常在面糊入模前，模子内先均匀地涂一层油脂或衬一张硫酸纸，以方便蛋糕出炉后取出。

（3）烘烤

奶油蛋糕的烘烤温度，依据配方中脂肪的多少而定。低脂肪奶油蛋糕可参考海绵蛋糕的烘烤温度，略微降低一些即可。高脂肪奶油蛋糕的烘烤温度，160～190℃。体积小的高脂肪奶油纸杯蛋糕（质量 50g 左右），宜用 190℃ 左右的温度烘烤 15～20min。质量为 1kg 左右的高脂肪奶油大蛋糕，宜用 162℃ 左右的温度烘烤 45～60min。

（4）冷却

奶油蛋糕出炉后，应继续留置在烤模（盘）内，待温度降低至烤模（盘）不烫手时，将蛋糕取出进一步冷却。在冷却过程中蛋糕应尽量避免重压，以减少破损和变形。可在表面趁热刷糖浆装饰，所用糖浆是由细砂糖、水、果酱、明胶按一定比例制成的，比例为 50：25：12.5：1。将明胶溶于少量水中，形成明胶溶液。糖、水、果酱一起加热煮沸 5min 后加入明胶溶液搅拌均匀，停止加热，趁热使用。

11.5　饼干类产品加工

11.5.1　酥性饼干

以小麦粉、糖、油脂为主要原料，加入疏松剂和其他辅料，经冷粉工艺调粉、辊压、辊印或冲印、烘烤制成的造型多为凸花，断面结构呈多孔状组织，口感疏松的焙烤食品。如奶油饼干、葱香饼干、芝麻饼干、蛋酥饼干、蜂蜜饼干、早茶饼干、小甜饼、酥饼等。

11.5.1.1　工艺流程

原辅材料→预处理→混合→面团调制→面团输送→辊印成型→烘烤→冷却→整理→包装→入库→销售

11.5.1.2　操作要点

（1）酥性面团的调制

饼干生产中，面粉和油脂是很重要的原料。饼干面粉与面包不同，饼干的最大特点是酥和脆。若面粉中面筋含量高、筋力强，则在调制面团过程中，易形成面筋，烘焙后的饼干发硬。因此，用硬质小麦制得的面粉，不宜用于制作饼干，而用软质小麦制得的面粉是饼干生产的适宜原料。在实际生产中，很多面粉厂通过各种小麦的搭配来控制面粉的质量。另外，也可以用适量小麦淀粉混入面粉中，混合均匀后，生产出适用于饼干生产的专用粉。此外，油脂的使用非常重要，为使饼干具有酥松和脆的口感，同时有较长的保质期，所选油脂除具有优良的风味外，还必须有良好的起酥性和稳定性。在饼干生产中普遍采用的是具有良好起酥性和稳定性的猪油（包括氢化猪油）和人造奶油，还有氢化棉籽油、氢化菜籽油。对于特殊饼干，如夹心饼干，则需用椰子油。

饼干生产工艺随饼干的配方不同而有所差别，一般取决于糖和油的用量及成型方法。油及糖用量大的，一般用辊印成型，如甜酥性饼干生产工艺；而用油量稍小的，则一般用冲印成型，如韧性饼干生产工艺；用油量及糖量都少而且需要发酵的饼干一般亦为冲印成型，但属苏打饼干生产工艺。冲印成型方式生产饼干适应面非常广，对于酥性面团同样可以适用。而辊印成型方式适应性差。另外，还有一些特殊的饼干生产工艺，如金属丝切割生产的巧克力薄片饼干和华夫饼干等生产工艺。饼干的形式多种多样，生产工艺也各不相同，不能一概而论。在实际生产中，应根据所生产饼干的要求和配方的特点，选择具体的生产工艺。

（2）酥性面团的辊轧

酥性面团辊轧是为给成形工序创造有利条件，以获得表面光滑、平整、厚度符合成形要求的面片。由于酥性面团中油、糖含量比较高，压成的面片质地较软，弹性极小，塑性较大，易于断裂，所以不应多次辊轧。因此，酥性面团单依靠成形机上的二三对辊筒将面团压成面片就足够。

酥性饼干面团可塑性好，饼坯成形后有较强保持花纹的能力。印模图案设计上要求花纹深浅有浮雕立体感，一般采用凸花印模，产品造型更加美观。

酥性面团在辊轧前不必长时间的静置，酥性面团轧好的面片厚度约为2cm，较韧性面团的面片为厚，这是由于酥性面团易于断裂，另外酥性面团比较软，通过成型机的轧辊后即能达到成型要求的厚度。

（3）饼干成型技术

饼干成型有冲印、辊印、挤条、挤浆、裱花等多种成型方法，还有冲印、辊切结合的成型方法。对于不同类型的饼干，由于其配方不同，所调制的面团特性存在差异，因此成型方法也有差别。冲印成型中面头子与饼干坯则分别随一个只有20°角的帆布运行，故要求面团有一定韧性，冲印后，面头不易碎，易与饼干坯分开。冲印成型适应面较广，如粗饼干、韧性饼干、苏打饼干等，面团均具有一定的韧性。辊印成型则不要求面团具有韧性，而要求面团含水量少、硬度稍高，可借助于喂料槽辊轮与饼干花纹辊轮相对运动挤压成型，特别适用于高油脂、高糖成分的甜酥性饼干成型。

酥性面团可以不经过压面机辊轧这道工序。直接由成型机上的 2 对或 3 对滚筒压制面片。因为酥性面团中的糖和油脂的配比较高,面团质地较软,弹性较低,可塑性较大,可以直接在冲印成型机上成型。但因面团的可塑性大面皮易破碎,饼坯与头子分离时遇到困难,如果使用辊印成型机成型,可以克服这一缺点,因此辊印成型对酥性饼干是很适合的一种成型方法。

（4）烘烤技术

酥性饼干由于面团中糖、油脂等物质存在,面团内的结合物较少,故面团内的水分容易蒸发。酥性饼干的烘烤时间与烘烤温度有关。温度高,烘烤时间相应缩短,如果烘烤开始阶段温度过高,会造成饼坯表面焦化,而且饼坯内的温度尚未升高,水分未排出,即平时所说的"外焦里不熟"弊病。因此,需要控制烘烤温度和时间。对于配料一般的酥性饼干来说,大多数工厂的烘烤时间掌握在 4～5min。不同的烘烤阶段,其时间选择大致如下:表面层升温达到 100℃,1～1.5min;表面达到 120℃,中心层达到 100℃,需要 1.5～2.5min;大量脱水阶段 0.5～1min;表面上色阶段约 0.5min。

11.5.2　夹心饼干

夹心饼干是在两块饼干之间添加糖、油脂或果酱为主要原料的各种夹心料的夹心焙烤食品。口感香甜,口味丰富。夹心饼干比单独烘烤使产品风味质地外观更具多样化。不同添加物可能会使饼干成为糕点制品,使用的原料更类似于糖果制品而不像面制品。

11.5.2.1　工艺流程

黄油、鸡蛋→预处理→混合→加入面粉、泡打粉→面团调制→辊印成型→烘烤饼皮→制作夹心馅料→放入饼皮→再次烘烤→冷却→整理→包装→入库→销售

11.5.2.2　操作要点

（1）面团调制

面团调制是将各种生产饼干的原辅料混合成均匀面团的过程。饼干生产中,面团调制是影响成品饼干质量的关键步骤之一。在面团调制过程中,必须严格控制面团质量,以确保生产出形态美观、表面光滑、内部结构均匀、口感酥脆的优质饼干。面粉的主要成分为面筋性蛋白质和淀粉。前者吸水后形成具有黏弹性和延伸性的面团,是形成面团黏弹性和延伸性的基础,后者则是面团的主要成分。在面团调制温度下（一般 30℃左右）,面筋蛋白质吸水量可达 150％～200％,而淀粉吸水量只有 30％左右,且面筋形成的多少和强弱直接影响饼干生产操作和成品饼干的酥松性。因此,在饼干生产过程中,往往通过控制面粉中面筋蛋白质量和面团中形成的面筋量,来控制面团的工艺性能和饼干质量。

（2）制作夹心馅料

饼干用夹心的操作最初完全是手工的,包括将夹心料用模板涂刷到底面的饼干上,接着加上顶面的饼干。模板是在金属板上刻成的,金属板的厚度刚好是所要求的夹心料厚度,而模板形状要适合底部饼干的大小。底部饼干放在模板洞口下面,夹心料用颜料刀或摇动的料斗充满孔洞并抹平滑,然后黏附夹心料的饼干被带走。

添加夹心料使用的第二种方法是使用蛋糕面糊多挤嘴型挤注机。挤注机的机头可以下降,并能随饼干作连续运动,或者可以机头是固定的,饼干则作间歇移动。这一系统依赖于

当挤嘴上升时挤注物从挤嘴处断开，因此，如果要操作得干净利落，夹心料的流动性必须很好，饼干也要相对重一些。在需要的地方设计了真空吸气装置以吸住饼干向下放，但这是个复杂的工程。放置顶部饼干的装置与模板涂刷机类似。另一种是成排的饼干放在挤注机头处，选择几排饼干在上面放上夹心料，真空吸气装置将另外几排饼干吸起并将它们放在加夹心料的底部饼干上。

大多数情况下，夹心饼干在包装或进入下道工序前，要先放入一个冷却隧道内使奶油凝固。有时候夹心饼干不经过冷却而是立即用机械输送到包装机。后者节省了空间和时间，但会因夹心料被挤出而使产品有很大的被损坏的风险。有些情况夹心饼干不经过冷却，而是手工送入包装机，用压力将尾端牢固地折叠密封。在这种情况下，不仅夹心饼干会因手工操作而有极大可能发生变形，而且饼的刚性也不足以承受尾端的密封压力。因此包装密封不好，使得产品的货架期不可避免会缩短。

11.5.3　曲奇饼干

曲奇饼干又称甜酥性饼干，以小麦粉、糖、乳制品为主要原料，加入疏松剂和其他辅料，以和面，采用挤注、挤条、钢丝节割等方法中的一种形式成型，烘烤制成的具有立体花纹或表面有规则波纹、含油脂高的酥化焙烤食品。如雷司饼干、福来饼干、拉花饼干、爱司酥饼干等均属这类饼干。

11.5.3.1　工艺流程

打奶油→和面→成形→烘烤→冷却→整理→包装→入库→销售

11.5.3.2　操作要点

（1）曲奇面团的调制

曲奇面团的调制大体上与酥性面团的相似。因甜酥性面团配料中油、糖用量更高且面团的弹性要求更低些，因此在调制时加水量极少，一般不用或极少用糖浆，甜味料以糖粉为主。油脂由于用量较大而不能使用液态油脂，这是因为液态油脂流散性大，易使饼干面团"走油"，而使面团在成形时完全无结合力。要避免"走油"现象的发生，不仅要使用固态油脂，且要求面团温度保持在 19～24℃，以使面团中油脂呈凝固状态。

（2）注意事项

打奶油使用电动打发机，能使空气更好地渗透进奶油，让曲奇烘焙出的口感不是那么干燥。虽然这类面团的用水量很低，但如果调制时过量揉捏，仍有可能形成面筋。为了生产品质最佳的饼干，在加入面粉后面团搅拌必须最少，因此当面粉加入后如何在最少的揉捏下达到原料充分的分散就是一个问题。这通常是用两步（或更多）法面团调制工艺来达到的。首先是进行"乳化"，以溶解糖，并将脂肪、奶、蛋等乳液化然后加入面粉。和面力道要轻柔适中，方向也很有讲究，从下而上，反复不断，直至完成，不需要搅拌太久，以防止面粉出筋。面团切割时，有一种曲奇条挤出机与钢丝切割挤出成型机很相似，但它的面团挤出是连续的，不用钢丝切割，模孔通常设计为产生条状而不是片状。这种条状面团一般在烘烤前用往复式切刀切成短条，并将其分开装载在烤炉带上。有时候条状面团作为连续的长条进行烘烤，烤好后再切成短条。

整形时，用手轻压成型。黄油曲奇等饼干也可用花嘴在烤盘上挤出花纹。烘焙温度保持在恒温 200℃，20min，使曲奇变为金黄色。曲奇饼干对冷却温度的要求更为严格，在室温下自然冷却至曲奇中心温度为 35℃。既确保了不会因冷却不足，而导致容易发霉，也确保了冷却过久，导致外来细菌侵入。

11.5.4　苏打饼干

苏打饼干属发酵型产品，有甜、咸两种。以小麦粉、糖、油脂为主要原料，酵母为疏松剂，加入各种辅料，经发酵、调粉、辊压、叠层、烘烤制成松脆、具有发酵制品特有香味的焙烤食品。由于在发酵过程中淀粉和蛋白质被部分分解而成为易消化的成分，特别适于胃病及消化不良者食用，也是儿童或年老体衰者的营养佳品。这种饼干质地酥松，断面有清晰的层次结构，多为正方形，也有长方形和小圆形产品，有的还把细盐撒于表面。一般无花纹，但有大小不等的气泡并带有若干穿透性小孔，口味清淡，酥松不腻口，可作为主食食用。

11.5.4.1　工艺流程

部分面粉、酵母、温水→预处理→第一次调粉→第一次发酵→加面粉和辅料→第二次调粉→第二次发酵→多道辊轧→辊切成型（或摇摆成型）→烘烤→冷却→整理→包装→入库→销售

11.5.4.2　操作要点

（1）苏打饼干面团的调制

苏打饼干是一种发酵饼干，它利用酵母的发酵作用和油酥的起酥效果，使成品质地特别酥松，其断面具有清晰的层次结构。

苏打饼干配料中不能像酥性和甜酥性饼干那样含有较多的油脂和糖分，因高糖、高油会明显影响酵母的发酵力。高糖所形成的高渗透压会使酵母细胞质壁分离甚至死亡。高油脂可在酵母细胞外形成油膜，隔绝空气而影响酵母的呼吸作用。另外，酵母发酵所产生的二氧化碳要靠面团面筋的保气能力而存于面团中，为此，要尽量选择面筋含量高、品质好的小麦粉。面团的调制与发酵一般采用两次发酵法。

第一次调粉所使用的面粉量通常是总面粉量的 40%～50%，将面粉和已活化的鲜酵母液混合，再加入适量水调制面团至成熟，面团温度要求冬天为 28～32℃，夏天为 25～29℃。调好的面团发酵 6～10h，面团 pH 控制在 4.5～5.0 范围内。发好的面团与剩余的面粉、油脂等原辅料进行第二次面团调制，注意，如果要加小苏打应在调粉接近终点时再加入。调好的面团置于发酵槽中发酵 3～4h，发酵温度冬季保持在 30～33℃，夏季保持在 28～32℃。第一次发酵的目的是通过较长时间的静置，酵母菌在面团内得到充分繁殖，以增加面团的发酵潜力。发酵时间视工艺不同而异，一般为 4h 左右或再长些。待面团体积胀到最大限度，面筋网络结构处于紧张状态，面团中继续产生的二氧化碳气体使面团中的膨胀力超过其抗胀力限度而塌陷，再加上一部分面筋的水解和变性等一系列物理化学变化，面团弹性降低。这说明第一次发酵已成熟，即可进行第二次面团调制与发酵。第一次调制面团用的小麦粉以面包发酵用的强筋粉为宜，第二次则应采用一般甜饼干所要求的小麦粉，如果仍用筋力过强的小麦粉反而对饼干品质不利。面团的加水量，应按具体情况而有所变动，这与第一次面团发酵有关，第一次发酵越老，第二次调制面团加水量愈少。化学疏松剂的投放，应在第二次调制面团将要结束时撒入，这样有助于面团光润。两次调粉发酵的明显区别是：第二次调粉发

酵时，各种配料增多，发酵时间缩短且采用弱质小麦粉。

（2）苏打饼干面团的辊轧

苏打饼干面团呈海绵状组织，在未加油酥前压延比不宜超过 1∶3。压延比过大，影响饼干的膨松；压延比过小，新鲜面团与头子不能轧得均匀，会使烘烤后的饼干出现不均匀的膨松度和色泽差异。辊轧可将多余的二氧化碳气体排出，使留在面团中的气体分布均匀，并使面带产生多层次结构，达到苏打饼干的质量要求。苏打饼干面团一经加入油酥后应注意其压延比，一般要求（1∶2）～（1∶2.5），否则表面易轧破，油酥外露，胀发率差，饼干颜色又深又焦，变成残次品。

（3）苏打饼干面团成型技术

发酵面团经辊轧后的面带折叠成片状或划成块进入摆式冲印成型机。首先，要注意面带的接缝不能太宽，必须保持面带的完整性，不完整的面带会产生色泽不均的残次品。苏打饼干的压延比要求高，压延比过大，将会破坏这种良好的结构而使制品变得不酥松，不光滑，层次不分明。面带在压延和运送过程中，不仅应防止绷紧，而且要使第二对和第三对辊筒轧出的面带保持一定的垂度，使延压后产生的张力消除，否则，就易变形。苏打饼干在成型时基本没有头子，只有两侧的边条和破碎的饼干坯拣出来的作为头子。但是，如果操作不当，面带调节不好会有许多返工品作头子。因此，操作要十分小心，尽量减少回头率。

（4）苏打饼干烘烤技术

苏打饼干烘烤时，一般将烤炉区分为前、中、后三个区域。烤炉的前区：底火 250～300℃，面火 200～250℃。

这样的炉火可以使饼干的表面保持二氧化碳气体急剧增加，在规定时间即将饼坯胀发起来。如果炉温过低，特别是底火不足，即使发酵良好的饼坯，也将由于胀发缓慢而变成僵片。发酵不理想的饼坯，如烘烤处理得当，质量亦得到极大的改善。

烤炉的中间区：底火渐减少至 200～250℃，面火逐渐升高至 250～280℃，此时虽然水分仍在蒸发，但重要的是将已胀发到最大限度的体积固定下来。如果这一阶段面火温度不够高，会使表面迟迟不能凝固定型，造成胀发起来的饼坯重新塌陷，最终使饼干僵硬、不酥松。

烘烤的最后阶段是上色阶段，炉温通常低于前面各区域，底面火在 180～200℃为宜，以防止炉温过高而使饼干色泽过深或焦化。

思考题

1. 简述甘薯淀粉的加工工艺流程。
2. 简述大豆蛋白的生产工艺流程。
3. 面包、蛋糕、饼干生产中所使用的原料有哪些不同？
4. 为什么在面包面团搅拌过程中必须控制面团温度？
5. 面包、蛋糕、饼干生产中，影响产品质量的因素有哪些？

参考文献

[1] 艾启俊，张德权. 果品深加工新技术 [M]. 北京：化学工业出版社，2003.

[2] 鲍琳. 食品冷冻冷藏技术 [M]. 北京：中国轻工业出版社，2016.

[3] 边楚涵，谢晶. 冰晶对冻结水产品品质的影响及抑制措施 [J]. 包装工程，2022，43 (3)：105-112.

[4] 曹龙奎，李凤林. 淀粉制品生产工艺学 [M]. 北京：中国轻工业出版社，2008.

[5] 曾明湧. 食品保藏原理与技术 [M]. 北京：化学工业出版社，2014.

[6] 曾庆孝，李汴生，陈中. 食品保藏技术原理 [M]. 北京：化学工业出版社，2015.

[7] 曾庆孝. 食品加工与保藏原理 [M]. 北京：化学工业出版社，2002.

[8] 陈星. 新型腌制技术在肉制品中的研究进展 [J]. 食品工业科技，2020，41 (02)：345-351.

[9] 陈野，刘会平. 食品工艺学 [M]. 第3版. 北京：中国轻工业出版社，2014.

[10] 迟玉杰. 蛋制品加工技术 [M]. 北京：中国轻工业出版社，2009.

[11] 迟玉森. 新编大豆食品加工原理与技术 [M]. 北京：科学出版社，2014.

[12] 奋鑫献. 鲜草莓速冻技术 [J]. 农家之友，2012 (03)：55.

[13] 单长松，李法德，王少刚，等. 欧姆加热技术在食品加工中的应用进展 [J]. 食品与发酵工业，2017，43 (10)：269-276.

[14] 董海洲. 焙烤工艺学 [M]. 北京：中国农业出版社，2008.

[15] 董全，高晗. 果蔬加工学 [M]. 郑州：郑州大学出版社，2011.

[16] 段翰英，王超，戴雄杰，等. 不同巴氏杀菌条件对三华李果汁主要抗氧化成分的影响 [J]. 食品科学，2013，34 (21)：69-74.

[17] 高海燕，孙晶. 休闲食品生产工艺与配方 [M]. 北京：化学工业出版社，2015.

[18] 高嘉安. 淀粉与淀粉制品工艺学 [M]. 北京：中国农业出版社，2001.

[19] 高志鑫. 不同天然防腐剂对肉制品保鲜作用的研究进展 [J]. 现代食品，2020，22 (012)：43-46.

[20] 葛长荣，马美湖. 肉与肉制品工艺学 [M]. 北京：中国轻工业出版社，2005.

[21] 巩鹏飞，赵庆生，赵兵. 超声波应用于食品干燥的研究进展 [J]. 食品研究与开发，2017，38 (7)：196-199.

[22] 顾瑞霞. 乳与乳制品的功能特性 [M]. 北京：中国轻工业出版社，2000.

[23] 关志强. 食品冷冻冷藏原理与技术 [M]. 北京：化学工业出版社，2010.

[24] 郭本恒. 液态乳 [M]. 北京：化学工业出版社，2004.

[25] 郭晋杰. 鸡蛋饮料的研制 [J]. 食品工业科技，1994，000 (005)：60.

[26] 韩春然，李志江，林宇红. 传统发酵食品工艺学 [M]. 北京：化学工业出版社，2019.

[27] 韩伟. 蘑菇速冻工艺 [J]. 蔬菜，2004 (06)：28-29.

[28] 郝修振，申晓琳. 畜产品工艺学 [M]. 北京：中国农业大学出版社，2015.

[29] 何强，吕远平. 食品保藏技术原理 [M]. 北京：中国轻工业出版社，2020.

[30] 侯红萍. 发酵食品工艺学 [M]. 北京：中国农业大学出版社，2016.

[31] 胡卓炎，梁建芬. 食品加工与保藏原理 [M]. 北京：中国农业大学出版社，2020.

[32] 华泽钊，李云飞，刘宝林. 食品冷冻冷藏原理与设备 [M]. 北京：机械工业出版社，1999.

[33] 黄纪念，孙强，宋国辉. 豆制品加工实用技术 [M]. 郑州：中原农民出版社，2008.

[34] 黄晓燕，刘铖珺，李长城. 等. 低水分活度食品微生物控制技术研究现状 [J]. 食品与发酵工业，2020，46 (23)：286-292.

[35] 姜开新，马丽卿. 杀菌技术在食品加工中的应用进展 [J]. 食品安全导刊，2020 (17)：37.

[36] 孔保华. 肉制品工艺学 [M]. 哈尔滨：黑龙江科学技术出版社，2001.

[37] 赖建平，林金莺，陈乐恒，等. 新鲜鸡蛋饮料的研究和制作 [J]. 食品科学，22 (9)：3.

[38] 李里特，江正强，卢山.焙烤食品工艺学［M］.北京：中国轻工业出版社，2000.

[39] 李清明，刘毅君，王燕，等.无花果果干的研制［J］.湖南农业科学，2002（02）：50-52.

[40] 李先保.食品工艺学［M］.北京：中国纺织出版社，2015.

[41] 李晓燕，陈杰，樊博玮，等.浸渍式冷冻技术的研究进展［J］.食品与发酵工业，2020，46（15）：307-312.

[42] 李新华，董海洲.粮油加工学［M］.北京：中国农业大学出版社，2016.

[43] 李新华，刘雄.粮油加工工艺学［M］.郑州：郑州大学出版社，1996.

[44] 李秀娟.食品加工技术［M］.北京：化学工业出版社，2018.

[45] 连风，赵伟，杨瑞金.低水分活度食品的微生物安全研究进展［J］.食品科学，2014，35（19）：333-337.

[46] 林亲录，秦丹，孙庆杰.食品工艺学［M］.长沙：中南大学出版社，2013.

[47] 蔺毅峰，杨萍芳，晁文.焙烤食品加工工艺与配方［M］.北京：化学工业出版社，2011.

[48] 刘素纯.发酵食品工艺学［M］.北京：化学工业出版社，2019.

[49] 刘天印，陈存社.挤压膨化食品生产工艺与配方［M］.北京：中国轻工业出版社，1997.

[50] 刘雄，曾凡坤.食品工艺学［M］.北京：科学出版社，2017.

[51] 刘雄，韩玲.食品工艺学［M］.北京：中国林业出版社，2017.

[52] 刘雄，曾凡坤.食品工艺学［M］.北京：科学出版社，2017.

[53] 刘秀玲，王中华.畜产品加工技术［M］.北京：中国轻工业出版社，2015.

[54] 刘亚伟.玉米淀粉生产及转化技术［M］.北京：化学工业出版社，2003.

[55] 刘玉冬.果脯蜜饯及果酱制作与实例［M］.北京：化学工业出版社，2008.

[56] 卢晓黎，杨瑞.食品保藏原理［M］.北京：化学工业出版社，2014.

[57] 路飞，马涛.粮油加工学［M］.北京：科学出版社，2018.

[58] 吕颖，谢晶.温度波动对冻藏水产品品质影响及控制措施的研究进展［J］.食品与发酵工业，2020，46（10）：290-295.

[59] 马美湖.动物性食品加工学［M］.北京：中国轻工业出版社，2006.

[60] 马涛，张春红.大豆深加工［M］.北京：化学工业出版社，2020.

[61] 马涛.焙烤食品工艺［M］.北京：化学工业出版社，2009.

[62] 马长伟，曾名勇.食品工艺学导论［M］.北京：中国农业大学出版社，2002.

[63] 曼利.饼干加工工艺［M］.北京：轻工业出版社，2006.

[64] 孟宪军，乔旭光.果蔬加工工艺学［M］.北京：中国轻工业出版社，2012.

[65] 木泰华，孙红男，张苗，王成等.甘薯深加工技术［M］.北京：科学出版社，2014.

[66] 牛广财，姜桥.果蔬加工学［M］.北京：中国计量出版社，2010.

[67] 潘志海，郭长凯，栾东磊.即食小龙虾的微波杀菌工艺研究及品质评价［J］.食品工业科技，2021，42（21）：221-230.

[68] 蒲彪，艾志录.食品工艺学导论［M］.北京：科学出版社，2012.

[69] 蒲彪，张坤生.食品工艺学［M］.北京：科学出版社，2014.

[70] 齐梦圆，刘卿妍，石素素，等.高压电场技术在食品杀菌中的应用研究进展［J］.食品科学，2022，43（11）：284-292.

[71] 任迪峰.现代食品加工技术［M］.北京：中国农业科学技术出版社，2015.

[72] 沈海亮，宋平，杨雅利，等.微波杀菌技术在食品工业中的研究进展［J］.食品工业科技，2012，33（13）：361-365.

[73] 沈建福.焙烤食品工艺学［M］.杭州：浙江大学出版社，2001.

[74] 沈瑞.黄花菜干制技法［J］.蔬菜，2010（08）：28.

[75] 沈瑞.糟蛋的制作技巧［J］.新农村，2013，000（008）：34-35.

[76] 沈生文.食品杀菌技术概述［J］.食品安全导刊，2020（35）：52.

[77] 石彦国.食品挤压与膨化技术［M］.北京：科学出版社，2021.

[78] 石彦忠，张浩东.淀粉制品工艺学［M］.长春：吉林科学技术出版社，2008.

[79] 时海波.宰后肉品嫩化技术及其作用机理研究进展［J］.食品科学，2020，41（23）：311-321.

[80] 隋银强，杨继红，刘霞，等.红外干燥技术在食品干燥上的应用可行性［J］.食品研究与开发，2014，35（15）：76-80.

[81] 孙国皓.食品冷冻技术研究现状及进展［J］.食品科技，2021，（12）：177-179.

[82] 锁冠文，周春丽，苏伟，等.超高压在果蔬、肉类、乳制品保鲜中的应用［J］.食品工业，2021，42（06）：

338-342.

[83] 谭明堂，王金锋，谢晶．水产品中冰晶重结晶机理及控制方法的研究进展 [J]．食品科学，2021，42（19）：343-349.

[84] 陶晓赟，王寅，陈健，等．高压脉冲电场对蓝莓汁杀菌效果及品质的影响 [J]．食品与发酵工业，2012，38（7）：94-97.

[85] 汪建国，尤明泰．糟蛋的加工技艺和特征 [J]．中国酿造，2010（09）：138-141.

[86] 汪磊．粮食制品加工工艺与配方 [M]．北京：化学工业出版社，2015.

[87] 汪志君，韩永斌，姚晓玲．食品工艺学 [M]．北京：中国质检出版社，2012.

[88] 汪志君，韩永斌，姚晓玲．食品工艺学 [M]．北京：中国计量出版社，2015.

[89] 王凤翼，钱方等．大豆蛋白质生产与应用 [M]．北京：中国轻工业出版社，2004.

[90] 王鸿飞．果蔬贮运加工学 [M]．北京：科学出版社，2014：149-250.

[91] 王如福，李卞生．食品工艺学概论 [M]．北京：中国轻工业出版社，2015：154-158.

[92] 王一亭，庞敏．咸鸭蛋腌制机理与方法的研究 [J]．现代食品，2020（22）：52-54.

[93] 王志敏，魏芳，崔岩岩，等．冷杀菌技术在奶制品加工中的研究进展 [J]．中国乳品工业，2017，45（1）：39-42.

[94] 吴国卿，王文平，陈燕．果醋开发意义、工艺研究及果醋类型 [J]．饮料工业，2010，13（04）：14-17.

[95] 夏文水．食品工艺学 [M]．北京：中国轻工业出版社，2019.

[96] 夏文水．食品工艺学 [M]．北京：中国轻工业出版社，2017.

[97] 夏文水．食品工艺学 [M]．北京：中国轻工业出版社，2007.

[98] 夏文水．食品工艺学 [M]．北京：中国轻工业出版社，2018.

[99] 夏文水．食品工艺学 [M]．北京：中国轻工业出版社，2012.

[100] 夏亚男，侯丽娟，齐晓茹，等．食品干燥技术与设备研究进展 [J]．食品研究与开发，2016，37（4）：204-208.

[101] 谢晶．食品冷冻冷藏原理与技术 [M]．北京：中国农业出版社，2014.

[102] 徐海祥，李志方．啤酒烤鸡加工工艺的研究 [J]．肉类研究，2007（07）：29-31.

[103] 徐君飞，耿倩．南瓜-胡萝卜-西红柿复合澄清蔬菜汁饮料的研制 [J]．食品研究与开发，2015，36（22）：56-60.

[104] 徐智阳，王丰丰．速冻玉米加工工艺及对环境的影响 [J]．黑龙江科技信息，2015（10）：59.

[105] 许浩翔，胡萍，张珺，等．超高温瞬时灭菌对刺梨汁营养物质与贮藏稳定性的影响 [J]．食品与发酵科技，2021，57（01）：46-50+60.

[106] 杨蓓蓓．食品加工杀菌技术研究综述 [J]．食品安全导刊，2020（27）：162.

[107] 杨帅，刘华丽，成铖，等．果脯蜜饯制品加工中常见的质量问题及控制 [J]．食品安全导刊，2015（06）：26-27.

[108] 叶春苗．牛肉干加工工艺研究 [J]．农业科技与装备，2017（10）：34-35+39.

[109] 殷涌光，刘静波．大豆食品工艺学 [M]．北京：化学工业出版社，2006.

[110] 尹明安．果品蔬菜加工工艺学 [M]．北京：化学工业出版社，2010.

[111] 于殿宇．油脂工艺学 [M]．北京：科学出版社，2012.

[112] 岳青，李昌文．罐头食品杀菌时影响微生物耐热性的因素 [J]．食品研究与开发，2007，28（10）：173-175.

[113] 岳喜庆．畜产食品加工 [M]．北京：中国轻工业出版社，2014.

[114] 张柏林，裴家伟，于宏伟．畜产品加工学 [M]．北京：化学工业出版社，2008.

[115] 张德权，艾启俊．蔬菜深加工新技术 [M]．北京：化学工业出版社，2003.

[116] 张海生．果品蔬菜加工学 [M]．北京：科学出版社，2018.

[117] 张和平．乳品工艺学 [M]．北京：中国轻工业出版社，2021.

[118] 张乐，赵守涣，王赵改，等．板栗微波真空干燥特性及干燥工艺研究 [J]．食品与机械，2018，34（4）：206-210.

[119] 张咪．脉冲磁场致单核细胞增生李斯特菌失活的作用机制研究 [D]．镇江：江苏大学，2019.

[120] 张雪．粮油食品工艺学 [M]．北京：中国轻工业出版社，2017.

[121] 赵改名．禽产品加工利用 [M]．北京：化学工业出版社，2009.

[122] 赵广河，胡梦琪，陆玺文，等．发酵果酒加工工艺研究进展 [J]．中国酿造，2022，41（04）：27-31.

[123] 赵红霞，李应彪．牛肉干生产工艺参数优化研究 [J]．肉类工业，2009（10）：26-27.

[124] 赵晋府．食品工艺学 [M]．第2版．北京：中国轻工业出版社，1999.

[125] 赵晋府．食品工艺学 [M]．北京：化学工业出版社，2017.

［126］ 赵晋府. 食品工艺学［M］. 北京：中国轻工业出版社，2007.

［127］ 赵征，张民. 食品技术原理［M］. 北京：中国轻工业出版社，2014.

［128］ 郑坚强. 蛋制品加工工艺与配方（食品工艺与配方系列）［M］. 北京：化学工业出版社，2007.

［129］ 周光宏. 畜产品加工学［M］. 北京：中国农业出版社，2002.

［130］ 周家春. 食品工艺学［M］. 北京：化学工业出版社，2008.

［131］ 周家春. 食品工艺学［M］. 北京：化学工业出版社，2015.

［132］ 周家春. 食品工艺学［M］. 北京：化学工业出版社，2017.

［133］ 周涛. 蔬菜腌制品的种类及腌制原理和保藏措施［J］. 中国调味品，2000（05）：6-12＋2.

［134］ 朱蓓薇，张敏. 食品工艺学［M］. 北京：科学出版社，2015.

［135］ 朱蓓薇，张敏. 食品工艺学［M］. 北京：科学出版社，2018.

［136］ Andres F. Doblado-Maldonado, Oscar A. Pike, et al. Key issues and challenges in whole wheat flour milling and storage［J］. Journal of Cereal Science, 2012, 56：119-126.

［137］ Chattopadhyay P, Adhikari S. FREEZING OF FOODS | Growth and Survival of Microorganisms［J］. Encyclopedia of Food Microbiology, 2014, 1：968-971.

［138］ CHENG X F, ZHANG M, ADHIKARI B, et al. Effect of ultrasound irradiation on some freezing parameters of ultrasound-assisted immersion freezing of strawberries［J］. International Journal of Refrigeration, 2014, 44：49-55.

［139］ COMANDINI P, BLANDA G, SOTO-CABALLERO M C, et al. Effects of power ultrasound on immersion freezing parameters of potatoes［J］. Innovative Food Science & Emerging Technologies, 2013, 18：120-125.

［140］ Mt A, Jyabc D, Jing X. Freezing-induced myofibrillar protein denaturation：Role of pH change and freezing rate［J］. LWT - Food Science and Technology, 2021, 152, 112381.

［141］ NDOYE F T, ALVAREZ G. Characterization of ice recrystallization in ice cream during storage using the focused beam reflectance measurement［J］. Journal of Food Engineering, 2015, 148：24-34.

［142］ Tiwari B. K., Brennan C. S., Jaganmohan R., et al. Utilisation of pigeon pea (Cajanus cajan L.) byproducts in biscuit manufacture［J］. LWT-Food Science and Technology, 2011, 44：1533-1537.

［143］ XIN Y, ZHANG M, ADHIKARI B. The effects of ultrasound-assisted freezing on the freezing time and quality of broccoli (*Brassicaoleracea* L. var. *botrytis* L.) during immersion freezing［J］. International Journal of Refrigeration, 2014, 41：82-91.

［144］ XU B G, ZHANG M, BHANDARI B, et al. Effect of ultrasound immersion freezing on the quality attributes and water distributions of wrapped red radish［J］. Food and Bioprocess Technology, 2015, 8 (6)：1366-1376.

［145］ YU Da-wei, JING Dian-tao, YANG Fang, et al. The factors influencing the flavor characteristics of frozen obscure pufferfish (Takifugu Obscurus) during storage：Ice crystals, endogenous proteolysis and oxidation［J］. International Journal of Refrigeration, 2021, 122：147-155.

［146］ ZHANG M C, NIU H L, Chen Q, et al. Influence of ultrasound-assisted immersion freezing on the freezing rate and quality of porcine longissimus muscles［J］. Meat Science, 2018, 136 (feb.)：1-8.